FASZINATION FORSCHUNG

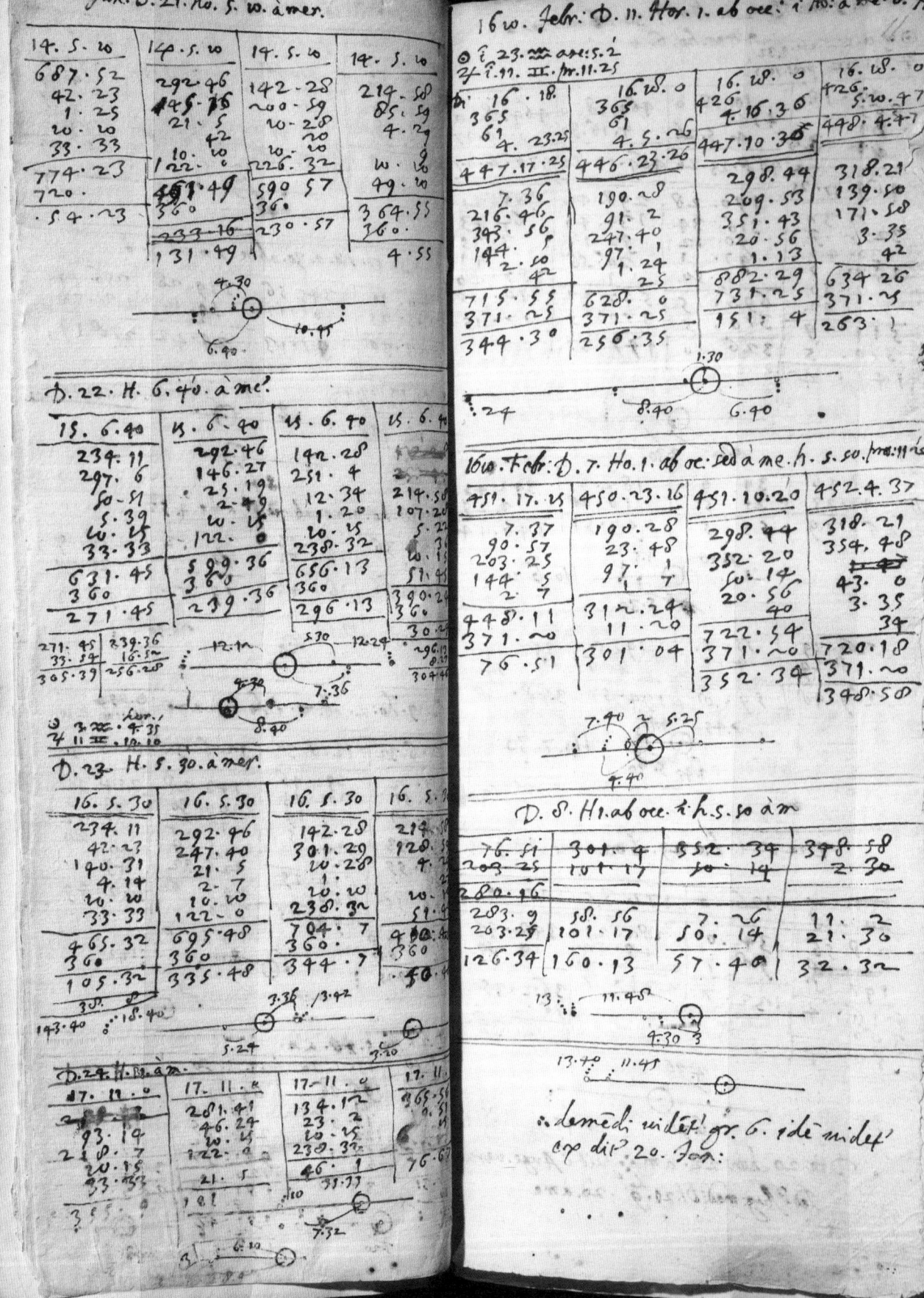

Faszination Forschung
Die großen Naturwissenschaftler

Herausgegeben von Andrew Robinson
Aus dem Englischen von Dominik Fehrmann

parthasberlin

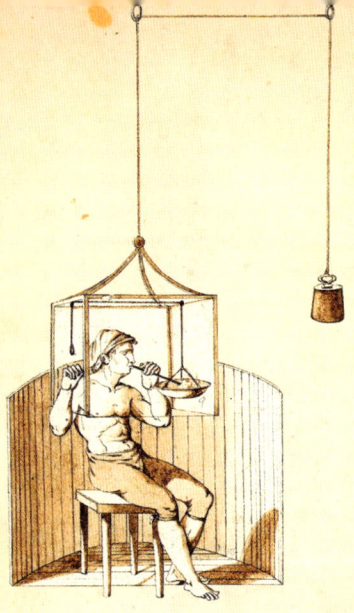

Abbildung Schmutztitel: Kupferstich mit der Darstellung eines riesenhaften, für chemische Experimente genutzten Brennlinsen-Apparats der Französischen Akademie der Wissenschaften, frühes 18. Jahrhundert.

Abbildung Schmutztitelrückseite: Das Notizbuch Galileo Galileis vom Januar und Februar 1620 mit Aufzeichnungen seiner Beobachtungen des Jupiters und dessen Monde.

Abbildungen Inhaltsverzeichnis: Ausschnitte der in den 1780er Jahren durchgeführten Experimente Antoine-Laurent de Lavoisiers zur Atmung, aus Zeichnungen Madame Lavoisiers.

© 2013 Parthas Verlag Berlin
Gabriela Wachter
Planufer 92d
10967 Berlin
www.parthasverlag.de
info@parthasverlag.de

© 2012 Die Originalausgabe erschien unter dem Titel »The Scientists. An Epic Of Disovery« bei Thames & Hudson Ltd, l81A High Holborn, London WC1V 7QX

Übersetzung: Dominik Fehrmann
Lektorat: Juliane Köhler
Umschlaggestaltung und Satz:
Pina Lewandowsky
Gesamtherstellung: C&C Offset Printing Co., Ltd (China)

ISBN 978-3-86964-075-4

INHALT

AUF DEN SCHULTERN
VON RIESEN
6

UNIVERSUM
16

Nikolaus Kopernikus
Entdecker des Sonnensystems
20

Johannes Kepler
Erforscher der Planetenbewegung
26

Galileo Galilei
Begründer der modernen Naturwissenschaft
32

Isaac Newton
Die Gesetze der Bewegung und Schwerkraft
40

Michael Faraday
Bahnbrechende Experimente zum Elektromagnetismus
48

James Clerk Maxwell
Die elektromagnetische Natur von Licht und Strahlung
54

Albert Einstein
Gedankenexperimente zu Raum, Zeit und Relativität
60

Edwin Powell Hubble
Astronom eines expandierenden Universums
68

ERDE
74

James Hutton
Die Erde als stabiles System
78

Charles Lyell
Die Gegenwart der Erde als Schlüssel zu ihrer Vergangenheit
82

Alexander von Humboldt
Entdecker und Wegbereiter der Ökologie
88

Alfred Wegener
Meteorologe und Verfechter der Theorie der Kontinentalverschiebung
94

MOLEKÜLE
UND MATERIE
100

Robert Boyle
Experimentelle Forschungen zum Wesen der Materie
104

Antoine-Laurent de Lavoisier
Begründer der modernen Chemie
110

John Dalton
Die Entwicklung der Atomtheorie
118

Dmitri Mendelejew
Der Schöpfer des Periodensystems
126

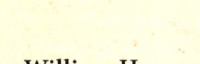

August Kekulé
Kohlenstoffketten, Benzolring und chemische Strukturen
132

Dorothy Crowfoot Hodgkin
Die Struktur komplexer biologischer Moleküle
136

Chandrasekhara Venkata Raman
Molekularphysiker und Lichttheoretiker
140

IM INNERN DES ATOMS
146

Marie Curie & Pierre Curie
Bahnbrechende Forschungen zur Radioaktivität
150

Ernest Rutherford
Vorstoß zu den Geheimnissen des Atomkerns
158

Niels Bohr
Vorreiter der Quantenforschung
166

Linus Carl Pauling
Architekt der Strukturchemie und Friedensaktivist
172

Enrico Fermi
Vater der Atombombe
180

Hideki Yukawa
Japans erster Nobelpreisträger
186

LEBEN
190

Carl von Linné
Ein Botaniker gibt der Natur ihre Namen
194

Jan Ingenhousz
Physiologe und Entdecker der Photosynthese
202

Charles Darwin
Die Theorie der Evolution durch natürliche Auslese
206

Gregor Mendel
Begründer der Genetik und der Vererbungsregeln
214

Jan Purkinje
Erforscher des Sehvermögens und Pionier der Neurowissenschaften
220

Santiago Ramón y Cajal
Die Feinstruktur des Gehirns
226

Francis Crick & James Watson
Schlüssel zur DNA und zum Geheimnis des Lebens
230

KÖRPER UND GEIST
238

Andreas Vesalius
Renaissance-Anatom des menschlichen Körpers
242

William Harvey
Experimentierfreudiger Arzt und Entdecker des Blutkreislaufs
248

Louis Pasteur
Revolutionär der Krankheitsbekämpfung
252

Francis Galton
Entdecker, Statistiker, Psychologe und Erfinder der Eugenik
258

Sigmund Freud
Theoretiker des Unbewussten und Begründer der Psychoanalyse
264

Alan Turing
Vater der Informatik und der künstlichen Intelligenz
270

John von Neumann
Mathematiker und Entwickler des elektronischen Computers
276

Louis Leakey & Mary Leakey
Die Ursprünge der Menschheit
280

Autoren 290
Weiterführende Literatur 293
Bildnachweis 298
Register 300

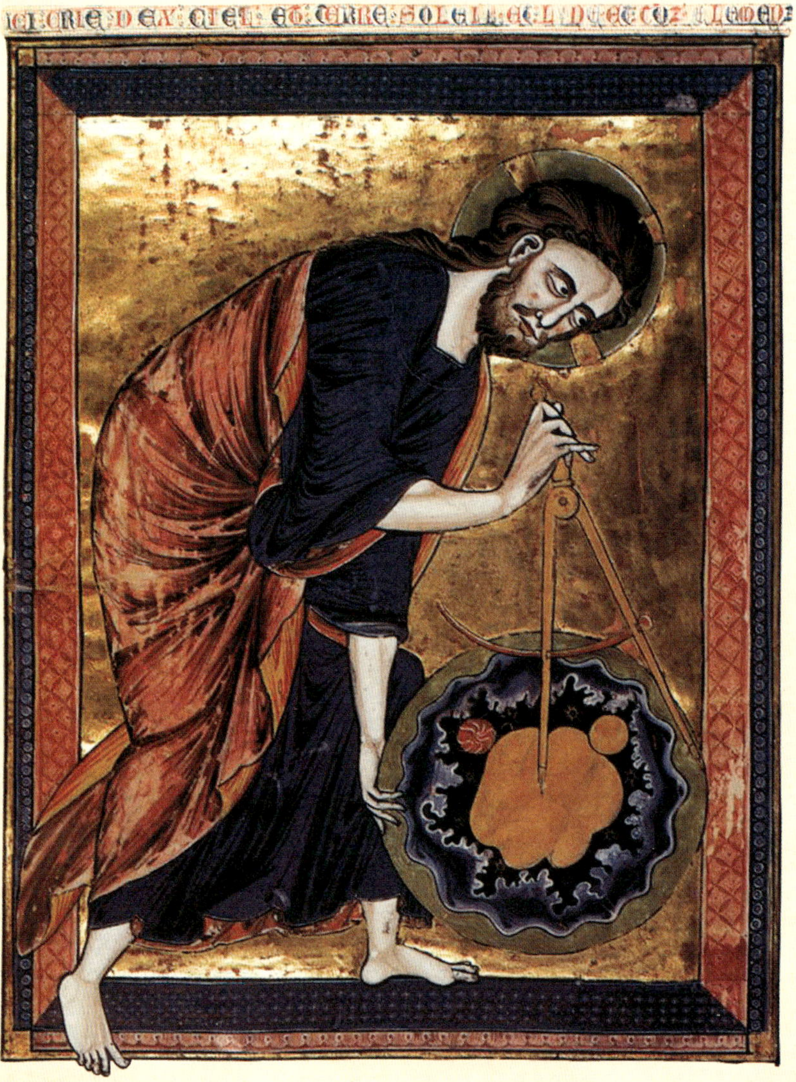

AUF DEN SCHULTERN VON RIESEN

»*Wenn ich weiter geblickt habe, so deshalb,*
weil ich auf den Schultern von Riesen stehe.«
Isaac Newton in einem Brief an Robert Hooke,
1676, den französischen Philosophen
Bernhard von Chartres (gest. um 1130) zitierend

D as Ganze der Wissenschaft ist nichts weiter als eine Verfeinerung des Alltags-
denkens.« Dieser hintersinnige Aphorismus stammt von Albert Einstein, einem der bedeutendsten Naturwissenschaftler aller Zeiten, der die geniale Fähigkeit besaß, im Komplexen das Einfache zu entdecken. Doch wenn dieser geistreiche
Ausspruch auch für alle Einsteins gelten mag, für die meisten von uns scheint er kaum
zuzutreffen. Jetzt mal halblang, denkt man unweigerlich: Was haben unsere alltäglichen Gedankengänge mit dem Denken so herausragender Wissenschaftler wie Albert
Einstein zu tun, vor allem mit den ma-
thematischen Feinheiten der Physik im
20. Jahrhundert, die für uns Nicht-Wissenschaftler im geheimnisvollen Dun-
kel verbleiben?

Die Physik scheint sich – bei ihrer
Entwicklung hin zu einer immer
umfassenderen Beschreibung des
Universums durch immer weniger
Grundprinzipien – mit jedem Jahrzehnt weiter vom Alltagsdenken entfernt zu haben. Die meisten Nicht-
Physiker wissen heute zwar, wie man
Nebenprodukte der physikalischen
Grundlagenforschung verwendet:
Computer, Mobiltelefone, das In-
ternet und solche Dinge. Doch Einsteins allgemeine Relativitätstheorie,
mit der sich Schwarze Löcher und
die Genauigkeit des satellitengestützten GPS erklären lassen, oder auch die
Quantentheorie, die Lasern und Plasma-
bildschirmen zugrunde liegt, scheinen
von unserer Alltagserfahrung weit entfernt

Gegenüber: Diese
Bildtafel aus der fran-
zösischen *Bible mora-
lisée* des 13. Jahrhun-
derts zeigt Gott beim
Vermessen des Uni-
versums. Sie zeugt
nicht nur vom damals
vorherrschenden
Glauben an den gött-
lichen Ursprung der
dinglichen Welt,
sondern auch von
der religiösen
Fundierung der
mittelalterlichen
Wissenschaften.

Die älteste erhaltene
Weltkarte, ca. 600
v. Chr. Sie stellt die
babylonische Welt dar,
vorgestellt als flache
Scheibe, die von ei-
nem Ozean umgeben
ist oder auf diesem
schwimmt. Babylon
ist durch ein Rechteck
markiert, das die ge-
bogenen Parallellinien
des Euphrat kreuzt.
Die Karte ist mit Keil-
schrift versehen.

Planisphaeri coeleste, eine 1670 vom niederländischen Kartographen Frederik de Wit veröffentlichte Planisphäre des Himmels. Zu jenem Zeitpunkt war das heliozentrische Weltbild bereits weithin anerkannt und die Entstehung der neuzeitlichen Wissenschaften in vollem Gange.

zu sein. Anders verhält es sich da mit früheren naturwissenschaftlichen Theorien – etwa mit Archimedes' Prinzip von Verdrängung und Auftrieb, Newtons Bewegungs- und Gravitationsgesetzen, Michael Faradays Konzept des Magnetfeldes und Charles Darwins Prinzip der Evolution durch natürliche Auslese. Sie sind dem Alltagsverstand relativ leicht zugänglich. Ihre Gültigkeit können wir sogar daheim mit kleinen Experimenten bestätigen: mit in Wasser getauchten Gegenständen, fallenden Münzen, Mustern aus Eisenspänen und sich drehenden Kompassnadeln. Für die Relativitäts- und Quantentheorie gilt das nicht.

DER EINFLUSS ANTIKER DENKER

Viel verdanken die modernen Naturwissenschaften den alten Griechen – Denkern wie Archimedes, Demokrit, Euklid, Eratosthenes von Kyrene oder Ptolemäus. Diese Mathematiker und Naturphilosophen haben vor mehr als zweitausend Jahren die Natur beobachtet und über sie nachgedacht. Von ihnen stammen unter anderem: die früheste Klassifikation von Tieren; die Auffassung, dass Materie aus Atomen besteht; die Erfindung der Geometrie; die Ansicht, dass sich Licht in geraden Linien bewegt; die erste Schätzung des Erdumfangs; die Idee von Längen- und Breitengraden. In diesen Angelegenheiten hat sich das antike Denken als ungemein fruchtbar erwiesen.

Doch die alten Griechen glaubten auch (mit Ausnahme von ein oder zwei Denkern, die es besser wussten, namentlich Aristarch von Samos), dass die Sonne und die Planeten sich auf perfekten Kreisbahnen um die Erde bewegten, und dass fallende Körper umso schneller fielen, je schwerer sie seien. Aristoteles' »Alltagsdenken« führte ihn offenbar zu jener in seinen *Quaestiones Mechanicae* (»Mechanische Probleme«) formulierten Auffassung, nach der »ein in Bewegung befindlicher Körper zum Stillstand kommt, sobald die Kraft, die ihn vorantreibt, nicht mehr in der für den Antrieb erforderlichen Weise wirken kann« – worin sich eine völlig verfehlte Vorstellung von Masse und Kraft äußert. Der griechische Philosoph war der Meinung, dass ein schwererer Körper schneller fallen würde, weil er stärker zum Mittelpunkt der Erde strebe – eine Ansicht, die sich leicht widerlegen lässt. Aristoteles' Begriff der Bewegung umfasste nicht nur Stoßen und Ziehen, sondern auch Mischen und Trennen sowie Zu- und Abnehmen. Ein schwimmender Fisch und ein vom Baum fallender Apfel sind fraglos in Bewegung, doch für Aristoteles galt das auch für ein wachsendes Kind und eine reifende Frucht. So sorgte der gesunde Menschenverstand bei Aristoteles, der (anders als Archimedes) kein großer Experimentator war, für heillos verworrene Vorstellungen von den einfachsten Prinzipien der Mechanik.

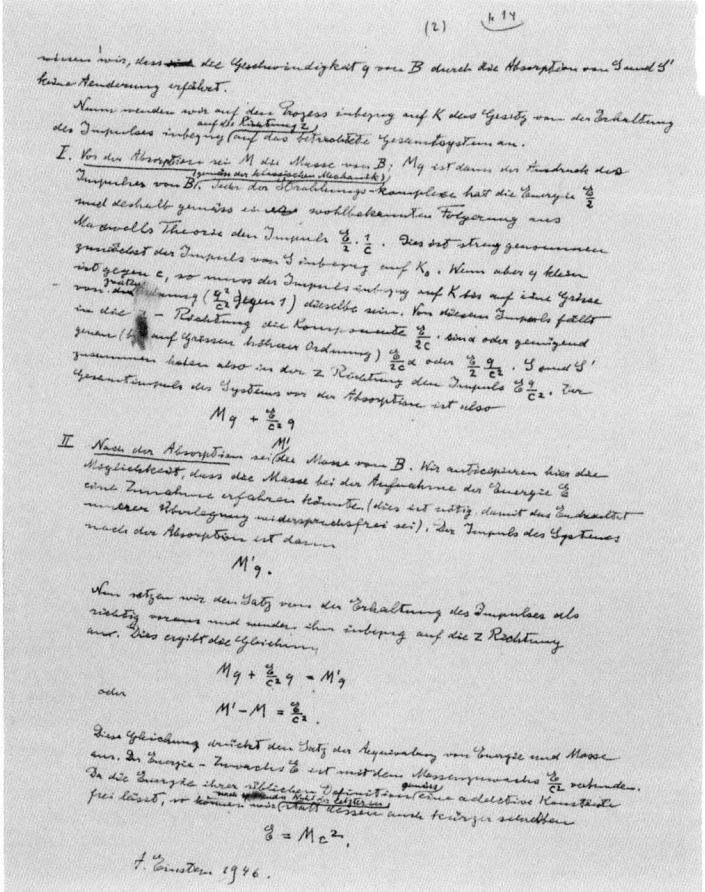

Die Originalmanuskripte von Einsteins Schriften zur Relativität aus dem Jahr 1905 existieren nicht mehr. Es gibt überhaupt nur drei Dokumente mit der berühmten Formel $E = mc^2$ in seiner Handschrift. Dieses Dokument aus dem Jahr 1946 ist eine Reinschrift Einsteins für eine wissenschaftliche Fachzeitschrift, die den Text unter dem Titel »$E=mc^2$: The Most Urgent Problem of Our Time« (»$E=mc^2$: Das drängendste Problem unserer Zeit«) publizierte.

Doch das Ansehen der alten Griechen in der Philosophie war so groß, dass Aristoteles' Naturtheorie das Denken in Europa noch bis ins 17. Jahrhundert hinein, die Zeit Newtons, beherrschte – ja sogar bis in die Zeit Darwins, der die Tierbeobachtungen des Aristoteles sehr bewunderte. Noch in den 1620er Jahren kritisierte der englische Naturphilosoph Francis Bacon – dessen Schriften kurz darauf entscheidend zur Gründung der ältesten bestehenden Wissenschaftsgesellschaft, der Royal Society in London, beitragen sollten – seine Zeitgenossen dafür, dass »alle Naturphilosophie, die heutzutage anerkannt wird, entweder die Philosophie der alten Griechen oder jene der Alchemisten ist … Die eine speist sich aus ein paar oberflächlichen Beobachtungen, die andere aus ein paar Versuchen am Ofen. Die eine versucht sich erfolgreich an der Vermehrung von Wörtern, die andere erfolglos an der Vermehrung von Gold.«

VERSTAND UND BEOBACHTUNG

Doch das Weltbild des Aristoteles war zunehmend ins Wanken geraten. 1543 veröffentlichte der Astronom Nikolaus Kopernikus auf seinem Totenbett *De revolutionibus orbium coelestium* (»Über die Umschwünge der himmlischen Kreise«), seine heliozentrische Darstellung des Sonnensystems, in der sich die Erde und andere Planeten um die Sonne drehen. Diese Darstellung widersprach sowohl der Alltagswahrnehmung als auch der Bibel und stieß damals auf einige Skepsis seitens der Naturphilosophen und auf einen herben Widerstand der katholischen Kirche. Letztlich jedoch setzte sich die Ansicht durch, dass die Erde nicht – wie seit der Antike angenommen – der Mittelpunkt des Universums sei.

Hatte Kopernikus noch an der Vorstellung von kreisförmigen Umlaufbahnen festgehalten, äußerte Kepler 1609 – unter Verwendung der von Tycho Brahe gesammelten, ersten präzisen Beobachtungsdaten zur Planetenbewegung – die Vermutung, die Planetenbahnen um die Sonne seien keine Kreise, sondern Ellipsen (eine der von den alten Griechen entdeckten geometrischen Figuren). Dieser Gedankensprung führte Kepler zu seinen Gesetzen der Planetenbewegung. Sie ermöglichten ihm die Berechnung astronomischer Tafeln und damit die Bestimmung der Planetenpositionen zu jedem beliebigen Zeitpunkt – sei es in Vergangenheit, Gegenwart oder Zukunft –, die sich auch mit den Beobachtungen der Astronomen deckten. »Aus Keplers wunderbarem Lebenswerk«, bemerkte Einstein 1930 anlässlich des 300. Todestages von Kepler, »erkennen wir besonders schön, dass aus bloßer Empirie allein die Erkenntnis nicht erblühen kann, sondern aus dem Vergleich des Gedachten mit dem Beobachteten.«

Etwa zur selben Zeit wie Kepler widerlegte Galileo Galilei durch quantitative physikalische Experimente mit sich bewegenden Objekten und fallenden Gewichten die irrige Bewegungslehre des Aristoteles. Galilei zeigte, dass ein Körper in gleichförmiger Bewegung – sprich: mit konstanter Geschwindigkeit – nicht von einer Kraft »geschoben« werden muss, wie Aristoteles behauptet hatte. So werden beispielsweise Murmeln, die mit einer bestimmten Geschwindigkeit auf einem völlig waagerechten und reibungsfreien Fußboden rollen, sich mit derselben Geschwindigkeit weiterbewegen. (In der realen Welt wird die Reibungskraft sie irgendwann zum Stillstand bringen.) Außerdem konnte Galilei nachweisen, dass die Geschwindigkeit frei fallender Körper nicht von deren Masse abhängig ist. Unterschiedlich schwere Kanonenkugeln, die er der

Gegenüber: Dieser französische Stich aus dem 17. Jahrhundert zeigt den im 3. Jahrhundert v. Chr. lebenden griechischen Mathematiker und Erfinder Archimedes.

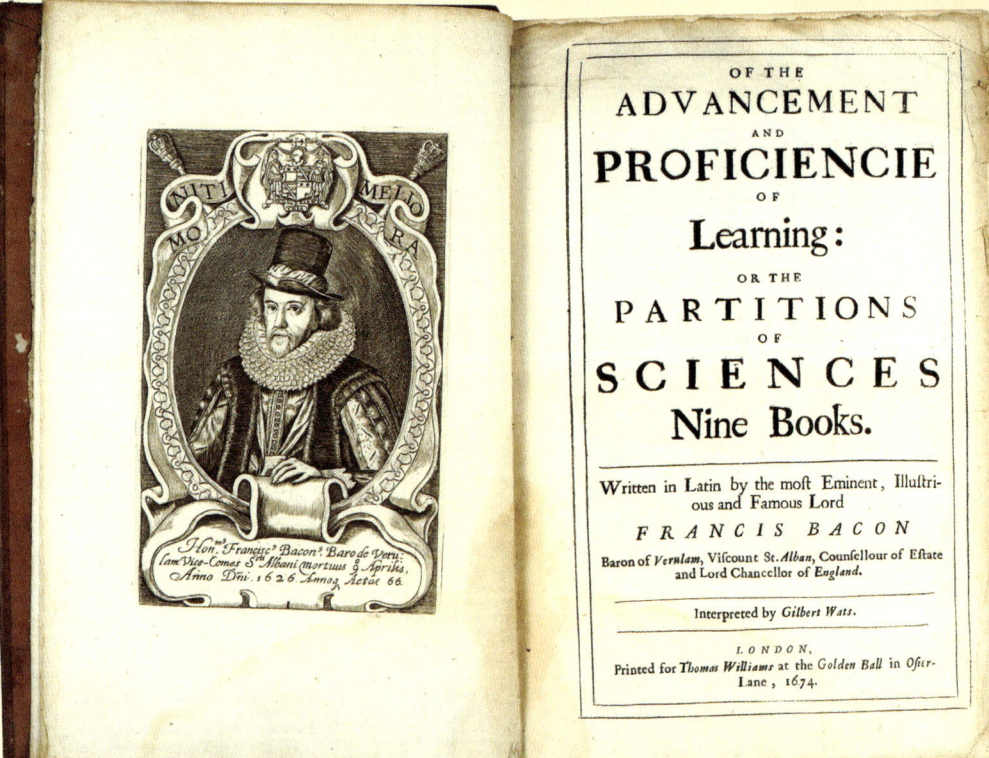

Das unter dem Titel *The Advancement of Learning* bekannte Buch des Philosophen Francis Bacon wurde 1605 erstveröffentlicht. Als die hier abgebildete Ausgabe von 1674 erschien, hatten Bacons Hauptwerke bereits zur Gründung der Royal Society in London beigetragen.

Legende nach zur gleichen Zeit vom Schiefen Turm von Pisa hinabfallen ließ, schlugen gleichzeitig auf dem Boden auf, und nicht zu unterschiedlichen Zeitpunkten (wie Aristoteles vorhergesagt hätte). »Durch bloßes logisches Denken vermögen wir keinerlei Wissen über die Erfahrungswelt zu erlangen; alles Wissen über die Wirklichkeit geht von der Erfahrung aus und mündet in ihr. Rein logisch gewonnene Sätze sind mit Rücksicht auf das Reale völlig leer«, schrieb Einstein rund dreihundert Jahre später. »Durch diese Erkenntnis und insbesondere dadurch, dass er sie der wissenschaftlichen Welt einhämmerte, ist Galilei der Vater der modernen Physik, ja, der modernen Naturwissenschaft überhaupt geworden.«

»ENTDECKER UNENTDECKTER DINGE«

Nicht zuletzt aus diesem Grund beginnt *Faszination Forschung. Die großen Naturwissenschaftler* mit Texten über Kopernikus, Kepler und Galilei – die Vorläufer jener Wissenschaftlichen Revolution des 16. und 17. Jahrhunderts, die zweifellos die Grundlagen für die heutigen Naturwissenschaften schuf. Der übrige Teil des Buches hingegen folgt keiner chronologischen Ordnung, schreitet nicht Jahrhundert für Jahrhundert voran. Stattdessen soll die Entwicklung des wissenschaftlichen Denkens in einzelnen Fachgebieten beleuchtet werden, etwa in der Kosmologie. Die Darstellung beginnt mit der Wissenschaft vom größtmöglichen Gegenstand – dem Universum –, um dann den Fokus zu verengen: auf die Erde (Kapitel 2), auf Moleküle und Materie (Kapitel 3), schließlich auf die subatomare Welt (Kapitel 4). Die Abschnitte 5 und 6 sind der belebten Welt der Pflanzen und Tiere gewidmet, den menschlichen Körper und Geist einbegriffen. Behandelt werden dabei alle Naturwissenschaften im engeren Sinne, einschließlich der Psychologie. Andere Disziplinen mit naturwissenschaftlichem Bezug wie Mathematik, Medizin, Archäologie und Anthropologie wurden dagegen ausgespart, um das Buch nicht zu überfrachten. Ausnahmen bilden drei Beiträge über William Harvey und Jan

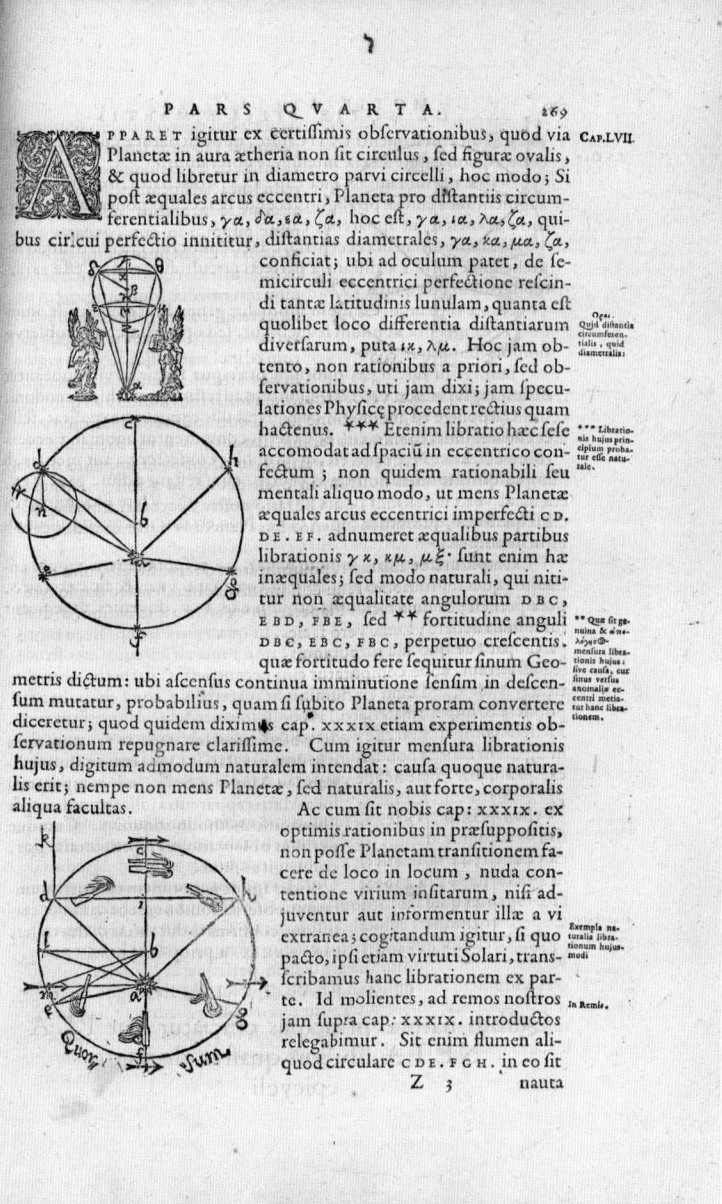

Eine Seite aus Johannes Keplers *Astronomia nova*, erschienen 1609. Das Buch enthält die früheste Erwähnung elliptischer Planetenbahnen um die Sonne sowie eine Formulierung der ersten beiden Kepler'schen Gesetze zur Planetenbewegung.

Dieses 1841 entstandene Fresko an den Wänden der Kathedrale von Pisa zeigt Galileo Galilei bei der Beobachtung der Bewegung eines Pendels. Der Legende nach betrachtete Galilei ein schwingendes Pendel in dieser Kathedrale, als er sein Pendelgesetz formulierte, das er 1602 veröffentlichte.

Ingenhousz, die als Ärzte wie auch als Physiologen tätig waren, und über Louis und Mary Leakey, zugleich Archäologen und Paläoanthropologen. Aus Platzgründen unerwähnt bleiben auch naturwissenschaftlich denkende Praktiker wie Christopher Wren, James Watt oder Thomas Edison, die sich vor allem als Architekten, Ingenieure und Erfinder hervorgetan haben.

Jeder Beitrag verwebt die Vita einer Wissenschaftlerin oder eines Wissenschaftlers mit deren oder dessen Forschung. Bei aller vermeintlichen Objektivität des wissenschaftlichen Denkens zeigt sich, dass es stets starke Persönlichkeiten waren, auf die sich der wissenschaftliche Fortschritt zurückführen lässt. Die Biographien (und Autobiographien) großer Wissenschaftler geben oft Aufschluss über deren Motivation und nicht selten auch Hinweise auf den Ursprung ihrer bahnbrechenden Leistungen. Wer wäre nicht fasziniert von der Anekdote über Archimedes, die Krone des Königs und die überlaufende Badewanne, in deren Verlauf der antike Denker – durchdrungen von der Erkenntnis des Auftriebs – völlig nackt und »Heureka« rufend durch die Straßen von Syrakus gelaufen sei? Oder von Newtons angeblicher Bemerkung über die Schwerkraft und den herabfallenden Apfel, der ihm vorgeblich sogar auf das Haupt gefallen sei? Oder von Einsteins Beschreibung seines in jungen Jahren durchgeführten Gedankenexperiments über das Nachjagen eines Lichtstrahls? Oder von James Watsons schonungsloser Schilderung der Entschlüsselung der DNA-Struktur in *The Double Helix* (»Die Doppelhelix«) – einem Buch, das Watsons Kollege Francis Crick zunächst als unzulässige Personalisierung wissenschaftlicher Forschung empfand, das er später aber widerwillig für seine Wahrhaftigkeit bewunderte.

Haben die rund vierzig hier vorgestellten Wissenschaftlerinnen und Wissenschaftler, abgesehen von ihrer Liebe zur Wissenschaft, irgendetwas gemein? Was Nationalität, familiäre Hintergründe, Erziehung und Ausbildung, Persönlichkeit, religiöse Überzeugungen, Arbeitsweisen und Umstände ihrer bedeutendsten Leistungen angeht, unterscheiden sie sich beträchtlich. Doch zumindest eine Gemeinsamkeit scheint es zu geben: Sie alle waren unablässig forschende und überaus produktive Menschen, kreative Geister und engagierte Gemüter. Der französische Mathematiker, Physiker, Ingenieur und Wissenschaftsphilosoph Henri Poincaré (der für Einsteins spezielle Relativitätstheorie von erheblicher Bedeutung war) veröffentlichte 500 Abhandlungen und 30 Bücher, Einstein verfasste 240 Schriften, Sigmund Freud 330. Gegen Ende seines Lebens sagte Darwin zu seinem Sohn: »Ich habe letzte Nacht darüber nachgedacht, was einen Mann zu einem Entdecker unentdeckter Dinge macht, und es ist wahrlich eine verwirrende Frage. Viele Menschen, die klug sind – weitaus klüger als die Entdecker –, bringen nie irgendetwas hervor. Wenn ich richtig sehe, besteht die Kunst darin, gewohnheitsmäßig nach den Ursachen oder Bedeutungen all dessen zu suchen, was geschieht. Das setzt genaue Beobachtung voraus und verlangt so viel Wissen wie möglich über das untersuchte Phänomen.« Newton beantwortete die Frage, wie er das Gravitationsgesetz entdeckt habe, mit den lapidaren Worten: »Indem ich ständig darüber nachgedacht habe.« Das hätten wohl all die großen Naturforscher, die in diesem Buch versammelt sind, unterschreiben können.

UNIVERSUM

Die unermessliche Weite des Universums konnte seit frühester Zeit, wenn auch nicht begriffen, so doch sinnlich erfahren werden: durch einen Blick an den nächtlichen Himmel, hinauf zum Mond, zur Sonne, zu den wandernden Planeten, den vereinzelten Kometen und unterschiedlich hellen Fixsternen. Über die Kräfte, die diese Himmelskörper an Ort und Stelle halten, rätselten schon die alten Griechen. Und noch die Astronomen des 20. Jahrhunderts versuchten dieses Mysterium zu ergründen, unter ihnen Edwin Hubble, der entdeckte, dass das Universum nicht im selben Zustand verbleibt, sondern sich seit dem Moment seiner Entstehung, dem später so genannten Urknall, ausdehnt. Für Wissenschaftler wie Kopernikus, Kepler, Galileo und Newton, die vor dem 19. Jahrhundert lebten, war Gott die letzte Erklärung für diese Kräfte, deren »erste Ursache«. Doch wie genau, fragten sie sich, wirkten Gottes Gesetze in der physischen Welt des Raums, der Materie und der Zeit?

Aristoteles hatte eine mechanistische Philosophie vertreten. Er glaubte, eine Kraft könne eine Bewegung im Raum nur durch physischen Kontakt mit einem Objekt verursachen. Den Begriff des leeren Raums, des Vakuums, hatte Aristoteles auch deshalb abgelehnt, weil das Weltall von einer Substanz erfüllt sein musste, um jene Kraft zu übermitteln, die zwischen Erde und Sonne wirkt. Dem stimmte Kepler zu, der diese unsichtbare Sonnenkraft für eine magnetische hielt, wenngleich er das Phänomen des Magnetismus nicht erklären konnte. Ähnlich dachte auch Descartes. Er stellte sich den Raum als von unsichtbaren Materieteilchen ausgefüllt vor, die sich ständig in kreisenden Strömen oder Wirbeln bewegten und die sichtbare Materie, einschließlich der Himmelskörper, wie ein Wind antrieben. Die Erde, so glaubte Descartes, befinde sich im Zentrum eines kleinen Wirbels, der eine zur Mitte hin wirkende Anziehungskraft erzeuge, die den Mond in seiner Umlaufbahn halte.

Der junge Newton hegte zwar Sympathien für die Cartesianischen Wirbel, doch war seine mathematische Gravitationstheorie – mit dem berühmten Gravitationsgesetz, das die Anziehungskraft zwischen zwei Massen und deren Abstand ins Verhältnis setzt – mit einer mechanistischen Philosophie schlecht vereinbar. Denn bei allem Erfolg in der Vorhersage von Bewegungen lieferte sie, wie Newton selbst erkannte, keinerlei Mechanis-

Gegenüber: Darstellung eines Kometen am Nachthimmel über London, gemalt um 1860.

Unten: Vor allem als Mathematiker und Philosoph bekannt, war René Descartes auch für Fortschritte auf dem Gebiet der Optik und der Astronomie verantwortlich. Eine Abbildung seines »zusammengesetzten Teleskops« findet sich in seiner Abhandlung *Discours de la méthode* von 1637, die auch seinen berühmtesten Satz enthält: »Ich denke, also bin ich.«

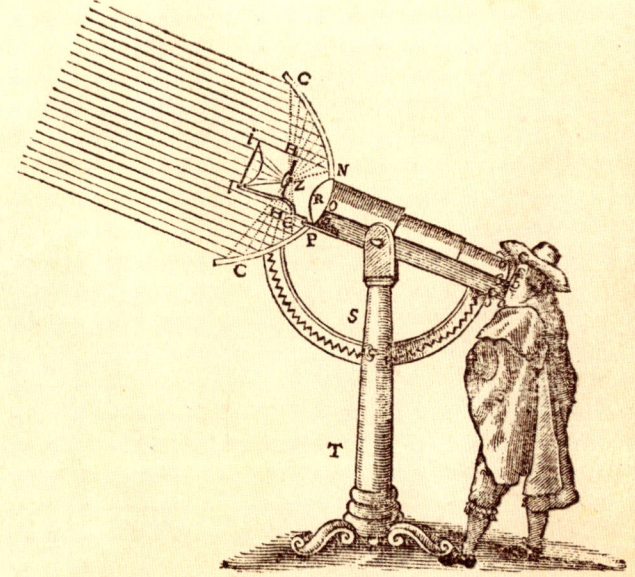

Titelblatt der *Principia mathematica* von Isaac Newton, veröffentlicht 1687 in London. In diesem berühmtesten Werk Newtons sind seine Gesetze der Mechanik sowie das Gravitationsgesetz formuliert.

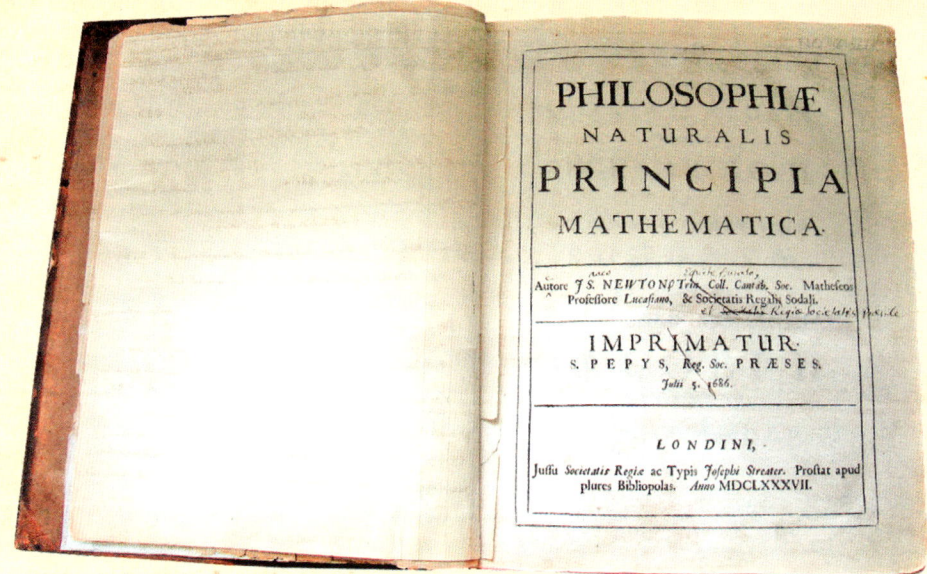

mus für die »instantane Fernwirkung« der Schwerkraft. »Es genügt«, so rechtfertigte er seine Theorie in den *Principia mathematica*, »dass die Schwerkraft tatsächlich existiere, dass sie nach den von uns dargelegten Gesetzen wirke, und dass sie alle Bewegungen der Himmelskörper und des Meeres zu erklären imstande sei.«

Newtons Konzept von Raum und Materie bot zudem keine befriedigende Erklärung für Licht, Magnetismus und Elektrizität. Newton favorisierte eine mechanische Korpuskeltheorie des Lichts, die das Licht als einen Strom kleinster Teilchen oder »Korpuskeln« begriff – ungeachtet der Schwäche dieser Theorie bei der Erklärung von Farben, Reflexion, Brechung und anderen optischen Phänomenen. Zu Beginn des 19. Jahrhunderts wies Thomas Young durch die Überlagerung zweier Lichtstrahlen die wellenartige Natur des Lichts nach. Anschließend zeigten Michael Faraday und auch Lord Kelvin, dass Elektrizität und Magnetismus verwandte Phänomene sind. Faraday führte daraufhin das nicht-mechanische Konzept eines konstanten – elektrischen und magnetischen – »Kraftfelds« ein. Dieses Konzept nutzte James Clerk Maxwell, um Licht in mathematischen Begriffen als

Rechts: Der Universalgelehrte Thomas Young, der den Anspruch erheben darf, »der letzte Mensch, der alles wusste«, gewesen zu sein. Am bekanntesten ist Young für seinen kurz nach 1800 erbrachten Nachweis, dass zwei Lichtstrahlen kraft ihres Wellencharakters interferieren können.

elektromagnetische Welle zu fassen, die aus einem elektrischen und einem magnetischen Feld besteht, die rechtwinklig zueinander oszillieren. Maxwells radikale Theorie der Elektrodynamik wurde von Heinrich Hertz experimentell bestätigt, der außer Licht auch Radiowellen und Wärmestrahlung als elektromagnetische Wellen identifizierte, die sich mit Lichtgeschwindigkeit ausbreiten.

Kein Physiker des 19. Jahrhunderts indes konnte Erhellendes über das Ausbreitungsmedium elektromagnetischer Wellen sagen. Maxwell und andere glaubten, der Raum bestehe, statt aus Wirbeln, aus einem Äther. Dieser aber hatte unvereinbare Eigenschaften: Aus gewichtigen physikalischen Gründen musste er unsichtbar sein, absolut ruhend, gewichtslos und ohne Viskosität, dabei aber stärker als Stahl und mit keinerlei technischen Instrumenten nachweisbar.

Damit gab sich der junge Einstein, wenig überraschend, nicht zufrieden. Zu Beginn des 20. Jahrhunderts schuf er – ausgehend von Newtons und Maxwells Theorien des Elektromagnetismus, aber unter Verzicht auf den Begriff des Äthers – seine allgemeine Relativitätstheorie. Sie erklärte das Universum zu einem gekrümmten »Raum-Zeit«-Kontinuum mit konstanter, von der Geschwindigkeit des Beobachters unabhängiger Lichtgeschwindigkeit. Einsteins elektrodynamische Theorie des Universums scheint bis heute ausgiebigen experimentellen Tests standgehalten zu haben. Was jedoch nach wie vor fehlt, ist eine vereinheitlichte wissenschaftliche Theorie der Schwerkraft und des Elektromagnetismus.

Unten: Zwei Physiker des 19. Jahrhunderts, die maßgeblich zum Verständnis von Licht und anderer Strahlung als elektromagnetischer Welle beigetragen haben: Heinrich Hertz (links) und Lord Kelvin (rechts). Ersterem zu Ehren heißt die moderne Einheit der Frequenz »Hertz«, während die Einheit für thermodynamische Temperatur, »Kelvin«, nach Letzterem benannt ist.

NAOMI PASACHOFF UND JAY PASACHOFF

Nikolaus Kopernikus

ENTDECKER DES SONNENSYSTEMS
(1473–1543)

»In der Mitte von allen aber hat die Sonne ihren Sitz …
So lenkt die Sonne, gleichsam auf königlichem Thron sitzend,
in der Tat die sie umkreisende Familie der Gestirne.«
Nikolaus Kopernikus, *De revolutionibus orbium coelestium*, 1543

Mit seiner Schrift *De revolutionibus orbium coelestium* (»Über die Umschwünge der himmlischen Kreise«) erschütterte der polnische Astronom Nikolaus Kopernikus im 16. Jahrhundert das seit der Antike vorherrschende Weltbild des Aristoteles und Ptolemäus. Im aristotelisch-ptolemäischen Modell des Universums stand unsere unbewegte Erde im Zentrum einer Sphäre kreisender Planeten, jenseits derer sich die Sterne befanden, die alle vierundzwanzig Stunden die Erde umrundeten. Diese Theorie stellte Kopernikus mit der Ansicht auf den Kopf, dass die Planeten Merkur, Venus, Erde, Mars, Jupiter und Saturn allesamt die Sonne umkreisen. Damit entzündete er eine Revolution, welche die Wissenschaft für immer verändern sollte.

Kopernikus, geboren im polnischen Thorn (Toruń), war zehn Jahre alt, als sein Vater, ein Kaufmann, starb. Sein Onkel mütterlicherseits, der Geistliche Lucas Watzenrode, übernahm die Erziehung des jungen Nikolaus, in der Hoffnung, sein Neffe würde in seine Fußstapfen treten und ein Mann der Kirche werden. Im Herbst 1491 schickte Lucas, inzwischen Bischof von Ermland (Warmia), Nikolaus an die Universität Krakau (Kraków), seine Alma Mater und damals die auf dem Gebiet der Astronomie führende Hochschule Nordeuropas. Dort entwickelte Kopernikus seine lebenslange Leidenschaft für mathematische Astronomie.

UMHERSCHWEIFENDER SCHOLASTIKER

An der Universität Krakau begann Kopernikus ein Studium der freien Künste, das hauptsächlich darin bestand, Werke des Aristoteles zu übersetzen und zu kommentieren. Aristoteles zufolge besteht unsere Erde wie alle Dinge der Natur aus den vier Elementen Erde, Wasser, Luft und Feuer, der vollkommene und unveränderliche Himmel dagegen aus einer fünften Substanz, dem Äther. In der ätherischen Sphäre, so Aristoteles, bewegen sich alle Dinge kreisförmig. An der Universität studierte Kopernikus auch Geometrie, wobei er sich vor allem mit dem Werk des Euklid und mit Vereinfachungen des von Claudius Ptolemäus geschaffenen geometrisch-astronomischen Modells

Gegenüber: Diese Statue des Kopernikus, 1853 aufgestellt in seiner Heimatstadt Thorn (Torún), zeigt den Astronomen mit einer Armillarsphäre (der Himmelssphäre samt Ekliptik) in der Hand; auf der Ekliptik sind die Tierkreiszeichen dargestellt. Diese geneigte Ebene verweist auf den vermeintlichen Weg der Sonne über den Himmel, im Unterschied zum Himmelsäquator, der eine Projektion des Erdäquators in den Weltraum ist.

Eine Armillarsphäre mit Tierkreiszeichen aus den *Epytoma In Almagestum Ptolemei* des Regiomontanus, einer gekürzten Fassung des von Ptolemäus im 2. Jahrhundert verfassten Werks. Diese nachträglich kolorierte Buchseite aus der venezianischen Ausgabe von 1496 erschien ursprünglich nach der ersten Textseite, im Anschluss an das Schmutzblatt und die drei Seiten des Vorworts.

beschäftigte. Das ptolemäische Modell der Planetenbewegung ging von zweierlei Kreisbahnen aus. Demnach bewegt sich jeder Planet gleichförmig auf einer kleinen Kreisbahn, dem Epizykel, der seinerseits auf einer größeren Kreisbahn, dem Deferenten, um die Erde kreist. Übertrifft die rückläufige Bewegung des Planeten auf dem Epizykel die vorwärts gerichtete Geschwindigkeit des Epizykels auf dem Deferenten, sehen Menschen auf der Erde diesen Planeten – mit Bezug auf die entfernten Sterne – in retrograder Bewegung, also rückwärts wandern. Dem aristotelisch-ptolemäischen Modell zufolge kreisen die Planeten um die Erde, die unbewegt im Zentrum des Universums ruht. Das revolutionäre Modell des Kopernikus sollte dieses Weltbild infrage stellen.

1495, nach vier Jahren in Krakau, kehrte Kopernikus ohne Hochschulabschluss zurück nach Frauenburg (Frombork), einer Stadt an der Ostseeküste und Sitz des ermländischen Bischofs. Als in der Kirchenverwaltung eine Stelle frei wurde, designierte Lucas seinen Neffen, was auf einige Kritik stieß. Noch bevor der Streit zugunsten von Nikolaus entschieden wurde, schickte Lucas ihn an die Universität Bologna zum Studium des kanonischen Rechts, der für die Kirchenverwaltung grundlegenden Bestimmungen.

In Bologna wurde Kopernikus Assistent von Domenico Maria Novara da Ferrara, einem berühmten Astronomieprofessor. Mitgebracht hatte er ein mit eigenen Anmerkungen versehenes Exemplar der *Alfonsinischen Tafeln*, jener im 13. Jahrhundert für den spanischen König Alfons X. erstellten Tabellen, deren Daten die Berechnung der Positionen von Sonne, Mond und Planeten in Beziehung zu den Fixsternen erlaubten. Darüber hinaus besaß Kopernikus ein Exemplar einer Zusammenfassung von Ptolemäus' *Almagest*, einer mathematischen und astronomischen Abhandlung über die komplexen Bewegungen der Sterne und Planetenbahnen. Diese Zusammenfassung war 1496 von Regiomontanus veröffentlicht worden, einem unter latinisiertem Namen bekannten deutschen Mathematiker und Astronom, der zwanzig Jahre zuvor gestorben war. Was Kopernikus zu denken gab, war eine Diskrepanz zwischen den ptolemäischen Planetenbahnen und dem aristotelischen Ideal der geometrischen Perfektion, die schon Ptolemäus selbst, aber auch arabischen und jüdischen Astronomen im mittelalterlichen Spanien Kopfzerbrechen bereitet hatte.

Nach vier Jahren, und erneut ohne Hochschulabschluss, verließ Kopernikus Bologna. Er verbrachte einige Monate in Rom, wo gerade der 1500. Geburtstag des Christentums gefeiert wurde. Die von Papst Alexander veranlassten Aufwendungen für die Feierlichkeiten erachteten manche als extravagante Verschwendung kirchlichen Vermögens; sie mündeten schon bald in jene Reformationsbewegung um Martin Luther, die letztlich zur konfessionellen Spaltung des Christentums führte. 1501 bat Kopernikus das ermländische Domkapitel um die Genehmigung zweier weiterer Studienjahre in Italien, mit dem Versprechen, seine medizinische Ausbildung in Padua der Behandlung des Bischofs und anderer Mitglieder des Domkapitels zugutekommen zu lassen. 1503 kehrte er ins Ermland zurück, zwar ohne einen Abschluss in Medizin, dafür aber mit einem Doktortitel der Universität Ferrara in kanonischem Recht. Er übernahm das Amt eines Domherrn, war in den folgenden sieben Jahren jedoch auch als Privatsekretär und Arzt seines Onkels tätig, der 1512 verstarb.

DIE MODELLIERUNG DES SONNENSYSTEMS

Kopernikus beschäftigte sich auch weiterhin mit der *Almagest*-Zusammenfassung des Regiomontanus und entdeckte dabei, dass dieser die retrograde Bewegung der Planeten mithilfe einer schon von Ptolemäus erwogenen Alternative zu den Epizykeln erklärt hatte. Regiomontanus hatte gezeigt, dass sich die Rollen von Deferent und Epizykel vertauschen ließen, sodass sich ein exzentrischer Kreis mit beweglichem Zentrum ergab, das immer in Richtung der Sonne lag. Dieser Nachweis war der Ausgangspunkt für das heliozentrische Modell des Kopernikus.

Kopernikus entwickelte zunächst ein Modell, in dem alle äußeren Planeten – Mars, Jupiter und Saturn – die Sonne umkreisten, während sich die Sonne selbst um die Erde bewegte. Als es galt, die inneren Planeten – Merkur und Venus – in das System zu integrieren, musste sich Kopernikus zwischen zwei Anordnungen entscheiden: einer, bei der die Planeten die Sonne umrunden, die ihrerseits die Erde umläuft, und einer eleganteren, bei der auch die Erde die Sonne umkreist. Im eleganteren Modell wäre die Erde ein

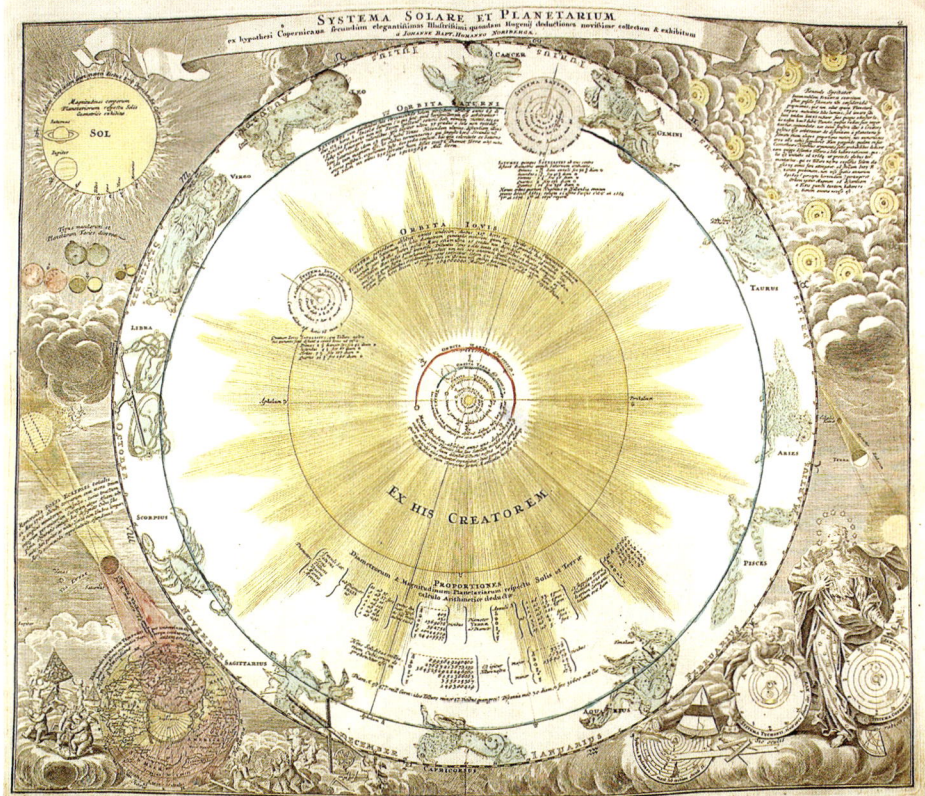

Das kopernikanische Weltbild mit der Sonne im Zentrum, aus dem *Atlas Coelestis*, einer Sammlung von Karten und Illustrationen des deutschen Astronomen Johann Doppelmayr, erschienen 1742 in Nürnberg. Der *Atlas* zeigte auch andere kosmologische Systeme, darunter das ptolemäische Weltbild, unten rechts auf dieser Seite, sowie das tychonische, ein gemischtes System des Tycho Brahe, in dem Sonne und Mond die Erde umkreisen, während die anderen Planeten sich um die Sonne bewegen.

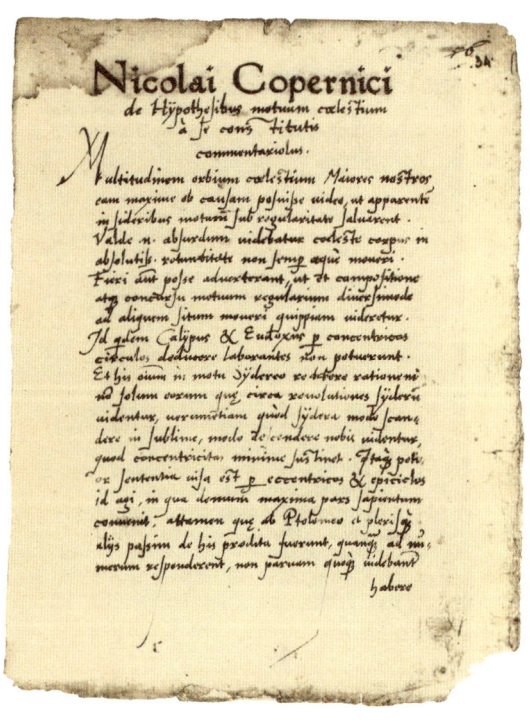

Kopernikus' *Commentariolus*, eine unveröffentlichte Kurzfassung seiner Ideen, die er irgendwann vor 1514 an wenige ausgewählte Freunde und Kollegen verteilte – also dreißig Jahre bevor er seine revolutionäre Theorie in ausführlicher Form veröffentlichte. Dieses Exemplar war in Besitz des Astronomen Christian Sørensen Longberg, bekannt unter dem Namen Longomontanus. Von der Existenz dieser Kurzfassung erhielt die Welt erst Kenntnis, als drei Jahrhunderte nach Kopernikus' Tod ein Originalmanuskript entdeckt wurde.

Planet in Bewegung, was die retrograde Bewegung der Planeten sowie andere vermeintliche Anomalien der Himmelsbewegungen zu Sinnestäuschungen erklärte und der herrschenden Auffassung zuwiderlief. Die Anordnung aller Planeten auf um die Sonne führenden Kreisbahnen legte zudem deren Entfernungen und Rotationsperioden fest, die in diesem Modell gemeinsam zunahmen. (Der Mond bewegt sich auf einem Epizykel um die Erde.) Jahrzehnte später rechtfertigte Kopernikus dieses Modell in seiner Schrift *De revolutionibus*: »Wir finden also in dieser Anordnung einen harmonischen Zusammenhang der Bewegung und Größe der Bahnen, wie er anderweitig nicht gefunden werden kann.« Was ihn überdies an Ptolemäus' Planetentheorie störte, war die Verletzung des Prinzips der gleichförmigen Kreisbewegung. Eine Lösung fand er in Modellen der Planetenbewegung, die von arabischen Astronomen im Umfeld der Sternwarte von Maragha entwickelt worden waren und ausnahmslos auf gleichförmigen Kreisbewegungen basierten. Der entscheidende Durchbruch, so nehmen Historiker an, gelang Kopernikus um das Jahr 1510. Er findet seinen Ausdruck im *Commentariolus* (»Kleiner Kommentar«), einer kleinen Schrift über seine heliozentrische Planetentheorie, die ebenfalls auf gleichförmigen Kreisbewegungen beruht.

In jenem Jahr ließ sich Kopernikus dauerhaft in Frauenburg nieder. In seinem offiziellen Amt für die Kirche hatte er vornehmlich mit finanziellen Angelegenheiten zu tun, was ihn zu einer Abhandlung über Währungen und Münzwesen veranlasste. Doch nahm er sich auch Zeit für seine intellektuelle Leidenschaft, die Beobachtung von Planeten- und Sonnenpositionen zur Sammlung notwendiger Daten für die Korrektur der ptolemäischen Modelle. 1515 erschien der *Almagest* erstmals in einer vollständigen Druckfassung. Als Kopernikus sah, um wie viel umfangreicher diese im Vergleich zur Kurzfassung des Regiomontanus war, auf der sein *Commentariolus* beruhte, begriff er das wahre Ausmaß seiner sich selbst gestellten Aufgabe. Die westliche Welt davon zu überzeugen, das kosmologische Modell, dem sie über ein Jahrtausend lang angehangen hatte, zu ersetzen, verlangte Jahrzehnte der Beobachtung und Berechnung.

REVOLUTION IM HIMMEL

Kopernikus' Manuskript wurde von Jahr zu Jahr umfangreicher, doch traf er, trotz ermutigender Worte von Kollegen, keine Anstalten zur Veröffentlichung des Werks. 1539 suchte ihn ein junger österreichischer Mathematiker namens Georg Joachim Rheticus auf. Ungeachtet eines Edikts von 1526, das Lutheraner im Ermland mit einem Bann belegte, hieß Kopernikus ihn als Schüler willkommen. Anfang 1540 veröffentlichte ein Buchdrucker in Danzig die Schrift *Narratio prima* (»Erster Bericht«), ein Werk des Rheticus, in dem die Theorien Kopernikus' für andere Wissenschaftler zusammengefasst waren. Rheticus half Kopernikus bei der Fertigstellung des Manuskripts, das dieser schließlich 1542 an den Nürnberger Drucker Johannes Petreius übergab, der die Holz-stöcke für die komplizierten technischen Diagramme Kopernikus' anfertigte.

Im Laufe der zehn Monate, die der Druck des umfangreichen sechsteiligen Buches in Anspruch nahm, ergänzte Kopernikus das Vorwort noch um einen Brief aus dem Jahr 1536, in dem ein Kardinal ihn bat, »dass Du diese Deine Entdeckung der gelehrten Welt mitteilst … zugleich mit den Tafeln.« Kopernikus schrieb außerdem eine Papst Paul III. gewidmete Vorrede, in der er die verzögerte Publikation mit Bedenken hinsichtlich der Aufnahme seiner Ideen begründete, zugleich jedoch seine Überzeugung äußerte, dass sie »dem kirchlichen Staate« zugutekommen würden.

Nach einem Schlaganfall Ende 1542 war Kopernikus teils gelähmt und in seiner Ar-beitsfähigkeit beeinträchtigt. Erst am Tag seines Todes, dem 24. Mai 1543, bekam er ein gedrucktes Exemplar seines Opus magnum zu Gesicht. Er war womöglich schon zu krank, um zu bemerken, dass dem Werk eine anonyme Einleitung hinzugefügt worden war, in der seine Argumentation als »hypothetisch« bezeichnet und behauptet wurde, sein heliozentrisches Modell tauge lediglich zur mathematischen Berechnung. Dies wi-dersprach Kopernikus' eigener Überzeugung, dass das heliozentrische Universum eine Tatsache sei, und nicht nur hilfreich für Berechnungen. 1609 wurde bekannt, dass der protestantische Theologe Andreas Osiander, der von Rheticus mit dem Korrekturlesen betraut worden war, diese Einleitung hinzugefügt hatte.

Von *De revolutionibus* wurden 1543 nur 500 Exemplare gedruckt, und die radika-len Thesen erregten kaum Aufsehen. In den folgenden Jahrzehnten sollten Johannes Kepler und Galileo Galilei das kopernikanische Weltbild als tatsächlich und nicht nur theoretisch gültig akzeptieren. Viele Kleriker aber stießen sich am Konflikt zwischen heliozentrischer und biblischer Kosmologie. 1616 setzte die katholische Kirche *De re-volutionibus* auf den Index der verbotenen Bücher. In Italien wurden Exemplare des Werks zensiert, andernorts ignorierte man den Bann. Nach dem Erscheinen von Isaac Newtons *Principia mathematica* 1687 machten sich viele Gelehrte das kopernikanische Weltbild zu eigen, doch erst 1835 wurde sein Buch (gemeinsam mit Schriften Keplers und Galileos) vom Index entfernt.

In den letzten Jahrzehnten hat sowohl die Wissenschaft als auch die Kirche Koperni-kus gewürdigt. 1972 schoss die NASA im Vorgriff auf den 500. Geburtstag des Astrono-men den Satelliten *Copernicus* ins All, der in den acht Jahren seines Betriebs interstel-lare Materie untersuchte. 2005 stellte man fest, dass ein unbezeichnetes Grab nahe dem Altar im Frauenburger Dom die sterblichen Überreste eines etwa 70-jährigen Mannes enthielt. Aufgrund eines DNA-Abgleichs mit Haarsträhnen in einem erwiesenerma-ßen von Kopernikus verwendeten Buch erklärten polnische Archäologen dieses Skelett 2008 zu den Gebeinen des Astronomen. Am 22. Mai 2010 wurde Kopernikus, der 1543 mangels Ruhmes kein namentlich ausgewiesenes Grab erhalten hatte, in ein mit einem schwarzen Granit geschmücktes Grab unterhalb des Domaltars umgebettet. Ebenfalls im Jahr 2010 bestätigte die International Union of Pure and Applied Chemistry offizi-ell den Namen »Copernicium« (Cn), den die Entdecker des Elements 112 für selbiges vorgeschlagen hatten.

NAOMI PASACHOFF UND JAY PASACHOFF

Johannes Kepler

ERFORSCHER DER PLANETENBEWEGUNG
(1571–1630)

»Für Gott liegen in der ganzen Körperwelt körperliche Gesetze, Zahlen und
Verhältnisse vor, und zwar höchst erlesene und auf das beste geordnete Gesetze …
Jene Gesetze liegen innerhalb des Fassungsvermögens des menschlichen Geistes;
Gott wollte sie uns erkennen lassen, als er uns nach seinem Ebenbild erschuf,
damit wir Anteil bekämen an seinen eigenen Gedanken.«
Johannes Kepler, Brief an Johann Georg Herwart von Hohenburg, 9.–10. April 1599

Johannes Kepler veränderte die in antiker Tradition stehende Kosmologie und schuf
die Basis für die modernen Naturwissenschaften, indem er die Astronomie – bis
dahin ein Zweig der freien Künste – als Teil der mathematischen Physik behandelte.
Die nach ihm benannten Gesetze der Planetenbewegung wurden zur Grundlage für
Isaac Newtons allgemeines Gravitationsgesetz und erklären noch heute die Umlaufbahn-
nen von Planeten, Zwergplaneten, Kometen, Asteroiden, transneptunischen Objekten
und sogar von Exoplaneten, d. h. Planeten, die um ferne Sterne kreisen. Seine Untersuchungen des menschlichen Auges und seine Experimente mit Linsen und Spiegeln
machen ihn ferner zum Begründer der modernen Optik.

Kepler wurde als Kind einer protestantischen Familie im württembergischen Weil
der Stadt geboren, einer freien Reichsstadt des Heiligen Römischen Reiches. Er erwarb
einen Baccalaureus- und einen Magister-Abschluss an der Universität Tübingen, wo er
bei Michael Mästlin studierte, einem frühen Anhänger der heliozentrischen Theorie
Kopernikus'. Kepler war nicht nur von der Wahrheit des Heliozentrismus überzeugt,
sondern maß diesem auch religiöse Bedeutung bei, sodass er das kopernikanische Weltbild sowohl theoretisch als auch theologisch verteidigte.

BERUFSMATHEMATIKER IN GRAZ UND PRAG

Obwohl er eigentlich Pfarrer werden wollte, nahm Kepler 1594 einen Lehrauftrag für
Mathematik in Graz an. Als Landschaftsmathematiker war er zuständig für die Anfertigung eines Jahreskalenders samt astrologischer »Prognostica«, und mit der Ausgabe
von 1596 machte er sich einen Namen als hervorragender Astronom. Seine Lehrveranstaltungen über Geometrie führten 1596 schließlich zur Veröffentlichung des *Mys-*
terium cosmographicum (»Weltgeheimnis«), der ersten publizierten Verteidigung des
kopernikanischen Systems. Das Werk beschreibt Gottes Gestaltung des Universums
auf der Grundlage der fünf platonischen Körper sowie die Beziehung zwischen der
Geschwindigkeit eines Planeten und seiner Entfernung zur Sonne. Zu den Lesern des

Gegenüber: Dieses von
einem unbekannten
Maler geschaffene
Porträt Keplers aus
dem Jahr 1610 zeigt
den Astronomen mit
einem Zirkel in der
Hand, der zur Ver-
messung von Entfer-
nungen auf Buchseiten
diente.

Mysterium zählten Galileo Galilei, der sich als heimlicher Kopernikaner zu erkennen gab, und der dänische Adlige Tycho Brahe, der erklärte, Daten seiner Sternwarte könnten womöglich zu einer Verfeinerung der Theorien Keplers beitragen.

Im Jahr 1600 wurden Protestanten aus Graz verbannt. Um den wachsenden religiösen Spannungen zu entgehen, reiste Kepler nach Prag, wo Tycho Brahe inzwischen als Hofmathematiker des Kaisers Rudolf II. tätig war. Nach Tychos Tod 1601 übernahm Kepler dessen Amt. Es sollte jedoch über ein Vierteljahrhundert vergehen, bis er die von Tycho geplanten *Rudolfinischen Tafeln* mithilfe der Daten seines Vorgängers vollendet hatte. In der Zwischenzeit widmete sich Kepler anderen Projekten, aus denen schließlich zwei Meisterwerke erwuchsen: *Astronomiae pars optica* (»Der optische Teil der Astronomie«), erschienen 1604, und *Astronomia nova* (»Neue Astronomie«), veröffentlicht 1609. Das erste Werk begründete die moderne Optik. Es enthält nicht nur das Abstandsquadratgesetz zur Lichtintensität, das zuvor lediglich eine intuitive Vermutung gewesen war, sondern auch Ausführungen zur Lichtbrechung, zur Reflexion durch ebene und gekrümmte Spiegel, zu Lochkameras, zur Anatomie des Auges und zum menschlichen Gesichtssinn, einschließlich Anmerkungen zur Korrektur von Kurz- und Weitsichtigkeit mithilfe von Linsen. Das zweite Werk legte jene Prinzipien der Planetenbewegung dar, die Keplers Namen tragen und ihn berühmt machen sollten.

Tychos Beobachtungsdaten zur Umlaufbahn des Mars ließen Kepler in *Astronomia nova* die ersten beiden der drei heute so genannten Kepler'schen Gesetze aufstellen:

Diese ausfaltbare Bildtafel findet sich in Keplers *Mysterium cosmographicum* von 1596, in dem er seine Auffassung darlegte, dass die sechs seinerzeit bekannten Planeten den fünf platonischen Körpern entsprechend angeordnet seien: Tetraeder, Hexaeder (Würfel), Oktaeder, Dodekaeder und Ikosaeder – umhüllt von einer Kugel. Obwohl diese Theorie gänzlich falsch war, war ihm dieses Werk doch für seine Begegnung mit Tycho Brahe in Prag von großem Nutzen.

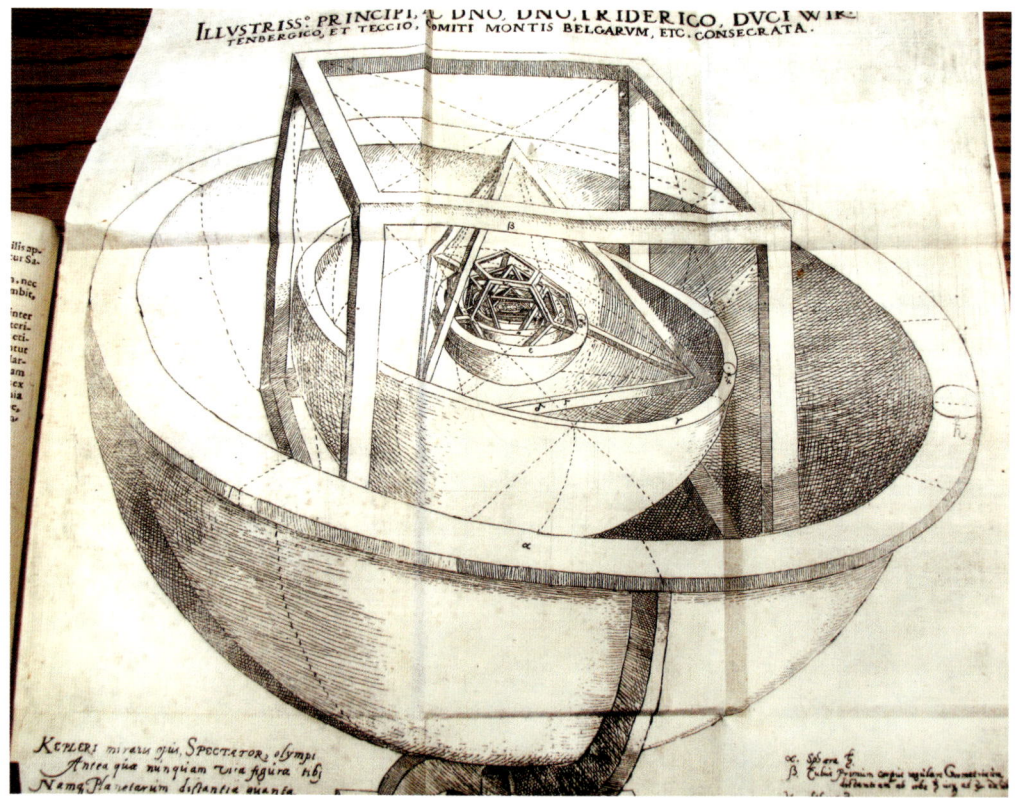

dass sich die Planeten nicht auf kreisförmigen, sondern elliptischen Bahnen bewegen, in deren einem Brennpunkt sich die Sonne befindet; und dass die Linie, die Planet und Sonne miteinander verbindet, in gleicher Zeit gleich große Flächen überstreicht. Verhandlungen mit Tychos Erben, die Rechte an den Daten besaßen, verzögerten die Veröffentlichung der *Astronomia nova* bis 1609. Am Ende verfasste Tychos Schwiegersohn, Frans Tengnagel, ein Vorwort, in dem er Keplers Leser vor den physikalischen Thesen des Autors warnte. Dieser Warnung zum Trotz gilt *Astronomia nova* als mathematisches Meisterwerk. Keplers Gesetze der Planetenbewegung sind korrekt, auch wenn Newtons Gravitationsgesetz Keplers Annahme, die Planetenbewegung werde durch eine von der Sonne ausgehende magnetische Kraft verursacht, widerlegen sollte.

Die Nachricht, dass Galilei eine neue Erfindung – das Teleskop – zum Studium des Himmels verwendet habe, machte bald auch in Prag die Runde. In der Hoffnung auf eine positive, seinem Ansehen förderliche Beurteilung durch den kaiserlichen Hofmathematiker, sandte Galilei Kepler ein Exemplar seiner 1610 erschienenen Schrift *Sidereus nuncius* (»Sternenbote«). In Ermangelung eines Teleskops konnte Kepler die Beobachtungen Galileis nicht bestätigen, doch veröffentlichte er *Unterredung mit dem Sternenboten*, in der er vor allem Galileis Entdeckung der vier Jupitermonde hervorhob. Gegner des kopernikanischen Weltbilds hatten argumentiert, dass die Erde, sollte diese um die Sonne kreisen, ihren Mond verlieren würde. Der Jupiter aber behielt offenbar seine ihn umkreisenden Monde bei. So wurde Kepler zum ersten Astronomen, der Galilei öffentlich den Rücken stärkte. Keplers *Dioptrice* von 1611 erklärte zudem, wie die Kombination aus konvexen und konkaven Linsen in Galileis Teleskop funktionierte, und beschrieb das heute so genannte Kepler-Fernrohr: ein Fernrohr, dessen zwei konvexe Linsen eine stärkere Vergrößerung ermöglichen als das Teleskop des Galilei.

Kepler erging es gut in Prag. 1611 aber verfiel sein kaiserlicher Gönner Rudolf II. dem Wahnsinn und verlor alle Macht an seinen Bruder Matthias, der nach dem Tod Rudolfs ein Jahr später Kaiser wurde. Matthias bestätigte Kepler in seinem Amt als kaiserlichen Hofmathematiker, ließ ihn später jedoch ziehen, um Kepler die Anstellung als oberösterreichischen Provinzmathematiker in Linz zu ermöglichen, fern der in Prag aufflammenden politischen und religiösen Unruhen.

ERFOLG UND UNFRIEDEN IN LINZ

Keplers 14 Jahre in Linz waren nicht minder produktiv als seine Jahre am kaiserlichen Hof. Seine Stelle ermöglichte ihm weitere Forschungen und die Fortsetzung seiner Arbeit an den *Rudolfinischen Tafeln*. Sein Gehalt verbesserte Kepler mit astrologischen Prognosen sowie Ephemeriden, Tafeln, auf denen die täglichen Planetenpositionen dargestellt waren. Sein 1613 erschienenes Buch über sechseckige Schneeflocken enthält eine Theorie über die dichtestmögliche Anordnung von Gegenständen – beispielsweise von Orangen in einer Obstkiste –, die erst im späten 20. Jahrhundert als korrekt erwiesen wurde. Keplers Schrift *Neue Stereometrie der Weinfässer* aus dem Jahr 1615 war das erste je in Linz veröffentlichte Buch. Trotz des kurios anmutenden Themas trug dieses Werk zur Entwicklung der Integralrechnung im weiteren Verlauf des 17. Jahrhunderts bei. 1618 und 1620 veröffentlichte Kepler in Linz den ersten beziehungsweise zweiten Band von *Grundriss der Kopernikanischen Astronomie*, der ersten lehrbuchartigen

Darstellung der Theorie des Kopernikus. (Der abschließende Band erschien 1621 in Frankfurt.)

In Linz hatte Kepler indes nicht nur berufliche Erfolge zu verzeichnen, sondern auch mit privaten Problemen zu kämpfen. Noch bevor er Prag verlassen hatte, war seine erste Ehefrau Barbara gestorben. 1613 heiratete er die 24-jährige Susanna. 1615 erfuhr Kepler, dass man seine Mutter Katharina beschuldigte, eine andere Frau vergiftet zu haben, was schließlich in einer Anklage wegen Hexerei mündete. 1617 und 1618 starben in kurzer Folge zwei seiner mit Susanna gezeugten Töchter sowie eine Stieftochter. 1619 handelte er sich Ärger mit der evangelischen Kirche ein, als er unorthodoxe Ansichten zur Eucharistie äußerte und erklärte, neben dem Protestantismus hätten auch Calvinismus und Katholizismus Anteil an der religiösen Wahrheit.

All dies hinderte ihn jedoch nicht daran, seine Arbeit an den *Rudolfinischen Tafeln* fortzusetzen und sich einem weiteren großen Werk zu widmen: den *Harmonices mundi libri V* (»Fünf Bücher zur Harmonik der Welt«), erschienen 1619, in denen sich Keplers drittes Gesetz der Planetenbewegung findet. Es betrifft das Verhältnis von Umlaufzeit eines Planeten zu dessen Entfernung von der Sonne und besagt, dass diese Umlaufzeit dem Anderthalbfachen der Potenz des mittleren Abstands entspricht. Dies wurde später zur Grundlage für Newtons ersten Nachweis, dass die Kraft, welche die Planeten auf ihren Bahnen hält, nämlich die Schwerkraft, umgekehrt proportional zum Quadrat der Entfernung des Planeten von der Sonne ist. Damit erklärt es sowohl die Umlaufbahn des sonnennächsten Planeten, des Merkur, der die Sonne in 88 Tagen umrundet, wie auch des sonnenfernsten Planeten, des erst 1846 entdeckten Neptun, welcher die Sonne in 164 Jahren umläuft.

DIE WIRREN DES KRIEGES

Die letzten zwölf Lebensjahre Keplers wurden vom Dreißigjährigen Krieg (1618–1648) überschattet, der als Konflikt zwischen Katholiken und Protestanten im Heiligen Römischen Reich begann und sich zu einem Kampf um die politische Vorherrschaft in Europa ausweitete. Kurz nach Ausbruch des Krieges starb Kaiser Matthias. Sein Nachfolger wurde einige Monate später Erzherzog Ferdinand II., der in Böhmen und Österreich die Zwangsbekehrung zum katholischen Glauben verfügte. Keplers fortwährende Arbeit an den *Rudolfinischen Tafeln* band ihn an den kaiserlichen Hof – doch würde er die astronomischen Tafeln pflichtgemäß vollenden können, wenn er Protestant bliebe?

1620 brach Kepler nach Württemberg auf, um bei der Verteidigung seiner Mutter zu helfen. Seine Bemühungen blieben erfolglos, Katharina wurde schuldig gesprochen und 14 Monate lang inhaftiert. Nach ihrer Freilassung 1621 kehrte Kepler nach Linz zurück, in ein vergleichsweise friedliches Leben. Seine Anstellung als Hofmathematiker wurde bestätigt und seine persönliche Sicherheit garantiert. Doch just, als die *Tafeln* in Druck gehen sollten, kam es in der Stadt zu einem Aufruhr der Protestanten als Reaktion auf die Anordnung Ferdinands II., alle Protestanten zwangsweise zu bekehren oder zu vertreiben. Obwohl von der Anordnung selbst nicht betroffen, wurde auch Kepler Leidtragender der Unruhen. Im Sommer 1626 belagerte ein Bauernheer Linz und legte Brände am Rande der Stadt. Das Manuskript der *Rudolfinischen Tafeln* entging dem Feuer, doch wurde die Druckpresse ein Opfer der Flammen. Nach dem Ende der Belagerung bat

Kepler darum, die Stadt verlassen und einen Ort ausfindig machen zu dürfen, an dem die *Rudolfinischen Tafeln* gedruckt werden könnten. Diese Ehre wurde schließlich Ulm zuteil, wo Kepler sich mit seiner Familie niederließ.

Die *Rudolfinischen Tafeln* erlaubten die Berechnung der Planetenpositionen zu jedem beliebigen Zeitpunkt mittels Logarithmen, die erst kurz zuvor entdeckt worden waren. Mithilfe der Tafeln und eines Fernrohrs war es 1631 erstmals möglich, einen Merkurtransit vor der Sonne zu beobachten. 1629 hatte Kepler eine Schrift veröffentlicht, um auf diesen bevorstehenden Transit hinzuweisen (sowie auf einen in Europa nicht zu beobachtenden Transit der Venus). Diese Prognose gilt als eine der spektakulärsten Vorhersagen in der Geschichte der Wissenschaft überhaupt. (Kepler versäumte es allerdings, den Transit der Venus 1639 vorherzusagen – ein Phänomen, das sich später durch eine Modifikation des Kepler'schen Werks erklären ließ.)

Kepler selbst erlebte keinen dieser Transite mehr. Im Dezember 1627 übergab er dem Kaiser ein Exemplar seiner Tafeln. Dessen Oberbefehlshaber Albrecht Wallenstein hatte kurz zuvor den protestantischen Aufstand niedergeschlagen und war dafür mit dem Fürstentum Sagan belohnt worden. Hier trat Kepler 1628 eine Stelle als Privatmathematiker Wallensteins an. Innerhalb weniger Monate nach Keplers Ankunft war die protestantische Mehrheit der Bevölkerung Sagans zwangsweise bekehrt oder vertrieben worden. Kepler jedoch blieb unbehelligt. Nachdem Wallenstein 1630 seines Amtes enthoben worden war, reiste Kepler in Sorge um seine Zukunft nach Regensburg, um sich ein Bild von der Lage zu machen. Auf der Reise erkrankte er und starb am 15. November 1630 in einem Haus in Regensburg, das heute ein Kepler-Museum beherbergt. Keplers letzte Veröffentlichung, 1634 posthum erschienen, ist eine Abhandlung über Astronomie, wie sie von Lebewesen auf dem Mond praktiziert werden könnte. *Der Traum* wird bisweilen als frühes Werk der Science-Fiction-Literatur bezeichnet. Damit wäre dieser bahnbrechende Denker der Wissenschaftlichen Revolution auch der Begründer eines populären literarischen Genres.

Der Händler und Hobbyastronom William Crabtree bei der Beobachtung des Venustransits vor der Sonne im Jahr 1639, auf einem im 19. Jahrhundert von Ford Madox Brown geschaffenen Wandgemälde. Crabtree war von einem anderen Hobbyastronomen, Jeremiah Horrocks, auf das zu erwartende Ereignis hingewiesen worden und hatte diesem bei den Berechnungen geholfen. Die beiden waren die einzigen, die den Transit beobachteten, und zwar, indem sie ein Bild durch ein Teleskop projizierten. Crabtree tat dies in seinem Haus in Broughton bei Manchester, Horrocks dagegen in einem Dorf namens Much Hoole, 35 Kilometer entfernt.

NAOMI PASACHOFF UND JAY PASACHOFF

Galileo Galilei

BEGRÜNDER DER MODERNEN NATURWISSENSCHAFT
(1564–1642)

*»Die Philosophie steht in diesem großen Buch geschrieben, dem Universum,
das unserem Blick ständig offen liegt. Aber das Buch ist nicht zu verstehen,
wenn man nicht zuvor die Sprache erlernt und sich mit den Buchstaben vertraut macht,
in denen es geschrieben ist. Es ist in der Sprache der Mathematik geschrieben.«*
Galileo Galilei, *Prüfer mit der Goldwaage*, 1623

Im Jahr 1989 schickte die NASA zur Erforschung des Jupiters und seiner Monde die Raumsonde *Galileo* ins All. Damit ehrte sie den Mann, dessen Teleskop jene Trabanten vier Jahrhunderte zuvor erstmals sichtbar gemacht hatte. Mit seinen Experimenten, Messungen und Berechnungen hat Galileo Galilei der Untersuchung natürlicher Phänomene den Weg gewiesen. Da diese Methoden bis heute alle wissenschaftliche Forschung kennzeichnen, hat Einstein den italienischen Astronomen als »Vater der modernen Physik, ja, der modernen Naturwissenschaft überhaupt« bezeichnet.

Galilei wurde 1564 in Pisa geboren und studierte an der Universität seiner Heimatstadt. Ab 1589 hatte er dort eine Stelle als Mathematiker inne, in deren Rahmen er experimentelle Forschungen betrieb, die an einigen seit der Antike überlieferten Ansichten rüttelten. Indem Galilei Gewichte aus großer Höhe (angeblich vom Schiefen Turm von Pisa) zu Boden fallen und Kugeln auf schiefen Ebenen hinabrollen ließ, widerlegte er Aristoteles' Behauptung, dass schwere Objekte schneller fielen als leichte. Unterschiede in der Fallgeschwindigkeit schrieb er dem Luftauftrieb zu; ohne Luft, so argumentierte er, würden alle Objekte mit derselben Geschwindigkeit fallen. (1971 demonstrierte der Apollo-15-Astronaut David Scott auf dem luftlosen Mond, dass eine Feder und ein Hammer gleichzeitig zu Boden fallen.)

WIRBEL IN DER REPUBLIK VENEDIG

Kurz darauf, im Jahr 1592, wechselte Galilei an die Universität Padua in der Republik Venedig, wo er Kurse über euklidische Geometrie und aristotelische Kosmologie gab und als Privatlehrer praktische Mathematik unterrichtete. Er erfand einen Proportionszirkel für geometrische wie militärische Zwecke und besserte sein Einkommen auf, indem er Käufer lehrte, wie sich damit Berechnungen anstellen ließen. Seine häufigen Aufenthalte in Venedig nutzte er zum Studium der Gezeiten; es mündete schließlich in einer Gezeitentheorie auf der Grundlage des von Kopernikus geschaffenen heliozentrischen Modells mit der Sonne als Mittelpunkt des Universums. Galilei glaubte, die

Gegenüber: Dieses Porträt von Galileo Galilei findet sich in seiner *Geschichte und Demonstration bezüglich der Sonnenflecken*, erschienen 1613 in Florenz, in denen er seine Interpretation der Sonnenflecken lieferte und erste Kritik an den konformistischen Ansichten seiner Gegner übt.

GALILEO GALILEI LINCEO FILOSOFO E MATEMATICO DEL SER.mo GRAN DVCA DI TOSC.a

Wechselwirkungen zwischen täglicher Rotation der Erde und ihrer jährlichen Sonnen-umrundung führten zu Schwankungen in den Gewässern, die ausreichten, um Ebbe und Flut zu verursachen. Wenngleich die Newton'sche Mechanik diese Theorie später widerlegen sollte, ist sie insofern bedeutsam, als Galilei die Gezeiten mechanisch erklärt, statt auf eine mysteriöse Anziehungskraft zurückzugreifen. Im Sommer 1602 nahm er seine Forschungen zur Bewegung wieder auf. Experimente mit schiefen Ebenen und Pendeln ließen ihn zu dem Schluss kommen, dass der zurückgelegte Weg eines fallen-den Objekts proportional zum Quadrat der Zeit ist. 1608 schließlich hatte er erkannt, wie sich die Bewegung eines fallenden Objekts beschleunigt – dass nämlich die Ge-schwindigkeit proportional zur Zeit zunimmt. Außerdem zeigte er, dass Projektile einer Parabelkurve folgen, was ihm die Berechnung der Reichweite von Kanonen ermöglichte.

Im Oktober 1604 beobachtete Galilei eine Nova (lateinisch für »neu«), einen zuvor nicht sichtbaren Stern. Um das Phänomen mit der aristotelischen Vorstellung von der Vollkommenheit und Unveränderlichkeit des Himmels in Einklang zu bringen, vertra-ten Paduas Philosophen die Ansicht, die Nova sei erdnäher als der Mond und damit gar nicht im Himmel. Galilei aber argumentierte, die Nova müsse weiter entfernt sein als der Mond, da sich ihre Position vor dem Sternenhintergrund bei unterschiedlichen Höhenwinkeln über dem Horizont nicht zu verändern schien. Anonym kritisierte Ga-lilei die Schrift eines florentinischen Philosophen, nach der die Nova schon immer am Himmel gewesen und lediglich unentdeckt geblieben sei, bevor eine in der »kristalle-nen Sphäre« am Himmel sich bewegende Linse sie plötzlich habe sichtbar werden las-sen. (Bemerkenswert ist hier, dass in der zweiten Hälfte des 20. Jahrhunderts mithilfe von Einsteins allgemeiner Relativitätstheorie der sogenannte Gravitationslinseneffekt erklärt werden konnte, der einige extrem weit entfernte Objekte sichtbar macht, die andernfalls unsichtbar bleiben würden.)

1609 erfuhr Galilei, dass der Niederländer Hans Lipperhey einen Apparat erfunden hatte, der entfernte Objekte nah erscheinen ließ. Im August dessel-ben Jahres konstruierte Galilei, unter Verwendung einer plankon-vexen Linse als Objektiv und einer plankonkaven Linse als Okular, ein Teleskop mit neunfacher Vergrößerung. Eine zweite, verbes-serte Version präsentierte er den Ratsmitgliedern von Venedig, die sich dazu auf dem Glockenturm von San Marco eingefunden hatten und durch das Teleskop Schiffe erkennen konnten, die zuvor außer Sichtweite gewesen waren. Für diese Leistung belohnte man Galilei mit einer lebenslangen Anstellung an der Universität Padua. Bin-nen weniger Monate entwickelte er ein Teleskop mit zwanzigfacher und später sogar eines mit dreißigfacher Vergrößerung, mit dem er den Mond, die Jupitermonde und Sterne beobachtete. Über seine Entdeckungen – darunter die unebene, gebirgige Mondoberfläche und vier winzige, den Jupiter umkreisende Monde – berichtete er in seinem 1610 erschienenen Werk *Sidereus nuncius* (»Sternenbote«). Auch sie stellten aristotelische Grundsätze infrage. So widersprach Galileis Bericht von einer unebenen Mondoberfläche der Ansicht des Aristoteles, dass alle Himmelkörper vollkommen seien. Und die Beobachtung der vier Jupitermonde widerlegte die Auffassung, alles

Zwei von Galilei kon-struierte Teleskope, zu Ausstellungszwecken installiert. Das obere ist eine Konstruktion aus zwei halbrunden Holzrohren, die mit Kupferdraht zusam-mengehalten werden und mit Papier um-hüllt sind. Das untere ist ein mit rotem Leder umwickeltes Holzrohr. In dem verzierten elliptischen Gehäuse darunter befindet sich eine zerbrochene Linse.

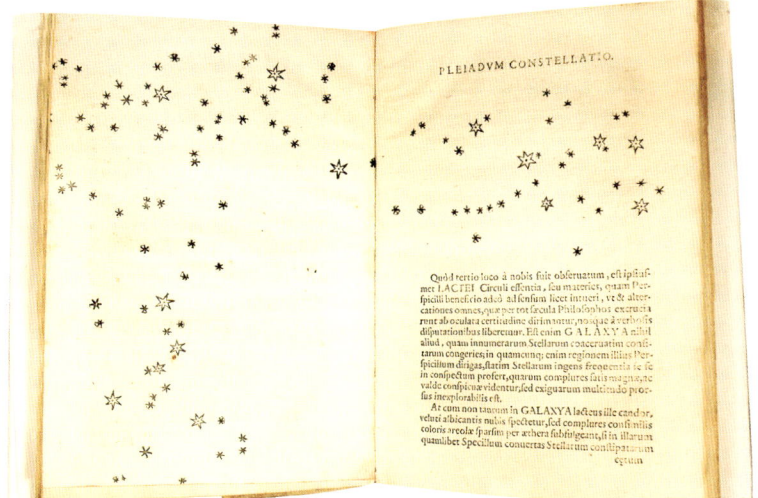

PLEIADVM CONSTELLATIO.

Seiten aus Galileis
Sidereus nuncius
von 1610 mit seinen
Zeichnungen der
Milchstraße und der
Plejaden.

würde sich um die Erde drehen. Seine teleskopischen Entdeckungen überzeugten Galilei, dass das kopernikanische Modell dem aristotelischen vorzuziehen sei. So dankte er denn Gott, »weil er mich allein als ersten Beobachter bewunderungswürdiger Dinge ausersehen hat, die den bisherigen Jahrhunderten verborgen geblieben waren«. Unter den Astronomen fanden Galileis Entdeckungen und Schlussfolgerungen keineswegs einhellige Zustimmung. Zu denen, die sie begrüßten, zählte nicht zuletzt Johannes Kepler, damals Mathematiker am kaiserlichen Hof des Heiligen Römischen Reiches in Prag.

HOFMATHEMATIKER IN FLORENZ

Da sich Galilei nach der heimischen Toskana sehnte und zudem lieber forschen und schreiben als lehren wollte, hofierte er seit geraumer Zeit einen potenziellen Gönner in Florenz. Schon sein 1606 veröffentlichtes Werk über den Proportionszirkel war dem Prinzen Cosimo de' Medici gewidmet worden, der 1609 Großherzog der Toskana wurde. Im *Sidereus nuncius* hatte Galilei die vier Jupitermonde Cosimo und seinen drei Brüdern zu Ehren »Mediceische Sterne« getauft. Im Juni 1610 machten sich seine Schmeicheleien bezahlt: Er wurde zum Philosophen und Mathematiker des Großherzogs der Toskana ernannt, mit einem Jahresgehalt von 1.000 Scudi, einer zu jener Zeit stattlichen Summe. Im September verließ Galilei das liberale Padua und die Republik Venedig, um seine Stelle am Hof der Medici in Florenz anzutreten, in verhängnisvoller Nähe zu Rom und der römischen Inquisition. Überdies erhielt er den Posten eines Obermathematikers der Universität Pisa, ein Amt ohne Lehrverpflichtung.

Galilei setzte seine teleskopischen Studien fort und konnte die Veränderung des Durchmessers der Venus bei veränderter Entfernung zur Erde sowie einen vollständigen Phasenzyklus beobachten. Beides erachtete er als Beweis, dass die Venus sich um die Sonne bewege und nicht unter ihr, wie in der Theorie des Ptolemäus beschrieben, oder über ihr, was vor der Entdeckung ihrer Phasen ebenfalls denkbar gewesen war. Außerdem entdeckte Galilei zwei kleine Sterne neben dem Saturn, die wenig später wie

»Ohren« oder »Griffe« aussahen, aber erst 1659 von dem niederländischen Astronomen Christiaan Huygens als Ringe identifiziert werden konnten.

Im Frühjahr 1611 verbrachte Galilei zwei Monate in Rom, wo ihm Papst Paul V. eine Audienz gewährte. Überdies lernte er Christoph Clavius kennen, den obersten Mathematiker des Collegio Romano, der Ausbildungsstätte der Jesuiten. Clavius bestätigte Galileis teleskopische Beobachtungen, wies jedoch dessen Ansicht von der Unebenheit der Mondoberfläche zurück; andere Jesuiten dagegen teilten Galileis Schlussfolgerungen. In Rom wurde Galilei in die Accademia dei Lincei eingeführt, eine der ältesten wissenschaftlichen Gesellschaften der Welt. Ihr Luchs-Emblem zierte nun seine Publikationen, von denen zwei durch die Accademia gefördert und herausgegeben wurden. Die erste, *Geschichte und Demonstration bezüglich der Sonnenflecken*, war eine Antwort auf Beobachtungen des deutschen Jesuiten und Mathematikers Christoph Scheiner; die von Galilei ebenfalls schon entdeckten Sonnenflecken stellten die Vorstellung Aristoteles' von der Vollkommenheit der Himmelskörper um ein weiteres Mal infrage. Der Prioritätenstreit mit Scheiner machte Galilei in Kirchenkreisen nicht gerade beliebt. Die Accademia förderte auch die 1623 erschienene Schrift *Prüfer mit der Goldwaage*, in der Galilei einen jesuitischen Mathematiker am Collegio Romano wegen dessen Interpretation von Kometen aufs Korn nahm. Tatsächlich hatte dieser Jesuit recht, als er Tycho Brahes Ansicht von 1577 folgte, Kometen seien Körper am Himmel jenseits des Mondes; Galilei dagegen hielt Kometen fälschlicherweise für optische Illusionen in von der Erde aufsteigenden Dämpfen. *Prüfer mit der Goldwaage* ist dem kurz zuvor inthronisierten Papst Urban VIII. gewidmet, der als Kardinal Maffeo Barberini ein Förderer der Accademia gewesen war, und trägt die Familienkrone der Barberini auf dem Titelblatt. In *Prüfer mit der Goldwaage* findet sich auch Galileis Diktum, der Mensch könne das Universum allein durch Gottes Sprache, die Mathematik, verstehen.

Hatten ihn in Rom bedeutende Leute umschwärmt, so wurde Galilei bei seiner Rückkehr in die Toskana von den dortigen Philosophen kühl empfangen. Nach dem Erscheinen von Galileis *Diskurs über Dinge, die auf dem Wasser schwimmen* im Jahr 1612 verbündeten sich drei Philosophen der Universität Pisa mit Kritikern Galileis aus Florenz, um den Mann, der an ihrem aristotelischen Weltbild rüttelte, in Misskredit zu bringen.

IM VISIER DER INQUISITION

Auch die Ernennung von Galileis Freund und Schüler Benedetto Castelli zum Mathematikprofessor im Jahr 1613 erregte den Unwillen der Pisaner Philosophen. Castelli wurde von einem Vertreter der Universität davor gewarnt, kopernikanischen Theorien zu lehren, und von der Mutter des Großherzogs mit Fragen zur Vereinbarkeit dieser Theorien mit gewissen Bibelstellen gelöchert. Mit der Bitte um Rat wandte sich Castelli an Galilei, der entgegnete, dass die Bibel und das Universum – beide Schöpfungen Gottes – gleichermaßen wahr seien; widersprächen allerdings naturwissenschaftliche Beobachtungen der Bibel, müsse der beobachteten Wahrheit der Vorzug gegenüber dem bildlichen Bibeltext gegeben werden. Castelli verteilte Kopien des Briefes von Galilei, der so auch zwei Dominikanern und damit der Inquisition in die Hände fiel.

1615 legte Kardinal Robert Bellarmin, ein Mitglied der römischen Inquisition, Galilei nahe, die Bewegungen der Erde als reine Hypothese zu behandeln. Gegen Ende des

Gegenüber: Galilei vor dem Tribunal der Inquisition in Rom im Januar 1633, in einer Darstellung des französischen Malers Noël-Thomas-Joseph Clérian aus dem frühen 19. Jahrhundert.

Jahres reiste Galilei nach Rom, um eine Verurteilung der »kopernikanischen Meinung« zu verhindern. Trotz des kühlen Empfangs wähnte sich Galilei nicht unmittelbar in Gefahr, und so verteidigte er öffentlich das kopernikanische Weltbild wie auch seine eigene Gezeitentheorie. Die Angelegenheit kam schließlich Papst Paul V. zu Ohren, der Kardinal Bellarmin anwies, Galilei unter Haftandrohung aufzufordern, der kopernikanischen Theorie abzuschwören und sie »künftig in keiner Weise mündlich oder schriftlich zu vertreten, zu lehren oder zu verteidigen«, wozu sich Galilei am 26. Februar 1616 auch verpflichtete. Im März wurde Kopernikus' Schrift *De revolutionibus orbium coelestium* (»Über die Umschwünge der himmlischen Kreise«) auf den Index der verbotenen Bücher gesetzt, bis das Werk entsprechend kirchlicher Vorgaben »korrigiert« sei. Drei Monate später verließ Galilei Rom, im Gepäck eine Bescheinigung Kardinal Bellarmins, die besagte, dass er nicht bestraft, aber darüber aufgeklärt worden sei, dass das Werk des Kopernikus »der Heiligen Schrift entgegenstehe … [und] nicht verteidigt oder vertreten werden könne«. Galilei fasste diese Bescheinigung später so auf, dass er das heliozentrische Weltbild zwar hypothetisch erörtern, nicht aber als Tatsache darstellen dürfe.

1621 starb Großherzog Cosimo II., und der Verlust seines Förderers beunruhigte Galilei. Anlass zur Freude gab ihm im August 1623 die Wahl seines Freundes Kardinal Barberini zum Papst. Im Frühjahr 1624 traf er gleich sechsmal mit dem neuen Papst Urban VIII. zusammen. Dieser hielt zwar den Bann gegen Kopernikus aufrecht, erlaubte Galilei aber, das kopernikanische und das ptolemäische Weltbild in seinen Schriften zu vergleichen, sofern er davon absah, die Bewegungen der Erde als Tatsache darzustellen. Im Glauben, er habe den Rückhalt des Papstes, nahm Galilei nun sein Meisterwerk in Angriff, in welchem er die Analyse der kopernikanischen Theorie in ein Gespräch zwischen drei fiktiven Figuren kleidete. Der Figur, die Kopernikus repräsentierte, gab Galilei den Namen eines verstorbenen Freundes, Salviati, auf dessen toskanischem Anwesen er sich einst von mehreren Krankheiten erholt hatte. Die den gesunden Menschenverstand verkörpernde Figur nannte er Sagredo, den die Lehre des Aristoteles vertretenden Redner Simplicio. Dieser Name war doppeldeutig: Simplikios war ein um 530 wirkender Aristoteles-Kommentator, aber natürlich konnotiert der Name auch eine Schlichtheit des Gemüts.

1630 erklärte sich der kirchliche Zensor bereit, das gesamte Manuskript zu genehmigen, falls Galilei gewisse Änderungen vornehme. Unter anderem teilte der Zensor mit, dem Papst missfalle die Erwähnung der Gezeiten in dem von Galilei gewählten Titel *Dialog über die Gezeiten*. So hieß das im Februar 1632 in Florenz erschienene Buch schließlich *Dialogo di Galileo Galilei sopra i due massimi sistemi del mondo Tolemaico, e Copernicano* (»Dialog von Galileo Galilei über die zwei wichtigsten Weltsysteme, das ptolemäische und das kopernikanische«). Die Ausführungen über die Gezeiten als Beleg für die Bewegung der Erde beschränkten sich nun auf ein Minimum; im Zentrum des Werks stand vielmehr die Ansicht des Papstes, der menschliche Geist könne der Macht Gottes keine Grenzen setzen.

Obwohl Galilei den Forderungen des Zensors entsprochen hatte, wandte sich der Papst bald von ihm ab. Im August 1632 verbot Urban den weiteren Druck des *Dialogs* und berief eine spezielle Kommission zur Prüfung des Buches ein. Die Kommission beanstandete eine ganze Reihe von Punkten, nicht zuletzt die Missachtung des Verbots, die kopernikanische Theorie zu vertreten, zu lehren oder zu verteidigen. Daraufhin beorderte der Papst Galilei nach Rom vor das Heilige Offizium. Auch die Inquisition forderte ihn auf, sich vor ihren Inquisitoren zu verantworten, was Galilei im Januar 1633 – nach monatelanger Krankheit – auch tat. In der Befragung beharrte er darauf, die Ansicht Kopernikus' nicht zu unterstützen, und berief sich auf Bellarmins Bescheinigung, die ihm erlaube, das kopernikanische Weltbild hypothetisch zu erörtern. Doch die Inquisitoren wiesen seine Argumentation zurück. Im Juni sprach die Inquisition Galilei schuldig, »der Ketzerei stark verdächtig« zu sein, setzte den *Dialog* auf den Index und belegte die Veröffentlichung all seiner Schriften – der früheren wie zukünftigen – mit einem Bann. Zudem entschied der Papst, dass Galilei auf unbestimmte Zeit zu inhaftieren sei.

Galilei wurde zunächst in der Residenz des toskanischen Botschafters in Rom unter Hausarrest gestellt. Anschließend überstellte man ihn in das Haus des Erzbischofs Ascanio Piccolomini in Siena. Dort motivierten ihn Besucher zur Arbeit an seinem letzten Buch, *Zwei Neue Wissenschaften*. Dieses Werk zur Werkstoffkunde und Kinematik hat ebenfalls die Form eines Gesprächs zwischen Salvati, Sagredo und Simplicio.

Als es schließlich im Sommer 1638 erschien, war Galilei bereits erblindet, konnte aber seine Korrespondenz mithilfe eines Sekretärs weiterführen. Sein Gesuch um Freilassung wurde von der Inquisition abgelehnt, doch erlaubte man ihm den Umzug in sein Privathaus, wo er näher bei seinen Ärzten war. Keine vier Jahre später, am 4. Januar 1642, starb Galilei in seiner Villa in Arcetri bei Florenz.

Das Titelbild von Galileis *Dialogo* von 1632. Dieses Buch – nicht wie damals üblich in Latein verfasst, sondern auf Italienisch, um eine größere Leserschaft anzusprechen – brachte Galilei bei Papst Urban VIII. und der Inquisition in Verruf. Es führte zu einer Anklage wegen Häresie und einer Verurteilung zu Hausarrest. Zu sehen sind links Aristoteles, in der Mitte Ptolemäus und rechts Kopernikus (mit Galileis Gesicht); ihre Namen stehen jeweils am Saum ihrer Gewänder.

POSTHUME ANERKENNUNG

Nach Galileis Tod verbot Papst Urban VIII. alle Galilei gewidmeten Lobschriften und Denkmäler. Diese Anordnung wurde ein Jahrhundert später abgeschwächt. 1737 überführte man Galileis Leichnam aus einer kleinen Krypta im hinteren Teil von Santa Croce in Florenz in ein Mausoleum im Hauptschiff der Kirche. In den 1820er Jahren gestattete die katholische Kirche die Veröffentlichung von Büchern, in denen die Bewegung der Erde als Tatsache dargestellt wurde. Der Römische Index des Jahres 1835 war der erste, der keinerlei Werke von Kopernikus, Kepler oder Galilei enthielt.

Die Rehabilitation Galileis dauerte noch bis zum 20. Jahrhundert an. In seiner Rede vor der Päpstlichen Akademie der Wissenschaften 1992 erklärte Papst Johannes Paul II., die Inquisitoren, die Galilei verurteilt hatten, hätten – wenn auch nach damaligem Wissen und in gutem Glauben handelnd – nicht sorgfältig genug zwischen der Bibel und ihrer Deutung unterschieden. »Das ließ sie eine Frage der wissenschaftlichen Forschung unberechtigterweise auf die Ebene der Glaubenslehre übertragen.« 1993 allerdings nannte Kardinal Ratzinger, der 2005 als Benedikt XVI. Papst wurde, das Ergebnis des Verfahrens gegen Galilei »vernünftig und gerecht«. 2008 sagte Roms ehrwürdige Universität La Sapienza einen Papstbesuch ab, nachdem Studenten und Dozenten gegen diese Aussage protestiert hatten. Im Dezember 2008 erklärte der Papst schließlich, er achte all jene, die – im Gedenken an Galilei – das Internationale Jahr der Astronomie feierten. Das Verständnis der Naturgesetze, so Papst Benedikt, könne zu einem tieferen Verständnis der Werke Gottes beitragen.

ROB ILIFFE

Isaac Newton

DIE GESETZE DER BEWEGUNG UND SCHWERKRAFT
(1642–1727)

»Natur und der Natur Gesetze lagen in dunkler Nacht;
Gott sprach: Newton sei!
Und sie strahlten voll Pracht.«
Alexander Pope, Grabspruch für Sir Isaac Newton, 1730

Der Begründer der modernen Physik, Isaac Newton, hatte eine schwierige und einsame Kindheit. Sein leiblicher Vater, ein Freibauer, starb drei Monate vor Isaacs Geburt am ersten Weihnachtsfeiertag 1642 in Woolsthorpe Manor, dem Gutshaus der Familie in Lincolnshire. Im Alter von zwei Jahren zog seine Mutter Hannah fort, um zu heiraten und mit einem deutlich älteren Vikar aus der Gegend zusammenzuleben. So wurde Isaac in Woolsthorpe von seiner Großmutter mütterlicherseits aufgezogen. Eine Liste von Sünden, die Newton mit 19 Jahren anfertigte, lässt auf ein zorniges Kind schließen, das »vielen den Tod wünschte« und einmal gar das Haus niederbrennen wollte, in dem seine Mutter und sein Stiefvater schliefen.

Ab etwa 1655 besuchte Newton die King's School bei Grantham, wo er im Haus eines Apothekers lebte. In der neuen Umgebung blühte er auf und zeigte eine beachtliche Kreativität in der Herstellung von Holzspielzeug, Uhren und anderem mechanischen Gerät – Beschäftigungen, die sein im 18. Jahrhundert schreibender Biograph William Stukeley »philosophisches Spielen« nannte. 1659 nahm ihn seine Mutter aus der Schule, damit er den Hof der Familie führen könne. Doch Isaac war nicht erpicht darauf, diese ihm auferlegten Pflichten zu erfüllen. Zum Glück hatten mehrere Personen seine außergewöhnliche wissenschaftliche Begabung erkannt, darunter der Schuldirektor sowie Isaacs Onkel, ehemals Student am Trinity College in Cambridge. Obwohl Hannah das Studieren für Zeitverschwendung hielt, erlaubte sie ihrem Sohn die Rückkehr ans Gymnasium, damit er sich auf die Universität vorbereiten konnte.

JUGENDLICHE GENIALITÄT IN CAMBRIDGE

Newton begann sein Studium am Trinity College im Sommer 1661 und erfuhr eine traditionelle akademische Ausbildung auf der Grundlage der aristotelischen Werke. Im Frühjahr 1664 jedoch besuchte er Vorlesungen von Isaac Barrow, dem ersten Inhaber des Lucasischen Lehrstuhls für Mathematik, dessen Reduktion der Physik auf die Ma-

Gegenüber: Isaac Newton, porträtiert von Sir Godfrey Kneller im Jahr 1702, drei Jahre vor Newtons Erhebung in den Ritterstand durch Königin Anne. Er war nach Sir Francis Bacon 1603 erst der zweite Naturwissenschaftler, dem diese Ehre zuteil wurde.

thematik bei Newton einen dauerhaften Eindruck hinterließ. Er begann, den altmodischen Lehrplan zu ignorieren, und vertiefte sich in die neue »mechanistische« Philosophie fortschrittlicher Denker wie René Descartes, Nikolaus Kopernikus und Johannes Kepler. In den folgenden zwei Jahren machte er bahnbrechende Entdeckungen auf den Gebieten der Optik, Mechanik und Mathematik, wobei er meist zu Hause arbeitete, da die Große Pest inzwischen auch Cambridge erreicht hatte.

Ende 1666 war es ihm als erstem Menschen gelungen, unter Verwendung infinitesimaler Größen, die er »Fluxionen« nannte, bestimmte Rechenverfahren (nämlich Differential- und Integralrechnung) zu beschreiben. Überdies war er der erste, der den Binomischen Lehrsatz der elementaren Algebra aufstellte. Dieser erlaubte die Verallgemeinerung der Form $(a + b)^n$, und zwar durch Verwendung einer Formel, die für alle Werte von n galt, einschließlich negativer Zahlen und Brüche. Ebenfalls zu jener Zeit verglich er, offenbar angeregt durch die Beobachtung eines fallenden Apfels, die von der Erde an ihrer Oberfläche ausgeübte Anziehungskraft mit jener Kraft, die es benötigt, um den Mond auf seiner Umlaufbahn zu halten. Beide Phänomene, so stellte er fest, fielen »ziemlich genau« unter ein Gesetz, wonach die von der Erde auf andere Objekte ausgeübte Kraft umgekehrt proportional zum Quadrat der Entfernung zwischen ihnen war; allerdings erschien ihm das Ergebnis nicht hinreichend exakt, um es einer breiteren Öffentlichkeit bekannt zu machen.

Ungefähr zur selben Zeit entdeckte Newton durch eine Reihe ausgeklügelter Experimente, dass weißes Licht heterogen aus elementaren Lichtstrahlen von je eigener Farbe und Brechbarkeit besteht. Nebenprodukt dieser Forschungen war seine Erfindung eines brauchbaren Spiegelteleskops, dessen Bilder durch einen hochglänzenden Spiegel zustande kamen, statt durch Brechung in einer Linse.

1667 kehrte Newton nach Cambridge zurück und wurde Fellow des Trinity College. Doch seine akademische Karriere nahm gerade erst Fahrt auf. In den nachfolgenden Jahren führte er seine mathematischen Forschungen fort, die er schließlich in dem Aufsatz »On analysis by equations infinite in number of terms« (»Über die Rechenkunst mittels der der Zahl ihrer Glieder nach unendlichen Gleichungen«) zusammenfasste. Seine Leistungen wurden schon bald belohnt: 1669 ernannte man ihn zu Barrows Nachfolger auf dem Lucasischen Lehrstuhl. Zwei Jahre später, als er gerade seine Vorlesungen über Optik sowie seine Arbeit über Fluxionen zur Veröffentlichung vorbereitete, machte Barrow die Royal Society auf Newton aufmerksam, indem er den Mitgliedern der Gesellschaft ein von Newton entwickeltes Spiegelteleskop vorführte. Newton sandte der Gesellschaft daraufhin einen Aufsatz über seine auf einem »entscheidenden Experiment« beruhende Entdeckung der Heterogenität von weißem Licht. Nicht nur widersprach diese Entdeckung der damaligen und antiken Auffassung, weißes Licht werde beim Übergang von einem Medium in ein anderes verändert; Newton konnte sich zudem der beachtlichen Leistung rühmen, die Wissenschaft der Farben mathematisiert zu haben.

Newton unterschied streng zwischen Aussagen, die sich mit absoluter mathematischer Gewissheit beweisen ließen, und solchen, bei denen dies nicht möglich war; Letztere nannte er abschätzig reine »Hypothesen« oder »Vermutungen«. Wenig Eindruck machten seine Argumente auf Robert Hooke, den Autor der berühmten *Micrographia* von 1665 und führenden Kopf der Royal Society. Hooke hielt Licht für eine Welle oder

eine Form von Puls, die sich durch ein unsicht-
bares Medium, den »Äther«, fortbewege. Zwar
gestand er Newton zu, wirkliche Phänomene
beobachtet zu haben, meinte aber, die Farben seien das Ergebnis einer Veränderung
des weißen Lichts durch das Prisma. Newtons Theorie, erklärte er, sei lediglich eine
»Hypothese« – eine Behauptung, die den Inhaber des
Lucasischen Lehrstuhls entrüstete.

1675 ließ sich Newton wider besseres Wissen dazu über-
reden, eine Zusammenfassung seiner Ansichten zur Naturphilosophie in Form einer »Hypothesis of Light« zu
veröffentlichen. In diesem faszinierenden Text erläutert er
detailliert seine Auffassung von den verschiedenen kosmo-
logischen Funktionen eines Äthers, mit denen sich Licht,
Klang, Elektrizität, Magnetismus und Schwerkraft erklären ließen. Das Werk führte zu einer zweiten Auseinandersetzung mit Hooke. Dieser hatte einigen
Personen erzählt, die meisten Gedanken in Newtons
Schrift entstammten seiner, Hookes, *Micrographia*.
Seinerseits um Schmähungen nicht verlegen, bezichtigte Newton daraufhin Hooke, sein gesamtes Werk von
Descartes übernommen zu haben. Er war erst besänftigt, als Hooke mitteilte, seine
Ansichten seien falsch dargestellt worden. In einer berühmten Antwort merkte Newton an, Hooke habe tatsächlich einige gute Arbeit geleistet, und fügte hinzu: »Wenn ich
weiter geblickt habe, so deshalb, weil ich auf den Schultern von Riesen stehe.«

ALCHEMIE UND THEOLOGIE

Angesichts der Kontroversen, die er als Neuling im Wissenschaftsbetrieb verursacht
hatte, sah Newton davon ab, seine optischen und mathematischen Studien zu publi-
zieren. Stattdessen widmete er sich verstärkt anderen Gebieten, etwa der Alchemie. So
behauptete er in einer Schrift, Metalle »wüchsen wie Bäume« oder »wie Vegetation« in
die Erde hinein, denselben Gesetzen gemäß, die auch die Entwicklung lebender Dinge
bestimmten. Beide Phänomene erklärten sich durch einen »verborgenen Geist«, der
ebenso für andere Vorgänge wie Gärung, Ernährung und chemische Prozesse verantwortlich sei. Außerdem beschäftigte sich Newton mit theologischen Fragen. Im Laufe
der 1670er Jahren entwickelte er ein komplexes, zutiefst protestantisches Geschichts-
bild. So schrieb er in einem wohl Mitte der 1680er Jahre entstandenen Entwurf, die
frühgeschichtlichen Menschen hätten an einen Newton'schen Kosmos geglaubt und in
Nachahmung des Sonnensystems einen Kult um ein vestalisches Feuer herum praktiziert. Dieser, erklärte er, werde durch die Gestalt der Ruinen von Stonehenge und
Avebury bewiesen und sei »die rationalste aller Religionen« vor dem Christentum gewesen.

Eine Replik des ersten, von Newton konstruierten Spiegelteleskops, das er 1668 der Royal Society präsentierte. Es basiert auf einem konkaven Spiegel statt einer einfachen Linse, die – nach Newtons Ansicht – wegen der chromatischen Aberration nur verschwommene Bilder zu liefern vermochte (da Farben unterschiedliche Brechungsindizes haben). Das Licht wird sowohl von diesem ersten Spiegel als auch von einem flachen zweiten an der oberen Rohröffnung abgelenkt. Der Betrachter schaut durch das Okular an der Seite des Rohres.

Für seine bedeutendste Aufgabe hielt Newton in späteren Jahren fraglos das Entschlüsseln biblischer Prophezeiungen. Dabei stand er in der Tradition protestantischer Apokalyptiker, denen der Papst der Antichrist und der Katholizismus die Religion des Satans waren. Aus seinen Studien sprach eine radikale Form des Anti-Trinitarismus (Newton hielt den Begriff der Dreifaltigkeit also für eine vorsätzliche Fälschung). Katholiken wie der »verschlagene Politiker« Athanasius von Alexandria seien, meinte Newton, vom Teufel angestiftet worden, der im 4. Jahrhundert die Erde heimgesucht hatte, und hätten der leichtgläubigen Welt ihre wirre und verdorbene Version des Christentums aufgezwungen. Newton lebte und arbeitete in einer Gesellschaft, die über solcherlei Ansichten zutiefst entsetzt gewesen wäre, und wären sie seinen Zeitgenossen bekannt geworden, hätte er dafür mindestens mit sozialer Ächtung bezahlen müssen.

PRINCIPIA MATHEMATICA

Gegen Ende des Jahres 1679 wandte sich Hooke schriftlich an Newton, um Fragen der Himmelsmechanik zu erörtern. In diesem Briefwechsel schlug Hooke vor, die Bewegung der Planeten und ihrer Trabanten zu bestimmen, indem man die Trägheitsbewegung mit einer Anziehungskraft »kombiniere«, die Objekte aus dieser Bewegung herausziehe. Diese Kraft, ergänzte er, müsse umgekehrt proportional zum Quadrat des Abstands zwischen den beiden Körpern sein. Wie erwähnt kannte Newton dieses reziproke Quadratgesetz bereits. Doch scheint er die Relevanz von Hookes weiteren Überlegungen zu Umlaufbahnen erst erkannt zu haben, als er sich mit einem Himmelsereignis beschäftigte, das sich 1680 ereignete.

Gegen Ende jenes Jahres tauchte der »Große Komet« auf, der Ende November hinter der Sonne verschwand, woraufhin wenig später, zu Beginn des nächsten Monats, ein weiterer Komet folgte. Im Januar 1681 teilte der Hofastronom John Flamsteed Newton in einem Brief mit, er habe die Rückkehr des Kometen vorhergesagt, und dass es sich bei den beiden Kometen nur um einen einzigen handle – der November-Komet sei vor der Sonne durch einen magnetischen Rückstoß gewendet worden. Newton, der zu diesem Zeitpunkt noch von zwei verschiedenen Kometen ausging, erwiderte, die bekannten Bahnen beider Kometen sprächen gegen die Annahme, es sei ein und derselbe Komet – zumindest *falls* er vor der Sonne umgekehrt sei. Sollte es sich tatsächlich nur um einen Kometen handeln, sei dieser hinter der Sonne umgekehrt, wofür es aber keinen bekannten physikalischen Mechanismus gebe. Auf alle Fälle bezweifelte Newton, dass die von der Sonne ausgehende Kraft eine magnetische sei, da er überzeugt war, erhitzte Magneten verlören ihre Kraft.

In einer Epoche, in der von der Naturphilosophie verlangt wurde, Phänomene durch physische Ursachen zu erklären, waren die einzigen plausiblen Alternativen zum Magnetismus eine unbestimmte ätherische »Flüssigkeit« sowie jene »Wirbel«, die Descartes in den 1630er und 1640er Jahren beschrieben hatte. Mit seinem als *Principia* bekannten Meisterwerk *Philosophiae naturalis principia mathematica*, in dem Newton 1687 seine Theorie der Allgemeinen Schwerkraft präsentierte, wandte er sich ausdrücklich gegen die Ansicht, der Raum enthalte einen Äther oder Wirbel. Derlei Mechanismen ließen Gott (dem Erhalter eines Kosmos, der ein absolutes Bezugssystem darstellte) keinen Spielraum, in seine eigene Schöpfung einzugreifen – was er von Zeit zu Zeit tun musste.

Newton wurde damals von vielen Wissenschaftlern dafür kritisiert, dass er sich, um seinen Begriff der Allgemeinen Schwerkraft zu erklären, der Krücke eines physikalischen Mechanismus entledigt hatte. Letztlich aber veränderte er erfolgreich unsere Vorstellung davon, was es heißt, ein natürliches Phänomen zu erklären.

Zur Niederschrift der *Principia* angeregt wurde Newton durch einen Besuch von Edmond Halley im Jahr 1684. Auf dessen Drängen hin erklärte Newton, er könne zeigen, dass eine elliptische Planetenbahn einem reziproken Quadratgesetz entspreche, doch konnte er erst im November jenes Jahres einen Nachweis liefern. Innerhalb von zwölf Monaten fand er heraus, dass alle Körper, wie klein sie auch sind, Anziehungskraft besitzen und andere Körper gemäß der Gleichung $F = G\,(m_1 m_2/r^2)$ anziehen (G ist hier eine Schwerkraftkonstante und r der Abstand zwischen den Massen m_1 und m_2). Neben dem Gravitationsgesetz und seinen drei Bewegungsgesetzen führte Newton damit auch die modernen Begriffe von Kraft und Masse ein.

In der endgültigen Fassung bestanden die *Principia* aus drei Büchern. Die ersten beiden waren Abhandlungen über verschiedene »virtuelle mathematische Welten« mit je eigenen Naturgesetzen. Das zweite Buch beschäftigte sich mit Bewegung in bestimmten Medien, zum Beispiel Flüssigkeiten, während das dritte, *De mundi systemate* (»Über das Weltsystem«), die Naturgesetze behandelte, die in unserem Kosmos gelten. Newton bietet hier die ersten zutreffenden Erklärungen der Gezeiten, der Kometenbewegung

Dieser Stich von Johann Jakob Sandrart zeigt den Großen Kometen am Himmel über Nürnberg am 18. November 1680.

und der Gestalt der Erde und erläutert ausführlich die Umlaufbahn des (nun einzelnen) Großen Kometen. Bald war klar, dass es sich bei Newtons Werk um das Werk eines Genies handelte. Die klügsten Naturphilosophen und Mathematiker versuchten, den Inhalt zu verstehen, und die Schwierigkeit des Werks war schon bald legendär. Newton wurde allseits verehrt, doch gab es auch Abweichler. Kurz vor Erscheinen der *Principia* empörte sich Hooke darüber, dass Newton seine – Hookes – Hinweise zur Himmelsmechanik nicht angemessen würdigte. Newton seinerseits war über Hookes Beschwerde so erbost, dass er im Manuskript noch einige Bezugnahmen tilgte und ihn Halley gegenüber als einen prahlerischen Plagiator und mathematischen »Stümper« beschimpfte. Flamsteed wiederum – noch immer darüber erzürnt, dass Newton ihn öffentlich gedemütigt und nie zugegeben hatte, ihm entscheidende Daten zur Umlaufbahn von Planeten und Kometen zu verdanken – hielt Newton für einen pathologischen Tyrannen, der von den Lobhudeleien seiner abgöttischen Bewunderer nicht genug bekommen könne.

ÖFFENTLICHES LEBEN UND ERBITTERTE KONTROVERSEN

1697 verteidigte Newton die Unversität Cambridge öffentlich gegen Versuche des katholischen Königs Jakob II., im Sidney Sussex College einen katholischen Priester einzusetzen. Zwei Jahre später zog Newton im Zuge der Glorious Revolution als Abgeordneter für die Unversität Cambridge ins Parlament ein. In den nachfolgenden Jahren bemühte er sich vergeblich um ein öffentliches Amt in London, arbeitete zugleich aber weiter intensiv an diversen Projekten. So versuchte er in einer Reihe »klassischer« *scholia* nachzuweisen, dass schon die antiken Denker Gott als die unmittelbare Ursache der Schwerkraft erkannt, diese und andere Wahrheiten jedoch durch eine rätselhafte Sprache vor dem gemeinen Volk geheim gehalten hatten. 1696 wurde Newton schließlich zum Aufseher der Königlichen Münzanstalt ernannt. Hatten seine Vorgänger dieses Amt noch als Pfründe betrachtet, machte er sich mit großem Einsatz daran, die sogenannten *clippers* und *coiners* – Falschmünzer, die das englische Münzgeld entwerteten – aufzuspüren. Auch oblag es ihm, gelegentlich Anordnungen zur Hinrichtung von Straftätern zu unterzeichnen. Nachdem Newton 1699 zum Direktor der Münzanstalt befördert worden war, spielte er eine bedeutende Rolle beim Zusammenschluss der schottischen und englischen Münzanstalten, der letztlich zum Vereinigungsgesetz von 1707 führte – jenem Act of Union, mit dem das Königreich Großbritannien entstand.

1703 erhielt Newton die höchste Auszeichnung der britischen Wissenschaft: das Präsidentenamt der Royal Society. Zwei Jahre später wurde er in den Ritterstand erhoben. Viele Ausländer betrachteten die Verbreitung seiner Theorien außerhalb Großbritanniens als ehrenvolle Aufgabe, und schon in den 1720er Jahren war das Newton'sche Weltbild nicht nur in britischen, sondern auch in niederländischen Universitäten und Städten vorherrschend. Bis seine Lehren auch in Italien und Frankreich akzeptiert wurden, sollten hingegen noch mindestens zwei Jahrzehnte vergehen.

Bedeutende Naturphilosophen wie Gottfried Wilhelm Leibniz und Christiaan Huygens fanden die Vorstellung, zwischen allen Körpern des Universums wirke eine Art mysteriöser »Anziehung«, zunächst unglaubwürdig und unwissenschaftlich. Überhaupt sorgten Newtons Theorien zeit seines Lebens für Kontroversen. Leibniz hatte England 1673 und 1676 besucht und noch vor der zweiten Reise ein Rechenverfahren entwickelt, das sich stark von demjenigen Newtons unterschied. Zu jenem Zeitpunkt hatten er und der Mathematiker aus Cambridge noch ein gutes Verhältnis, wovon zwei Briefe zeugen, die Newton 1676 an Leibniz schrieb. Doch der gegenseitige Respekt hatte keinen Bestand. 1684 veröffentlichte Leibniz seinen Kalkül, während von Newtons Arbeit auf diesem Gebiet in den folgenden zwei Jahrzehnten nichts publiziert wurde. In dieser Zeit behaupteten jedoch mehrere Anhänger Newtons, Leibniz' Kalkül sei Newtons unterlegen und ihr Meister habe seinen zuerst entwickelt, ja Leibniz habe gar während seines Besuchs in London 1676 entscheidende Informationen über Newtons Entdeckung erhalten. 1712 und 1713 eskalierte der Streit in erbitterten Wortgefechten zwischen Anhängern Newtons und Leibniz'. Diese feindselige Kontroverse wurde noch dadurch verschärft, dass Leibniz der Bibliothekar und gewissermaßen Hofphilosoph des Hauses Hannover war, das nach dem Tod von Königin Anne im Sommer 1714 die protestantische Linie der britischen Thronerben (in Gestalt Georgs I.) fortsetzen sollte. Leibniz hielt das Newton'sche Weltbild für unausgegoren, nicht zuletzt wegen der aberwitzigen Lehre von der Anziehungskraft, aber auch, weil Gott darin wiederholt und widernatürlich eingreifen musste, um seine eigene Schöpfung zu erhalten. Newton wiederum fand, Leibniz habe – wie Descartes – ein Weltbild konstruiert, dessen Perfektion Gott überflüssig mache. Und er setzte Leibniz' metaphysische Spitzfindigkeiten mit den Lehren jener gleich, die die einfachen Wahrheiten des Christentums verdorben hatten.

Trotz dieser Kontroversen beherrschten Newtons Theorien den wissenschaftlichen Diskurs. Mit der Veröffentlichung von *Opticks* 1704 konnte eine weitaus größere Menge seiner Lehrsätze diskutiert und verbreitet werden. Diesem überwiegend aus älterem Material bestehenden Werk fügte er einige »Queries« hinzu, in denen er persönliche Ansichten zur Existenz einer Reihe von »aktiven Prinzipien« äußerte, die für Phänomene wie Wachstum oder die Fähigkeit, unseren Körper zu bewegen, verantwortlich seien. Spätere Ausgaben des Werks ergänzte er um weitere »Queries«, die sich mit Phänomenen der Chemie, Elektrizität und des Magnetismus befassten, wobei seine Erklärungen hier erstaunlicherweise wieder den Äther bemühen, ähnlich wie schon in seiner »Hypothesis« von 1675.

In den letzten Lebensjahren erledigte Newton viele seiner administrativen Aufgaben nur noch beiläufig, bewahrte sich aber sein starkes Interesse für Theologie und Chronologie. Als er 1727 starb, galt er – hochgeehrt vom britischen Staat und zum Begründer des rationalen Denkens erklärt – schon seit Jahrzehnten als eine wissenschaftliche Legende. Trotz neuerer Erkenntnisse über sein bisweilen verwerfliches Verhalten sind sich Historiker darin einig, dass Newton in intellektueller Hinsicht über seinen Zeitgenossen thronte wie seither niemand mehr. Und die meisten stimmen Halleys Ansicht zu, dass kein Sterblicher jemals den Göttern näher kommen wird.

Die Titelseite von Newtons *Opticks* aus dem Jahr 1704, das von den Eigenschaften des Lichts handelt. Newton hatte entdeckt, dass weißes Licht durch Brechung in einem Prisma in seine farblichen Bestandteile gestreut wird. Wurden diese Farben wiederum in einem zweiten Prisma gebrochen, veränderten sich – wie er feststellte – weder die jeweilige Farbe noch ihr Brechungsindex. Also musste es sich bei diesen Farben um Primärfarben handeln.

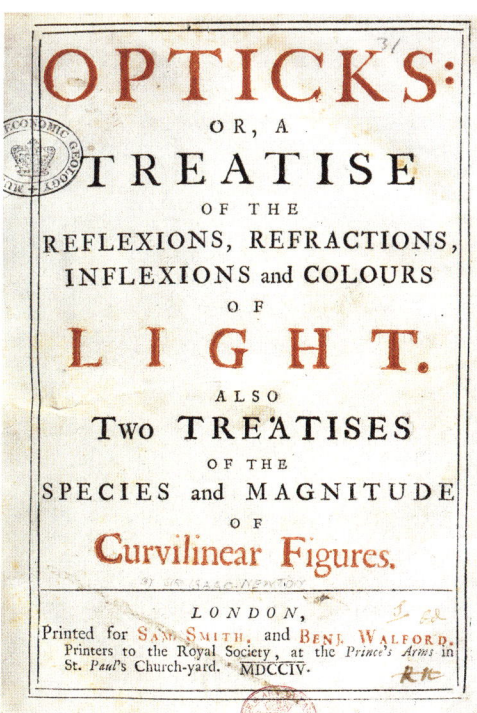

FRANK A. J. L. JAMES

Michael Faraday

BAHNBRECHENDE EXPERIMENTE ZUM ELEKTROMAGNETISMUS
(1791–1867)

»Die Wissenschaft an sich ist nicht die Hauptsache –
wir sind Menschen und sollten menschliche Gefühle haben.«
Michael Faraday, nach den Aufzeichnungen in John Tyndalls Tagebuch,
5. Oktober 1853

D er Wissenschaftsbetrieb umfasst eine Reihe ganz unterschiedlicher Tätigkeiten. Dazu zählen: das forschende Entdecken und die Schaffung neuer Erkenntnisse über die Welt; die Nutzung wissenschaftlicher Erkenntnisse und Methoden zu praktischen und technologischen Zwecken; die Vermittlung dieser Erkenntnisse an andere, womit die gesellschaftliche Rolle der Wissenschaft angesprochen ist; die Entwicklung und Umsetzung eines wissenschaftlichen Programms; schließlich die Verwaltung wissenschaftlicher Institutionen. In aller Regel konzentrieren sich Akteure im Wissenschaftsbetrieb weitgehend auf einen dieser Bereiche. Was Michael Faraday auszeichnet und zu einem der renommiertesten Wissenschaftler aller Zeiten macht, ist die Tatsache, dass er in seiner wissenschaftlichen Laufbahn in all diesen Bereichen Herausragendes geleistet hat und so zu einem der berühmtesten Männer Europas wurde. Diese Karriere war, betrachtet man seine Herkunft, keineswegs absehbar.

EIN ENGAGIERTER CHRIST

Faraday wurde im Süden Londons geboren, wohin seine Eltern einige Jahre zuvor aus Westmorland im Nordwesten Englands gezogen waren. Sein Vater war Schmied und Mitglied der Sandemanianer, einer sehr kleinen Sekte neo-calvinistischer literalistischer Christen, in der auch Michael Faraday zeit seines Lebens engagiert bleiben sollte. Seine Herkunft aus bescheidenen Verhältnissen und der Umstand, dass er nicht der anglikanischen Kirche angehörte, machten ihm ein Studium unmöglich. Stattdessen absolvierte er zwischen 1805 und 1812 eine Lehre bei einem Londoner Buchbinder, besuchte in dieser Zeit aber auch wissenschaftliche Vorlesungen und führte kleinere chemische Experimente durch. Gegen Ende seiner Lehrzeit entschied er sich bemerkenswerterweise gegen die halbwegs sichere Existenz als Buchbinder und für eine wissenschaftliche Laufbahn. Es gelang ihm, Sir Humphry Davy auf sich aufmerksam zu machen, einen Professor für Chemie an der Royal Institution of Great Britain, der schon bald darauf – nachdem er als 34-Jähriger eine wohlhabende Witwe geheiratet hatte – in den

Gegenüber: Dieses Bild zeigt Michael Faraday in den 1850er Jahren. Es ist eines aus einer Reihe von Fliesengemälden zu Ehren berühmter Wissenschaftler im Café Royal in Edinburgh, geschaffen von John Eyre im Jahr 1886.

Ruhestand gehen sollte. 1813 wurde Faraday zum Laborgehilfen an der Royal Institution ernannt, an der er quasi sein ganzes weiteres Leben zubringen sollte, ab 1825 als Leiter des Labors und ab 1833 als Inhaber des eigens für ihn geschaffenen Fuller-Lehrstuhls für Chemie.

Die Forschungen zum Elektromagnetismus, die Faraday in jenen Jahren betrieb, einschließlich der Entdeckungen von elektromagnetischer Rotation (1821) und Induktion (1831), die er in seinem Labor im Keller der Royal Institution machte, führten letztlich zur Erfindung des Elektromotors, des Transformators und des Generators. Ab dem späten 19. Jahrhundert galten seine Arbeiten als Grundlage der Elektrotechnik und damit gewissermaßen der modernen Welt schlechthin. Wenngleich diese vereinfachende Sichtweise so nicht länger haltbar ist, mehrten vor allem die Feierlichkeiten anlässlich der hundertjährigen Entdeckung der Induktion (einschließlich einer zweiwöchigen Faraday-Ausstellung in der Royal Albert Hall und einer Gedenkrede des britischen Premierministers) Faradays fortdauernden Ruhm. Von diesem zeugt nicht zuletzt der Abdruck seines Konterfeis auf der Rückseite der 20-Pfund-Note in den 1990er Jahren.

Faradays bedeutendster Beitrag zum heutigen Verständnis der Natur war jedoch seine Formulierung der elektromagnetischen Feldtheorie. Sie ergab sich aus seinen Entdeckungen des magnetooptischen Effekts und des Diamagnetismus im Jahr 1845, also aus den experimentellen Nachweisen, dass Magnetismus das Verhalten von Licht beeinflusst und dass jede Art von Materie für Magnetkräfte empfänglich ist. Spätestens seit Beginn der 1830er Jahre lehnte Faraday die Auffassung ab, Materie enthalte unteilbare chemische Atome. Bis 1834 hatte er aufgehört, den Begriff der Materie überhaupt für sinnvoll zu erachten. Vielmehr meinte er, was man untersuchen könne, sei ausschließlich Kraft: Gewicht, elektrische Abstoßung etc. Selbst einige seiner frühen experimentellen Studien, etwa zur Rotation, interpretierte Faraday nun mit dem Begriff der Kraftlinien. Anfang der 1840er Jahre begann er, Materie als Punkte im Raum

Faraday bei der Arbeit in seinem Kellerlabor der Royal Institution um 1850. Das Gemälde stammt von Harriet Jane Moore, die Faradays Leben in Aquarellen und Zeichnungen festhielt.

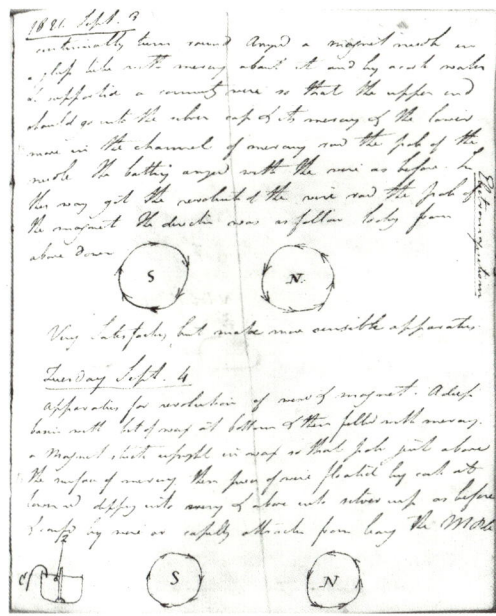

aufzufassen, in denen sich Kraftlinien treffen. Dies implizierte, dass sich jede Art von Materie strukturell ähnelte. Allerdings waren zu jenem Zeitpunkt erst drei Substanzen mit magnetischen Eigenschaften bekannt, was den Magnetismus als Anomalie erscheinen ließ. 1844 und 1845 konzentrierte Faraday seine experimentelle Forschung darauf, dieses Problem zu lösen. Mit der Entdeckung von magnetooptischem Effekt und Diamagnetismus gelang ihm dann der Nachweis, dass Magnetismus – ähnlich der Schwerkraft – eine allgemeine Eigenschaft von Materie ist.

Diese experimentellen Erfolge gaben ihm das nötige Selbstvertrauen, um 1846 mit der Formulierung der Feldtheorie zu beginnen, welche die Wechselwirkung elektrischer und magnetischer Felder beschreibt. Die zunächst rein qualitative Feldtheorie half nicht zuletzt, das ingenieurtechnische Problem einer Telegraphenleitung durch den Atlantik – von Irland nach Neufundland – zu lösen, und ersetzte so in Großbritannien und später auch in anderen Teilen Europas jene mathematischen Theorien der elektromagnetischen Wirkung, die von Wissenschaftlern wie André-Marie Ampère entwickelt worden waren. Mathematisch verfeinert von William Thomson (dem späteren Lord Kelvin) und James Clerk Maxwell, wurde und bleibt Faradays Feldtheorie einer der Eckpfeiler der modernen theoretischen Physik. Obwohl selbst kein Mathematiker und den Nutzen der Mathematik für die Naturphilosophie bisweilen anzweifelnd (so beklagte er sich bei Maxwell einmal über dessen »Hieroglyphen«), war Faraday doch ein exzellenter Theoretiker. Maxwell erkannte, dass Faradays Feld-Ansatz im Grunde ein geometrischer war und daher Anwendungsgegenstand der strengen algebraischen Analysis, wie sie in Cambridge betrieben wurde. Albert Einstein sah in der Feldtheorie von Faraday und Maxwell, wie er 1936 schrieb, »[die tiefgehendste und fruchtbarste] Veränderung der Auffassung des Realen …, welche die Physik seit Newton erfahren hat.«

Voraussetzung für die Formulierung der Feldtheorie waren Faradays experimentelle Entdeckungen von magnetooptischem Effekt und Diamagnetismus. Letzterer be-

Oben links: Mit diesem Eisenring, der mit zwei einander gegenüberliegenden Spulen aus isoliertem Kupferdraht umwickelt ist, entdeckte Faraday am 29. August 1831 die elektromagnetische Induktion (das Prinzip hinter dem elektrischen Transformator und dem elektrischen Generator).

Oben rechts: Seite 75 aus Faradays Notizbuch, auf der er die Ergebnisse seiner Versuche zur elektromagnetischen Rotation vom 3. September 1821 festgehalten hat.

schreibt die Eigenschaft eines Objekts, als Reaktion auf ein externes angelegtes Magnetfeld ein entgegengesetztes Magnetfeld zu erzeugen, was eine Abstoßung bewirkt. Diese Experimente wiederum resultierten aus einer weiteren Tätigkeit Faradays, nämlich der des wissenschaftlichen Beraters. Eine der ursprünglichen Aufgaben der 1799 gegründeten Royal Institution bestand darin, bei Bedarf Ratschläge zu erteilen – in erster Linie, aber nicht ausschließlich, dem Staat und dessen Behörden. Faraday setzte diese Tradition fort und arbeitete als Berater für Institutionen wie die East India Company, die Admiralität, das Innenministerium, die National Gallery, vor allem aber – ab 1836 – für Trinity House, die englisch-walisische Leuchtturm-Behörde. Fortan drehte sich rund ein Fünftel seiner überlieferten Korrespondenz um Leuchttürme.

In der zweiten Hälfte der 1820er Jahre zählte Faraday zu einem von der Royal Society und dem Board of Longitude gebildeten Ausschuss, der mit der Verbesserung optischer Gläser in Fernrohren beauftragt war. An dieser Aufgabe jedoch scheiterte Faraday, was ihn so frustrierte, dass er 1829 Verhandlungen über eine Ernennung zum Professor für Chemie an der Royal Military Academy aufnahm. Doch dann starb im Mai desselben Jahres Davy, der das Projekt initiiert hatte und dabei von Faradays Fähigkeiten profitieren wollte. Faraday konnte sich alsbald von dem Glas-Projekt lossagen und betrachtete es für die nachfolgenden 15 Jahre als reine Zeitverschwendung. 1845 allerdings verwendete er ein Stück Bleiboratglas, das er in den 1820er Jahren hergestellt hatte, zur Entdeckung des magnetooptischen Effekts. Als Lichtquelle diente ihm bei diesem Experiment eine kräftige Öllampe, die er gerade für Trinity House testete. Dieses und weitere Beispiele veranschaulichen die enge Verbindung zwischen Faradays Forschung und seiner praktischen Arbeit.

AUFKLÄRUNG DER BEVÖLKERUNG

Die zweite Hauptaufgabe der Royal Institution bestand in der Vermittlung wissenschaftlicher Erkenntnisse an ein Publikum aus Mittelschicht und Aristokratie. Davy hatte der Royal Institution mit der Einführung äußerst beliebter Vorlesungen zu Bekanntheit verholfen, und Faraday, der Davy nachfolgte, konnte dessen Erfolg noch steigern. Er rief die Freitagabendvorträge ins Leben – wöchentliche, einstündige Vorlesungen herausragender Wissenschaftler, die zu einem entscheidenden Mittel der Popularisierung wissenschaftlicher Erkenntnisse im frühen Viktorianischen Zeitalter wurden und noch heute stattfinden. In diesen Vorlesungen präsentierte Faraday den Mitgliedern der Royal Institution und – über die Printmedien – dem Rest der Welt die wichtigsten wissenschaftlichen Entdeckungen, die er in seinem Labor gemacht hatte. Aus Protest gegen die Anfang der 1850er Jahre grassierende Begeisterung für Tischrücken, Hypnose und Séancen veranstaltete er gemeinsam mit Kollegen eine Vorlesungsreihe über den Wert wissenschaftlicher Bildung und übermittelte der Royal Commission on Education entsprechende Belege. Dieses Thema beschäftigte ihn so sehr, dass er sich wohl auch deshalb entschloss, die letzten zwei (der insgesamt neunzehn) Reihen von Weihnachtsvorlesungen für Kinder und Jugendliche zur Veröffentlichung freizugeben. Die *Naturgeschichte einer Kerze* dürfte das populärste je veröffentlichte Wissenschaftsbuch sein: Die englische Ausgabe ist seit 1861 fortwährend im Druck und wurde in mindestens ein Dutzend weiterer Sprachen übersetzt.

Diese Lithographie zeigt Faraday während einer Vorlesung an der Royal Institution am 27. Dezember 1855. In der ersten Reihe sitzen Prinz Albert und seine Söhne: rechts von ihm Edward, Prince of Wales, links Alfred. Faraday steht am Labortisch, hinter ihm befindet sich sein langjähriger Assistent Sergeant Charles Anderson.

Seine Forschung, seine Vorlesungen und seine praktische Arbeit machten Faraday zu einem der berühmtesten Menschen seiner Zeit (und darüber hinaus). Er war auch mit Prinz Albert befreundet, dem Prinzgemahl, der veranlasste, dass Faraday ein kostenfrei zu bewohnendes Haus am Schloss Hampton Court erhielt, in dem er ab 1858 zunehmend Zeit verbrachte und 1867 starb. Faraday war eines von acht ausländischen assoziierten Mitgliedern der Französischen Akademie der Wissenschaften, was vor der Einführung des Nobelpreises als höchste wissenschaftliche Auszeichnung galt. Zweimal wurde ihm das Amt des Präsidenten der Royal Society angetragen, das höchste Amt im britischen Wissenschaftsbetrieb. Doch anders als Davy, der auf diesem Posten eklatant versagt hatte, war Faraday an solch zeremonieller Anerkennung nicht gelegen. Beide Male lehnte er das Angebot des Amtes ab, das er für verdorben und verderblich hielt; als Amtsinhaber hätte er »ein Jahr lang für die Integrität [s]eines Verstands nicht garantieren können«, wie er bei der zweiten Absage erklärte.

Obwohl Faraday nach eigener Aussage seinem sandemanianischen Gott stets demütig begegnete und auch in der Wissenschaft für Demut plädierte, besaß er ein starkes Ego, das er für gewöhnlich streng im Zaum hielt. Es zeigt sich am ehesten in der Vielzahl an Porträts, die von ihm existieren: in den Ölgemälden, Pastellzeichnungen, Marmorbüsten, Schwarz-Weiß-Zeichnungen, Drucken und vor allem Photographien (1839 hatte er in einer Vorlesung die Erfindung dieser Technik verkündet). Trotz seiner religiösen Prinzipien und seinem Verständnis von Wissenschaft legte Faraday Wert darauf, dass die Welt von seiner Existenz Kenntnis erhielt. Vielleicht erklärt dieser innere Konflikt die Kreativität und Besessenheit, mit der er jede Aufgabe anging, und damit auch, weshalb er einen so grundlegenden Beitrag zu unserem Verständnis der Welt leisten konnte.

JORDI CAT

James Clerk Maxwell

DIE ELEKTROMAGNETISCHE NATUR VON LICHT UND STRAHLUNG
(1831–1879)

»Die Fortschritte der exakten Wissenschaften beruhen auf der Entdeckung und Entwicklung adäquater und exakter Vorstellungen, mittels derer wir uns die Tatsachen geistig veranschaulichen können, und die einerseits hinreichend allgemein sind, um jeden Einzelfall zu repräsentieren, andererseits hinreichend exakt, um jene Folgerungen zu begründen, die wir aus ihnen durch mathematische Beweisführung ziehen.«
James Clerk Maxwell, *Faraday*, 1876

Drei Namen prägen die Geschichte der modernen Physik: Isaac Newton, Albert Einstein und James Clerk Maxwell. Die Naturphilosophie Maxwells, der in Edinburgh geboren wurde, war beeinflusst von der Schottischen Aufklärung, aber auch von der Industriellen Revolution, der deutschen Philosophie und Romantik, der mathematischen Physik an der Unversität Cambridge sowie der Viktorianischen Kultur. Sie entwickelte sich im Schnittpunkt von Bereichen, die heute als separate Forschungsgebiete gelten: Mathematik, Experimentalphysik, Metaphysik, Logik, Sprachphilosophie, Rhetorik, Kognitive Psychologie, Ästhetik, Ornamentgestaltung, Natürliche und private Theologie, Elektrotechnik und Maschinenbau, Politische Ökonomie, die Physiologie des Sehens und der Bewegung. In der Physik lieferte Maxwell Beiträge zur Farbtheorie, Optik, Kontinuumsmechanik, Astronomie, Molekularphysik von Gasen und, im Besonderen, zum Elektromagnetismus. Kennzeichnend für diese Beiträge ist die Verbindung von mathematischem Geschick, bewusster Verwendung von Sprache und Methoden, dem Streben nach Vereinheitlichung und einer wohldosierten Einbildungskraft, die ihm natürliche Phänomene und abstrakte mathematische Theorien zu verstehen half. In Maxwell verbanden sich, so sein Freund und Biograph Lewis Campbell, »aufs Vorzüglichste wissenschaftlicher Fleiß, philosophische Einsicht, eine poetische Ader und ein überbordender Humor«.

EINE VIELSEITIG BEGABTE FAMILIE

Maxwell war ein Spross der außergewöhnlichen Familie Clerk aus Penicuik in der schottischen Grafschaft Midlothian. Der Nachname Maxwell wurde dem Namen seines Vaters amtlich hinzugefügt, nachdem dieser das Anwesen einer gewissen Familie Maxwell geerbt hatte. Maxwells Ururgroßvater hatte einst beim niederländischen Arzt Hermann Boerhaave Medizin studiert und mit diesem auch Musik komponiert, außerdem mit dem schottischen Mathematiker und Newton-Kommentator Colin Maclaurin zusammengearbeitet; er war ein Kunstkenner und passionierter Kunstsammler gewesen, hatte

Gegenüber: James Clerk Maxwell im Herbst 1855 am Trinity College in Cambridge. In seinen Händen hält er die von ihm entwickelte Farbscheibe, mit der er Primärfarben sowie Schwarz und Weiß additiv mischen und Farbgleichungen zwischen beiden Mischungen aufstellen konnte.

mit seinem Schützling und Freimaurerbruder, dem schottischen Architekten William Adam, ein großartiges palladianisches Haus entworfen und innovativ über Architektur sowie über Bergbau als unterirdische Architektur geschrieben. Maxwells Urgroßonkel war ein begabter, auf Landschafts- und Architekturdarstellungen spezialisierter Zeichner und Radierer gewesen, zugleich ein Fachmann für Mineralogie, Geologie und Bergbau, der an James Huttons geologischen Arbeiten mitgewirkt sowie Schaubilder und Illustrationen für Huttons *Theory of the Earth* beigesteuert hatte. Maxwells Onkel leitete die parlamentarische Kommission, welche die Gewichts- und Längeneinheiten des Königreichs festlegte. Sein Vater schließlich war ein Gutsbesitzer und Rechtsanwalt mit Interesse an Technologie und den Naturwissenschaften, der eine neuartige Druckpresse entwarf und seinen Sohn zu Sitzungen der Royal Society of Edinburgh und der Royal Scottish Society of Arts mitnahm. Maxwells Cousine Jemima Wedderburn, bei deren Familie er nach dem frühen Tod seiner Mutter 1839 aufwuchs, heiratete den Mathematiker Hugh Blackburn, einen Glasgower Kollegen von William Thomson (dem späteren Lord Kelvin). Als ausgezeichnete Aquarellmalerin und Illustratorin stand sie bei ihren Künstlerfreunden John Ruskin, John Everett Millais und Edwin Landseer in hohem Ansehen.

So war denn Maxwell von früh an eingebunden in ein anregendes soziales, kulturelles und intellektuelles Leben. Auch die Religion spielte eine wichtige Rolle. Maxwell erlebte sowohl den schottischen Presbyterianismus seines Vaters als auch den Episkopalismus seiner Tante Jane Cay. Beide schätzten die Aneignung von Wissen über die Welt als ein Mittel, den Schöpfer durch seine Taten erkennen und preisen zu können, und sie ermunterten zur Verwendung des Künstlichen, um das Natürliche zu verstehen. Dies betraf vor allem die gedankliche wie materielle Konstruktion von Modellen und Hilfsmitteln sowie den experimentellen Umgang mit Substanzen und Objekten.

Vom zehnten bis sechzehnten Lebensjahr besuchte Maxwell die altehrwürdige Edinburgh Academy, wo er sich bald als fähiger Zeichner und Dichter, Spezialist für Geometrie und Hobbynaturforscher erwies. Seine Vorliebe für wissenschaftliche Modelle lässt sich in vielen Fällen auf die Spiele und Spielsachen seiner Kindheit zurückführen. 1847 begann er ein Studium an der Unversität Edinburgh, wo er sich für Literaturwissenschaft einschrieb, dann aber drei Jahre lang Naturphilosophie studierte, als Schützling seines Verwandten James Forbes, eines Naturphilosophen und Mitbegründers der British Association for the Advancement of Science. Er befasste sich mit Chemie, Mathematik im Cambridge-Stil, Rhetorik, aristotelischer und kantischer Logik sowie Metaphysik. Dann wechselte er nach Cambridge, wo er unter den Einfluss des Universalgelehrten William Whewell geriet, des Leiters des Trinity College, der ein idealistischer Historiker und Wissenschaftsphilosoph, Architekturhistoriker, Dichter, Moralist und Pädagoge war. Das Trinity College bot Maxwell eine in deutscher Tradition stehende metaphysische Kultur der Romantik, Altphilologie, Theologie sowie das Erlebnis enger intellektueller und emotionaler Gemeinschaft. Er fand Aufnahme in den als Cambridge Apostles bekannten geheimen Debattierklub und lehrte an einer örtlichen Niederlassung des Working Men's College, das kurz zuvor von christlichen Sozialisten um den Theologen Frederick Denison Maurice gegründet worden war.

1854 schloss er sein Studium ab. Im selben Jahr starb sein Vater und Maxwell übernahm die Geschäfte auf dem ihm vererbten Landgut in Schottland. 1856 trat er eine

Stelle am Marischal College in Aberdeen an, wo er – wie schon zuvor – Arbeiter unterrichtete und schließlich Katherine Dewar, die Tochter des Rektors heiratete (die Ehe sollte kinderlos bleiben). Als seine Stelle 1860 gestrichen wurde, wechselte Maxwell ans King's College nach London. Dort beteiligte er sich an den von Thomson (Lord Kelvin) geleiteten Arbeiten der British Association zur Einführung neuer elektrischer Maßeinheiten in Großbritannien. Thomson ging es bei seiner mathematischen, experimentellen und technischen Arbeit stets um konkrete Anwendungen, weniger um Grundlagenforschung. Für das Bestreben, die neuen ökonomischen Entwicklungen der Viktorianischen Zeit zu verstehen, vorherzusagen und zu lenken, erschien es ihm wesentlich, möglichst viel zu quantifizieren. Maxwell nun wollte diese Idee auf Naturphänomene statt auf Produktionsprozesse anwenden, deren Messung ebenfalls eine durch Konventionen vereinheitlichte, generalisierte und präzisierte Sprache erforderte. Diese Konventionen waren auch für jene neuen Telegraphenleitungen von entscheidender Bedeutung, auf die nicht nur Thomsons Labor in Glasgow und seine Fertigung präziser Messinstrumente, sondern das gesamte britische Königreich angewiesen war. 1871 wurde Maxwell an der Unversität Cambridge zum Professor für Experimentalphysik und zum Direktor des neuen Cavendish-Labors ernannt, das eigens für ihn und nach seinen Entwürfen gebaut worden war, und zu dem auch eine elektrotechnische Werkstatt gehörte, in der unter anderem die Standardisierung elektrischer Einheiten vorangetrieben werden sollte. Dort war Maxwell tätig, als er 1879 an Magenkrebs starb, im selben jungen Alter wie seine Mutter.

Schon als Student hatte Maxwell sich mit Farbtheorie beschäftigt und zu der in Edinburgh verbreiteten Farbenblindheit geforscht. Er entwickelte eine »geographische Methode« zur Beantwortung der alten kunstpraktischen Frage, wie bestimmte Farben durch Mischung von Grundfarben – typischerweise Rot, Blau und Gelb – erzeugt werden konnten. Daraus resultierte die objektive und exakte Darstellung eines subjektiven Phänomens: ein Koordinatensystem (eine Landkarte), das jede Farbe als Punkt auf einem Farbdreieck lokalisierbar machte, sowie für jede Farbe eine algebraische Gleichung mit den Anteilen der drei neuen Grundfarben Rot, Grün und Violett. Maxwells Farbtheorie beruhte auf eigenen Experimenten. Schon während des Grundstudiums in Cambridge hatte er einen Satz drehender Farbscheiben konstruiert, um – in Anknüpfung an Prinzipien von David Hay (der ebenfalls an die mathematische Rationalität der Beziehungen zwischen Farben glaubte) – quantitative Mischverhältnisse von Farben zu untersuchen. Später entwickelte er einen an ein Puppenhaus erinnernden Farbkas-

Auf diesem Brief von Maxwell an Kelvin aus dem Jahr 1858 sieht man Skizzen einer weiteren Drehvorrichtung, eines mechanischen Modells zur Illustration von Maxwells Erklärung der Gestalt und Stabilität der Saturnringe – »zur Erbauung feinsinniger Bildverehrer«.

ten zur Analyse der Spektralzerlegung verschiedener Farben. Den von ihm eingeführten Begriff des Farbfeldes wählte er in Anlehnung an den in deutschen Abhandlungen zur Physiologie verwendeten Begriff des Gesichtsfeldes. Damit stütze er die 1802 von Thomas Young vorgeschlagene Drei-Rezeptoren-Theorie zur Physiologie des Farbsehens. Zur Veranschaulichung der Young'schen Theorie präsentierte Maxwell bei einer Vorlesung der Royal Institution 1861 die erste Farbphotographie der Welt.

ELEKTROMAGNETISCHE WELLEN

Die Verbindung von Mechanik und Optik kennzeichnet auch Maxwells berühmtesten Beitrag zur Naturwissenschaft: seine mathematische Theorie des Elektromagnetismus, die auf den Begriffen des elektrischen und magnetischen Kraft- und Energiefelds gründet. Maxwell übernahm Faradays experimentelle Ergebnisse und Berichte zur Beziehung von Elektrizität und Magnetismus, zur Rotation im Magnetismus sowie Faradays Vorstellung, elektrische und magnetische Kräfte wirkten auf ihre unmittelbare Umgebung und entlang von Feldlinien, die bogenförmig zwischen ungleichnamigen Polen verlaufen. Zur mathematischen Erfassung dieses physikalischen Prinzips der Nahwirkung, das dem Newton'schen Modell der Fernwirkung entgegenstand, dienten Maxwell (wie auch Thomson) Differentialgleichungen.

So formulierte Maxwell eine einheitliche mathematische Theorie des Elektromagnetismus auf der Grundlage von Kraft- und Energiefeldern, die an jedem Punkt im Raum definiert sind. Dabei nahm er die Existenz eines mechanischen, das Universum wie ein unsichtbarer Muskel erfüllenden Äthers an, der diese Energie speichern und übertragen kann. Um die Phänomene des Elektromagnetismus und des Äthers besser zu begreifen, nutzte Maxwell fiktive mechanische Druck- und Energiemodelle in Form von Flüssigkeitsströmungen. 1861 präsentierte er ein Molekülmodell des elektromagnetischen Äthers, in dem mikroskopische Wirbel einander berühren. Die Theorie sagte die Existenz elektromagnetischer Wellen voraus, wie auch die Geschwindigkeit ihrer Ausbreitung, die sehr nahe an der experimentell bestimmten Lichtgeschwindigkeit lag. Aus dieser Übereinstimmung schloss Maxwell zu Recht, dass Licht eine elektromagnetische Welle sein müsse und sich die Optik folglich auf Elektromagnetismus reduzieren lässt. Diese Entdeckung begründete die moderne Physik, denn sie führte zu Beginn des 20. Jahrhunderts zur Entwicklung der speziellen Relativitätstheorie und der Quantenmechanik. Aus diesem Grund wird Maxwell oft als wichtigste Gestalt seiner Zeit beschrieben – und nach Newton und Einstein als bedeutendster Physiker aller Zeiten.

Mit der Zeit stellte Maxwell allerdings seine Bemühungen ein, die Wirkweise des Elektromagnetismus durch mechanische Molekularmodelle zu veranschaulichen; stattdessen konzentrierte er sich darauf, allgemeine Erklärungen aus allgemeinen Prinzipien abzuleiten. Seine Ansichten finden sich in gesammelter Form in seinem bedeutendsten Werk, dem 1873 erschienenen *A Treatise on Electricity and Magnetism*. Seine molekular-

Photographie eines Tartan-Bands, dessen Farbbild Maxwell und der Photograph Thomas Sutton 1861 durch die deckungsgleiche Projektion von Aufnahmen mit Rot-, Grün- und Blaufilter erzeugten. Das Ergebnis war ein anschauliches Modell zur Illustration von Thomas Youngs Dreifarbentheorie (Rot, Grün und Violett) der Farbwahrnehmung.

physikalischen Arbeiten galten einer Vielfalt von Phänomenen, astronomischen ebenso wie mikroskopischen. Unter anderem gelang es ihm, die Stabilität der Saturnringe mit der Geschwindigkeit unzähliger diskreter Partikel zu erklären, die den Planeten in unterschiedlichem Abstand umkreisen. Dieses Beispiel von Rotation verstärkte sein Interesse an statistischen molekularen Untersuchungen makroskopischer Eigenschaften wie Temperatur, Druck und Viskosität im Rahmen seiner kinetischen Gastheorie. Die Beschäftigung mit thermodynamischem Verhalten wiederum inspirierte ihn zu seinem Modell der molekularen Wirbel, das die mechanische elektromagnetische Nahwirkung im Äther erklären sollte. Zwar erwiesen sich all diese neuen Molekülmodelle – bis zum Erscheinen der Quantenmechanik im 20. Jahrhundert – als mehr oder weniger untauglich, doch etablierten sie eine auf der Wahrscheinlichkeitstheorie basierende »statistische Methode«, mit der sich Gruppeneigenschaften von Ansammlungen identischer Moleküle und das Verhalten großer Systeme beschreiben lassen; dies im Unterschied zur »historischen Methode«, die Eigenschaften und Entstehung einzelner Moleküle auf mikroskopischer Ebene untersucht. Maxwell selbst soll erstmals den Ausdruck »statistische Mechanik« zur Bezeichnung seines physikalischen Ansatzes verwendet haben. Sein imaginärer »Dämon« (ein von Thomson geprägter Ausdruck) war eine fiktive Entität in Molekülgröße, Maxwells wissenschaftliche Version von Alice im Wunderland, die er in einem Gedankenexperiment schuf, um die Möglichkeit einer Wärmeflussumkehr von heiß nach kalt auf Molekülebene aufzuzeigen. So war der Nachweis erbracht, dass die durch Thomsons zweiten Hauptsatz der Thermodynamik beschriebenen irreversiblen makroskopischen Prozesse lediglich statistisch gewiss sind.

In Maxwells Beiträgen zur Physik findet die Tradition der Naturphilosophie und der mechanistischen Sicht auf die Welt ihren Höhepunkt, im Sinne einer kontinuierlichen Theorie der Kräfte und einer diskreten Theorie der Materie. Diese wurden erst Anfang des 20. Jahrhunderts von der speziellen Relativitätstheorie Einsteins und der Quantenphysik abgelöst.

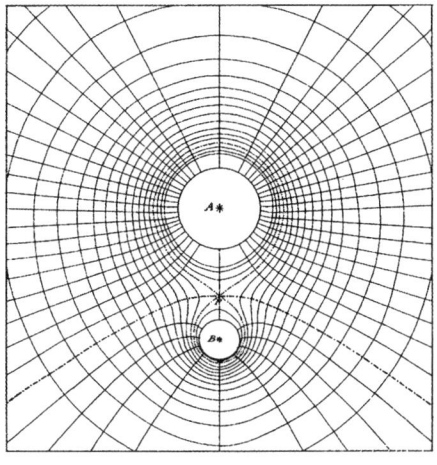

Lines of Force and Equipotential Surfaces.

A = 20.   B = 5.   P, Point of Equilibrium.   AP = ⅔ AB.

Bildtafel aus Maxwells *A Treatise on Electricity and Magnetism* von 1873. Sie zeigt das elektrische Feld um zwei sich abstoßende elektrische Ladungen, dargestellt unter Verwendung des von Faraday stammenden geometrischen Konzepts der Kraftlinien im Äther und des Konzepts der Flächen mit gleichem Gravitationspotenzial von Carl Friedrich Gauß.

ANDREW ROBINSON

Albert Einstein

GEDANKENEXPERIMENTE ZU RAUM, ZEIT UND RELATIVITÄT (1879–1955)

>>*Eine Stunde mit einem hübschen Mädchen vergeht wie eine Minute, aber eine Minute auf einem heißen Ofen scheint eine Stunde zu dauern.*<<
Einsteins Erklärung der Relativität, formuliert für seine Sekretärin zur Weitergabe an Journalisten und andere Nicht-Wissenschaftler

Die meisten Gebiete der Physik und die mit ihr verbundenen Technologien sind maßgeblich von Albert Einsteins Arbeit beeinflusst: von den Grundmechanismen des Universums und der Präzision des satellitengestützten GPS bis hin zum Aufbau der Atome und zum Ursprung der Lasertechnik. Einstein selbst hielt seine 1905 vorgestellte Quantentheorie für seine >>revolutionäre<< Leistung – jene Theorie, die aus seinen Auswertungen von Labordaten zum photoelektrischen Effekt erwuchs, also zum Phänomen, dass bestimmte Metalle bei Bestrahlung mit Licht Elektronen freisetzen. Diese Leistung war es auch, für die er 1921 mit dem Nobelpreis geehrt wurde. Allerdings beruht die heutige Quantentheorie eher auf den Arbeiten anderer Physiker wie Niels Bohr, Max Born, Werner Heisenberg und Erwin Schrödinger, die Einsteins Quantentheorie in den 1920er Jahren auf eine Weise weiterentwickelten, die ihm nicht immer richtig schien.

Einsteins nachhaltigste individuelle Leistung ist zweifellos die Relativitätstheorie – präsentiert zunächst 1905 in ihrer >>speziellen<<, gleichförmige Bewegung betreffenden Form und dann 1915 in ihrer >>allgemeinen<< Variante, in der die schwerkraftbedingte Beschleunigung berücksichtigt ist. Einsteins Theorie bewirkte die größte Veränderung unserer Vorstellungen von Raum und Zeit seit Isaac Newton. Die allgemeine Relativitätstheorie beseitigte die Notwendigkeit, einen mysteriösen raumfüllenden Äther zu postulieren oder mit dem unbefriedigenden Begriff der >>Fernwirkung<< der Schwerkraft zu operieren. Das Universum wurde stattdessen zu einem Raum-Zeit-Kontinuum, in dem gewissermaßen die Materie dem Raum vorschreibt, wie er sich zu krümmen habe, während der Raum der Materie diktiert, wie sie sich bewegen soll.

Einstein entwickelte seine spezielle Relativitätstheorie, während er in der Schweiz einem Vollzeitberuf als Patentbeamter nachging. Von der ersten Idee bis zur Fertigstellung des Aufsatzes >>Zur Elektrodynamik bewegter Körper<<, so erzählte es Einstein 1952 einem Biographen, vergingen nur fünf oder sechs Wochen im Mai und Juni 1905. >>Es würde aber kaum berechtigt sein, dieses als Geburtstag zu bezeichnen, nachdem doch vorher die Argumente und Bausteine jahrelang vorbereitet worden waren, allerdings ohne die endgültige Entscheidung vorher zu bringen.<<

Gegenüber: Diese undatierte Photographie zeigt Albert Einstein in späteren Jahren, als er längst ein allseits gefeierter Star war und weithin als berühmtester Wissenschaftler der Welt galt.

VIELVERSPRECHENDE ANFÄNGE

Im Stammbaum der Familie Einstein finden sich keinerlei Hinweise auf eine außergewöhnliche intellektuelle Begabung. Alberts Vater Hermann war ein nicht allzu ehrgeiziger Kaufmann und mäßig erfolgreich im Bereich der Elektrotechnik tätig; Alberts Mutter Pauline – eine gute Klavierspielerin, aber ansonsten keineswegs hochbegabt – stammte ebenfalls aus einer Kaufmannsfamilie, die eine profitable Weizenhandlung betrieb und wohlhabend war. Beide Seiten der Familie waren jüdisch, lebten aber nicht orthodox und widmeten sich auch nicht dem Studium der Schriften – eine Tatsache, die Einstein bereuen sollte, als er in den 1920er Jahren zum Zionisten wurde.

Auch Einsteins Kindheit deutete kaum auf eine besondere Begabung hin. Albert wurde in Ulm geboren, im Königreich Württemberg, damals Teil des Deutschen Reiches. Er war das erste von zwei Kindern und anfangs sehr still – so still, dass seine Eltern sich sorgten und, da er nicht sprechen lernen wollte, einen Arzt aufsuchten. Als dann aber 1881 seine Schwester Maja geboren wurde, soll der zweijährige Albert unvermittelt gefragt haben, wo dieses neue Spielzeug denn seine Rädchen habe. Er hatte offenbar den Ehrgeiz, in ganzen Sätzen zu sprechen. So probierte er einen Satz zunächst im Kopf aus und bewegte dazu die Lippen, um ihn danach laut zu wiederholen. Diese Gewohnheit behielt er mindestens bis zu seinem siebten Lebensjahr bei. Das Dienstmädchen der Familie nannte ihn den »Depperten«.

Allerdings interessierte sich Einstein schon früh für Naturwissenschaften. Als er vier oder fünf Jahre alt war, zeigte ihm sein Vater einen magnetischen Kompass. Albert sah, wie sich die Kompassnadel ausrichtete, ohne dass irgendjemand sie berührt hätte. Es war die erste von vielen Begegnungen mit dem Konzept eines Feldes – in diesem Fall des magnetischen Feldes der Erde –, das scheinbar magische Fernwirkungen ausübt. Dieser Konflikt mit seinem unbewussten Kinderglauben, dass man einen Gegenstand berühren müsse, um ihn zu bewegen, erstaunte und verwirrte ihn. »Da musste etwas hinter den Dingen sein, das tief verborgen war«, erinnerte sich Einstein in seiner Autobiographie.

Einstein zeigte in der Schule, erst in Deutschland und dann in der Schweiz, wie auch später an der Hochschule in Zürich gute Leistungen, doch war er kein Überflieger. Er ließ kaum Begeisterung für den Schulunterricht erkennen und übte in späteren Jahren scharfe Kritik am deutschen Schulsystem. Er mochte weder Spiele noch Sport und verabscheute alles, was nach der für das preußische Ethos typischen militärischen Disziplin roch. Daraus machte er auch öffentlich keinen Hehl, wovon seine Emigration in die USA nach dem Aufstieg des Nationalsozialismus Anfang der 1930er Jahre ebenso zeugt wie sein Einsatz gegen Atomwaffen in den Nachkriegsjahren. Das Hauptproblem mit der Schule bestand wohl darin, dass Albert ein eingefleischter Autodidakt war. Schon in einem relativ frühen Alter hatte er begonnen, aus reiner Neugier Bücher über Mathematik und Naturwissenschaften zu lesen. An der Hochschule in Zürich war seine Lektüre sehr vielfältig und umfasste auch neueste wissenschaftliche Zeitschriften. Als Erwachsener las er Bücher nie, weil sie als Klassiker galten, sondern nur, wenn sie ihn tatsächlich interessierten. Vielleicht gibt es hier eine Parallele zu Newton, der zwar viel Verschiedenes las, aber offenbar kaum die großen Autoren seiner Zeit oder früherer Epochen.

Gegenüber: Einstein im Alter von 14 Jahren mit seiner Schwester Maja. Die beiden waren einander von Kindesbeinen an bis zu Majas Tod 1951 eng verbunden.

Im Alter von zwölf Jahren erlebte Albert – nach der Geschichte mit dem Kompass – ein »zweites Wunder«, als er ein Büchlein über euklidische Planimetrie durcharbeitete. Die »Klarheit und Gewissheit« der geometrischen, auf zehn einfachen Axiomen beruhenden Beweise veranlassten Einstein, über die wahre Beziehung zwischen mathematischen Formen und ihren Entsprechungen in der physischen Welt nachzudenken. Schon das Wort »Geometrie«, merkte Einstein an, stamme ja vom griechischen Ausdruck für »Erdmessung«, was impliziere, dass die Mathematik »ihre Entstehung dem Bedürfnis verdankt, etwas zu erfahren über das Verhalten wirklicher Dinge«.

DER DURCHBRUCH DER RELATIVITÄT

Irgendwann in den Jahren 1895–96 begann der 16-jährige Albert Einstein, sich eigene Gedanken über bewegte Körper, Raum und Zeit zu machen. Ausgehend von Newtons Gesetzen und Maxwells Gleichungen zum Elektromagnetismus sollte er sich über die spezielle Relativitätstheorie im Jahr 1905 bis zum Gipfel, den Feldgleichungen der allgemeinen Relativitätstheorie im Jahr 1915, emporarbeiten. Dies gelang ihm nicht durch eine Widerlegung Newtons oder Maxwells, sondern durch eine Integration ihrer Theorien in eine umfassendere Theorie – ungefähr so, wie die Karte eines Kontinents die Karten einzelner Länder assimiliert.

Einstein besaß den festen Glauben, dass in der ganzen physischen Welt die Gesetze der Mechanik, ja sogar die Gesetze der Naturwissenschaften insgesamt, für alle Beobachter dieselben – wissenschaftlich gesprochen »invariant« – sein mussten, ob die Beobachter nun »ruhten« oder sich gleichförmig bewegten. Am Anfang seiner 1916 erschienenen Einführung *Über die spezielle und die allgemeine Relativitätstheorie*, in der sich Einstein an ein breites Publikum richtet, beschreibt er eine einfache, aber höchst bedeutsame Beobachtung. Stellen Sie sich vor, am Fenster eines gleichförmig – mit konstanter Geschwindigkeit, ohne Beschleunigung oder Verlangsamung – fahrenden Eisenbahnwagens zu stehen und einen Stein auf den Bahndamm fallen zu lassen, ihn also nicht zu werfen. Lässt man den Luftwiderstand außer Acht, sehen Sie den Stein in gerader Linie fallen. Ein stehender Fußgänger, also jemand »in Ruhe«, der Ihre Handlung (»Übeltat«, sagt Einstein) beobachtet, sieht den Stein in einem Parabelbogen fallen. Welche der beobachteten Bahnen, die gerade oder die parabolische, fragt Einstein, ist nun »in Wirklichkeit« die wahre? Die Antwort lautet: beide. Die »Wirklichkeit« hängt hier davon ab, in welchem Bezugssystem – oder, in geometrischen Begriffen, in welchem Koordinatensystem – der Beobachter sich befindet: in dem des Zuges oder in dem des Bahndamms. Überhaupt, so Einstein, hat das Universum kein *absolutes* Bezugssystem, in dem sich Geschwindigkeiten messen ließen, wie in der »klassischen« Physik angenommen. Für Newton war Gott dieses Bezugssystem, für Maxwell war es der Äther. Für Einstein gibt es kein absolutes Bezugssystem.

Doch wenn dieses erste Postulat der Invarianz der Naturgesetze physikalisch richtig war, musste es nicht nur für bewegte

Der 1970 rekonstruierte Schreibtisch Einsteins im Patentamt in Bern, wo er von 1902 bis 1909 als Patentbeamter tätig war. In dieser Zeit, nämlich 1905, vollendete er seine Dissertation und entwickelte er die spezielle Relativitätstheorie.

Körper gelten, sondern auch für Elektrizität, Magnetismus und Licht. Also für Maxwells elektromagnetische Welle, von der man 1905 bereits durch Experimente wusste, dass sie sich im Vakuum mit einer konstanten Geschwindigkeit von rund 299 792 Kilometern pro Sekunde fortbewegte – vermeintlich relativ zum starren Äther. Das aber brachte ein großes Problem mit sich. Zwar hatte Einstein nichts dagegen, das Konzept des Äthers, das ihn nie befriedigt hatte, aus der Welt zu schaffen. Doch die Frage nach der Konstanz der Lichtgeschwindigkeit bereitete ihm Kopfzerbrechen.

DIE NEUEN GRENZEN DES LICHTS

Einstein hatte lange über die verwirrende Frage nachgedacht, was geschehen würde, wenn man einem Lichtstrahl nachjagte und ihn einholte. 1905 kam er zu dem Ergebnis: »Wenn ich einem Lichtstrahl nacheile mit der Geschwindigkeit c (Lichtgeschwindigkeit im Vakuum), so sollte ich einen solchen Lichtstrahl als ruhendes, räumlich oszillatorisches, elektromagnetisches Feld wahrnehmen. So etwas scheint es aber nicht zu geben, weder auf Grund der Erfahrung noch gemäß den Maxwell'schen Gleichungen.« Das Licht einzuholen wäre ebenso unmöglich wie zu versuchen, die Jagdszene eines Films in einem Standbild zu sehen: Licht existiert nur, wenn es sich bewegt, und die Jagdszene existiert nur, wenn sich die Einzelbilder des Films durch den Projektor bewegen. Wenn wir uns schneller als das Licht bewegen könnten, so Einstein in einem weiteren Gedankenexperiment, müssten wir einem Lichtsignal entkommen und bereits ausgesandte Lichtsignale einholen können. Das zuletzt gesendete Lichtsignal würde von unseren Augen zuerst erfasst, bevor wir immer ältere Signale sehen würden. »Wir sähen sie in verkehrter Reihenfolge, und das Geschehen auf der Erde würde vor uns abrollen wie ein Film, der von hinten nach vorne läuft, so dass er mit dem ›Happy End‹ beginnt.« Die Vorstellung, Licht einzuholen oder zu überholen, war eindeutig absurd.

Und so formulierte Einstein ein radikales zweites Postulat: Die Lichtgeschwindigkeit ist in *allen* Koordinatensystemen immer dieselbe, unabhängig davon, wie sich die Signalquelle oder der Empfänger bewegt. Wie schnell auch immer sich ein fiktives Fahrzeug bei der Verfolgung eines Lichtstrahls fortbewegt, es könnte diesen nie einholen: Relativ zu diesem Fahrzeug würde sich der Strahl immer in Lichtgeschwindigkeit zu entfernen scheinen.

Das aber, erkannte Einstein schließlich, konnte nur wahr sein, wenn die Zeit, wie auch der Raum, relativ und nicht absolut ist. Damit sein erstes Postulat über die Invarianz und das zweite über die Konstanz der Lichtgeschwindigkeit vereinbar waren, mussten zwei »durch nichts gerechtfertigte Hypothesen« aus Newtons »klassischer« Mechanik aufgegeben werden. Die erste besagte, dass »der Zeitabstand zwischen zwei Ereignissen vom Bewegungszustande des Bezugskörpers unabhängig« sei. Die zweite lautete: »Der räumliche Abstand zwischen zwei Punkten eines starren Körpers ist unabhängig vom Bewegungszustande des Bezugskörpers.« Die Zeit der Person, die der Lichtwelle nachjagt, und die Zeit der Welle selbst sind also nicht gleich. Für die Person vergeht die Zeit in einem Tempo, das von demjenigen der Welle abweicht. Je schneller das Fahrzeug dieser Person fährt, desto langsamer vergeht die Zeit, und desto weniger Entfernung legt sie folglich zurück (da die zurückgelegte Entfernung das Produkt aus Geschwindigkeit mal Fahrtdauer ist). Um es mit Stephen Hawking zu sagen: Die Idee

Diese Photographie zeigt Einstein (zweiter von rechts) 1911 in Brüssel auf der ersten Solvay-Konferenz, die vom belgischen Chemiker und Industriellen Ernest Solvay ins Leben gerufen wurde. Zu den Teilnehmern zählten Marie Curie, Max Planck, Henri Poincaré und Ernest Rutherford. Einstein, gerade einmal 32 Jahre alt, hielt den Abschlussvortrag über die Quantentheorie.

der Relativität verlangte, »auf die Vorstellung zu verzichten, es gäbe eine universelle Größe namens Zeit, die von allen Uhren in gleicher Weise gemessen würde. Stattdessen hätte jedermann seine eigene Zeit«. Auch was den Raum angeht, gibt es einen Unterschied zwischen Person und Lichtwelle. Je schneller sich die Person fortbewegt, umso mehr schrumpft der Raum, und umso weniger Entfernung legt die Person daher zurück. Abhängig davon, wie sehr die Geschwindigkeit des Fahrzeugs dieser Person an die Lichtgeschwindigkeit heranreicht, dehnt sich – gemäß Einsteins Grundgleichungen der Relativität – ihre Zeit und schrumpft ihr Raum im Verhältnis zu Zeit und Raum eines externen Beobachters (der »Kontrollstation«). Doch genau so, wie eine Person, die einen Stein aus einem gleichförmig fahrenden Zug wirft, ihn in gerader statt gekrümmter Linie fallen sieht, nimmt die Person, die der Lichtwelle nachjagt, selbst nicht wahr, dass ihre Uhr immer langsamer läuft oder ihr Körper schrumpft; diese Effekte bemerkt nur der externe Beobachter. Für die sich fortbewegende Person scheint in ihrem Fahrzeug alles normal zu sein. Das liegt daran, dass sich ihre Geschwindigkeit auch auf ihr Gehirn und ihren Körper auswirkt. Ihr Gehirn denkt und altert langsamer, und ihre Retina ist im selben Verhältnis gestaucht wie das Fahrzeug. Folglich nimmt ihr Gehirn keine Veränderung der Größe des Fahrzeugs oder des eigenen Körpers wahr.

NEWTONS WELTBILD WIRD ERSCHÜTTERT

All diese Vorstellungen erscheinen uns zunächst äußerst befremdlich, da wir uns niemals mit Geschwindigkeiten fortbewegen, die auch nur einem winzigen Bruchteil der Lichtgeschwindigkeit entsprechen. Daher beobachten wir auch niemals eine »relative« Verlangsamung der Zeit oder Schrumpfung des Raums. Für Bewegungen von Menschen scheinen uneingeschränkt Newtons Gesetze zu gelten (in denen die Lichtgeschwindigkeit als Größe nicht einmal auftaucht). Einstein selbst fiel es 1905 schwer, diese relativen und der alltäglichen Erfahrungswelt so fernen Begriffe zu akzeptieren.

Was die Schrumpfung des Raums anbelangt, waren ihm immerhin jene verwandten Thesen bekannt, die der niederländische Physiker Hendrik Lorentz und dessen irischer Kollege George FitzGerald in den 1890er Jahren aufgestellt hatten. Allerdings stützten sich beide auf andere theoretische Grundlagen und gingen von der Existenz eines Äthers aus – ein Konzept, das Einstein ja verworfen hatte. Eine noch größere Anstrengung der Vorstellungskraft war nötig, um die Idee der absoluten Zeit aufzugeben. Schon 1902 hatte Henri Poincaré den Begriff der Gleichzeitigkeit in seinem Werk *Wissenschaft und Hypothese* (das Einstein direkt nach Erscheinen gelesen hatte) infrage gestellt. Poincaré schrieb: »Wir haben nicht nur keine direkte Anschauung von der Gleichheit zweier Zeiten, sondern wir haben nicht einmal diejenige von der Gleichzeitigkeit zweier Ereignisse, welche auf verschiedenen Schauplätzen vor sich gehen.« Tatsächlich scheint Poincaré noch vor Einstein einer Relativitätstheorie sehr nahe gekommen zu sein, von ihr aber offenbar wieder Abstand genommen zu haben, da ihre Implikationen die Newton'schen Grundlagen der Physik zu sehr erschüttert hätten. Gleichzeitigkeit ist eine sehr beharrliche Illusion für uns Menschen auf der Erde, weil wir so leicht die Ausbreitungszeit des Lichts vernachlässigen; wir halten Licht für »instantan«, genau wie andere vertraute Phänomene, zum Beispiel den Schall. »Wir pflegen daher«, schrieb Einstein, »›gleichzeitig sehen‹ und ›gleichzeitig geschehen‹ nicht zu unterscheiden, wodurch der Unterschied zwischen Zeit und Lokalzeit verwischt.« Eine Generation jünger als Poincaré und noch ohne akademischen Ruf, den er aufs Spiel gesetzt hätte, konnte sich Einstein radikale Gedanken über die Zeit erlauben.

Die spezielle Relativitätstheorie – mit ihrer berühmten Gleichung $E = mc^2$, die Energie, Masse und quadrierte Lichtgeschwindigkeit verknüpft – war unter den Physikern weitgehend anerkannt, als Einstein 1933 in die USA auswanderte, um eine Stelle am Institute for Advanced Studies in Princeton anzunehmen. Sie fand unter anderem Anwendung in den Berechnungen zum Bau der Atombombe 1945. Es dauerte erheblich länger, bis dann auch die allgemeine Relativitätstheorie von 1915 weithin akzeptiert wurde. Die Suche nach einer einheitlichen Theorie der Schwerkraft und des Elektromagnetismus, der sich Einstein in den folgenden Jahrzehnten unermüdlich widmete, von 1925 bis zu seinem Tod in Princeton 1955, gilt gemeinhin als vergebliche Mühe. Einsteins Relativitätstheorie aber ist heute, nachdem sie immer genaueren experimentellen Tests aller Art – auf der Erde wie im Weltall – standgehalten hat, ein Grundpfeiler der Physik, neben den Gesetzen von Newton und Maxwell. Nach einem Jahrhundert der »ständigen Flucht vor dem Staunen«, so seine markante Umschreibung des eigenen Schaffens, erscheint uns Einsteins vormals unfassbare Gedankenwelt heute fast schon trivial.

PATRICK MOORE

Edwin Powell Hubble

ASTRONOM EINES EXPANDIERENDEN UNIVERSUMS
(1889–1953)

*»Ausgestattet mit seinen fünf Sinnen erforscht der Mensch das ihn
umgebende Universum und nennt dieses Abenteuer ›Wissenschaft‹.«*
Edwin Powell Hubble, *The Nature of Science*, 1954

Edwin Hubble war einer der bedeutendsten Astronomen der Neuzeit. Er zeigte, dass die Milchstraße, zu der auch unsere Sonne gehört, nur eine ganz normale Galaxie ist, und dass es sich bei den seinerzeit als »Spiralnebel« bekannten Objekten um eigenständige Galaxien handelt. Damit revolutionierte er unser Verständnis vom Wesen und Ausmaß des Universums.

Hubbles Karriere verlief anfangs wenig geradlinig. Geboren in Wheaton, Illinois, beschäftigte er sich dort zunächst mit Mathematik und Astronomie und erlangte 1910 einen Abschluss als Bachelor of Science. Anschließend studierte er als einer der ersten Rhodes-Stipendiaten drei Jahre lang an der Unversität Oxford. Dort eignete er sich auch einige typisch britische Marotten an, die er sein Leben lang beibehalten sollte. Nach der Rückkehr in die USA schloss er eine Ausbildung zum Juristen ab, unterrichtete an einer Highschool in Indiana und wurde an der Universität Chicago in Astronomie promoviert. Während des Ersten Weltkriegs diente er in der US-Army und stieg schnell in den Rang eines Majors auf. Obwohl er an keinen Kampfeinsätzen teilnahm, gefiel es ihm auch später noch, als »Major Hubble« angesprochen zu werden. Nach Kriegsende erhielt er 1919 ein Angebot zur Mitarbeit am Mount-Wilson-Obervatorium bei Pasadena in Kalifornien, an dem er für mehr als dreißig Jahre, bis zu seinem Tod, tätig blieb. Er war glücklich verheiratet; seine Ehefrau Grace überlebte ihn.

Es war damals eine aufregende Zeit für die Astronomie. Erst kurz zuvor hatte man auf dem Mount Wilson das 100-Zoll-Hooker-Spiegelteleskop installiert, das bei weitem größte und stärkste Teleskop der Welt. Und Hubble wusste diesen Vorteil zu nutzen. Schon lange war bekannt, dass es zwei Arten der als *nebulae* bezeichneten Objekte gab: Bei einigen, wie M 42 im Orion, handelte es sich offensichtlich um Gaswolken, während andere, wie M 31 in der Andromeda, aus Sternen zu bestehen schienen. (Das »M« steht für Messier, einen französischen Astronomen, der 1781 einen Katalog von über einhundert nebelartigen Himmelsobjekten erstellt hatte.) Hubble war überzeugt, dass die Gasnebel zum Milchstraßensystem gehörten. Über die Sternnebel dagegen war er sich noch nicht im Klaren. War es möglich, dass sie völlig eigenständig waren, und

Gegenüber: Edwin Hubble an seinem Schreibtisch im Mount-Wilson-Observatorium bei der Auswertung von Abbildungen ferner Sterne auf einer Photoplatte. Es heißt, er habe sich nie ohne Pfeife photographieren lassen.

unglaublich weit entfernt? Zweifellos waren sie so weit entfernt, dass sich ihre Entfernung mit den damals verfügbaren technischen Mitteln nicht messen ließ. Bei vielen dieser Sternnebel, so auch bei M 31, handelte es sich um Spiralen, die Feuerrädern ähnelten. Und noch etwas zeichnete sie aus: Andernorts durchgeführte Messungen, vor allem die von Vesto Slipher am Lowell Observatorium in Arizona, hatten ergeben, dass sich die meisten dieser Nebel mit hohen Geschwindigkeiten von uns entfernten. Slipher hatte sich bei seinen Messungen spektroskopischer Verfahren bedient und festgestellt, dass das Licht aus den Sternnebeln eine Rotverschiebung aufwies, was wegen des sogenannten Doppler-Effekts auf eine Fluchtgeschwindigkeit hindeutete.

EINE KOSMISCHE KONTROVERSE

Das 1917 im Mount-Wilson-Observatorium in Kalifornien installierte 100-Zoll-Hooker-Spiegeltele-skop. Mithilfe dieses Teleskops entdeckte Hubble 1929, dass sich das Universum ausdehnt.

Schon bald nach Beginn seiner Tätigkeit am Mount Wilson war Hubble überzeugt, dass die Spiralen tatsächlich unabhängige Systeme seien. Einige renommierte Astronomen aber wiesen diese Ansicht zurück, darunter Harlow Shapley, der Leiter des Harvard-College-Observatoriums, der als erster die Größe unserer Galaxis gemessen hatte, aber auch Adriaan van Maanen, ein niederländischer Astronom, der seit 1912 am Mount-Wilson-Observatorium tätig war. Van Maanen versuchte, Bewegungen innerhalb der Spiralen zu messen, und kam zu dem Ergebnis, dass sich die dortigen Sterne relativ zueinander bewegten. Dies aber bedeutete, dass sie nicht so weit entfernt sein konnten, wie Hubble vermutete, denn schon bei einer Entfernung von 100 000 Lichtjahren wären die Positionsveränderungen der einzelnen Sterne so gering gewesen, dass man sie nicht hätte erfassen können. Deshalb, so van Maanen, mussten die Spiralen zu unserer Galaxis gehören. (Dass sich die beiden Wissenschaftler, Mitarbeiter desselben Observatoriums, nicht leiden konnten, war der Meinungsverschiedenheit nicht gerade förderlich.)

Hubble entschied sich für eine ganz andere Methode und machte sich eine bestimmte Klasse von Sternen zunutze, die sogenannten Cepheiden. Die meisten Sterne, einschließlich unserer Sonne, leuchten mehr oder weniger gleichmäßig, Jahr für Jahr, Jahrhundert für Jahrhundert. Doch einige tun das nicht; sie leuchten mal stärker, mal schwächer, manche regelmäßig und manche unvorhersehbar. Die Cepheiden, benannt nach Delta Cephei, dem bekanntesten Vertreter dieser Klasse, haben absolut regelmäßige Perioden von wenigen Tagen bis zu mehreren Wochen, sodass wir immer schon wissen, wie sie sich verhalten werden. Delta Cephei selbst – leicht mit bloßem Auge am Nordhimmel auszumachen – hat eine Periode von 5,4 Tagen, sprich: Der Moment maximaler Helligkeit wiederholt sich alle 5,4 Tage. Man wusste außerdem, dass die tatsächliche Leuchtkraft eines Cepheiden mit seiner Periode zusammenhängt; je länger die Periode, desto heller der Stern. So hat Eta Aquilae, ein weiterer nördlicher Cepheid, eine Periode von 7,2 Tagen und eine höhere Leuchtkraft als Delta Cephei. Daraus folgt, dass wir, ist erst einmal die Periode eines Cepheiden erfasst, dessen Leuchtkraft und damit seine Entfernung bestimmen können. Und alle Cepheiden sind sehr leuchtkräftig, sodass sie über viele Lichtjahre der Galaxie hinweg beobachtet werden können. (Zur Erinnerung: Ein Lichtjahr ist die Entfernung, die ein Lichtstrahl in einem Jahr zurücklegt – knapp 9,5 Billionen Kilometer. Jüngsten Messungen zufolge ist Delta Cephei 982 Lichtjahre entfernt.)

Hubble machte sich nun daran, in den Sternnebeln, einschließlich der Spiralen, Cepheiden zu finden. Für diese Aufgabe eignete sich allein das 100-Zoll-Teleskop am Mount-Wilson-Observatorium, zu dem Hubble uneingeschränkten Zugang genoss. Und schon bald war er erfolgreich. Er fand Cepheiden in mehreren der Spiralen, darunter M 31, und zeigte, dass sie zu weit entfernt waren, um zur Milchstraße gehören zu können. Tatsächlich waren es eigenständige Galaxien, und diese am 1. Januar 1925 verkündete Entdeckung veränderte unsere Vorstellung vom Universum grundlegend. Van Maanen war schlicht ein Fehler unterlaufen: Bei der Auswertung seiner Photoplatten hatte er gewisse photographische Effekte nicht berücksichtigt, die den Anschein von Bewegungen erweckten, wo es keine gab.

Hubbles Entdeckungen begründeten nicht nur seinen eigenen Ruhm, sondern auch das internationale Renommee des Mount-Wilson-Observatoriums. Diese Photographie von 1931 zeigt Hubble gemeinsam mit Albert Einstein, Walter Mayer und anderen Wissenschaftlern während einer Besichtigung der Anlage.

Hubble hatte sich nun einen Namen gemacht und setzte seine Forschungen bis zu seinem Tod fort. Dabei gelangen ihm noch weitere bedeutsame Entdeckungen. Sein wichtigster Mitarbeiter war Milton Humason, der einst als Maultiertreiber Materialien zum Bau des Mount-Wilson-Observatoriums auf den Berg transportiert hatte, dann aber ebendort zu einem weltberühmten Astronomen aufstieg. Die beiden entdeckten unter anderem einen Zusammenhang zwischen der Entfernung einer Galaxie und ihrer Fluchtgeschwindigkeit; die Regel lautet »je ferner, desto schneller«. Sie fanden auch heraus, dass sich das ganze Universum ausdehnt. Dabei ist es nicht ganz richtig zu sagen, dass sich alle Galaxien voneinander entfernen; vielmehr bilden sie Gruppen, und jede dieser Gruppen entfernt sich von jeder anderen Gruppe. So gehören unsere Galaxis und die Andromedagalaxie zur sogenannten Lokalen Gruppe, und beide werden irgendwann kollidieren. Zu unserem Glück wird dies frühestens in einer Milliarde Jahren geschehen.

Heute können wir Galaxien sehen, die weit über 10 Milliarden Lichtjahre von uns entfernt sind. Allerdings erreichen wir noch nicht Entfernungen von 13,7 Milliarden Lichtjahren und können daher nicht beobachten, wie das Universum unmittelbar nach dem Urknall aussah, mit dem laut Astronomen der ganze Kosmos plötzlich zu existieren begann. Ob wir es je schaffen werden, ist ungewiss. Heute mutet es seltsam an, dass man, als Hubble seine Untersuchungen der Cepheiden begann, glaubte, das Milchstraßensystem enthalte das gesamte Universum.

Das Hubble-Weltraumteleskop, das im April 1990 von der Raumfähre *Discovery* in eine niedrige Erdumlaufbahn gebracht wurde. Es ist nach wie vor in Betrieb.

Aufnahme des Hubble-Weltraumteleskops vom Orionnebel (auch bekannt als Messier 42), der 1300 bis 1400 Lichtjahre von der Erde entfernt ist. Als einer der hellsten Nebel überhaupt ist er auch mit bloßem Auge am Nachhimmel zu sehen. Man schätzt, dass er einen Durchmesser von 24 Lichtjahren hat und seine Masse dem Zweitausendfachen der Sonne entspricht.

Neben seinen Fachbeiträgen fand Hubble auch Zeit, populärwissenschaftliche Bücher zu schreiben, von denen *The Realm of the Nebulae* (»Das Reich der Nebel«) das bekannteste ist. Er war, so muss man ehrlicherweise sagen, nicht immer der beliebteste Astronom am Mount-Wilson-Observatorium und galt unter seinen Kollegen als recht unzugänglich. Dies deckt sich jedoch nicht mit meinen persönlichen Eindrücken: Ich bin ihm nach dem Ende des Zweiten Weltkriegs mehrmals begegnet, und mir gegenüber, einem jungen englischen Laien mit besonderem Interesse für den Mond, war er zuvorkommend und hilfsbereit. Ihm wurde beinahe jede Auszeichnung zuteil, die in der Welt der Wissenschaft zu vergeben ist, und wäre er nicht 1953 unerwartet gestorben, hätte er in jenem Jahr höchstwahrscheinlich den Nobelpreis für Physik erhalten. Er wird nie vergessen werden, und es war eine angemessene Ehre, dem 1990 mit der Raumfähre *Discovery* ins All transportierten ersten Weltraumteleskop seinen Namen zu verleihen.

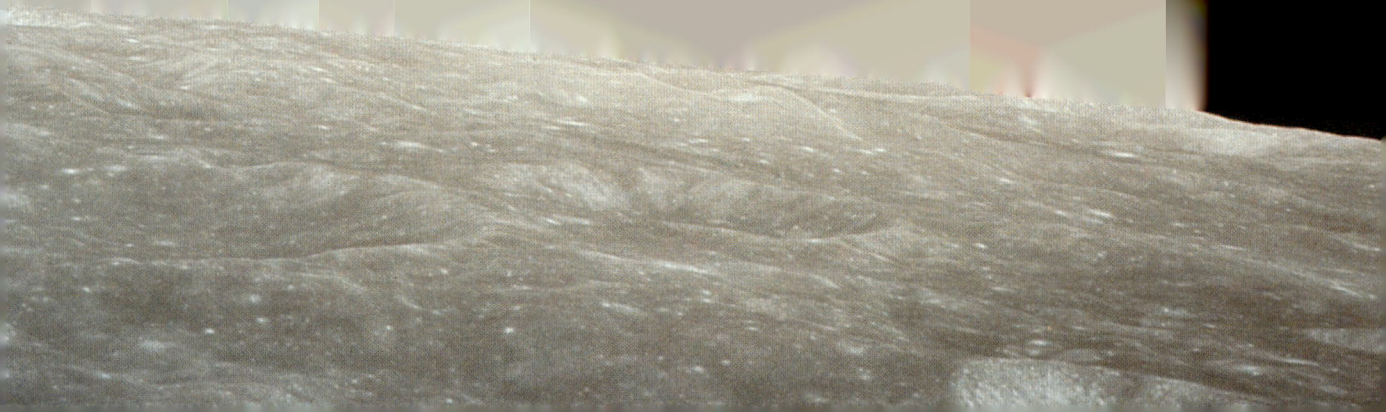

ERDE

Im Jahr 1968 machten die Astronauten der Apollo-8-Mission vom Weltraum aus die ersten Photographien der Erde als Ganzes. Im Dunkeln über der kargen Kraterlandschaft des Mondes schwebend, zeigte sich unser Planet als sonnenbeschienene Kugel, mit dunkelbraunen Kontinenten und tiefblauen Ozeanen, in einem Schleier weißer Wolkenwirbel. Diese wunderbaren Bilder trugen das Ihre zu einer Neuausrichtung der Naturwissenschaften bei. Kaum ein Naturwissenschaftler – ob Mineraloge, Seismologe, Ozeanograph, Meteorologe oder Biologe – bezweifelt heute noch, dass es sinnvoll ist, die Erde als ein hochkomplexes Gesamtsystem zu erforschen, anstatt Steine und Mineralien, Berge und Meeresböden, Eisdecken und Wüsten, Flüsse und Meere, die Atmosphäre, Fossilien sowie Flora und Fauna als separate Forschungsbereiche zu behandeln, wie es früher üblich war.

Ohne die Betrachtung der Erde als Gesamtsystem ließe sich nicht verstehen, wie diese einzelnen Bereiche durch Eingriffe des Menschen in Form von Landwirtschaft, Industrie und städtischem Leben beeinflusst werden. Der britische Chemiker und Erfinder James Lovelock hat diesem System Erde sogar einen Namen gegeben: »Gaia«, nach der Erdgöttin der alten Griechen. Der Gaia-Hypothese zufolge ist die Erde ein lebendiger Superorganismus, zu dem auch die Menschheit zählt – als ihr wichtigster Teil, nicht jedoch als ihr Gebieter.

Die Wegbereiter der Geowissenschaften – darunter die schottischen Geologen James Hutton und Charles Lyell, der deutsche Universalgelehrte Alexander von Humboldt und sein Landsmann, der Meteorologe Alfred Wegener – teilten diese moderne wissenschaftliche Sichtweise zumindest in Ansätzen. Sie alle machten auf ihren Reisen und Expeditionen geologische und anderweitige Entdeckungen, die für eine Untersuchung der Erde als System sprachen. Hutton verwarf im ausgehenden 18. Jahrhundert die theistische Vorstellung von einer nicht lange zurückliegenden und nur kurze Zeit dauernden Schöpfung der Erde, sprich: den Glauben, dass Gott das Universum erschaffen habe und ständig ins weltliche Geschehen eingreife. Auch bezweifelte er die in der Bibel geschilderte Sintflut. Stattdessen vertrat er eine deistische Naturauffassung, wonach Gott zwar als Schöpfer

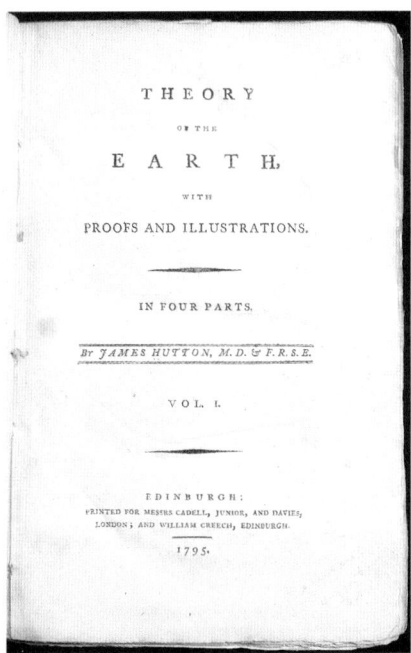

THEORY

OF THE

EARTH,

WITH

PROOFS AND ILLUSTRATIONS.

IN FOUR PARTS.

BY JAMES HUTTON, M.D. & F.R.S.E.

VOL. I.

EDINBURGH:
PRINTED FOR MESSRS CADELL, JUNIOR, AND DAVIES,
LONDON; AND WILLIAM CREECH, EDINBURGH.
1795.

Gegenüber: Erdaufgang über der Mondoberfläche, photographiert von der amerikanischen Besatzung der Apollo-8-Mission am 24. Dezember 1968.

Titelseite von James Huttons *Theory of the Earth*, erschienen 1795. Hutton wird oft auch als Vater der modernen Geologie bezeichnet.

Unten: Charles Darwins Brief an Lyell, 1874, in dem er diesem für die Zusendung der 4. Auflage von *Principles of Geology* dankt, dessen Erstausgabe Darwin in den 1830er Jahren an Bord der *Beagle* bei sich gehabt hatte.

Unten rechts: Der Zoologe, Geologe und Paläontologe Louis Agassiz, der 1837 als erster die Eiszeittheorie vertrat.

in Erscheinung getreten sei, anschließend jedoch nicht mehr eingegriffen habe. Die Natur blieb somit das Werk eines göttlichen, nun allerdings fernen und unpersönlichen Wesens, von ihm dazu erschaffen, vernunftbegabtes menschliches Leben zu ermöglichen. Und sie war zeitlos, »ohne Anzeichen eines Anfangs, ohne Aussicht auf ein Ende«. Hutton betrachtete die Erde als ein stabiles System in dynamischem Gleichgewicht, vergleichbar dem Sonnensystem mit seinen die Sonne umkreisenden Planeten.

Nachfolgende Generationen allerdings kannten Hutton infolge der posthumen Interpretation durch seinen Schüler John Playfair vor allem als nachdrücklichen Verfechter der These von der unendlichen Zeitskala und einem entsprechend langsamen Ablauf geologischer Prozesse wie Sedimentation, Erosion, Hebung und Vulkanismus. Diese Ideen waren die Grundlage für Charles Lyells Ansicht, solche Prozesse seien die ganze Erdgeschichte hindurch in gleicher Weise – weder schneller noch langsamer als heute – abgelaufen. Die Annahme katastrophaler Veränderungen in der Vergangenheit hielt Lyell dagegen für unnötig. Für ihn war die Gegenwart der Schlüssel zur Vergangenheit, und die Erde ein sich selbstausgleichendes, nicht-progressives System. Die Belege, die

Down,
Beckenham, Kent.
Ap 12 74

Dear Sir
I thank you for your great kindness in having sent me the new Edition of yr remarkable work; and I am very glad that it has been so highly successful for a 4th Edition to have. appeared within so short a time
Pray believe me Dear Sir
Yours with much respect
Very faithfully

Ch. Darwin

Lyell in seinem Werk *Principles of Geology* (1830–1833) für diesen Gradualismus präsentierte, machten erheblichen Eindruck auf Charles Darwin, als dieser zwischen 1831 und 1836 an Bord der *Beagle* die Welt bereiste, wenngleich Lyells Ansichten schon bald durch Louis Agassiz' Argumente für eine katastrophale Eiszeit infrage gestellt wurden.

Ein anderes Werk, das großen Einfluss auf Darwin ausübte, war Humboldts berühmter Bericht über seine Südamerika-Expedition in den Jahren 1799 bis 1804. Zwar gelangen Humboldt in seinem langen Leben keine welterschütternden Entdeckungen, doch machten ihn seine vielfältigen Beobachtungen und Forschungen sowie seine eloquente Erörterung ihrer Verbindungen – »die Einsicht in den Zusammenhang der Erscheinungen« – zum Gründungsvater dessen, was später »Ökologie« genannt wurde.

Einen ähnlichen Blick auf Zusammenhänge hatte auch Alfred Wegener. Ausgangspunkt für seine 1915 veröffentlichte, höchst umstrittene Theorie der Kontinentalverschiebung war die bemerkenswerte Ähnlichkeit geologischer Formationen und Fossilien zu beiden Seiten des Atlantiks, in Südamerika und Afrika. Was Wegener fehlte, war eine Antwort auf die Frage, welche physikalischen Kräfte diese Verschiebung bewirken. Im Zuge der vier Ausgaben seiner *Entstehung der Kontinente und Ozeane* sammelte er unermüdlich weitere multidisziplinäre Belege für eine frühere Verbindung der Kontinente. Die entscheidenden Beweise für seine Theorie fand man erst in den 1960er Jahren und damit lange nach Wegeners Tod, bezeichnenderweise in einem bis dato kaum erforschten Gebiet: auf dem Meeresgrund von Atlantik und Pazifik, wo sich Kontinentalbewegungen an Grabenbrüchen unmittelbar beobachten ließen. Dies führte schon bald zu einer der bedeutendsten Entwicklungen im Bereich der Erdsystemwissenschaften, zur Theorie der Plattentektonik.

Ansicht des Cayambe in Ecuador, nach einer Zeichnung, die Alexander von Humboldt 1802 während einer Expedition anfertigte. Der Vulkan, den er als zweithöchsten Kordillerengipfel nach dem Chimborazo beschrieb, war für ihn ein »ewiges Wunder, welches die Natur nutzt, um die Einteilungen der Erdoberfläche zu markieren«.

MARTIN RUDWICK

James Hutton

DIE ERDE ALS STABILES SYSTEM
(1726–1797)

>*Da wir eine Abfolge von Welten gesehen haben, dürfen wir schließen,*
dass es in der Natur ein System gibt – so, wie man aus der Beobachtung
der Planetenumläufe schließt, dass es ein System gibt,
dem entsprechend sie jene Umläufe fortsetzen werden.«
James Hutton, *Theory of the Earth*, 1795

E s ist eine Ironie der Geschichte, dass James Hutton, wenn auch nicht mehr von Historikern, so doch noch immer von Geologen als der einflussreiche »Vater« der Geologie angesehen wird, und seine Theorie der Erde als Fundament der modernen Naturwissenschaften. Denn was heute als zweifellos wertvolles Vermächtnis Huttons gilt, ist nicht das, was er selbst als seine wichtigste Erkenntnis über die Erde erachtete.

Hutton war der Sohn eines in Edinburgh lebenden Kaufmanns. Als junger Mann steuerte er eine medizinische Laufbahn an, zunächst an der Universität Edinburgh, dann in Paris, dem damaligen Zentrum der wissenschaftlichen Welt, schließlich in Leiden, wo er einen Abschluss in Medizin erwarb. Seine Dissertation handelte bezeichnenderweise, betrachtet man seine späteren Arbeiten, vom Blutkreislauf, einem natürlichen stabilen System. Zurück in Schottland gründete er, seinem wachsenden Interesse für Chemie entsprechend, eine erfolgreiche Fabrik zur Produktion von Ammoniumchlorid. Später kaufte er mehrere Bauernhöfe in der Umgebung von Edinburgh und arbeitete an der Verbesserung landwirtschaftlicher Methoden. Sein Einkommen aus diesen Tätigkeiten ermöglichte es ihm, sich als Junggeselle in Edinburgh niederzulassen, wo er im Kreis von Männern mit ähnlichen geistigen Interessen ein geselliges Leben führte.

Hutton war in vielerlei Hinsicht ein typischer Philosoph der Aufklärung und befreundet mit David Hume, Adam Smith und anderen Geistesgrößen aus Edinburgh. Sein anspruchsvollstes Werk war das umfangreiche *Principles of Knowledge* (erschienen 1794) über die Grundlagen der Epistemologie. Sein 1795 publiziertes Werk *Theory of the Earth*, für das er später besonders in Erinnerung geblieben ist, diente der Erläuterung seiner breit gefächerten philosophischen Ansichten. Zum selben Zweck veröffentlichte er Schriften über Themen der Physik und Chemie, und bei seinem Tod hinterließ er das Manuskript von *Principles of Agriculture*, einem weiteren Hauptwerk. Nach Huttons Vorstellung, die er mit vielen Denkern der Aufklärung teilte, war die Natur das Ergebnis planvoller, zweckmäßiger Gestaltung: von einem göttlichen, gleichwohl fernen und unpersönlichen Wesen vorrangig zu dem Zweck erschaffen, ein Leben vernunftbegab-

Gegenüber: James Hutton, porträtiert vom berühmten schottischen Maler Henry Raeburn, irgendwann zu Beginn der 1790er Jahre.

ter Menschen zu ermöglichen, die allein imstande seien, die Natur zu schätzen und zu erforschen. Diese »deistische« Vorstellung war ebenso religiös wie der seinerzeit vorherrschende christliche Theismus, gegen den sie insgeheim gerichtet war.

EINE BAHNBRECHENDE THEORIE

Huttons Deismus gründete auf seiner Überzeugung, dass die Erde als ein »System« eingerichtet sei, in dem alle Teile derart interagierten, dass sie ein dynamisches Gleichgewicht aufrechterhielten – vergleichbar jenem des »Sonnensystems«, in dem die Planeten unentwegt die Sonne umkreisen. In einer weiteren Analogie verglich er die Erde mit einer dampfbetriebenen »Maschine«. Allein ein solches stabiles System konnte gewährleisten, dass die Erde dauerhaft für Menschen bewohnbar war. Das Problem war nur: Die Erde schien gar nicht stabil zu sein. Als Besitzer landwirtschaftlicher Betriebe wusste Hutton aus eigener Erfahrung, dass der Erdboden – der mittels Pflanzen und Tiere menschliches Leben bedingt – ein Wirtschaftsgut mit beschränkter Nutzungsdauer ist. Der Erdboden wird in Teilen immer wieder fortgespült und nur erhalten durch die ständige Verwitterung des darunterliegenden Gesteins, das jedoch irgendwann ebenfalls hinaus aufs Meer gespült wird. Langfristig gesehen werden die Kontinente also abgetragen, und es bliebe kein Stück Festland zurück, würden sie nicht ständig irgendwie erneuert. Hutton beseitigte diese unübersehbare Schwachstelle der These eines zweckmäßig eingerichteten »Systems« Erde durch die Annahme, das am Festland abgetragene und auf dem Meeresgrund abgelagerte Material verfestige sich dort zu neuem Gestein, das später wieder nach oben transportiert werde und neue Kontinente bilde. So wäre ein riesiger Kreislauf vervollständigt und gewährleistet, dass stets Festland vorhanden ist, auf dem menschliches Leben gedeihen kann.

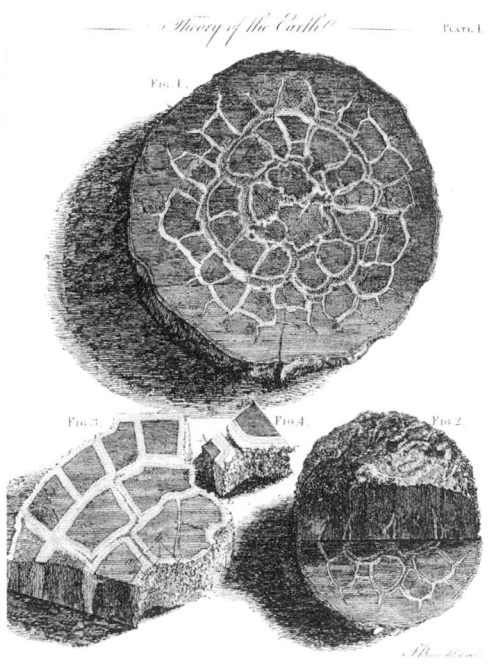

Abbildungen von »Eisenstein-Septaria«, gefunden in Gesteinsschichten nahe Edinburgh, aus Huttons *Theory of the Earth* von 1795. Für Hutton waren diese eigentümlichen Funde Belege dafür, dass alle Sedimentablagerungen auf dem Meeresgrund sich zu Gestein verfestigt hätten, nachdem sie zunächst durch enorme Hitze aus dem Erdinnern geschmolzen worden wären.

Als Hutton seine Theorie 1785 erstmals veröffentlichte, stützte er sie durch Belege, die auch anderen Forschern bekannt waren, von ihm jedoch abweichend interpretiert wurden. Es sei die enorme Energie der unterirdischen Erdwärme, so Hutton, die Gestein bilden und neue Kontinente emporheben würde; sie sei die Antriebskraft hinter diesem endlosen Kreislauf der Veränderung. Anzeichen dafür fand Hutton quasi vor seiner Haustür: in Gestein, das er als das Ergebnis dieser großen Hitze ansah. So begann er durch Schottland zu reisen, auf der Suche nach weiteren Belegen für diese enorme Kraft der Hitze im Erdinnern, die neue Kontinente vom Meeresgrund emporheben konnte. Was er fand, waren Anzeichen für jene wiederholte Abfolge von Prozessen, die sein Konzept der Erde im dynamischen Gleichgewicht voraussetzte: eine »Abfolge von Welten«, in der unsere gegenwärtige Welt nur die jüngste, nicht aber die letzte war. Dieses System, so folgerte er, sei ein System »ohne Anzeichen eines Anfangs, ohne Aussicht auf ein Ende«. Die Auffassung, dass die Erde sich in einem stabilen Zustand befinde und ihre natürlichen Prozesse auf ewig mit gleichbleibender Intensität abliefen, wurde später als »Uniformitarianismus« bezeichnet.

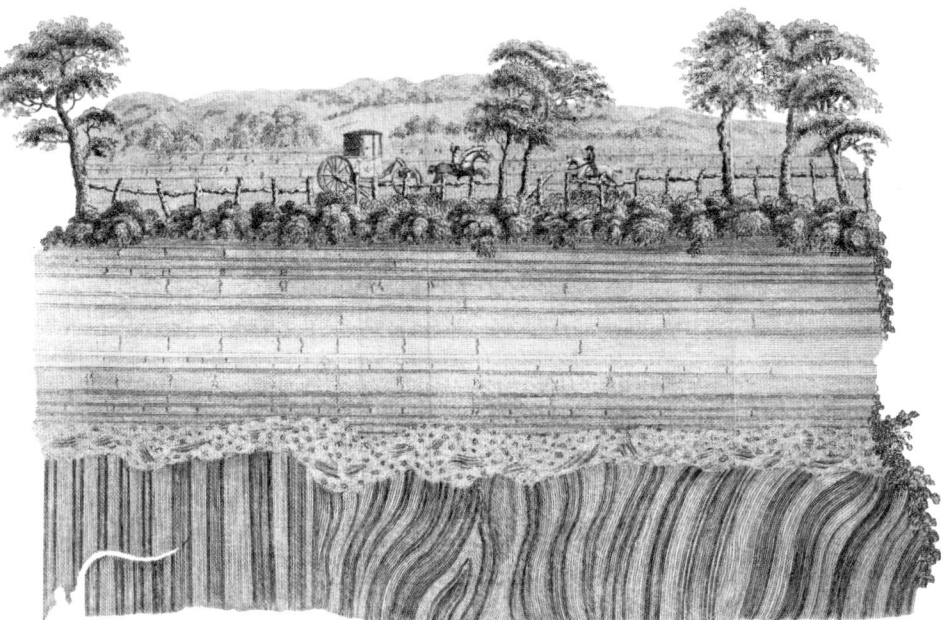

Für Hutton zeugte dieses freiliegende Gestein in einer Schlucht in Südschottland von zwei »früheren Welten«, Vorläufern der gegenwärtigen Welt und Teil eines endlosen, auch künftig andauernden Kreislaufs der Veränderung.

Huttons ausgeklügelte Theorie hatte Konsequenzen, die für seine Zeitgenossen kaum akzeptabel waren. Am wenigsten problematisch war die enorme Zeitskala, von der Hutton ausging. Die Beschaffenheit der Erde schien sich im Verlauf der aufgezeichneten Menschheitsgeschichte (also seit der Antike) nicht stark verändert zu haben, woraus Hutton schloss, dass sich der Prozess der Erosion und Hebung unmerklich langsam vollziehen müsse. Dass die Zeitskala der Erde womöglich eine unvorstellbare Länge habe, war zu Huttons Zeit unter gebildeten Leuten – einschließlich jener, die sich für gläubig hielten – weithin akzeptiert. Doch Hutton wurde zu Recht unterstellt, die Vorstellung eines deistischen »Systems« zu verfechten, das seit und auf Ewigkeit im Gange sei und seinen ureigenen Zweck nur dann erfülle, wenn menschliches Leben ebenfalls ewig existiere. Insofern war seine Theorie unvereinbar mit der theistischen Vorstellung vom Universum als etwas, das zu einem bestimmten Zeitpunkt erschaffen wurde; und unvereinbar auch mit der Historizität der Erde und des menschlichen Lebens. Einige Chemiker nahmen auf profanerer Ebene Anstoß an Huttons Theorie: Ihnen erschien die Idee der Gesteinsbildung durch Verbindung unter hoher Hitze – statt durch versickernde wässrige Lösungen – höchst unplausibel.

Huttons *Theory of the Earth* wäre vielleicht ebenso wie viele ähnlich betitelte Werke des 18. Jahrhunderts in Vergessenheit geraten, hätte sich nicht der Mathematiker und Astronom John Playfair, ein jüngerer Zeitgenosse Huttons, nach dessen Tod für dieses Werk stark gemacht. Doch mit seiner Schrift *Illustrations of the Huttonian Theory of the Earth* von 1802 veränderte Playfair den Geist der Hutton'schen Theorie grundlegend, indem er die deistische Idee der planvollen Einrichtung der Welt und des Vorrangs menschlichen Lebens herunterspielte und stattdessen die These von der unendlich langen Zeitskala und den entsprechend langsamen Prozessverläufen, etwa Erosion und Hebung, betonte. Dies waren jene »Hutton'schen« Prinzipien, die eine nachfolgende Generation von Naturwissenschaftlern, insbesondere Charles Lyell und (durch ihn) Charles Darwin, übernehmen und für neue Erklärungen fruchtbar machen sollten.

MARTIN RUDWICK

Charles Lyell

DIE GEGENWART DER ERDE ALS SCHLÜSSEL ZU IHRER VERGANGENHEIT
(1797–1875)

*»Bei der Erkundung dieses herrlichen Forschungsgebiets [der Geologie]
möge uns jener Gedanke eines großen Historikers unserer Zeit immer
gegenwärtig sein, wonach ›dem, der Verschwundenes wieder ins Leben ruft,
ein Glück zuteil wird, das dem eines Schöpfers ähnelt‹.«*
Charles Lyell, *Principles of Geology*, 1830

Am bekanntesten ist Charles Lyell heute wohl als jener Geologe, dessen Bücher Charles Darwin während seiner berühmten Reise auf der *Beagle* las, und der somit jene Arbeiten Darwins beeinflusste, die zur Evolutionstheorie führten. Doch Lyell war als führende Kraft in der Entwicklung der Geologie selbst eine bedeutende Gestalt. Sein Hauptwerk *Principles of Geology* erschien erstmals in drei Bänden zwischen 1830 und 1833, doch fuhr Lyell bis zu seinem Tod darin fort, das Werk für nachfolgende Ausgaben zu überarbeiten. Dies war gewissermaßen sein Beitrag zu einem fortwährenden Dialog mit anderen Geologen, die manche Aspekte seines Werks heftig kritisierten, andere dagegen begrüßten und übernahmen. Die modernen Geowissenschaften sind, in mancherlei Hinsicht, das Ergebnis dieser fruchtbaren Auseinandersetzung.

Lyell entstammte einer Familie des schottischen Landadels, wuchs jedoch in Südengland auf und lebte dann bis zu seinem Tod in London. Ins elterliche Haus am Rande der schottischen Highlands kehrte er nur in den Ferien zurück. Nach seinem Studium in Oxford absolvierte er in London eine juristische Ausbildung und war kurzzeitig als Gerichtsanwalt tätig, bevor er glaubte, sich seinen Lebensunterhalt als Autor verdienen zu können. Er heiratete Mary Horner, eine hochgebildete Tochter von Leonard Horner, dem ersten Leiter des University College London. Die Ehe blieb kinderlos. Lyells jüngerer Freund Charles Darwin schrieb – nachdem er das Paar einmal zu Hause besucht und erlebt hatte, dass der unablässig über Geologie redende Lyell seiner Frau keinerlei Beachtung schenkte – scherzhaft an seine Verlobte: »Ich brauche *Übung* in der schlechten Behandlung des weiblichen Geschlechts.« Tatsächlich aber war Mary für Lyell als Forschungsassistentin von unschätzbarem Wert, sowohl daheim als auch während seiner ausgedehnten Reisen in Europa und später in den USA. Lyell, politisch ein Anhänger der liberalen Whigs, war kulturell ein Kosmopolit: Er sprach fließend Französisch, die damalige Weltsprache der Wissenschaft und Kultur, und fühlte sich zu Hause im Kreis gebildeter Menschen aus aller Welt. Erzogen im Geist der Anglikaner, besuchte er in späteren Jahren regelmäßig eine Kirche der Unitarier in London.

Gegenüber: Lithographie von Charles Lyell aus dem Jahr 1849, geschaffen von Thomas Herbert Maguire, der berühmt war für seine Porträts bedeutender Persönlichkeiten, darunter eine Serie mit sechzig zeitgenössischen Wissenschaftlern.

Cha Lyell

DIE REKONSTRUKTION DER VERBORGENEN ERDGESCHICHTE

Lyell vereinte in sich zwei gegensätzliche Geistestraditionen, die bereits zuvor die Entwicklung der Geowissenschaften auf je eigene Weise geprägt hatten. Auf die eine Tradition war er während des Studiums in Oxford gestoßen, in den Vorlesungen des charismatischen Geologieprofessors William Buckland. Buckland selbst fühlte sich dem Ansatz des berühmten Pariser Zoologen Georges Cuvier verpflichtet, der die Geologen aufgefordert hatte, »die Grenzen der Zeit zu sprengen«. Damit war nicht gemeint, die Zeitskala der Erde auszudehnen, was auch nach Ansicht der Geologen die menschliche Vorstellungskraft überstieg. Vielmehr forderte Cuvier von der Geologie, die lange *Geschichte* der Erde verlässlich und bis ins Detail zu rekonstruieren. Geologen sollten Fossilien und andere Spuren der fernen Vergangenheit als Quellen behandeln, in gleicher Weise, wie Historiker Dokumente und Artefakte zur Rekonstruktion der Menschheitsgeschichte nutzten. Seinem Mentor Buckland folgend übernahm Lyell Cuviers Ansatz als wissenschaftliches Programm: Geologen mussten *Historiker* der Erde werden und deren Geschichte rekonstruieren, mittels aller in der Gegenwart vorhandenen Spuren ihrer Vergangenheit.

Einen ähnlich tiefen Eindruck auf Lyell machte um diese Zeit aber auch James Huttons Geologiemodell, das die Erde vor allem als ein von unveränderlichen und damit *ahistorischen* Naturgesetzen bestimmtes Objekt begriff. Hutton hatte die Erde als physisches System im stabilen Zustand eines dynamischen Gleichgewichts betrachtet. Dieses Modell war Lyells Generation in erster Linie durch den Mathematiker und Astronomen John Playfair vermittelt worden. Playfair lenkte Lyells Aufmerksamkeit auf das, was er später »aktuelle Ursachen« nennen sollte. Gemeint waren geologische Prozesse wie Vulkanismus und Erdbeben, Erosion und Sedimentation, die in der Gegenwart unmittelbar beobachtet und genutzt werden konnten, um Spuren früherer Prozessabläufe in der unbeobachtbaren vormenschlichen Vergangenheit zu interpretieren. Auch andere Geologen hatten schon anerkannt, dass »die Vergangenheit der Schlüssel zur Gegenwart« sei (wie es später formuliert wurde), doch glaubte Lyell, dass »aktuelle Ursachen« dazu geeignet seien, nicht nur einige, sondern *alle* Spuren der fernen Vergangenheit zu erklären. Die Annahme katastrophaler Ereignisse von Ausmaßen jenseits aller menschlichen Erfahrung erschien ihm dagegen unnötig.

Ein ebensolches Ereignis stand damals im Mittelpunkt der geologischen Diskussion. Aus der Sicht Bucklands und der meisten anderen Geologen gab es umfassende physische Anzeichen für das, was sie eine »geologische Sintflut« nannten – eine Art Mega-Tsunami, der weite Teile Europas, wenn nicht gar der Welt, überschwemmt und sich womöglich irgendwann zu Beginn der Menschheitsgeschichte, gewiss aber relativ spät in der sehr viel längeren Erdgeschichte ereignet hatte. Buckland setzte diese Katastrophe mit der biblischen Sintflut gleich und nutzte dies als Argument für die Historizität der Bibel, was der Akzeptanz der »neuen« Wissenschaft Geologie in konservativen Kreisen, vor allem in Oxford, zugute kam. Lyell, der die kulturelle Dominanz der Church of England äußerst kritisch betrachtete, verwarf diese Ansicht mit dem Argument, dass sich die vermeintlichen Anzeichen für eine Sintflut wie auch für vergleichbare, noch weiter zurückliegende Katastrophen allesamt durch gewöhnliche Naturprozesse erklären ließen.

DAS ENTZIFFERN DER FOSSILEN ZEUGNISSE

Gestärkt wurde Lyells Glaube an die erklärende Kraft dieser »aktuellen Ursachen« während einer geologischen Reise durch Frankreich und Italien in den Jahren 1828–29. Mit eigenen Augen sah er, welch gewaltige Auswirkungen die Tätigkeit aktiver Vulkane wie Vesuv oder Ätna haben konnten. Seine Feldforschungen lieferten ihm auch Belege dafür, dass die Erdkruste während der Menschheitsgeschichte ebenso sehr in Bewegung gewesen war wie in der Erdgeschichte zuvor. Und in Sizilien fand er Spuren, durch die sich die Menschheitsgeschichte mit der geologischen Geschichte verbinden ließ, was ihm eine noch lebhaftere Vorstellung von der enormen Länge der geologischen Zeitskala gab. Diese Befunde stießen bei anderen Geologen (einschließlich vieler, die sich als gläubig verstanden) durchaus auf Akzeptanz, doch scheuten sie – wie Lyell meinte – deren Konsequenzen. Für ihn machte die rechte Vorstellung von der Kraft aktueller Ursachen in Verbindung mit der rechten Vorstellung vom Ausmaß der Zeit, in der sie ihre Wirkung entfalteten, die Annahme irgendwelcher außergewöhnlicher Katastrophen überflüssig. Alle Belege, so argumentierte er, deuteten darauf hin, dass die Erde sich im stabilen Zustand eines dynamischen Gleichgewichts befinde – mit endlosen Kreisläufen langsamer und stetiger Veränderung, insgesamt und auf lange Sicht aber ohne irgendeine Richtung.

Lyells umfangreiches Werk *Principles of Geology*, das er nach seiner Rückkehr nach England verfasste, war dazu gedacht, die Buckland'sche Art der Geologie im Sinne jener Hutton'schen Ideen neu zu interpretieren. Es bestach nicht zuletzt durch jene Eloquenz, die sich Lyell in seiner kurzen Karriere als Gerichtsanwalt angeeignet hatte. Aufsehen erregte in Großbritannien vor allem der Widerspruch zwischen Lyells Rekonstruktion einer erheblich ausgeweiteten Erdgeschichte und jener begrenzten Zeitskala, die für gewöhnlich aus den biblischen Texten rekonstruiert wurde. In anderen Teilen Europas, in denen die Öffentlichkeit mit wissenschaftlichen Methoden der Bibelauslegung vertrauter war, galt die Annahme einer unermesslichen geologischen Zeitskala schon lange als Selbstverständlichkeit, sodass Lyells Ansatz hier weniger originell erschien.

Einen Großteil seiner *Principles* widmete Lyell dem, was er »das Alphabet und die Grammatik der Geologie« nannte. Er nutzte eigene Beobachtungen, ergänzt um eine breite Palette veröffentlichter Quellen und Erfahrungsberichte, um zu zeigen, dass aktuelle Ursachen – bei ausreichender Zeit – gewaltige Wirkungen wie etwa die Bildung neuer Bergketten haben konnten. Auch dies fand Zustimmung bei anderen Geologen, die Lyells Hinweis auf die Kraft aktueller Ursachen

Frontispiz von Lyells *Principles of Geology*, erschienen 1830–33, und zugleich dessen bedeutsamste Illustration. Sie zeigt eine römische Ruine bei Neapel, in deren verbliebene Säulen sich bis zu einer bestimmten Höhe Muscheln gebohrt haben. Seit der Antike musste der Erdboden unter den Meeresspiegel abgesunken und dann wieder angestiegen sein – für Hutton eine Darstellung *en miniature* der von einem dynamischen Gleichgewicht geprägten Erdgeschichte.

ernst nahmen und seine Ansichten in ihren Arbeiten rezipierten. Allerdings bezweifelten sie, dass sich *alle* Spuren der Vergangenheit auf diese Art erklären ließen: Einige Ereignisse, wie die geologische Sintflut, seien ihrem Ausmaß nach wohl doch im engen Sinn katastrophal gewesen und vielleicht als gewöhnliche Prozesse von außergewöhnlicher Intensität aufzufassen. Diese Einschränkung sollte sich als begründet erweisen, als in den 1840er Jahren die vermeintliche Sintflut zu einer geologisch jungen Eiszeit umgedeutet wurde. Buckland war einer der ersten, die sich diese neue Idee zu eigen machten, während Lyell sich weiterhin weigerte, die Existenz irgendwelcher katastrophalen Ereignisse einzuräumen.

Im abschließenden Band seiner *Principles* nutzte Lyell »das Alphabet und die Grammatik« der Geologie zur Entzifferung erdgeschichtlicher Spuren sowie zu einer Rekonstruktion der jüngeren Erdgeschichte, in der die Welt, so Lyell, sich von der gegenwärtigen nicht wesentlich unterschied. Zudem sei das älteste untersuchte Gestein durch »metamorphische« Prozesse im Erdinnern derart verändert worden, dass es keinerlei Anhaltspunkt für irgendeinen Anfang der Erdgeschichte biete. Also folgerte Lyell, dass die Erde tatsächlich – wie von Hutton bereits vor langer Zeit behauptet – ein System in dynamischem Gleichgewicht sei, dessen endlose Kreisläufe langsamer und stetiger Veränderung insgesamt keine Richtung besäßen. Im Unterschied zum fruchtbaren Begriff der »aktuellen Ursache« wurde das von Lyell propagierte Hutton'sche Modell der Erde von anderen Geologen heftig kritisiert. Es war dieses Modell, nicht die Theorie von den aktuellen Ursachen, das später »Uniformitarianismus« genannt wurde. Andere Geologen wiesen auf zunehmend eindeutige Belege in den fossilen Zeugnissen hin, die für eine Gesamtrichtung der Geschichte des Lebens auf der Erde sprachen. Besonders auffällig war eine lineare Abfolge im Bereich der Wirbeltiere: Zunächst waren die Fische entstanden, dann die Reptilien, dann die Säugetiere und zuletzt der Mensch. Natürlich wusste Lyell davon, doch leugnete er – wenig überzeugend – die Relevanz dieses Be-

Lyells »Idealschnitt durch einen Teil der Erdkruste«, Frontispiz seines Werks *Elements of Geology* von 1838. Lyell behauptete, alle wichtigen Gesteinsarten würden auch in der Gegenwart noch in der Weise gebildet wie schon zuvor in fernster Vergangenheit, schließlich sei die Erde ein stabiles System in dynamischem Gleichgewicht.

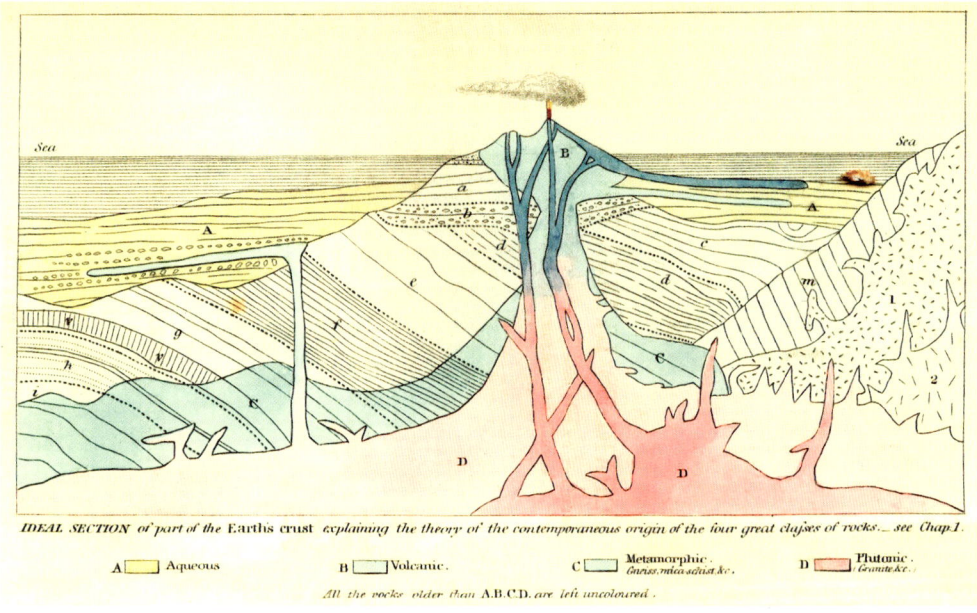

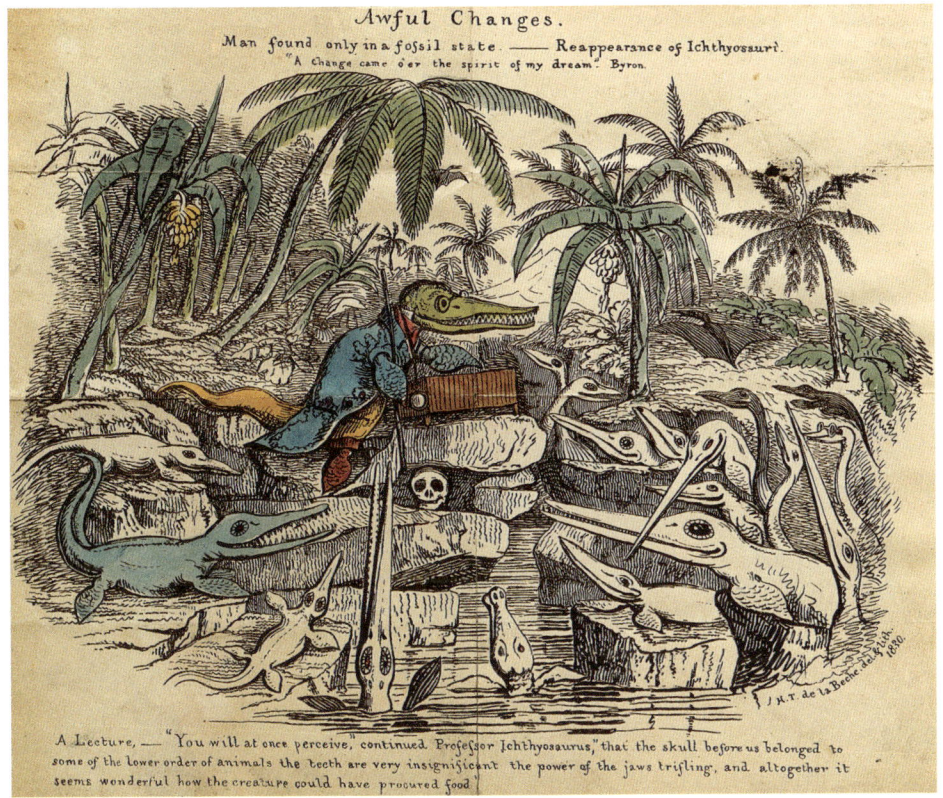

Diese Karikatur des englischen Geologen und Paläontologen Henry De la Beche aus dem Jahr 1830 macht sich über die kurz zuvor von Lyell in seinen *Principles of Geology* geäußerten Vermutungen lustig: Ein gewisser »Professor Ichthyosaurus« doziert hier über einen menschlichen Schädel vor einem Publikum aus anderen ausgestorbenen Reptilien, die offenbar in einer fernen Zukunft nach dem Ende der Menschheit wieder zum Leben erwacht sind, während des nächsten großen Zyklus der »uniformistischen« Erdgeschichte.

funds unter Verweis auf die systematische Unzuverlässigkeit fossiler Zeugnisse. Als er dann noch so weit ging, die zyklische Wiederholung der Erdzustände mit entsprechenden Zyklen in der Geschichte des Lebens zu verknüpfen, hatten seine Theorieversuche aus der Sicht der meisten Geologen endgültig jegliche Plausibilität verloren.

Auf lange Sicht gesehen beförderte Lyell jedoch die fruchtbare Synthese zwischen einem historischen und einem physikalischen Ansatz der Geologie, wie er von Buckland respektive Hutton vertreten wurde. Die Erde, so stellte sich heraus, besaß eine *Geschichte*, die genauso kontingent und (selbst im Rückblick) unvorhersehbar war wie die Menschheitsgeschichte. Dennoch ließen sich zugleich all ihre Ereignisse *ahistorischen* geologischen Prozessen zuschreiben, die in unveränderlichen Naturgesetzen gründeten, wenn auch ihre Intensität stark variierte. Es war diese Synthese, die Lyells Schüler Darwin, der sich zunächst einen Namen als Geologe machte, später so wirkungsvoll auf den Bereich der Biologie übertrug. Lyells Leistung aber verdient es, für sich genommen gewürdigt zu werden; seine Methoden des Nachdenkens über die Erde prägen die moderne Geologie noch heute.

LAURA DASSOW WALLS

Alexander von Humboldt

ENTDECKER UND WEGBEREITER DER ÖKOLOGIE
(1769–1859)

»Die Natur aber ist das Reich der Freiheit … Wer die Resultate der Natur-
forschung … in ihrer großen Beziehung auf die gesamte Menschheit betrachtet,
dem bietet sich, als die erfreulichste Frucht dieser Forschung, der Gewinn dar,
durch Einsicht in den Zusammenhang der Erscheinungen den Genuss der
Natur vermehrt und veredelt zu sehen.«
Alexander von Humboldt, *Kosmos*, Bd. 1, 1845

Obwohl heute nicht weltbekannt, kann Alexander von Humboldt doch als einer
der bedeutendsten Naturwissenschaftler der Neuzeit gelten. Es war Humboldts
Forschungsexpedition nach Nord- und Südamerika (1799–1804), die den jungen Charles Darwin dazu inspirierte, die durch die Expeditionsberichte berühmt ge-
wordenen Tropen mit eigenen Augen zu sehen. Und es war Humboldt, der Darwin an-
regte, sich Fragen über die Entstehung und Verteilung der Arten zu stellen. Humboldts
Name galt im ganzen 19. Jahrhundert als Inbegriff von Heldentum und humanistischer
Wissenschaft. Humboldt – das war jener romantische Abenteurer, der den Orinoko
hinaufgefahren war, in Ecuador den Chimborazo (den man damals für den höchsten Berg der Welt hielt) bestiegen hatte, Jaguaren entkommen war und die Begegnung
mit Zitteraalen überlebt hatte. Humboldt sei »eine vollständige wandelnde Akademie«,
sagte Ralph Waldo Emerson über ihn, und tatsächlich leistete er Beiträge auf etlichen
wissenschaftlichen Gebieten, von Botanik, Zoologie und Geologie über Physiologie und
Geophysik bis hin zu Geographie, Anthropologie und Volkswirtschaftslehre. Er war ein
Katalysator der internationalen Naturwissenschaften und mit dem von ihm etablierten
Netz weltweiter Wetterstationen auch ein Initiator der Klimaforschung. Seine viel ge-
kauften Bücher über seine abenteuerlichen Reisen nutzte Humboldt zur Verbreitung
radikal neuer wissenschaftlicher Ideen, aber auch zur Verurteilung von Sklaverei und
Imperialismus. Alle Menschen gehörten ein und derselben Art an, schrieb er, und »alle
sind gleichmäßig zur Freiheit bestimmt«. Dennoch verband sich sein Name nie mit
einer einzigen bahnbrechenden Entdeckung. Bei Newton war es die Schwerkraft; bei
Darwin die Evolution; bei Einstein die Relativität. Und bei Humboldt?

Eine Antwort könnte lauten: die Ökologie. Der Begriff selbst wurde zwar erst nach
seinem Tod geprägt, doch begründete Humboldt das Gebiet der Pflanzenökologie. In
seinen Schriften betonte er die Zusammenhänge zwischen allen Elementen der Natur,
einschließlich der Menschen, in der modernen globalen Welt. Geboren 1769 in Berlin,
im Zeitalter Voltaires, starb Humboldt 1859, als Darwin gerade *Über die Entstehung der*
Arten verfasste. Gemeinsam mit seinem Bruder Wilhelm (der ein bedeutender Philo-

Gegenüber: Auf
diesem Gemälde
von Georg Weitsch
aus dem Jahr 1806
ist Alexander von
Humboldt als junger,
kühner und roman-
tischer Naturforscher
porträtiert. In der
einen Hand einen
botanischen Fund, die
andere zu einer Geste
geformt, balanciert er
lächelnd sein Herba-
rium auf einem Knie –
in Reichweite das
stets präsente Baro-
meter, Wahrzeichen
der Humboldt'schen
Naturwissenschaft.
Jenseits des ihn be-
schirmenden Baumes
fließt der Orinoko
dahin.

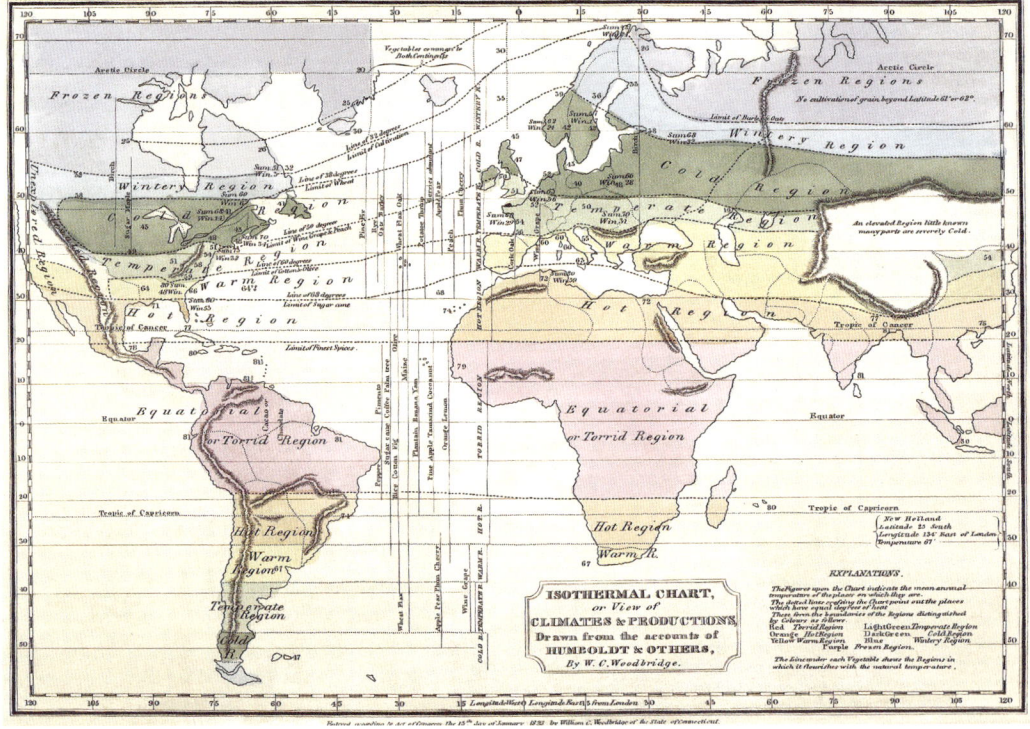

Humboldts Darstellung des Chimborazo zeigt den Berg, wie er am Tag nach Humboldts berühmtem Aufstieg 1802 aussah, noch immer mit den Spuren des starken Schneefalls, der ein Erklimmen des Gipfels verhindert hatte.

Isothermenkarten auf Grundlage der Arbeiten Humboldts, wie dieses Exemplar von 1823, verwandelten abstrakte Daten in eindrucksvolle bildliche Darstellungen. Mit seinen Beobachtungen von Phänomenen wie den weltweiten Klimazonen schuf Humboldt die Grundlagen der physischen Geographie und der Meteorologie.

Humboldt und sein Begleiter Aimé Bonpland legten nur selten lange Strecken zurück und schlugen stattdessen immer wieder Lager auf, von denen aus sie die Umgebung erkundeten. Auf diesem Gemälde von Eduard Ender aus dem Jahr 1856 zeigen sich Tisch und Boden in tropischer Üppigkeit überhäuft von wissenschaftlichen Geräten und Exemplaren verschiedener Pflanzen. Viele Details des Gemäldes beruhen auf Humboldts vor Ort angefertigten Skizzen.

soph und Sprachwissenschaftler werden sollte) wuchs er auf dem Anwesen der Familie in Tegel auf. Beide zählten bald zu einem erlesenen Kreis von Intellektuellen um Kant, Goethe und Schiller. Es war die Zeit, als Forschungsreisende mit Geschichten von exotischen Völkern heimkehrten, mit Gemälden fremder und wunderschöner Landschaften, mit Schiffsladungen voller unbekannter Pflanzen und Tiere, Fossilien, Mineralien und merkwürdiger Artefakte. Im jungen Humboldt entbrannte der Wunsch, die Welt zu erforschen. Sein unbändiger Wissensdurst führte ihn an eine Reihe von Universitäten – Frankfurt (Oder), Göttingen, Hamburg sowie an die Bergakademie Freiberg – zum Studium der Botanik, Geschichte, Kameralistik, Geologie, Chemie, Physiologie und Fremdsprachen. Nachdem er seinen Anteil am Familienerbe erhalten hatte, war er frei, seinen Traum zu verwirklichen und sich ganz der Wissenschaft zu widmen. Schon kurz darauf brach er mit dem Botaniker Aimé Bonpland nach Südamerika auf.

GRENZENLOSE SUCHE NACH EINEM BILD DER WELT

Was die Naturwissenschaften brauchten, so Humboldt, seien nicht weitere Fundstücke oder größere Sammlungen, sondern eine neue Art von Verständnis der Zusammenhänge zwischen den Dingen. Warum erscheint die Welt in der uns dargebotenen Form: mit Kontinenten von bestimmter Gestalt, gelegen inmitten von Ozeanen mit globalen Meeresströmungen zwischen den Eiskappen der Pole, bevölkert von Kohlendioxid aufnehmenden und Sauerstoff abgebenden Pflanzen sowie von Tieren, deren Atmung diesen Prozess umkehrt? Ist Elektrizität das Geheimnis des Lebens? Weshalb sind Gesteine und Mineralien überall gleich, Pflanzen, Tiere und menschliche Völker indes verschieden – wenn auch nur geringfügig? Auf der ganzen Erde kultivieren Menschen Kartoffeln und Mais, Pfirsiche und Kirschen, Weizen, Oliven und Wein – und doch wachsen diese Pflanzen nirgends wild. Wo also waren sie hergekommen? Woher stammen die *Menschen*? Und warum unterscheiden wir uns – in Aussehen, Sitte und Sprache? Sind alle Sprachen miteinander verwandt? Sind alle *Menschen* miteinander verwandt? Werden wir vielleicht durch unsere Umwelt geformt – und formen wir unsere Umwelt? Warum war Kolumbus nach Westen gesegelt? Was war noch erhalten von den bedeutenden Zivilisationen Nord- und Südamerikas, welche die Europäer zerstört hatten. Wie hatte das Gold der Inka und das mexikanische Silber die Weltwirtschaft verändert? Was verursachte Tropenkrankheiten und wie konnten sie geheilt werden? Würden Venezuela und Mexiko aufbegehren und unabhängige Staaten bilden, so wie die USA? Diese und Hunderte weiterer Fragen lagen Humboldts Dutzenden von Büchern zugrunde, seinen wissenschaftlichen Monographien wie seinen populärwissenschaftlichen Schriften. Zusammengenommen veränderten sie unseren Blick auf diesen Planeten und bewirkten eine erhebliche Spezialisierung der Forschung. Obwohl Humboldt nie an einer Universität lehrte, war er der Lehrmeister vieler junger Forscher und Künstler. Einer von ihnen, Louis Agassiz, befand gar, dass ein »jeder Schuljunge mit seinen Methoden vertraut [sei], ohne jedoch zu wissen, dass Humboldt sein Lehrer ist«; der Urheber bleibe »hinter der schieren Fülle und schöpferischen Kraft« seiner Leistungen verborgen.

Die Wissenschaft, die Humboldt vor allem am Herzen lag und die er »Physik der Erde« nannte, wird heute oft als »Earth system science« bezeichnet. Diese stetig wachsende »Erdsystemwissenschaft« versucht, durch eine Zusammenführung von Ökologie und Geowissenschaften, Atmosphären- und Klimaforschung, Geologie und Ozeanographie ein holistisches Verständnis davon zu gewinnen, wie unser Planet funktioniert und welche Folgen das Handeln der Menschen für ihn hat. Die Ursprünge dieser Forschungsrichtung finden sich in zwei der wichtigsten Werke Humboldts, das erste verfasst zu Beginn, das zweite gegen Ende seiner Karriere.

Nach fünfjähriger Expedition durch das tropische Amerika hatte sich Humboldt in Paris, dem damaligen Zentrum der wissenschaftlichen Welt, niedergelassen. Dort machte er sich an die Veröffentlichung seiner Forschungsergebnisse. Der erste von schließlich 30 Bänden war seine 1807 erschienene Schrift *Ideen zu einer Geographie der Pflanzen*. Dem Buch war eine große Abbildung beigefügt, auf der sich – flankiert von Datenspalten – mittig der Chimborazo erhebt. Der Berghang zeigt, Stufe für Stufe, seine typische Erscheinung: unten die tropische Vegetation des Äquators, darüber Kiefern und Eichen des gemäßigten Klimas, dann alpine Pflanzen und auf dem Gipfel nackter Fels und Polareis. Jede Stufe steht für eine Klimazone, was die Korrelation von Berghöhen und Breitengraden andeutet. In jeder Zone bilden Pflanzen typische Gemeinschaften, die durch Charakteristika wie die spezielle Fauna, Höhe, Niederschlagsmenge, Lichtintensität, Temperatur, Bodenart und Feuchtigkeit miteinander verbunden sind. Jede wilde Pflanzengemeinschaft hat ihre eigene »Physiognomie«. Die umherziehenden Menschen wiederum haben überall auf der Erde ihre domestizierten Pflanzen und Tiere verbreitet. Die so von Mensch und Natur geschaffenen Landschaften werden schließlich Teil jeder menschlichen Kultur, jedes einzelnen Menschen in Geist und Herz. Wer das von Humboldt entworfene Bild eingehend betrachtet, wird darin zu einem Beteiligten, indem er aktiv dessen unzählige Elemente miteinander in Verbindung zu setzen versucht – ebenso wie die vielen Wissenschaftler, deren Zusammenarbeit dieses Bild

ermöglicht hat. So kann sich der Leser, dank Wissenschaft und Einbildungskraft, »in der Einsamkeit einer öden Heide gleichsam eine innere Welt [erschaffen]: er eignet sich zu, was die Kühnheit des Naturforschers, Meer und Luft durchschiffend, auf dem Gipfel beeister Berge oder im Innern unterirdischer Höhlen, entdeckt hat«; er kann in der Vergangenheit wie in der Gegenwart leben, kann die großartigen Gesetze der Natur verstehen lernen und dabei »allen [Völkern] gleich nah bleiben«.

1827 zog Humboldt zurück nach Berlin, wo er seine letzten Lebensjahre mit der Niederschrift des erfolgreichen *Kosmos* verbrachte, der zwischen 1845 und 1862 erschien und die Summe all seiner Erkenntnisse bildet. Der erste Band nimmt den Leser mit auf eine Reise zu den Sternen, vorbei an interstellaren Wundern zum größten aller Mirakel, der Erde, einem Juwel voll pulsierenden Lebens in den Weiten des Weltalls. Der zweite Band beleuchtet die Geschichte der Menschen, um zu zeigen, wie unser Begriff der Natur sich über die Jahrtausende hinweg in Kunst und Literatur, Wissenschaft und Technik entwickelt hat. Weitere Bände sollten umreißen, was seinerzeit über Sterne und Planeten, die Erde und ihre Organismen bekannt war, doch konnte selbst Humboldt mit der Entwicklung der Naturwissenschaften nicht Schritt halten; bei seinem Tod hinterließ er sein großes Projekt unvollendet. Noch heute führen die Naturwissenschaften die Arbeit daran fort. Wenn man also nach der großen Entdeckung Humboldts fragt, müsste die Antwort lauten: der Kosmos selbst. Was Humboldt uns vor Augen führt, ist das materielle Universum in seiner Gänze. Natur und Geschichte haben aus Humboldts Sicht vereint daran mitgewirkt, den Kosmos zu erschaffen. Und es sei die Zukunft der Menschheit, so befand er, diesen Kosmos durch Wissenschaft, Kunst und Dichtung zu erhalten.

Diese berühmte ausfaltbare Darstellung aus Humboldts *Ideen zu einer Geographie der Pflanzen* von 1807 legt auf einer einzigen Seite die Basis für die wissenschaftliche Ökologie. Die Hänge des Chimborazo sind von typischen, mit der Höhenlage wechselnden Pflanzengemeinschaften bedeckt, deren Namen hier auf der Schnittfläche Platz gefunden haben. Im Hintergrund raucht der Cotapaxi, ein aktiver Vulkan. Die beiden Berge werden flankiert von mehreren Spalten mit wissenschaftlichen Daten zu Temperatur, Luftdruck, Luftfeuchtigkeit und Lichtintensität.

ROGER MCCOY

Alfred Wegener

METEOROLOGE UND VERFECHTER DER THEORIE
DER KONTINENTALVERSCHIEBUNG
(1880–1930)

✳ ✳ ✳

»Wenn wir Wegeners Hypothese Glauben schenken, müssen wir alles vergessen,
was wir in den letzten siebzig Jahren gelernt haben und ganz von vorne anfangen.«
R. T. Chamberlin, Professor für Geologie an der Universität Chicago, 1928

Gegenüber: Alfred
Wegener während
seiner letzten Grön-
land-Expedition im
Jahr 1930. Die Teil-
nehmer der Expedi-
tion tauschten schon
bald ihre europäische
Bekleidung gegen die
aus Rentierhaut sowie
Hunde- oder Wolfsfell
bestehende Kleidung
der Inuit. Diese war
leicht und hielt sehr
warm, musste aber
auch regelmäßig ge-
trocknet und ausge-
bessert werden. Wege-
ner wurde selten ohne
seine Pfeife photogra-
phiert.

Zu Lebzeiten wurde Alfred Wegener durch zwei scheinbar separate Leistungen bekannt: die Erforschung des Polarklimas und die Theorie der Kontinentalverschiebung. Für ihn selbst jedoch ergaben sich beide Projekte zwingend aus seinem lebhaften Interesse für die Klimaforschung. Wegener wurde am 1. November 1880 in Berlin geboren. Er studierte zunächst Astronomie, später Meteorologie und Klimatologie. 1905 wurde er meteorologischer Beobachter am Aeronautischen Observatorium Lindenberg bei Berlin, 1909 übernahm er eine Dozentur an der Universität Marburg, wo er Astronomie und kosmische Physik lehrte. 1924 erhielt er an der Universität Graz eine seit Langem angestrebte ordentliche Professur. Zu diesem Zeitpunkt war seine Theorie über die Bildung der Landmassen der Erde schon auf große Beachtung – und harsche Kritik – gestoßen.

1906 begann er seine Forschungen in Grönland als der für Klimatologie und Glaziologie zuständige Teilnehmer einer dänischen Expedition unter Leitung von Ludvig Mylius-Erichsen. 1912 reiste er abermals mit einer dänischen Forschungsgruppe nach Grönland; dabei gelang eine der ersten Ost-West-Durchquerungen Grönlands per Hundeschlitten. Mit diesen Expeditionen machte sich Wegener in Europa einen Namen, vor allem in Dänemark und Deutschland.

Bei der Planung jener Grönland-Expeditionen hatte Wegener auch den Rat des bekannten Klimatologen Wladimir Köppen eingeholt, der damals gerade eine Klassifikation der verschiedenen Klimate der Erde erarbeitete. 1913 heiratete Wegener Köppens Tochter Else. War der erfahrenere Köppen anfangs Wegeners Mentor, arbeiteten beide schon bald gemeinsam an einer Untersuchung der Paläoklimate, die sich auf geologische und paläontologische Spuren vergangener Klimate stützte, etwa auf Kohlevorkommen, Salzvorkommen, Pflanzen- und Tierfossilien sowie Vergletscherung.

Wegener war nicht verborgen geblieben, dass einige Fossilien auf beiden Seiten des Ozeans vorkamen. Ähnlich auffällig waren geologische Formationen, die in Afrika beginnen und sich in Südamerika fortsetzen. Geologen wussten um diese Auffälligkeiten und gaben sich mit der Erklärung zufrieden, dass Pflanzen und Tiere einst auf nicht

Diese Illustration aus Wegeners *Die Entstehung der Kontinente und Ozeane* von 1915 zeigt das Auseinanderdriften der Kontinente – ausgehend von einer einzigen Landmasse, Pangaea – über aufeinanderfolgende Zeitalter hinweg. Der Prozess ist mit zweierlei Karten dargestellt: solchen mit Äquatoransicht und solchen mit der Ansicht von Nord- und Südpol.

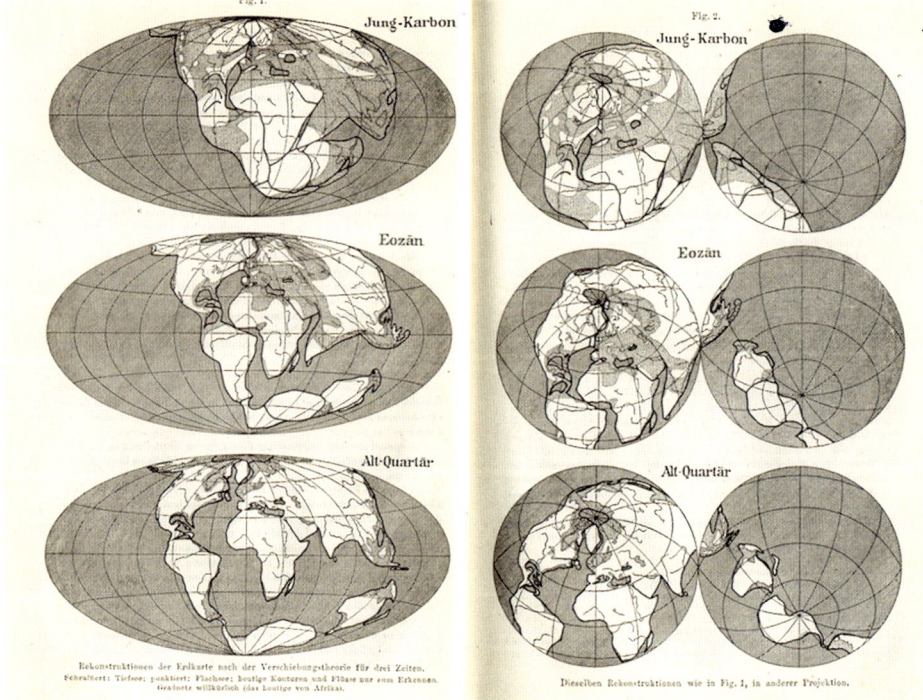

mehr bestehenden Landverbindungen von Kontinent zu Kontinent gewandert seien. Wegener jedoch entwickelte eine alternative Theorie. Ihm fiel auf, dass die Kontinente beinahe wie Puzzleteile ineinanderpassten und die geologischen Besonderheiten ein durchgehendes Muster ergaben. Von da an verfolgte er die Idee einer Kontinentalverschiebung und war unermüdlich auf der Suche nach weiteren geologischen und paläontologischen Daten zur Überprüfung seiner Hypothese. 1915 veröffentlichte er *Die Entstehung der Kontinente und Ozeane*. In diesem Werk präsentierte er die These, alle Kontinente seien einst als eine einzige riesige Landmasse – die er »Urkontinent« oder »Pangaea« (griechisch für »Ganz-Erde«) nannte – verbunden gewesen. Pangaea habe sich allmählich geteilt, woraufhin die Kontinente an ihre heutigen Orte getrieben seien.

EINE STÜRMISCHE DEBATTE

Wegeners Buch entfachte unter Geowissenschaftlern eine stürmische Debatte, die um gewisse Mängel seiner Theorie kreiste. Nachdem eine englische Übersetzung des Werks erschienen war, wurde diese Debatte auch weltweit geführt. Sie mündete schließlich in zwei internationale Konferenzen, eine in London 1923 und eine in New York 1926, auf denen Wegeners Theorie der Kontinentalverschiebung diskutiert werden sollte. Wegener selbst nahm an keiner der beiden Konferenzen teil.

Auf der Konferenz in London wiesen Geologen auf Schwächen der von Wegener angeführten geologischen Belege hin. Sie führten Gebiete auf, in denen zu wenige geologische Daten gesammelt worden waren, um die von Wegener behaupteten Verbindungen zwischen den Kontinenten zu stützen. Alle Kritiker wiesen Wegeners Vermutung zurück, die Kräfte der Gezeiten und der Erdrotation könnten die Verschiebung der Kontinente bewirken. Als schärfster Kritiker erwies sich der britische Geologe Philip Lake; dieser bezeichnete Wegener als »blind gegenüber jedem Argument«, das der Kontinentalverschiebung widersprach. Der renommierte Mathematiker und Geophysiker Harold Jeffreys erklärte, eine Kontinentalverschiebung komme »überhaupt nicht in Betracht«, da es keine ausreichend große Kraft gebe, um Kontinente zu bewegen. Auf der Konferenz in den USA erfuhr Wegeners Theorie noch stärkeren Widerspruch, denn das Denken der amerikanischen Geologen war stark vom Uniformitarianismus geprägt, jener Ende des 18. Jahrhunderts insbesondere von James Hutton vertretenen Theorie, nach der die heute wirkenden Naturgesetze und -prozesse seit jeher und immer in gleicher Weise wirkten. Folglich galt die Idee der Kontinentalverschiebung, da diese kein fortwährender Prozess war, als unhaltbar. Nur wenige Geologen bemerkten die logische Unstimmigkeit ihrer eigenen Position, zu der ja auch die Annahme von Landbrücken gehörte, für die es keinerlei empirische Anhaltspunkte gab. Kurzum: Ein neues Paradigma tat not.

Was vor allem fehlte, um Wegeners Theorie zu stützen, war die Kenntnis einer Kraft, die Kontinente über den Erdmantel zu schieben vermochte. Einige Geophysiker erwogen den Gedanken, dass der Mantel kurzfristig zwar als starres Gebilde erscheine, langfristig aber Konvektionsströme hervorbringe, die auch Kontinente verschieben könnten. In der vierten Ausgabe seines Werks sprach auch Wegener davon, dass womöglich Strömungen im Erdmantel bei der Kontinentalverschiebung eine Rolle spielten.

Da einige der renommiertesten Geologen Wegeners Theorie rundweg abgelehnt hatten, übten auch andere Geologen ungezügelt Kritik. Man begann, Witze über die Kontinentalverschiebung zu machen, die von Fossilien handelten, deren eine Hälfte in den USA und deren andere in Europa zu finden sei. Die meisten Geologen hielten Wegener für einen Spinner. Einige Geologen und Biologen aber fanden Gefallen an der Vorstellung sich bewegender Kontinente, ließen sich dadurch doch zahlreiche bis dato ungeklärte Fragen beantworten. Noch aber gab es keine ausreichenden Beweise für eine solche Bewegung.

Bei aller Enttäuschung über die Ablehnung seiner Theorie begegnete Wegener seinen Kritikern selbstbewusst. Seiner Ansicht nach betrachteten sie nur den Ausschnitt eines Gesamtbildes. »Wissenschaftler«, schrieb er, »scheinen immer noch nicht ausreichend zu verstehen, dass alle Erdwissenschaften zur Erforschung des Zustands unseres Planeten in früheren Zeiten beitragen müssen, und dass die Wahrheit in dieser Angelegenheit nur durch die Kombination aller Beweise gefunden werden kann.« Wegener hörte nie auf, weitere multidisziplinäre Befunde und Beweise zu sammeln, um in nachfolgenden Ausgaben seines Werks Kritikpunkte zu beseitigen. Er war sich sicher, dass die meisten Kritiker von der Theorie überzeugt wären, sobald sie alle Beweise zur Kenntnis genommen hätten.

Nach der Konferenz in den USA lag die Idee der Kontinentalverschiebung über vierzig Jahre lang im Schlummer, bis Mitte der 1960er Jahre, über dreißig Jahre nach Wegeners Tod, neue Messwerkzeuge und erhebliche Mittel – aufgewendet im Zuge des Kalten Krieges – eine weltweite Vermessung des Meeresbodens ermöglichten. Diese lieferte erdrückende Beweise für eine Meeresbodenspreizung und führte schließlich zur Theorie der durch Konvektionsströme im Erdmantel bedingten Plattentektonik.

In seinen letzten zwei Lebensjahren wandte sich Wegener wieder dem Klima in Grönland zu. Die Deutsche Forschungsgemeinschaft, die zur finanziellen Förderung verdienter Forscher in den wirtschaftlich schwierigen Zeiten der Weimarer Republik gegründet worden war, hatte Wegener Unterstützung für ein bescheidenes Projekt zur Erforschung des grönländischen Klimas angeboten. Ein solches Projekt war von großer Bedeutung wegen Grönlands Einflusses auf das europäische Klima, vor allem aber wegen Grönlands Lage auf möglichen Luftwegen zwischen Europa und Nordamerika.

Wegener witterte eine unerwartete Chance. Er reichte einen Antrag ein, der das Angebot der Forschungsgemeinschaft zu einem Projekt ausweitete, das einjährige Klimabeobachtungen an drei grönländischen Wetterstationen sowie Untersuchungen des Gletschereises umfassen sollte. Zu den geplanten Eisforschungen zählte auch die Messung von Eiszuwachs und Eisdicke mittels erstmals auf einem Gletscher angewendeter reflexionsseismischer Verfahren. Sein Antrag belief sich auf die stolze Summe von 500.000 DM, damals ein erheblicher Betrag. Es zeugt von Wegeners hohem Ansehen, dass sein Antrag von der Forschungsgemeinschaft fast umgehend bewilligt wurde.

TOD IN DER ARKTIS

Im Sommer 1929 unternahm Wegener mit seinen engsten Mitarbeitern eine Erkundungsreise an der Westküste Grönlands, auf der Suche nach einem Ort, an dem sich Ausrüstung und Vorräte die Gletscherkante hinauftransportieren ließen. Im Frühjahr 1930 machte er sich per Schiff erneut auf den Weg. An Bord befanden sich das gesamte Expeditionsteam, darunter zwanzig in Deutschland angeheuerte Männer, einige Islandponys, zwei propellerbetriebene Schlitten und Tonnen an Nahrungsmitteln und Ausrüstung.

Dieses Bild zeigt den Meteorologen Wegener an seinem Schreibtisch in einer Hütte aus Fertigteilen während der dänischen Grönland-Expedition 1912–13. Doppelwandige und isolierte Unterkünfte in Fertigbauweise gab es auch bei der Expedition 1930, außer in der Station Eismitte, wo sich die Männer eine Eishöhle gruben.

Der späte Bruch des Eises im Kamarujuk-Fjord verzögerte das Entladen um sechs Wochen. Den ganzen Sommer lang bemühte sich das Team, den Zeitverlust wieder aufzuholen und eine bemannte Station namens »Eismitte« im Zentrum Grönlands einzurichten. Schlechtes Wetter und versagende Ausrüstung verhinderten jedoch, dass sie die Station voll einsatzfähig machen konnten. Zwei Männer gruben in Eismitte eine mehrräumige Höhle ins Eis und nisteten sich dort ein, um auf den Rest der Ausrüstung zu warten. Unverzichtbare Teile wie eine Holzhütte und ein Kurzwellen-Radio waren in Eismitte nicht angekommen; nun wurden Nahrung und Treibstoff bedrohlich knapp. Im September begannen die Winterstürme, woraufhin Wegener sich zu dem waghalsigen Unternehmen entschloss, mit mehreren Hundeschlitten voller Lebensmittel und Ausrüstung ins 400 Kilometer entfernte Eismitte aufzubrechen. Verzögerungen durch Stürme sowie Unstimmigkeiten mit den als Helfer angeworbenen Inuit führten dazu, dass sie, statt der üblichen 14 Tage, für die Strecke vierzig Tage benötigten. Die meisten Inuit weigerten sich, den Marsch fortzusetzen, und kehrten zur Westküste zurück. Ein Tag, nachdem sie Eismitte erreicht hatten, traten Wegener und der einzig verbliebene Inuit, Rasmus Villumsen, den Rückweg zur Westküste an. Es war der 1. November 1930, Wegeners 50. Geburtstag. Sie sollten die Küste nie erreichen. Im folgenden Sommer fand eine Suchmannschaft Wegeners Leiche in einem flachen, mit seinen Skiern markierten Grab. Als Todesursache vermutete man Herzversagen infolge extremer Anstrengung. Villumsen wurde nie gefunden.

War Wegener zu Lebzeiten vor allem für seine Arbeiten in der Arktis bekannt, gründet sein Ruhm heutzutage auf seiner bedeutenden Erkenntnis, dass die Kontinente sich bewegen. Dass viele Einzelheiten seiner Theorie falsch waren, hielt Wegeners Kritiker damals davon ab, die Idee der Kontinentalverschiebung grundsätzlich in Betracht zu ziehen. Heute ist das Konzept der Kontinentalverschiebung, überführt in die Theorie der Plattentektonik, vollständig anerkannt.

Links: Zu den zahlreichen wissenschaftlichen Instrumenten, die während Wegeners Grönland-Expedition 1930 verwendet wurden, zählt auch dieses Pyrheliometer, ein Gerät zur Messung der direkten Sonnenstrahlung bei unterschiedlicher Wellenlänge.

Wegener und Rasmus Villumsen am 1. November 1930, bevor sie von Eismitte zu ihrer letzten Reise aufbrachen.

MOLEKÜLE UND MATERIE

Die Vorstellung, Materie bestehe im Grunde aus unsichtbaren und unteilbaren Atomen, stammt aus dem antiken Griechenland. Schon im 5. Jahrhundert v. Chr. wurde die Theorie des Atomismus von Leukipp und seinem Schüler Demokrit vertreten. Doch in den folgenden zwei Jahrtausenden stand sie zunächst im Schatten der aristotelischen Auffassung, alle Dinge bestünden aus den vier Elementen Erde, Wasser, Luft und Feuer, und danach im Schatten alchemistischer Theorien. Erst im 17. Jahrhundert wurde der Atomismus wiederbelebt: durch Galileis Theorie der Korpuskeln, nach der alle Materie aus winzigen bewegten Teilchen (»Korpuskeln«) zusammengesetzt sei, und durch die mechanistische Philosophie eines René Descartes und Pierre Gassendi.

Doch erst gegen Ende des 18. Jahrhunderts, mit Entstehung der modernen Chemie durch die Arbeiten Antoine Lavoisiers und John Daltons, gewann man genauere Erkenntnisse über die Verbindung von Atomen. Tatsächlich stammt der Begriff »Molekül« – das Diminutiv des lateinischen Worts *moles*, also »Masse« oder »Klumpen« – aus eben jener Zeit. Im 19. Jahrhundert zweifelte kaum noch ein Chemiker oder Physiker an der Existenz von Atomen und Molekülen. Doch als bewiesen galt sie erst im 20. Jahrhundert, als Atome und Molekülstrukturen sichtbar wurden: Erstere durch die von William und Lawrence Bragg entwickelte Röntgenstrukturanalyse, Letztere durch eine von Chandrasekhara Venkata Raman entwickelte Form der Spektroskopie.

Robert Boyle gilt als Wegbereiter der Chemie in der zweiten Hälfte des 17. Jahrhunderts, doch war dieser Zeitgenosse Isaac Newtons und Robert Hookes (Boyles Assistent bei dessen Luft-Experimenten) ebenso sehr Physiker. Seine bekannteste Entdeckung, das Boyle-Mariotte-Gesetz über den Zusammenhang von Volumen und Druck eines Gases, fällt in den Bereich der Physik. Boyle war mit Leib und Seele ein Mann des Experiments und Anhänger der mechanistischen Philosophie, hegte aber zugleich Sympathien für die Ansicht, Korpuskeln hätten neben rein mechanischen auch chemische Eigenschaften. Zudem war Boyle, wie sein Werk *The Sceptical Chymist* (»Der skeptische Chemiker«) beweist, den Ideen der Alchemie keineswegs abgeneigt. Ebenso wie Newton betrieb er selbst alchemistische Forschungen.

Hundert Jahre später hatte Lavoisier mit Alchemie nichts mehr am Hut; mit Anbruch des 19. Jahrhunderts war sie endgültig aus dem Bereich der Wissenschaften verbannt. Lavoisier verfolgte einen quantitativen Ansatz der Erforschung

Gegenüber: Der griechische Denker Demokrit, hier auf einem Gemälde von Hendrick ter Brugghen aus dem Jahr 1628, wurde der »lachende Philosoph« genannt, weil er sich angeblich über die menschliche Natur amüsierte.

Der Philosoph und Astronom Pierre Gassendi ist vor allem für seine Atomtheorie der Materie bekannt. Außerdem beobachtete er einen neuen Kometen, eine Mondfinsternis, einen Merkurtransit und prägte den Begriff »Aurea Borealis«.

chemischer Verbindungen unter strenger Berücksichtigung des chemischen Gleichgewichts, auf der Grundlage des Massenerhaltungsgesetzes, »dass bei allen künstlichen oder natürlichen Operationen nichts neu erschaffen wird; die Stoffmenge vor und nach einem Experiment ist jeweils die gleiche.« Durch strenge laborgestützte Methoden entdeckte er die wahre Funktionsweise der Verbrennung und entwickelte eine neue, rationale Fachsprache der Chemie. Im Zuge dessen widerlegte er eine erstmals 1667 vom deutschen Alchemisten Johann Joachim Becher vertretene Theorie, nach der es in allen brennbaren Stoffen eine feuerartige Substanz gebe – das später so genannte *Phlogiston*. 1774 hatte der Engländer Joseph Priestley ein von ihm »entphlogistizierte Luft« genanntes Gas entdeckt, das sich im Verbrennungsvorgang mit Substanzen verband. Lavoisier identifizierte Priestleys Gas ohne Rückgriff auf Phlogiston als reines chemisches Element der atmosphärischen Luft, das er *oxygène* (»Sauerstoff«) taufte.

Sauerstoff war ebenso wie Kohlenstoff eines von mehreren chemischen Elementen, deren relatives Atomgewicht John Dalton auf der Grundlage ihres analysierten Gewichts in einfachen chemischen Verbindungen bestimmte. Wasser etwa schien ihm dem Gewicht nach zu einem Achtel aus Wasserstoff und zu sieben Achteln aus Sauer-

Porträt des Naturforschers und Theologen Joseph Priestley, gemalt 1801 von Rembrandt Peale. Priestley entdeckte 1774 die »entphlogistizierte Luft« (Sauerstoff) und isolierte zudem Gase wie Ammoniak, Stickstoffdioxid und Schwefeldioxid.

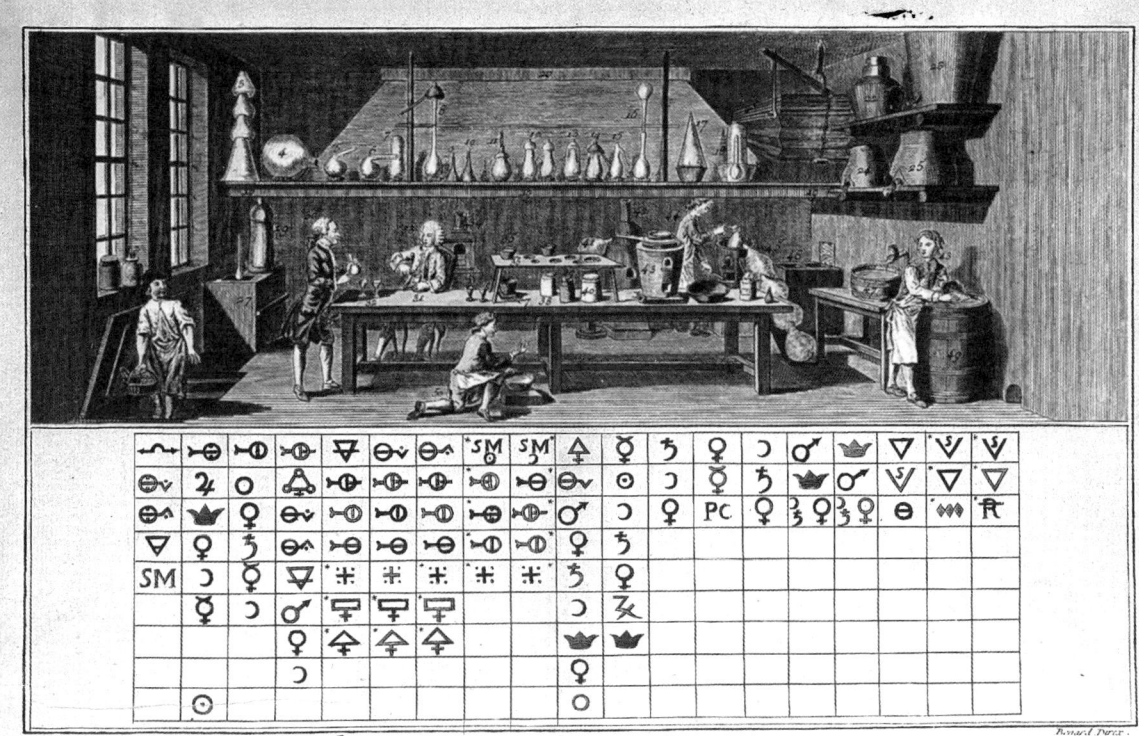

Chymie, Laboratoire et Table des Rapports.

stoff zu bestehen. Daraufhin schrieb er Wasserstoff das Atomgewicht 1 und Sauerstoff das Atomgewicht 7 zu, in der Annahme, die Molekülformel von Wasser sei HO. Obwohl Dalton mit seinen gemessenen Gewichtsverhältnissen fehlging und auch die Molekülformel in diesem Fall falsch war, erwies sich seine Atomtheorie doch generell als richtig. Das relative Atomgewicht war auch das Ordnungsprinzip, das Dmitri Mendelejew Mitte des 19. Jahrhunderts zur Grundlage seines Periodensystems der Elemente machte. Dieses Periodensystem fasste Elemente mit ähnlichen Eigenschaften erstmals zu Gruppen zusammen. Gewisse Lücken innerhalb dieser Gruppen, von Mendelejew bewusst gelassen, konnten bald durch die neu entdeckten Elemente Gallium, Scandium und Germanium gefüllt werden – was den Wert des Periodensystems untermauerte.

August Kekulé, ein Zeitgenosse Mendelejews, gelangte als erster zu Erkenntnissen über den Aufbau organischer Moleküle aus Kohlenstoffketten und -ringen, angeblich infolge eines Traums, der ihm die Ringstruktur von Benzol mit je sechs Kohlenstoff- und Wasserstoffatomen vor Augen geführt habe. Kekulés Entdeckung war ein entscheidender Durchbruch für die auch als organische Chemie bezeichnete Kohlenstoff-Chemie, die nicht nur die moderne petrochemische und pharmazeutische Industrie hervorbrachte, sondern auch die Bausteine des Lebens untersucht. Unermüdlich forschenden Röntgenkristallographen wie Dorothy Crowfoot Hodgkin ist es zu verdanken, dass Mitte des 20. Jahrhunderts bereits komplexe organische chemische Strukturen analysiert worden waren, die – wie beispielsweise Insulin – aus Hunderten von Atomen bestehen.

Das Ende der Alchemie und der Beginn der modernen Chemie. Dieser 1770 in Paris veröffentlichte Stich zeigt sechs Menschen bei der Arbeit in einem Chemielabor, dazu eine Tabelle mit alchemistischen Symbolen. Die Abbildung stammt aus der von Denis Diderot und Jean le Rond d'Alembert herausgegebenen mehrbändigen Enzyklopädie. Binnen weniger Jahrzehnte war die Alchemie aus den Chemielaboren gänzlich verbannt.

Robert Boyle

EXPERIMENTELLE FORSCHUNGEN ZUM WESEN DER MATERIE
(1627–1691)

✳   ✳   ✳

»Sein Gewissen verpflichtete ihn zu größter Genauigkeit beim Experimentieren.«
Autobiographische Notiz von Robert Boyle,
aufgezeichnet von Gilbert Burnet,
um 1680

Gegenüber: Porträt
Boyles von Johann
Kerseboom, um 1689.

Titelblatt der zweiten
Auflage von Boyles
1660 erschienenen
New Experiments.

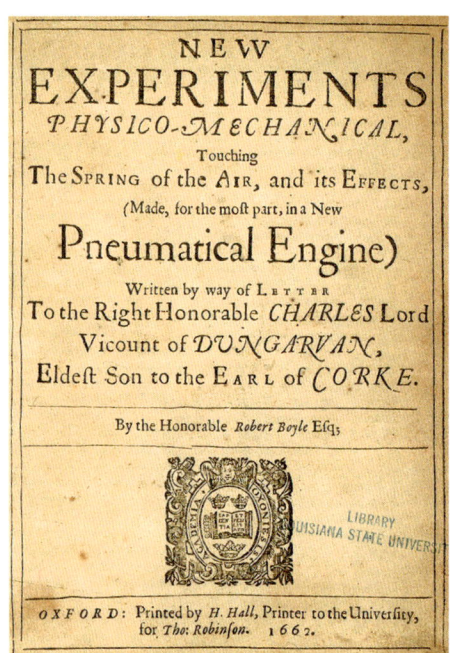

Das wissenschaftliche Experiment spielte in Robert Boyles Leben eine zentrale Rolle. Bewusst wurde ihm das Potenzial empirischer Forschung erstmals in den Jahren um 1650, als er noch auf dem von seinem Vater, dem Great Earl of Cork, geerbten Anwesen bei Stalbridge in der Grafschaft Dorset lebte. Dort beschloss er, sein Leben der Wissenschaft zu widmen. Zuvor hatte er eine privilegierte Erziehung genossen, dabei Reisen durch Europa unternommen und moralistische Werke verfasst. Prägend blieb das wissenschaftliche Experiment auch für Boyles Arbeit in der Zeit von 1668 bis zu seinem Tod 1691, während derer er mit Lady Ranelagh, einer seiner Schwestern, in einem Haus in der Londoner Pall Mall lebte. Dieses Haus war mit einem Labor ausgestattet, in dem Boyle fast täglich experimentierte.

Seine wohl bedeutendsten Experimente aber waren jene, die er zwischen 1655 und 1668 in Oxford durchführte. In diese Zeit fällt die berühmte Versuchsreihe, von der sein erstes naturwissenschaftliches Buch handelt, das 1660 erschienene *New Experiments Physico-Mechanical, Touching the Spring of the Air, and its Effects.* In diesem Werk erläutert Boyle seine grundlegenden Entdeckungen von Eigenschaften und Verhaltensweisen der Luft, einschließlich ihrer Rolle bei der Atmung. Entscheidendes Hilfsmittel bei diesen Entdeckungen war eine zur Erzeugung eines Vakuums dienende Luftpumpe, die Boyles damaliger Assistent Robert Hooke konstruiert hatte. In einer 1662 publizierten Fortsetzung skizzierte Boyle das Gesetz, das später seinen Namen tragen sollte und besagt, dass das Produkt von Luftvolumen und Luftdruck konstant ist. In nachfolgenden Büchern, die er noch bis kurz vor seinem Tod veröffentlichte, präsentierte er nicht minder bahnbrechende experimentelle Forschungen zur Natur von Farben, Kälte und zahlreichen anderen Phänomenen. Vor allem aber widmete er sich chemischen Experimenten, in denen er sich die

Boyles Luft- oder Vakuumpumpe, die Robert Hooke für ihn entworfen hatte. Boyle nutzte sie für seine in den *New Experiments Physico-Mechanical* beschriebenen Experimente.

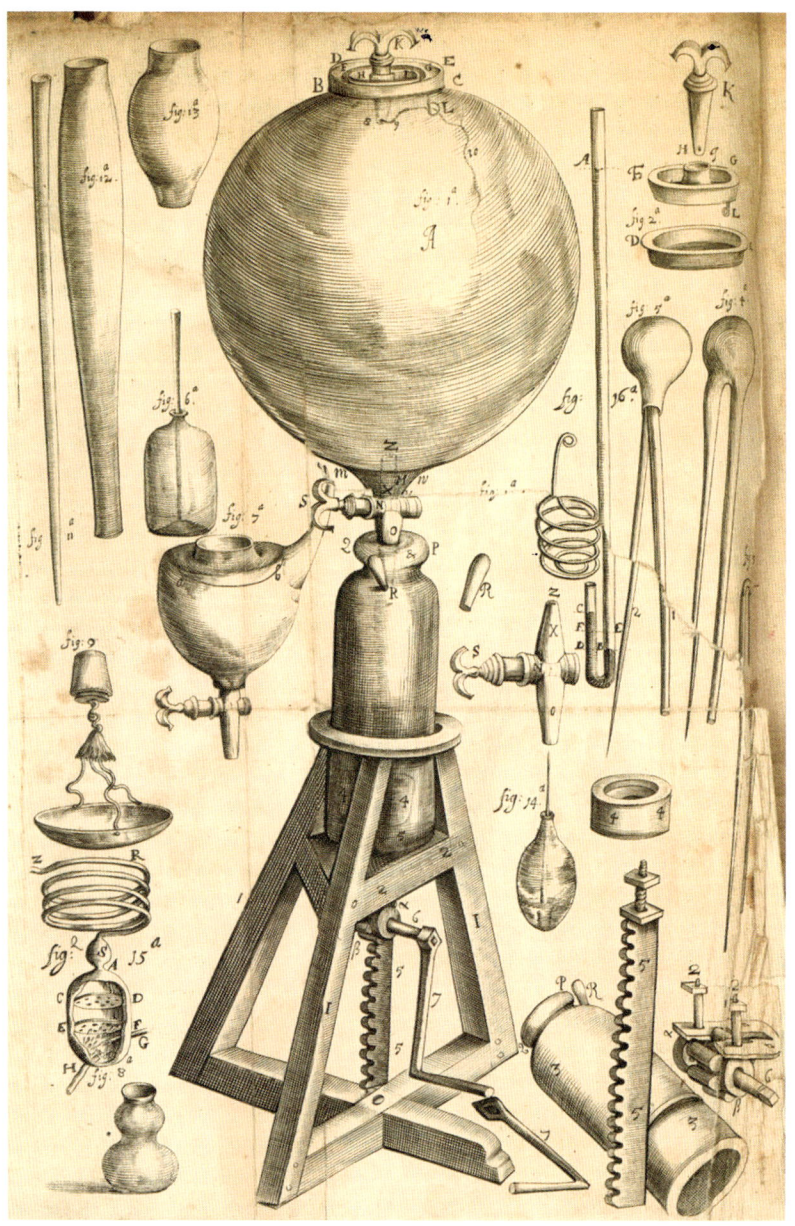

von Apothekern seiner Zeit verwendeten Verfahren der Analyse und Veränderung von Substanzen zunutze machte.

Nicht zuletzt war Boyle ein Pionier im Entwerfen von Versuchsanordnungen und im sorgfältigen Protokollieren der Versuchsergebnisse. Er machte sich grundlegende Gedanken über das Wesen experimenteller Forschung und entwickelte letztlich eine eigene Philosophie des Experimentierens. Diese Leistungen begründen vielleicht mehr als alles andere seine herausragende Bedeutung für die Naturwissenschaften. Seine Vorbildfunktion war umso größer, als auch die neu gegründete Royal Society, zu deren ersten Mitgliedern er zählte, ihn als leuchtendes Beispiel pries.

DIE KORPUSKELTHEORIE UND IHRE TÜCKEN

Experimente dienten Boyle über ihre Einzelergebnisse hinaus noch zu einem weiteren Zweck, nämlich zur Rechtfertigung der mechanistischen Philosophie, also der Annahme, dass sich alle Phänomene auf der Welt durch die Interaktion von Materie und Bewegung erklären lassen. In Boyles Worten: »Als Prinzipien körperlicher Dinge kommen nicht *weniger*, oder aber *grundlegendere* infrage als diese beiden: *Materie* und *Bewegung*.« Boyle war nicht Urheber dieser Auffassung. Ihre ersten Vertreter waren Denker wie Pierre Gassendi und René Descartes. Doch Boyle verwandelte diese Anschauung von einer klugen Hypothese in eine Lehrmeinung mit plausibler empirischer Grundlage, nicht zuletzt durch experimentelle Beweise. Das entscheidende Experiment in diesem Zusammenhang war die Resynthese von Salpeter aus dessen Bestandteilen, beschrieben in seiner Schrift *Certain Physiological Essays* von 1661.

Ebenso bedeutsam war Boyles eher programmatisches Werk *The Origin of Forms and Qualities* von 1666–67, in dem er nachwies, dass die explanatorischen Prinzipien der auf Aristoteles zurückgehenden und jahrhundertelang vorherrschenden Materie-Theorie bestenfalls überflüssig, wenn nicht gar sinnlos waren. Tatsächlich ließen sich alle relevanten Phänomene weit besser mit der mechanischen oder (um den von Boyle bevorzugten Begriff zu verwenden) »korpuskularen« Hypothese erklären. Boyle präsentierte eine eigene Version der mechanistischen Philosophie, die ausgereifter war als die seiner Vorgänger. Darin handelte er nicht nur Größe und Form von Materiepartikeln sowie deren Bewegung ab, sondern auch die unterschiedliche Beschaffenheit der durch die Partikel gebildeten Körper. Seine Ansichten zu diesen Themen hatten großen Einfluss auf Isaac Newton und John Locke.

Für Boyle war klar, dass mechanischen Erklärungen wann immer möglich der Vorrang zu geben sei. Doch hing er keineswegs einem einseitigen mechanistischen Weltbild an. So zeigte er sich aufgeschlossen gegenüber der Annahme »nachgeordneter Ursachen« unterhalb der »allgemeinsten Ursachen der Dinge«, etwa gegenüber der Idee, dass Luft elastisch sei. Empfänglich war er auch für die Ansicht, Materie-Korpuskeln könnten chemische – im Unterschied zu rein mechanischen – Eigenschaften besitzen. Boyle erwog sogar die Möglichkeit, dass es im Universum »kosmische Eigenschaften« jenseits des Geltungsbereichs der mechanischen Gesetze gebe. Und er nahm die Behauptung der Alchemisten ernst, durch die Veränderung chemischer Stoffe unedle Metalle in Gold umwandeln und wirksame Arzneien herstellen zu können. Zwar distanzierte er sich 1661 in seinem berühmten Werk *The Sceptical Chymist* von dilettantischen »Chymisten«, deren Auffassung von Materie er für ebenso abwegig hielt wie jene der

Eine 1685 herausgegebene Gedenkmünze zur Erinnerung an ein Projekt zur Entsalzung von Meerwasser, an dem Boyle beteiligt war. Dieser Versuch, wissenschaftliche Erkenntnisse fruchtbar zu machen, war nur bedingt erfolgreich.

Titelblatt von Boyles 1661 erschienenem Werk *The Sceptical Chymist*, einem in Dialogform verfassten Text, in dem er die Konzentration vieler Chemiker auf praktische Belange kritisierte und eine »philosophische Beschreibung« ihrer Experimente anmahnte.

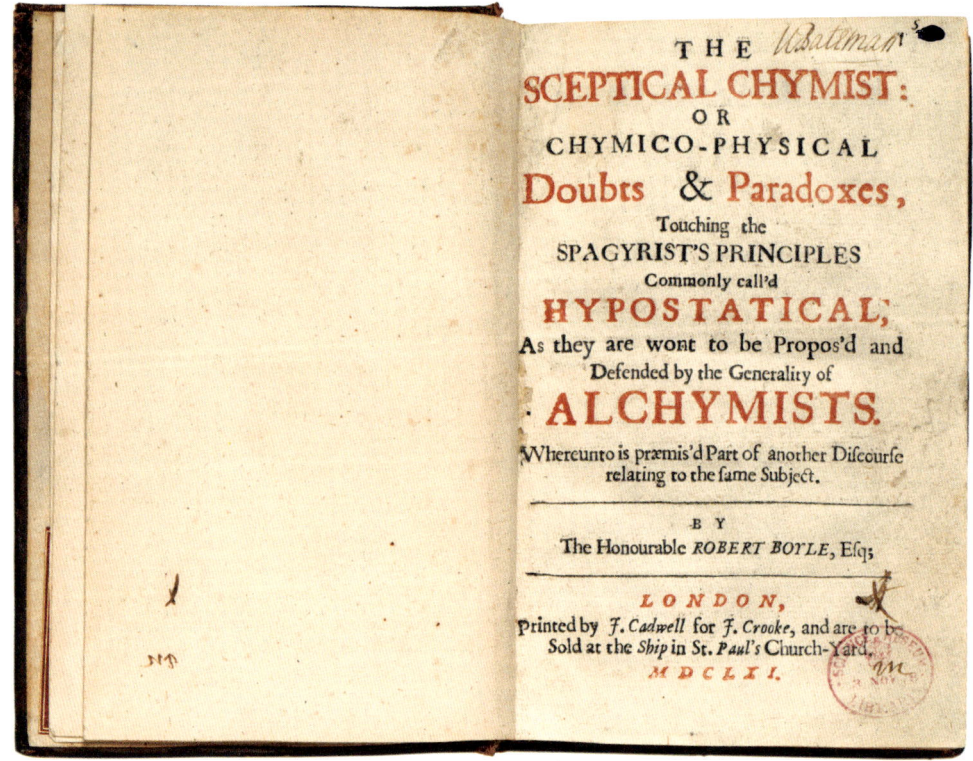

Aristoteliker. Doch bekundete er großen Respekt für »die wahren *Adepti*«, und lange Zeit seines Lebens suchte er Geheimnisse der Alchemie zu ergründen, die seiner Ansicht nach zu einem Verständnis der natürlichen Zusammenhänge der Welt beitragen könnten. Er betrieb sogar selbst ganz offen alchemistische Forschungen, die er in einigen Fällen auch veröffentlichte.

BOYLES NATUR- UND RELIGIONSPHILOSOPHIE

Boyle erforschte nicht nur das Wesen der Materie, sondern interessierte sich für alle Aspekte der materiellen Welt und entwickelte auch eine höchst einflussreiche programmatische Theorie der Naturwissenschaften. In einem seiner berühmtesten Bücher, *The Usefulness of Experimental Natural Philosophy*, das zwischen 1663 und 1671 in zwei Teilen erschien, trat Boyle in die von Francis Bacon zu Beginn jenes Jahrhunderts hinterlassenen Fußstapfen und betonte die Relevanz naturwissenschaftlicher Erkenntnisse für alle Bereiche des menschlichen Lebens. Dabei dachte er unter anderem an verbesserte Methoden der Landwirtschaft und an Erfindungen im Bereich der Industrie oder Seefahrt. Die Naturwissenschaften, so glaubte Boyle, schöpften ihr Potenzial nicht aus, wenn sie beansprucht, »sie könnten die Menschen nur lehren, über die Natur zu reden, statt sie auch zu beherrschen.« Den Wert wissenschaftlicher Erkenntnisse für die Medizin hob Boyle in diesem Werk besonders hervor, wie ihm medizinische Fortschritte überhaupt am Herzen lagen. Er verfasste sogar eine polemische Abhandlung, in der er die üblichen Heilmethoden seiner Zeit kritisierte; um nicht die gesamte Ärzteschaft gegen sich aufzubringen, verzichtete er jedoch letztlich auf eine Veröffentlichung. Stattdessen publizierte er Schriften über Themen wie den Einsatz von Messungen des spezifischen Gewichts zum Aufspüren verfälschter Arzneien.

Nicht minder bedeutsam waren Boyles Werke zur Epistemologie der Naturwissenschaften und zur Beziehung zwischen Naturwissenschaften und Religion. Darin behandelte er nicht nur die Rolle des Experiments, sondern beispielsweise auch die Frage nach dem angemessenen Verhältnis von Vernunft und Erfahrung oder nach den Stufen der Gewissheit, die für verschiedene Arten von Erkenntnissen möglich seien. In diesem Zusammenhang betonte Boyle die Grenzen des menschlichen Verstands im Gegensatz zur Allwissenheit Gottes. Seinem ganzen Werk liegt ein tiefer Gottesglaube zugrunde, den es zu berücksichtigen gilt, will man Boyle verstehen.

Boyles erfolgreichstes Buch war ein religiöses, kein wissenschaftliches Werk. Sein Glaube stellte ihn vor so manche Zerreißprobe, was seine getriebene Persönlichkeit teilweise erklären dürfte. Er brachte Stunden damit zu, sein Gewissen zu erforschen, und man kann seine wissenschaftlichen Experimente fast als Projektion dieser Gewissenserforschung auf die materielle Welt begreifen – wie es auch das Zitat am Anfang dieses Textes nahe legt. Sein Wunsch, die Natur zu verstehen, gründete letztlich in der Überzeugung, hierdurch einem Verständnis von Gott näher zu kommen. Und ebendieses apologetische Potenzial der Naturwissenschaften erklärt, warum sich Boyle in den Jahren um 1650 dem Experiment zuwendete.

In gewissen Grenzen interessierte sich Boyle auch für vermeintliche Hinweise auf eine übernatürliche Sphäre jenseits der rein mechanischen, die materialistische Weltbilder unhaltbar machen würden. Zugleich hielt er jede Vorstellung, nach der die Welt durch eine zufällige Interaktion von Materie und ohne Aufsicht eines intelligenten Schöpfers in Gestalt Gottes entstanden sei, für unplausibel. Ebenso verwarf er die Ansicht, der materiellen Welt wohne ein Ziel oder Zweck inne – eine Ansicht, die er in seiner 1686 erschienenen Schrift *Free Enquiry into the Vulgarly Received Notion of Nature* aufs Korn nahm. Wer Boyle verstehen will, muss sein wissenschaftliches Denken vor dem Hintergrund seiner gesamten Gedankenwelt betrachten.

JEAN-PIERRE POIRIER

Antoine-Laurent de Lavoisier

BEGRÜNDER DER MODERNEN CHEMIE
(1743–1794)

✳ ✳ ✳

»Wir müssen als unbestreitbares Axiom anerkennen, dass bei allen künstlichen
oder natürlichen Operationen nichts neu erschaffen wird; die Stoffmenge vor
und nach einem Experiment ist jeweils die gleiche.«
Antoine Lavoisier, *Elementare Abhandlung der Chemie*, Bd. I, 1789

Als Antoine-Laurent de Lavoisier in den 1760er Jahren mit dem Studium der Chemie begann, wurde das Fach noch immer von der aristotelischen Theorie der vier Elemente Erde, Wasser, Luft und Feuer beherrscht. Als Lavoisier drei Jahrzehnte später starb, hatte er die Chemie in jene Wissenschaft verwandelt, die sie nach unserem modernen Verständnis ist.

Lavoisier wurde in Paris als Sohn eines wohlhabenden Gerichtsanwalts geboren. Seine akademische Ausbildung erhielt er am Pariser Collège des Quatre-Nations, besser bekannt als Collège Mazarin. Nach Beendigung des geisteswissenschaftlichen Grundstudiums 1760 studierte er dort Mathematik bei Abbé Nicolas Louis de Lacaille, einem renommierten Astronomen. Dabei habe er, so sagte er später, sich jene Strenge angeeignet, mit der Mathematiker in ihren Aufsätzen argumentieren. »Sie beweisen keine Aussage, ehe nicht der vorige Schritt erläutert worden ist. Alles ist miteinander verknüpft, alles hängt zusammen, von der Definition eines Punktes oder einer Linie bis zur scharfsinnigsten Wahrheit transzendentaler Geometrie.«

1761 verließ er das Collège und begann auf Wunsch seines Vaters eine juristische Ausbildung. Parallel dazu verfolgte er seine naturwissenschaftlichen Interessen. Er studierte Meteorologie bei Lacaille, setzte dieses Studium auch nach dessen Tod 1762 fort und veröffentlichte 1763 seinen ersten wissenschaftlichen Aufsatz über die Beobachtung einer Aurora Borealis. Er belegte Chemiekurse, die der Apotheker Charles Louis La Planche an der Apotheker-Gesellschaft anbot, sowie drei Seminare unter Leitung des Chemikers Guillaume-François Rouelle am Jardin du Roi. Darüber hinaus besuchte er die öffentlichen Vorlesungen von Abbé Jean-Antoine Nollet über Elektrizität und die Lesungen Bernard de Jussieus über die Pflanzenwelt. Mit Jean-Étienne Guettard, einem Mitglied der Französischen Akademie der Wissenschaften, betrieb er mineralogische, geologische und chemische Studien. 1764 machte er seinen Jura-Abschluss und wurde als Rechtsanwalt zugelassen. Diesen Beruf sollte Lavoisier jedoch niemals ausüben. Vielmehr setzte er alles daran, sich in der Welt der Wissenschaften zu etablieren.

Gegenüber: Jacques-Louis David malte dieses Porträt von Antoine-Laurent de Lavoisier und seiner Frau Marie-Anne Pierrette Paulze im Jahr 1788, ein Jahr vor dem Erscheinen von Lavoisiers Werk *Elementare Abhandlung der Chemie* und dem Ausbruch der Französischen Revolution, der Lavoisier unter der Guillotine zum Opfer fallen sollte.

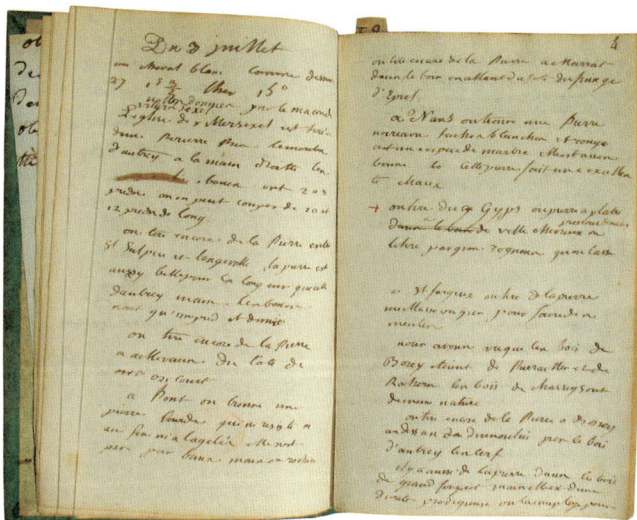

Aufzeichnungen Lavoisiers, entstanden während einer Exkursion in die Vogesen im Sommer 1767 – eine Vorform der Aufzeichnungen in seinen berühmten Laborbüchern, den *registres de laboratoire*, die heute in den Archiven der Akademie der Wissenschaften in Paris aufbewahrt werden.

1765 präsentierte Lavoisier der Akademie der Wissenschaften als Gastwissenschaftler seine erste Abhandlung, eine »Analyse des Gipses«. Darin berichtete er, dass sich fester Gips unter Erhitzung pulverisiert und dabei ein Dampf entsteht. Nachdem er den Dampf aufgefangen und untersucht hatte, erwies sich dieser als reines Wasser, dessen Gewicht ein Viertel des Gewichts des Gipses vor der Erhitzung betrug. Wurde dieses Wasser erneut mit dem gebrannten Gips vermengt, bildeten sich Kristalle, woraufhin das Pulver wieder zu einer festen Masse geriet. Folglich war das Wasser die Ursache der Festigkeit von Gips. Indem er Gewicht und Volumen der Ausgangsstoffe und Ergebnisse von Analyse und Synthese bestimmte, hatte Lavoisier die Methode der Gegenprobe eingeführt, die er von da an ständig nutzen sollte. Seine Abhandlung wurde im Tagungsbericht der Akademie veröffentlicht. Rund ein Jahr später präsentierte er einen zweiten Aufsatz über Gips, in dem er nachwies, dass dieser aus Kalk und Schwefelsäure gebildet ist und seine Löslichkeit von der Säurekonzentration abhängt. Derartige Analysen mineralischer Substanzen seien, so erklärte Lavoisier, von großer Bedeutung, um Erkenntnisse über die Erdgeschichte zu gewinnen.

AKADEMIEMITGLIED UND STEUERPÄCHTER

1766 schrieb die Akademie einen Wettbewerb für Ideen zur Straßenbeleuchtung aus. Laut Vorgabe mussten die Vorschläge »Berechnungen, physische wie chemische Experimente und eine in die Praxis umgesetzte Theorie« beinhalten. Lavoisier untersuchte daraufhin eingehend die verschiedenen Arten der Beleuchtung, prüfte unterschiedliche Größen und Typen von Lampen und testete Öle und Kerzen. In seiner Abhandlung kam er schließlich zu dem Schluss, dass Olivenöl der optimale Brennstoff sei. Sein Beitrag wurde mit einer Goldmedaille ausgezeichnet. Lavoisier seinerseits erklärte feierlich, künftig all seine Begeisterung, Intelligenz und Kenntnisse in den Dienst des Staates stellen zu wollen.

1767 unternahm er mit Guettard eine ausgedehnte Feldforschungsreise in die Vogesen, um Daten für einen umfassenden *Atlas minéralogique de la France* zu sammeln. Über vier Monate lang reisten die beiden umher, untersuchten Erdböden, Mineralien, Grundwasser und landwirtschaftliche Erzeugnisse. Die ersten Karten erschienen 1766; acht davon hatte Lavoisier angefertigt. Die abschließende Ausgabe des Atlas umfasste 26 Karten, darunter 16 von Lavoisier. 1768 wurde er in die Akademie der Wissenschaften aufgenommen.

Zur selben Zeit kaufte er sich in die Ferme Générale ein, eine private Gesellschaft von Steuerpächtern, die im Namen des französischen Königs den Einzug der Steuern übernahm. Die Organisation trieb unter anderem Steuern für Salz, Tabak und Alko-

hol ein, aber auch diverse Zölle. Zu diesem Zweck hatte sie einen sechsjährigen Pacht-vertrag mit dem königlichen Finanzminister geschlossen und eine Vorauszahlung an die Staatskasse zu leisten. Alles, was die Ferme Générale darüber hinaus einnahm, war ihr Gewinn. Lavoisier war hier zunächst in der Tabak-Kommission tätig und dort zu-ständig für den Kampf gegen Schmuggel und Betrug. Später sollte er weiter reichende Zuständigkeiten innehaben. Sein Vorgesetzter, Jacques Paulze de Chasteignolles, einer der Direktoren der Französischen Ostindien-Kompanie, war ein mächtiger und rei-cher Mann. Dessen einzige Tochter, Marie-Anne Pierrette, heiratete Lavoisier 1771, als er 28 und sie 13 Jahre alt war. Marie brachte nicht nur eine stattliche Mitgift in die Ehe ein, sondern wurde auch zur Assistentin ihres Mannes. Sie eignete sich Kenntnisse der Chemie an, protokollierte seine Experimente, übersetzte ihm englische Chemiebücher, fertigte Zeichnungen für die von ihm veröffentlichten Bücher an und verstand sich au-ßerdem auf die Unterhaltung der vielen Gelehrten, die Lavoisier besuchten. Das Paar hatte keine Kinder.

DIE VIER ELEMENTE

In seinem ersten Pariser Wohnhaus in der Rue des Bons-Enfants richtete sich Lavoi-sier ein gut ausgestattetes Labor ein und begann mit eigenen Forschungen. Geprägt war seine Arbeit durch einen quantitativen Ansatz unter strenger Berücksichtigung des chemischen Gleichgewichts. Das Gesetz der Massenerhaltung zählte damals bereits zu

Eines der Experi-mente, die Lavoisier mit seinem Mitarbei-ter Armand Seguin zur menschlichen Atmung durchführte. Die Zeichnung zeigt Madame Lavoisier am Schreibtisch beim Pro-tokollieren. Lavoisier vertrat die Theorie, dass die Atmung eine langsame Verbren-nung von organischem Material sei, und dass die für diesen Prozess verantwortliche »Luft« auch die Bildung von Säuren bewirke. Das Gas nannte er daher *oxygène* – vom grie-chischen Wort für »Säurebildner«.

seinen Grundprinzipien. In seinem Lehrbuch schrieb er später: »Wir müssen als unbestreitbares Axiom anerkennen, dass bei allen künstlichen oder natürlichen Operationen nichts neu erschaffen wird; die Stoffmenge vor und nach einem Experiment ist jeweils die gleiche. Von diesem Prinzip hängt die ganze Kunst der Durchführung chemischer Experimente ab.«

Dieses Axiom findet sich erstmals 1770 in seiner Schrift »Über die Natur des Wassers«. Zu jener Zeit glaubten viele Chemiker, dass sich Wasser in Erde umwandeln ließe, hinterließ doch destilliertes Wasser beim Verdampfen in einem Glaskolben erdige Rückstände. Lavoisier untersuchte dieses Phänomen wie folgt: Er wog einen als »Pelikan« bezeichneten Glaskolben und befüllte ihn mit einer abgewogenen Menge an Wasser, dass er achtmal destilliert hatte. Den verschlossenen Kolben lagerte er bei einer Temperatur von 70° Réaumur (80° Réaumur ist der Siedepunkt des Wassers). Nach 101 Tagen hatten sich im Kolben winzige Flocken gebildet, doch war das Gewicht des Wassers gleich geblieben. Der Glaskolben hingegen hatte an Gewicht verloren, und dieser Verlust entsprach ungefähr dem Gewicht der Flocken. Damit war klar, dass diese vom Wasser aus der Glaswand des Kolbens gelöst worden waren. Zudem hatte Lavoisier gezeigt, dass das Wasser sich nicht in Erde umwandelte.

Nach der Untersuchung von Erde und Wasser wandte sich Lavoisier den anderen zwei Elementen des Aristoteles zu: Luft und Feuer. Ihn interessierte im Besonderen, was während eines Verbrennungsprozesses mit der Luft geschieht. Zugleich wollte er mit der sogenannten Kalzination einen weiteren Vorgang untersuchen, bei dem Luft und Feuer eine Rolle spielten. Wenn Metalle an der Luft erhitzt werden, bildet sich auf ihrer Oberfläche ein als Metallkalk bezeichnetes Pulver. Chemiker vor Lavoisier hielten diese Kalzination für eine Art von langsamer Verbrennung. Für die Kalzination wie für die Verbrennung verantwortlich war angeblich Feuer oder vielmehr dessen Hauptbestandteil Phlogiston – eine mysteriöse Substanz, deren Bezeichnung auf den deutschen Chemiker Georg Ernst Stahl zurückging. Niemand hatte Phlogiston je gesehen, doch nahm man an, dass es sich – in unterschiedlichen Anteilen – in allen brennbaren Stoffen finden lasse. Öl und Holzkohle seien, so dachte man, fast reines Phlogiston. Brannten Substanzen, entweiche das Phlogiston und erzeuge so das Feuer. Bei der Kalzination verursache derselbe Prozess den erwähnten Metallkalk. Lavoisier indes gab sich mit dieser Erklärung nicht zufrieden, denn das Metall und der entstandene Metallkalk wogen nach der Verbrennung zusammen mehr als das Metall zuvor.

Wie konnte das sein, wenn doch das Phlogiston bei der Kalzination aus dem Metall entwichen sei? So kam Lavoisier zu der gegenteiligen Annahme: Etwas musste zu dem Metall hinzugetreten sein, um den Metallkalk zu bilden. Und dieses Etwas sei die Luft – ihr Hinzutreten erkläre die Gewichtszunahme.

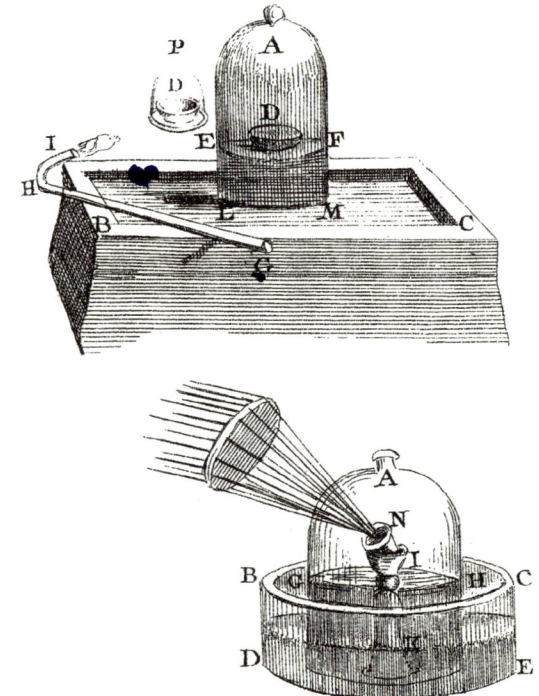

Zwei Stiche, angefertigt von Madame Lavoisier für die *Elementare Abhandlung der Chemie* ihres Mannes. Sie zeigen Lavoisiers Verfahren zur Oxidation von Metallen.

DIE MODERNE CHEMIE BEGINNT

Am 1. November 1772 hinterlegte Lavoisier bei der Akademie der Wissenschaften einen versiegelten Umschlag, der 1773 geöffnet werden sollte. Er hatte nachgewiesen, dass Schwefel und Phosphor nicht, wie allgemein angenommen, bei der Verbrennung an der Luft an Gewicht verloren, sondern zunahmen. Das als Lithargit bekannte Bleikalk (Bleioxid) wiederum verlor bei der Behandlung mit Holzkohle an Gewicht und setzte eine große Menge Luft frei. Zu Beginn des folgenden Jahres schmiedete er schriftliche Pläne für eine umfangreiche Versuchsreihe, mit der er die Rolle von Gasen in chemischen Verbindungen erhellen wollte. Unter anderem galt es, die Frage zu beantworten, ob die bei der Verbrennung und Kalzination von Metallen beteiligte Luft atmosphärische Luft sei oder eine besondere Art von Luft – etwa jene vom schottischen Chemiker Joseph Black 1754 entdeckte sogenannte »fixe Luft« (die heute als Kohlendioxid bekannt ist). Lavoisiers Antwort auf diese Frage sollte die Chemie revolutionieren.

Bei dieser Revolution der Chemie behilflich war der englische Naturwissenschaftler Joseph Priestley. Während eines Aufenthalts in Paris 1774 besuchte er Lavoisier und erzählte ihm beim gemeinsamen Abendessen, er habe eine neue Art von Luft entdeckt. Beim Experimentieren mit Quecksilberkalk habe er beobachtet, dass der Kalk bei der Rückumwandlung in Metall eine Luft freisetzte, die völlig andere Eigenschaften aufweise als die »fixe Luft« von Black. Priestley nannte das entdeckte Gas »entphlogistizierte Luft«. Doch Lavoisier erklärte sich das beschriebene Phänomen anders als Priestley, ohne Rückgriff auf Phlogiston. Da Quecksilberkalk zur Rückumwandlung in Metall keine Holzkohle benötigte, konnte das neue Gas gar nicht von der Holzkohle stammen, sondern nur von dem Kalk selbst. Es war Teil der atmosphärischen Luft.

Am 26. April 1775 verkündete Lavoisier der Akademie der Wissenschaften voller Stolz: »Das Prinzip, das sich bei der Kalzination mit den Metallen verbindet, ist der reinste Teil der Luft. Woraus folgt, dass fixe Luft durch die Verbindung dieses stark atembaren Teils der Luft mit Holzkohle entsteht.« Später sollte er diesen »reinsten Teil« *oxygène* (Sauerstoff) nennen, was im Griechischen »Säureerzeuger« bedeutet, denn Lavoisier glaubte – fälschlicherweise –, dass alle Säuren Sauerstoff enthielten.

1783 verbrannte der englische Forscher Henry Cavendish Wasserstoff in geschlossenen Behältern und erhielt dabei eine geringe Menge Wasser. Zu Recht nahm er an, dass das Wasser aus der Verbrennung stamme. Doch im Glauben, Sauerstoff sei fehlendes Phlogiston, dachte er, diese fehlende Substanz sei vom Wasserstoff abgegeben worden.

Lavoisiers früher Gasometer, von ihm eigenhändig entworfen und konstruiert (heute im Pariser Musée des Arts et Métiers).

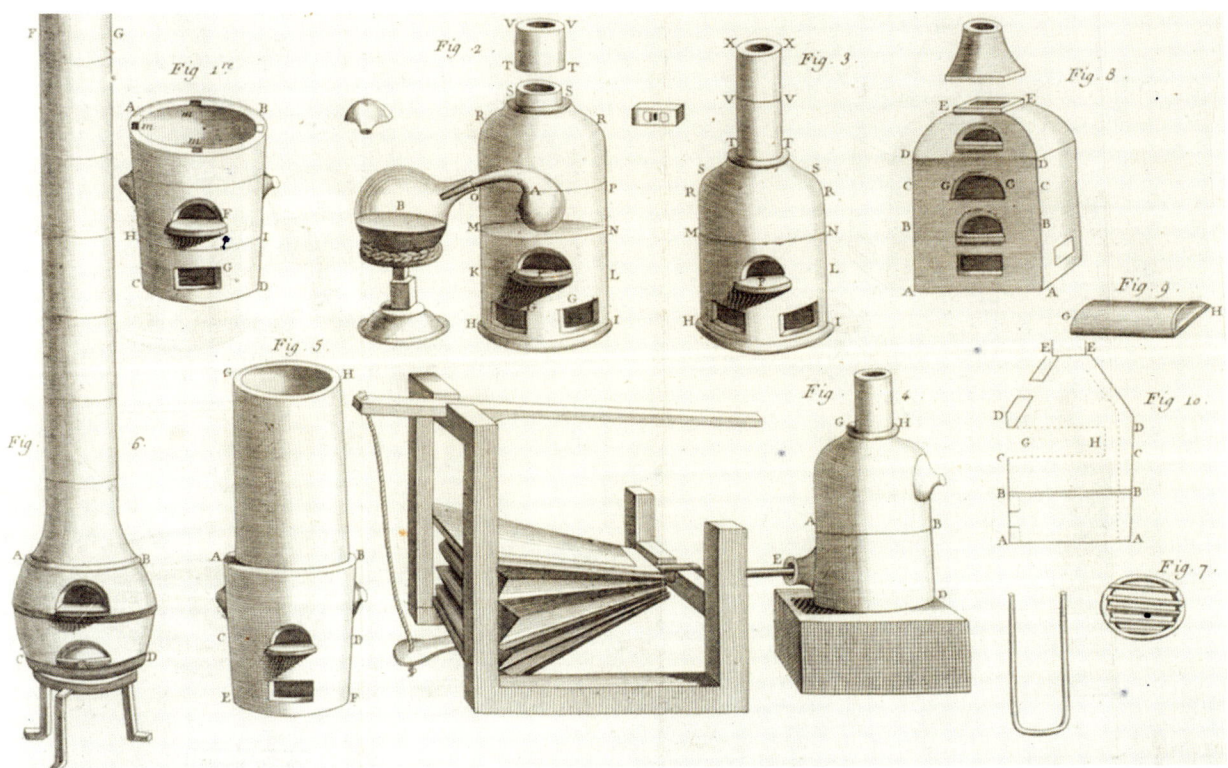

»Planche XIII. Des fourneaux«, ein weiterer Stich von Madame Lavoisier für die *Elementare Abhandlung der Chemie*, zeigt verschiedene Öfen und Destillierapparate.

In Anwesenheit mehrerer Mitglieder der Akademie wiederholte Lavoisier Cavendishs Experiment und demonstrierte, dass Wasserstoff und Sauerstoff, wenn man sie zusammen verbrennt, Wasser bilden. Damit war der Nachweis erbracht, dass Wasser kein Element, sondern eine Verbindung zweier Gase ist. 1785 führte Lavoisier ein aufwendiges Experiment zur Analyse und Synthese von Wasser durch, das seine Entdeckung bestätigte und aus dem heraus er ein Verfahren zur umfangreichen Produktion von Wasserstoff entwickelte. (Im Zuge seiner Tätigkeit als Schiedsrichter bei einem Wettstreit zwischen dem Heißluftballon der Brüder Montgolfier und dem Wasserstoffballon eines anderen Erfinders kam Lavoisier zu dem Schluss, dass Wasserstoff das bessere Auftriebsmittel sei.)

Aristoteles' Theorie der vier Elemente Erde, Wasser, Luft und Feuer galt nunmehr als restlos widerlegt; und auch Phlogiston existierte offensichtlich nicht. Notwendig war eine neue Definition der chemischen Elemente, eine systematische Nomenklatur, und 1787 veröffentlichte Lavoisier in Gemeinschaft mit den Chemikern Claude Berthollet, Antoine François de Fourcroy und Louis Bernard Guyton de Morveau die Abhandlung *Méthode de nomenclature chimique* (»Methode der chemischen Nomenklatur«), die unser Verständnis von der Chemie nachhaltig verändern sollte. Zwei Jahre später fasste Lavoisier seine Ideen im Lehrbuch *Elementare Abhandlung der Chemie* zusammen, das auch eine Liste aller bis dato bekannten Elemente enthielt.

DIE CHEMIE DES LEBENS

Lavoisier untersuchte nun die Physiologie der menschlichen Atmung und kam zu dem Schluss, dass es sich um eine Art von langsamer Verbrennung handle. Der Sauerstoff in der Luft war also von wesentlicher Bedeutung für die Chemie des Lebens. Gemeinsam mit Pierre Simon Laplace erfand Lavoisier das Kalorimeter, ein Gerät, mit dem sich die von Tieren abgegebene Wärme messen und mit der Wärme vergleichen ließ, die bei der Verbrennung von Holzkohle frei wird; hierdurch konnte man den Energieverbrauch von Tieren bestimmen. Anschließend maß er den Sauerstoff-Verbrauch von Tieren und Menschen, in Ruhe und unter Belastung. »Diese zwei Denkschriften über Atmung, die ich Ihnen sende, sind ein ganz passabler Ausgangspunkt für ein Verständnis der Tierphysiologie«, schrieb er seinem italienischen Übersetzer Vincenzo Dandolo. »Was aber die Verdauung sowie die Chylus- und Blutbildung angeht, bleibt noch alles zu tun. Ich habe ein paar Ideen und plane, einige Experimente durchzuführen.«

Als einer der ersten erkannte Lavoisier den Wert der Chemie für die Ernährungsphysiologie und die Erforschung des Gewebestoffwechsels; intuitiv erfasste er auch die zentrale Rolle der Leber bei der Synthese. Tatsächlich hatte er ein Forschungsprogramm entworfen, das die Naturwissenschaften fast ein Jahrhundert lang beschäftigen sollte. So stand Lavoisier in den 1790er Jahren kurz davor, eine zweite wissenschaftliche Revolution zu starten, dieses Mal in der Biologie.

OPFER DES TERRORS

Doch es kam anders. Im Zuge der politischen Revolution von 1789 wurde Lavoisier ein Opfer der Zerschlagung der Ferme Générale, die als Sinnbild der schlimmsten Auswüchse des Ancien Régime galt und bei den Revolutionären entsprechend verhasst war. Alle Leistungen Lavoisiers auf anderen Gebieten waren vergessen: erhebliche Verbesserungen im Bereich der Schießpulverherstellung, für die er als Leiter der staatlichen Pulververwaltung gesorgt hatte; neue Ansätze im Bereich der Landwirtschaft, praktisch getestet auf seinem Versuchsbetrieb bei Freschines; seine Bemühungen um die Einführung des metrischen Systems; seine Mitwirkung im Ausschuss für Kunst und Handel; seine Überlegungen zur öffentlichen Bildung; seine Anstrengungen zur Abwendung des Staatsbankrotts; seine Denkschrift über den »Territorialen Reichtum des Königreichs Frankreich«, ein Meilenstein in der Geschichte der Wirtschaftswissenschaften, der Statistik und des Rechnungswesens; und auch seine Arbeit als Mitglied der nationalen Schatzkommission 1791.

Am 28. Mai 1794, auf dem Höhepunkt des Terrors, erklärten die Jakobiner alle Offiziellen der Ferme Générale zu Gegnern der Revolution, inhaftierten 28 von ihnen und organisierten ein Schnellverfahren vor dem Revolutionsgericht. Alle Angeklagten wurden schuldig gesprochen und umgehend auf der Place de la Revolution guillotiniert. Lavoisier war als Vierter an der Reihe. »Es brauchte nur einen Augenblick, um diesen Kopf abzutrennen«, schrieb der Mathematiker Joseph Lagrange, »aber vielleicht wird ein Jahrhundert nicht genügen, um einen vergleichbaren Kopf hervorzubringen.«

ALAN ROCKE

John Dalton

DIE ENTWICKLUNG DER ATOMTHEORIE
(1766–1844)

>*»Die Bestimmung des relativen Gewichts der kleinsten Teilchen der Körper ist,
soweit ich weiß, eine gänzlich neue Aufgabe. Seit kurzem arbeite ich an dieser
Bestimmung mit beachtlichem Erfolg. Das Prinzip kann an dieser Stelle
nicht näher erläutert werden, doch werde ich hier die Ergebnisse nennen,
sofern sie durch meine Experimente gesichert scheinen.«*
John Dalton, in einer Vorlesung des Jahres 1803

Die Geschichte der modernen Atomtheorie beginnt, so abwegig es klingt, mit
einem jungen Quäker und Lehrer, der 1803 in einem vor der »Literarischen
und Philosophischen Gesellschaft« von Manchester gehaltenen Vortrag (dem
obiges Zitat entnommen ist) das relative Atomgewicht einiger der wichtigsten seinerzeit bekannten chemischen Elemente nennt. Nur ein Jahrzehnt später werden viele führende Chemiker die Atomtheorie von John Dalton in der einen oder anderen Version
übernommen haben. Und nur eine Generation später wird die wissenschaftliche Chemie untrennbar mit atomtheoretischen Fragen verbunden sein.

Daltons Vater war ein armer Weber aus Cockermouth in der Grafschaft Cumberland,
im äußersten Nordwesten Englands. Als Kind half Dalton auf der kleinen elterlichen
Farm; doch zugleich bildete er sich eifrig und weitgehend selbstständig fort, unterstützt
von angesehenen Quäkern im Ort. Die Quäker aus Cumberland waren sogar unter ih-
resgleichen dafür bekannt, der Bildung und den geistigen Interessen besonders hohen
Wert beizumessen. Im Alter von zwölf Jahren begann Dalton, an der Dorfschule zu
unterrichten; drei Jahre später teilte er sich mit seinem älteren Bruder die Leitung eines Internats in der nahe gelegenen Stadt Kendal. In seiner knapp bemessenen Freizeit
setzte er seine eigene Ausbildung fort, beschäftigte sich mit alten und modernen Sprachen, mit Mathematik und Naturwissenschaften.

Daltons Steckenpferd zu jener Zeit war die Meteorologie, in der er zum Experten aufstieg und der er sich bis an sein Lebensende mit Leidenschaft widmete. 1793 veröffentlichte er sein erstes Buch, *Meteorological Observations and Essays*; im selben Jahr erhielt
er eine Anstellung als Lehrer für Naturphilosophie am New College in Manchester. Als
diese »Anstalt der Abweichler« im Jahr 1800 in finanzielle Schwierigkeiten geriet und
die Gehälter nicht mehr zahlen konnte, gab Dalton seine Stelle auf. Er verblieb jedoch
in Manchester und hielt sich als Privatlehrer für Mathematik und Chemie über Wasser.
Ungefähr zeitgleich mit seinem Abschied vom New College erfolgte seine Wahl zum
Sekretär der Literarischen und Philosophischen Gesellschaft, in deren Räumlichkeiten
ihm ein eigenes Arbeitszimmer und Labor zur Verfügung gestellt wurden.

Gegenüber: John Dal-
ton, auf einem Stich
nach einem Gemälde
von Joseph Allen, 1814.

	Morning			Noon			Night			Monthly				of
	Mean	high	low	Mean	high	low	Mean	high	low	Mean	Mean	highest	lowest	Rain
1 mo.														6,506
2														8,099
3														4,123
4														1,570
5														1,874
6														3,124
7														3,562
8														6,520
9	44,7	55	31	58,6	67	50	47,5	58	36	50,2	29,93	30,35	29,10	1,926
10	40,8	50	36	55,2	62	40	49,9	60	37	51,6	29,82	30,35	29,10	5,004
11	38,1	51	24	45,6	56	38	38,9	50	24	40,8	29,74	30,38	29,00	3,946
12	38,4	49	23	42,4	51	32	39,4	50	23	40,	29,60	30,40	28,70	6,187
														52,741

1794

	Morning			Noon			Night			Monthly				of
	Mean	high	low	Mean	high	low	Mean	high	low	Mean	Mean	highest	lowest	Rain
1 mo.	32,2	45	18	37,3	48	26	33,4	45	14	34,3	29,88	30,50	28,40	6,165
2	41,1	48	32	44,7	49	36	41,5	49	30	42,4	29,65	30,12	29,10	11,771
3	37,5	48	25	49,3	58	44	40,	50	30	42,2	29,84	30,44	29,20	5,
4	44,3	56	30	53,3	66	42	46,7	53	35	47,4	29,79	30,38	28,90	3,766
5	45,9	55	37	57,2	71	49	46,5	56	37	49,9	29,91	30,53	29,20	1,776
6	54,6	62	44	68,	76	57	56,6	66	47	59,7	29,96	30,29	29,68	1,509
7	57,7	64	46	70,2	82	56	59,6	68	53	62,7	29,92	30,40	29,43	4,281
8	53,8	62	42	64,4	72	56	54,9	62	49	57,8	29,84	30,25	29,40	5,247
9	49,8	59	32	58,7	67	50	50,7	60	38	52,8	29,82	30,32	29,14	8,135
10	43,9	56	31	52,1	60	41	44,9	56	34	46,7	29,68	30,33	29,00	7,272
11	39,3	51	25	45,	53	36	39,7	49	27	41,3	29,60	30,12	29,03	6,988
12	36,6	50	18	40,1	49	32	36,5	50	21	37,7	29,84	30,38	29,24	7,120
An. mean	44,7			53,3			45,9			47,9	29,81			69,037

1795

	Morning			Noon			Night			Monthly				of
	Mean	high	low	Mean	high	low	Mean	high	low	Mean	Mean	highest	lowest	Rain
1 mo.	24,	40	8	31,	42	24	24,4	36	10	26,5	30,01	30,40	29,00	,879
2	30,2	40	11	37,2	44	29	29,3	40	11	32,2	29,47	30,60	28,82	4,905
3	33,8	42	15	43,6	52	34	35,9	46	25	37,8	29,73	30,30	29,01	3,499
4	43,	50	36	51,2	58	44	43,	50	30	45,8	29,69	30,19	29,20	3,693
5	47,2	58	36	55,8	71	46	46,1	57	35	40,7	30,10	30,45	29,48	1,337
6	52,2	60	44	62,6	74	52	52,3	66	42	55,7	29,84	30,22	29,36	4,684
7	54,4	63	42	65,9	77	50	55,3	61	46	58,5	29,94	30,33	29,48	2,386
8	55,5	61	42	67,	78	58	57,7	70	52	60,1	29,86	30,21	29,45	6,093
9	51,4	61	30	61,7	70	56	55,5	64	36	58,3	30,02	30,44	29,50	1,035
10	48,4	60	34	57,2	66	49	49,7	61	36	51,7	29,49	30,10	28,70	6,995
11	34,4	50	18	42,5	52	31	36,	49	16	37,7	29,76	30,60	28,75	10,545
12	42,6	50	30	45,5	52	37	43,	51	34	43,7	29,78	30,37	29,10	10,202
An. mean	43,1			52,3			44,			46,5	29,81			56,248

In der hektischen und aufstrebenden Industriestadt führte Dalton ein beschauliches Leben. Er blieb sein Leben lang Junggeselle, hatte aber eine Reihe enger Freunde, die sein sanftes Wesen, die typische »Einfachheit« des Quäkers und seinen philosophischen Geist zu schätzen wussten. Obwohl Dalton sich nicht der höheren Mathematik bedienen konnte, war er außergewöhnlich geschickt im Umgang mit Zahlen und mathematischen Begriffen, die er intuitiv auf naturwissenschaftliche Phänomene anwendete. Offen im Umgang mit anderen, in keiner Weise eingebildet oder blasiert, betrieb Dalton seine Studien mit intellektuellem Mut und dezentem Scharfsinn.

Gegenüber: Eine Wetteraufzeichnung, die Dalton am 21. Januar 1797 mit einem Brief an seinen Mentor, den Quäker, Bauern und Hobbymeteorologen Elihu Robinson in der Grafschaft Cumbria, schickte.

GEWICHTIGE ANGELEGENHEITEN

Sein wissenschaftliches Interesse für die Atmosphäre brachte Dalton dazu, sich eingehender mit Gasgemischen und gelösten Gasen zu befassen. Deren Verständnis aber erforderte, wie er bald erkannte, eine Bestimmung des Gewichts der kleinsten Teilchen der Substanzen. Nur war es unmöglich, die Atome der verschiedenen Elemente direkt zu wiegen, waren sie doch unmessbar klein. Dalton hielt es jedoch für durchführbar, ihr *relatives* Gewicht zu erfassen. Zu diesem Zweck wies er dem leichtesten Atom, dem des Wasserstoffs, einfach das Gewicht 1 zu, um dann die Gewichte der Atome aller anderen chemischen Elemente im Verhältnis zu diesem zu bestimmen.

Der erste Schritt dieses findigen Verfahrens bestand darin, sich zu überlegen, wie eine einfache Verbindung – etwa Wasser – auf der unsichtbaren Ebene kleinster Teilchen aufgebaut ist. Dalton wusste, dass flüssiges Wasser aus den gasförmigen Elementen Wasserstoff und Sauerstoff besteht. Doch wie sah ein einziges Molekül dieser Substanz aus? Die naheliegendste Antwort schien ihm: Ein Sauerstoffatom verbindet sich mit genau einem Wasserstoffatom. Dalton vermutete also – in heutiger Terminologie formuliert –, die Formel für Wasser sei HO. Nun galt es in einem zweiten Schritt, die jeweilige Verbindung zu analysieren (oder auf entsprechende Analysen anderer Chemiker zurückzugreifen). Damalige Analysen von Wasser hatten ergeben, dass es dem Gewicht nach zu rund sieben Achteln aus Sauerstoff und zu rund einem Achtel aus Wasserstoff bestand. Wenn also das Wasserstoffatom H qua Voraussetzung das Gewicht 1 hat, und das Wassermolekül den Aufbau HO, und wenn Wasser zu sieben Achteln aus Sauerstoff besteht, dann hat das Sauerstoffatom O das Gewicht 7. (Heute wissen wir, dass dieses Verhältnis in Wirklichkeit ungefähr acht Neuntel beträgt.) Entsprechende Bestimmungsverfahren wendete Dalton auch auf Verbindungen von Kohlenstoff, Stickstoff, Schwefel und Phosphor an. Damit waren jene sechs Atomgewichte beisammen, die er in seinem ersten Vortrag über das Thema, gehalten im Oktober 1803, benannte. Doch wie das Anfangszitat belegt, enthielt er dem Publikum vor, wie er zu diesen Zahlen gelangt war. Unser Wissen darüber verdanken wir Daltons Laborbuch. (Das originale Laborbuch wurde 1944 bei Luftangriffen vernichtet, doch waren entscheidende Seiten 1896 als Photokopie veröffentlicht worden.) Die ersten atomistischen Berechnungen finden sich hier in einem Eintrag vom 6. September 1803, und mit entsprechenden Ideen befasste sich Dalton auch in den nachfolgenden Monaten.

Daltons Methode hatte Schwächen, am offenkundigsten die Tatsache, dass sie auf einer Vermutung hinsichtlich der Anzahl der Atome pro Element in den Molekülen beruhte. Das war fraglos einer der Gründe, die Dalton zögern ließen, die Details seiner

Methode offenzulegen. Erstmals veröffentlicht wurden diese 1807 in einem Chemie-Lehrbuch von Thomas Thomson, einem Freund Daltons, dem dieser vertraute und der den Hinweis auf Daltons Urheberschaft nicht unterschlug. Eine eigene Beschreibung der Theorie lieferte Dalton schließlich in seinem *New System of Chemical Philosophy*, das 1808–10 erschien. Darin erläuterte er folgende Thesen: Jedes Element besteht aus

Vorlesungstafel Daltons aus der Zeit um 1806–07, mit Atomsymbolen und den vermuteten relativen Atomgewichten. Im Vordergrund sieht man die zusammengerollte Darstellung von Interaktionen zwischen Gas-Atomen sowie drei Holzmodelle von Atomen, angefertigt für Dalton um 1810.

Atomen eines einzigen und einzigartigen Typs; alle Atome eines Elements sind identisch und haben dieselbe Masse; Atome unterschiedlicher Elemente unterscheiden sich und haben unterschiedliche Massen; Atome können nicht verändert oder zerstört werden; Atome unterschiedlicher Elemente können sich in bestimmten Proportionen miteinander verbinden und dabei Verbindungen unterschiedlicher Komplexität bilden. Mit ihrer Grundlage aus empirischen Experimenten und Analysen war dies die erste wirklich wissenschaftliche Atomtheorie.

Einige Chemiker versagten Daltons Werk die Anerkennung mit der Begründung, es beruhe auf Hypothesen. Was rechtfertige denn, so fragten sie, Daltons Annahme, das Wassermolekül habe die Form HO und nicht etwa H_2O, HO_2 oder irgendeine andere Kombination? Dalton und andere, die ihm zur Seite sprangen, räumten ein, dass es notwendig gewesen sei, aufs Geratewohl bestimmte Molekülformeln zu postulieren. Doch verwiesen sie darauf, dass die Atomgewichte nicht allein aus einer einzigen Formel abgeleitet worden seien und sich ihre Ableitungen wechselseitig stützten. Außerdem würden gewisse numerische Regelmäßigkeiten (wie ganzzahlige Verhältnisse der Massen derselben zwei Elemente in verschiedenen Verbindungen) dafür sprechen, dass chemische Substanzen auf Molekülebene tatsächlich aus der Verbindung von Atomen im Verhältnis kleiner ganzer Zahlen gebildet seien.

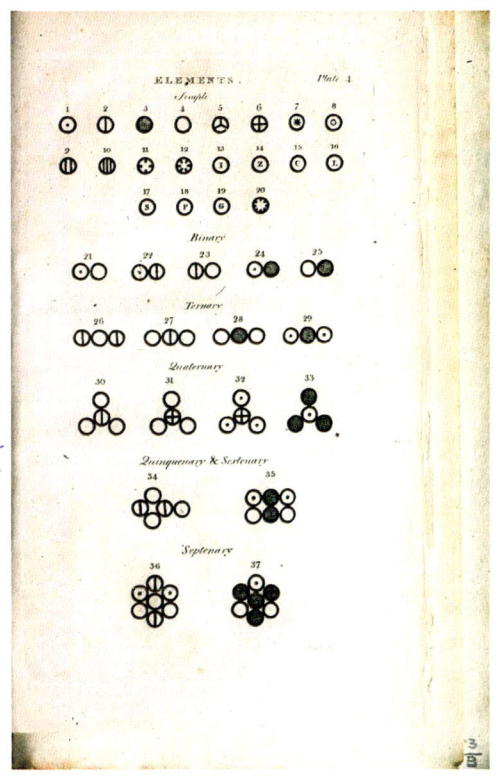

Daltons Symbole für elementare Atome und vermutete Molekülverbindungen, veröffentlicht im ersten Band seines *New System of Chemical Philosophy* von 1808.

DIE MOLEKÜLFORMEL FÜR WASSER

In den Jahren nach Daltons Veröffentlichung präsentierten auch andere Chemiker Versionen einer Atomtheorie. Einige, wie der Engländer Humphry Davy und der Schwede Jöns Jacob Berzelius, hielten es für wahrscheinlicher, dass das Wassermolekül zwei Wasserstoffatome statt nur eines besitze. Da sich die beiden Gase ihrem Volumen nach genau im Verhältnis zwei zu eins zu Wasser verbinden, verliehen Davy und Berzelius Wasser die chemische Bezeichnung H_2O. Allerdings musste dann das Atomgewicht von Sauerstoff das 16-fache des Atomgewichts von Wasserstoff betragen. Dies war nicht die einzige Meinungsverschiedenheit – die Geschichte der Atomtheorie in der ersten Hälfte des 19. Jahrhunderts ist eine komplizierte Angelegenheit voller Kontroversen. Allen Komplikationen zum Trotz steht außer Frage, dass Daltons Atomtheorie die Wissenschaft verändert hat. Nicht nur war es nun möglich, Elemente und Verbindungen mittels einer wunderbar klaren Abkürzung darzustellen, sondern ließen sich nun auch chemische Reaktionen auf neuartige Weise begreifen. Ungeachtet ihrer weiterhin bestehenden Schwächen wurde Daltons Theorie somit zu einem effizienten Werkzeug für weitere Forschungen.

Dalton selbst ließ sich von all den Kontroversen nicht beirren und war unerschütterlich von der Richtigkeit seiner Atomgewichte überzeugt. Ebenso stur hielt er an seinem Notationssystem für Atome in Gestalt kreisförmiger Ideogramme fest, das außer ihm niemand verwendete. Dass ihn seine Zeitgenossen gelegentlich unterschätzten, ist auch der Bescheidenheit seiner privaten Verhältnisse geschuldet. Denn wie bereits erwähnt entstammte Dalton einer armen Familie und konnte weder die Bildungskarriere noch die Religionszugehörigkeit anderer europäischer Geistesgrößen vorweisen. Überdies wurde ihm das Benehmen und der Dialekt eines Hinterwäldlers aus dem Norden beigelegt. Hinzu kam, dass Dalton mit den rasanten Entwicklungen der Naturwissenschaften in den 1820er und 1830er Jahren nicht mehr Schritt halten konnte.

Mit der Zeit jedoch erkannte die Wissenschaftsgemeinde in ganz Europa Daltons wahre Verdienste. Seine einzige Auslandsreise führte ihn 1822 nach Paris, wo ihn eine Garde berühmter Wissenschaftler – darunter Laplace, Berthollet, Gay-Lussac, Cuvier und Humboldt – mit größter Hochachtung empfing. Außerdem wurde er, was eine außergewöhnliche Ehre bedeutete, zum korrespondierenden Mitglied der französischen Akademie der Wissenschaften ernannt. Vier Jahre später verlieh ihm die Royal Society of London, der er selbst angehörte, die erste Royal Medal. 1833 gewährte ihm die britische Regierung eine Leibrente von 150 Pfund im Jahr – eine Summe, die vier Jahre später verdoppelt wurde. Als Dalton 1844 starb, wurde sein Leichnam im Rathaus von Manchester aufgebahrt, und 40 000 Menschen defilierten an seinem Sarg vorbei, um ihm die letzte Ehre zu erweisen. Der Trauerzug des nächsten Tages war über einen Kilometer lang.

Ein Büchlein mit farbigen Seidenfäden, die Dalton vom Astronomen John Herschel erhalten hatte, um sein eingeschränktes Farbsehvermögen zu testen. Daltons Untersuchungen seiner eigenen Behinderung waren die erste gründliche Studie zur Farbenblindheit.

SCENE ROYAL INSTITUTION,
Dedicated but not with permission to the British Association,
For the Advancement of Science.

London XYZ.

Karikatur, die den betagten Dalton (rechts) 1831 beim Handschlag mit dem niederländischen Wissenschaftler Gerrit Moll in der Royal Institution zeigt. Moll hatte zuvor einen anonymen Aufsatz veröffentlicht, in dem er die britische Wissenschaft gegen Vorwürfe des Dilettantismus verteidigte.

NATHAN BROOKS

Dmitri Mendelejew

DER SCHÖPFER DES PERIODENSYSTEMS
(1834–1907)

✳ ✳ ✳

»Das Wesen der Elemente äußert sich in ihrem Gewicht, d. h. in der Substanzmasse,
die in die Reaktion eingeht … Die physikalischen und chemischen Eigenschaften
von Elementen, wie sie sich in den Eigenschaften der von ihnen gebildeten einfachen
und komplexen Körper zeigen, stehen in periodischer Abhängigkeit …
von ihrem Atomgewicht.«
Dmitri Mendelejew, *Grundlagen der Chemie*, 1870

Fast alle Studenten der Naturwissenschaften, selbst die Erstsemester, sind mit dem Periodensystem der Elemente vertraut. Sofern sie diesem System überhaupt einen tieferen Gedanken widmen, halten sie es wohl für selbstverständlich: Wie sonst sollte man die chemischen Elemente ordnen, wenn nicht nach ihrem Atomgewicht? Doch die Entwicklung des Periodensystems war alles andere als eine Selbstverständlichkeit. Es bedurfte der Zusammenführung unzähliger – oft lückenhafter oder falscher – physikalischer und chemischer Daten zu einem in sich stimmigen Ganzen. Der Begriff des Systems verweist dabei auf das dichte Beziehungsgeflecht der angeordneten Elemente. Gleich mehrere Forscher arbeiteten in den 1860er Jahren an einer Lösung des Problems, wie sich die Elemente in einer Art Tabelle anordnen ließen. Doch ist es das von Dmitri Iwanowitsch Mendelejew 1869 vorgestellte Werk, das die meisten Wissenschaftler heute als erstes stimmiges Periodensystem ansehen, obgleich Mendelejew noch mehrere Jahre mit dessen Optimierung beschäftigt war.

Mendelejew wurde in der westsibirischen Kleinstadt Tobolsk geboren. Sein Vater war der Rektor des örtlichen Gymnasiums, der in Dmitris Geburtsjahr 1834 allerdings aus gesundheitlichen Gründen pensioniert wurde und fortan nur noch eine dürftige Rente erhielt. Von da an war die Familie finanziell auf Dmitris Mutter angewiesen. Diese stammte aus einer alten sibirischen Kaufmannsfamilie und hatte eine Glasfabrik nahe Tobolsk geerbt, die sie nun zum Unterhalt der Familie betrieb. Dennoch verschlechterte sich die finanzielle Situation der Familie zusehends. 1847 starb Dmitris Vater, 1848 wurde die Glasfabrik durch einen Brand zerstört. Nachdem Dmitri 1849 das Abitur bestanden hatte, beschloss seine Mutter, ihrem Sohn bei der Suche nach einem Studienplatz zu helfen. Sie begleitete ihn nach Moskau, dann nach St. Petersburg, doch blieben ihre Bemühungen zunächst ohne Erfolg. Zu Mendelejews Glück gelang es ihm schließlich doch noch, an einer Hochschule aufgenommen zu werden: 1850 schrieb er sich am Pädagogischen Institut in St. Petersburg ein, jener Hochschule, an der schon sein Vater Jahrzehnte zuvor studiert hatte. Kurz nach Studienbeginn starb seine Mutter. Mendelejew aber kam am Institut hervorragend zurecht und machte 1855 seinen Abschluss.

Gegenüber: Dmitri Mendelejew auf einem 1878 entstandenen Porträt von Iwan Kramskoi, einem Maler des Realismus, der eine ganze Serie von Porträts bedeutender russischer Schriftsteller, Wissenschaftler, Künstler und Persönlichkeiten des öffentlichen Lebens schuf.

126

Nach einer kurzzeitigen Tätigkeit als Oberschullehrer in Südrussland kehrte er nach St. Petersburg zurück und begann ein Promotionsstudium in Chemie.

In der ersten Phase seines Studiums hatte sich Mendelejew umfassende Kenntnisse der chemischen Eigenschaften von Elementen und verschiedenen Verbindungen angeeignet. Seine erste veröffentlichte Arbeit handelte von der Beziehung zwischen verschiedenen Kristallen und ihren chemischen Zusammensetzungen; seine Magisterarbeit war der Frage gewidmet, ob das spezifische Volumen von Verbindungen mit ihrer chemischen Zusammensetzung oder Kristallform zusammenhing.

1859 konnte Mendelejew dank eines staatlichen Stipendiums eine ausgedehnte Studienreise ins Ausland unternehmen. Er besuchte mehrere europäische Länder, verbrachte die meiste Zeit jedoch in Heidelberg, wo er Forschungen für seine Doktorarbeit betrieb. 1860 nahm er am ersten Internationalen Chemiker-Kongress in Karlsruhe teil. Der Kongress trug wesentlich dazu bei, verschiedene chemische Begriffe wie Atomgewicht oder Wertigkeit zu vereinheitlichen. Aber er war auch für Mendelejews Denken von entscheidender Bedeutung, da hier jene Voraussetzungen geschaffen wurden (vor allem das vereinheitlichte Atomgewicht), die sich für die spätere Entwicklung des Periodensystems als relevant erwiesen. Der Karlsruher Kongress motivierte auch andere Wissenschaftler, Ordnungssysteme für die Elemente zu entwickeln, sodass in den 1860er Jahren mehrere Arten von Elementtabellen vorgeschlagen wurden, unter anderem von Lothar Meyer und John Newlands.

Nach seiner Rückkehr in die Heimat 1861 unterrichtete Mendelejew an mehreren russischen Lehranstalten Chemie und vollendete nebenbei in kleinen Schritten seine Doktorarbeit. Außerdem publizierte er Fachartikel über diverse Themen der Chemie. Nach seiner Promotion 1865 wurde Mendelejew Professor an der Staatlichen Universität in St. Petersburg, der renommiertesten Hochschule des Landes.

DIE SYSTEMATISIERUNG DER ELEMENTE

Unzufrieden mit den seinerzeit üblichen Chemie-Lehrbüchern beschloss Mendelejew 1867, selbst eines zu verfassen. Das sollte sich als entscheidender Schritt auf dem Weg hin zum Periodensystem erweisen. Denn dieses entstand im Zuge seiner Bemühungen, zu didaktischen Zwecken eine große Menge chemischer Daten sinnvoll und übersichtlich zu ordnen. Die Lehrbücher jener Zeit behandelten die Elemente meist im Stil eines Wörterbuchs und teilten sie nur in grobe Kategorien wie »Metalle« und »Nicht-Metalle« ein. Mendelejew suchte nach einer sinnvolleren Methode. Begonnen hatte er seine *Grundlagen der Chemie* mit ausführlichen Erörterungen wichtiger Definitionen und mit Vorschlägen für studentische Laborexperimente. Im nachfolgenden Abschnitt wandte er sich den gängigsten Verbindungen und Elementen zu, darunter Salz, Sauerstoff, Kohlenstoff, Stickstoff und Wasserstoff. An diesem Punkt, wahrscheinlich Ende 1868 oder Anfang 1869, erkannte Mendelejew, dass der Rest der Elemente ein anderes Ordnungssystem erforderte. Er beschloss, von nun an das Atomgewicht als vorrangiges Merkmal jedes Elements aufzufassen, was ihn schon bald auf die Idee der Periodizität der Elemente brachte. Mendelejew schrieb seine vorläufigen Ergebnisse nieder und veröffentlichte sie – im Anschluss an eine kurze Präsentation auf einer Sitzung der Russischen Gesellschaft für Chemie – in einer russischen Fachzeitschrift. Gemeinhin heißt es, Mendelejew habe das Periodensystem im Laufe eines einzigen Tages (am 17. Februar 1869) und nach einem visionären Traum entwickelt. Doch dürfte das Periodensystem eher das Ergebnis eines langwierigen Denkprozesses während seiner Arbeit am Lehrbuch gewesen sein, statt das Resultat eines einzigen Moments der Inspiration.

Mendelejew hatte damit die Grundzüge des Systems entworfen. Jetzt musste er es durch chemische und physikalische Details der periodischen Eigenschaften aller Elemente erhärten. Nach der Publikation 1869 arbeitete Mendelejew knapp zwei Jahre lang

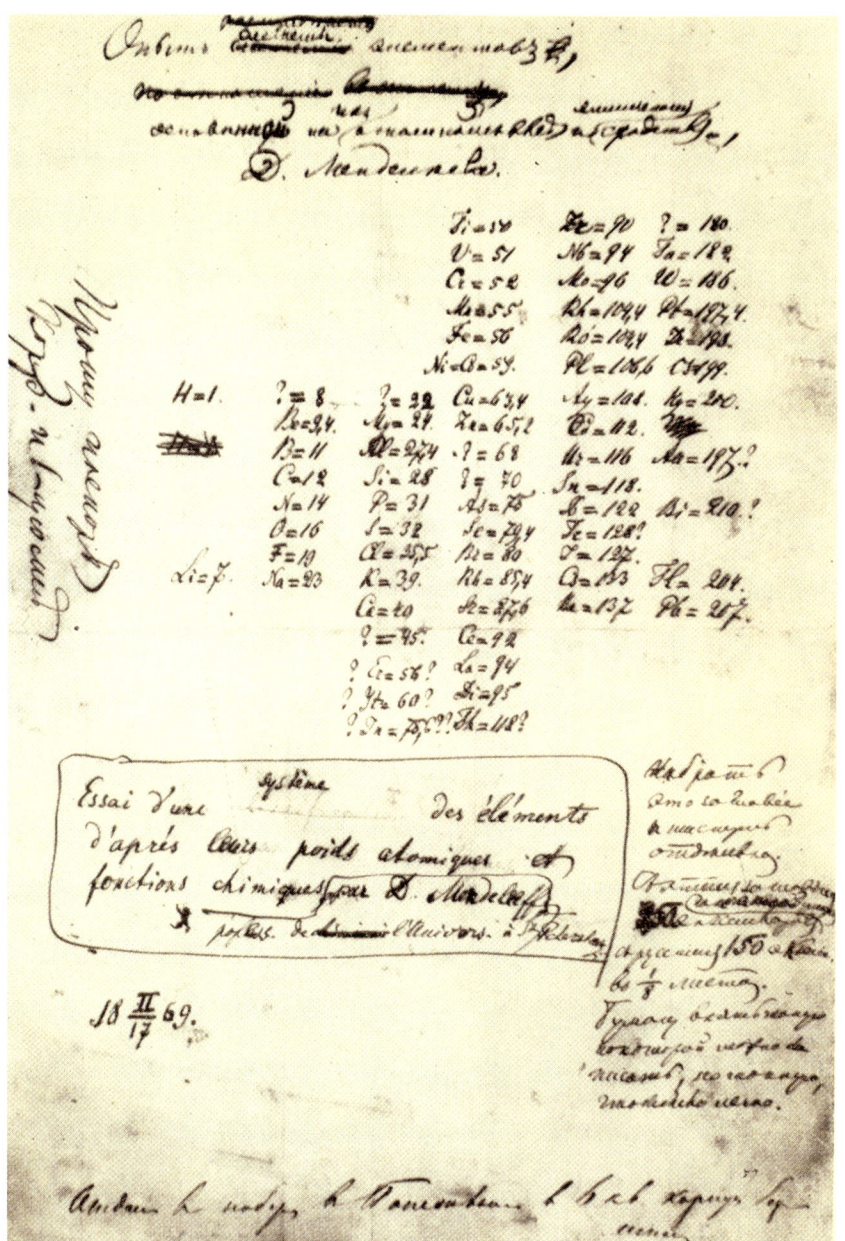

Manuskript von Mendelejews erstem Periodensystem der Elemente, das vom 17. Februar 1869 datiert.

THE PERIODICITY OF THE ELEMENTS

The Elements	Their Properties in the Free State				The Composition of the Hydrogen and Organo-metallic Compounds	Symbols and Atomic Weights		The Composition of the Saline Oxides	The Properties of the Saline Oxides				Small Periods or Series
	t	a	d	$\frac{A}{d}$	RH_m or $R(CH_3)_m$	R	A	R_2O_n	$d'\frac{(2A+n'16)}{d'}$		V		
	[1]	[2]	[3]	[4]	[5]	[6]		[7]	[8]	[9]	[10]		[11]
Hydrogen	$<-200°$	—	$<0{·}05$	>20	$m=1$	H	1	$1=n$		0·917	19·6	<-20	1
Lithium	180°	—	0·59	12		Li	7	1†		2·0	15	−9	2
Beryllium	(900°)	—	1·64	5·5		Be	9	— 2		3·06	16·3	+ 2·6	
Boron	(1300°)	—	2·5	4·4	3 — —	B	11	— — 3		1·8	39	10	
Carbon	>(2500°)	—	<2·0	> 6	4 — — — —	C	12	— — — — 4		>1·0	<88	<19	
Nitrogen	−203°	—	<0·7	>20	3 — — —	N	14	1 — 3* — 5*		1·64	66	< 5	
Oxygen	$<-200°$	—	<1·0	>16	2 — —	O	16	—	—	—	—		
Fluorine	—	—	—	1	1	F	19						
Sodium	96°	071	0·98	23	1	Na	23	1†	Na_2O	2·6	24	−22	3
Magnesium	500°	027	1·74	14	2 — —	Mg	24	— 2†		3·6	22	− 3	
Aluminium	600°	023	2·6	11	3 — — —	Al	27	— — 3	Al_2O_3	4·0	26	+ 1·3	
Silicon	(1200°)	008	2·3	12	4 — — — —	Si	28	— — 3 4		2·65	45	5·2	
Phosphorus	44°	128	2·2	14	3 — — —	P	31	1 — 3* 4* 5*		2·39	59	6·2	
Sulphur	114°	067	2·07	15	2 — —	S	32	— 2 — 4* 5* 6*		1·96	82	8·7	
Chlorine	−75°	—	1·3	27	1	Cl	35½	1 — 3 — 5* — 7*		—	—	—	
Potassium	58°	084	0·87	45		K	39	1†		2·7	35	−55	4
Calcium	(800°)	—	1·6	25		Ca	40	— 2†		3·15	36	− 7	
Scandium	—	—	(2·5)	(18)		Sc	44	— — 3†		3·86	35	(0)	
Titanium	(2500°)	—	(5·1)	(9·4)		Ti	48	— — 3 4		4·2	38	(+5)	
Vanadium	(2000°)	—	5·5	9·2		V	51	— 2 3 4 5		3·49	52	6·7	
Chromium	(2000°)	—	5·5	8·0		Cr	52	— 2 3 — 6*		2·74	73	9·5	
Manganese	(1500°)	—	7·5	7·3		Mn	55	— 2† 3 — 6* 7*		—	—	—	
Iron	1400°	012	7·8	7·2		Fe	56	— 2† 3 — — 6*		—	—	—	
Cobalt	(1400°)	013	8·6	6·8		Co	58½	— 2† 3 4		—	—	—	
Nickel	1350°	017	8·7	6·8		Ni	59	— 2† 3		—	—	—	
Copper	1054°	029	8·8	7·2		Cu	63	1† 2†	Cu_2O	5·9	24	9·8	5
Zinc	433°	—	7·1	9·2	2	Zn	65	— 2†		5·7	28	4·8	
Gallium	30°	—	5·96	12	3 — —	Ga	70	— — 3	Ga_2O_3	(5·1)	(36)	(4·0)	6
Germanium	900°	—	5·47	13	4 — — — —	Ge	72	— 2 — 4		4·7	44	4·5	
Arsenic	500°	006	5·7	13	3 — — —	As	75	— — 3 — 5*		4·1	56	6·0	
Selenium	217°	—	4·8	16	2 — —	Se	79	1 — 4 — 6*		—	—	—	
Bromine	−7°	—	3·1	26	1	Br	80	1 — 5* — 7*		—	—	—	
Rubidium	39°	—	1·5	57		Rb	85	1†		—	—	—	
Strontium	(600°)	—	2·5	35		Sr	87	— 2†		4·3	48	−11	
Yttrium	—	—	(3·4)	(26)		Y	89	— — 3†		5·05	45	(−2)	
Zirconium	(1500°)	—	4·1	22		Zr	90	— — 4		5·7	43	−0·2	
Niobium	—	—	7·1	13		Nb	94	— — 3 — 5*		4·7	57	+6·2	
Molybdenum	—	—	8·6	12		Mo	96	— 2 3 4 — 6*		4·4	65	6·8	
						(1)							
Ruthenium	(2000°)	010	12·2	8·4		Ru	103	— 2 3 4 — 6 — 8		—	—	—	
Rhodium	(1900°)	008	12·1	8·6		Rh	104	— 2 3 4 — 6		—	—	—	
Palladium	1500°	012	11·4	8·3		Pd	106	1† 2 — 4		—	—	—	
Silver	950°	019	10·5	10		Ag	108	1†	Ag_2O	7·5	31	11	7
Cadmium	320°	031	8·6	13	2 —	Cd	112	— 2†		8·15	31	2·5	
Indium	176°	046	7·4	14	3 — —	In	113	— 2 3	In_2O_3	7·18	38	2·7	
Tin	230°	023	7·2	16	4 — — — —	Sn	118	— 2 — 4		6·95	43	2·8	
Antimony	432°	012	6·7	18	3 — — —	Sb	120	— — 3 4 5		6·5	49	2·6	8
Tellurium	455°	017	6·4	20	2 — —	Te	125	1 — 3 — 4 — 6*		5·1	68	4·7	
Iodine	114°	—	4·9	26	1	I	127	1 — 3 — 5* — 7*		—	—	—	
Cæsium	27°	—	1·88	71		Cs	133	1†		—	—	—	
Barium	—	—	3·75	36		Ba	137	— 2†		5·1	60	−6·0	
Lanthanum	(600°)	—	6·1	23		La	138	— — 3†		6·5	50	+1·3	
Cerium	(700°)	—	6·6	21		Ce	140	— — 3 4		6·74	50	2·0	
Didymium	(800°)	—	6·5	22		Di	142	— — 3 — 5		—	—	—	
						(14)							
Ytterbium	—	—	(6·9)	(25)		Yb	173	— — 3		9·18	43	(−2)	10
						(1)							
Tantalum	—	—	10·4	18		Ta	182	— — — — 5		7·5	59	4·6	
Tungsten	(1500°)	—	19·1	9·6		W	184	— — 4 — 6		6·9	67	8	
						(1)							
Osmium	(2500°)	007	22·5	8·5		Os	191	— — 3 4 — 6 — 8		—	—	—	
Iridium	2000°	007	22·4	8·6		Ir	193	— — 3 4 — 6		—	—	—	
Platinum	1775°	005	21·5	9·2		Pt	196	— 2 3 — 4		—	—	—	
Gold	1045°	014	19·3	10		Au	198	1 — 3	Au_2O	(12·5)	(33)	(13)	11
Mercury	−39°	—	13·6	15	2 —	Hg	200	1† 2†		11·1	39	4·5	
Thallium	294°	031	11·8	17	3 — —	Tl	204	1† — 3	Tl_2O_3	(9·7)	(47)	(4·3)	
Lead	326°	029	11·3	18	4 — — — —	Pb	206	— 2† — 4		8·9	53	4·2	
Bismuth	268°	014	9·8	21	3 — — —	Bi	208	— — 3 — 5		—	—	—	
						(5)							
Thorium	—	—	11·1	21		Th	232	— — — 4		9·86	54	2·0	12
						(1)							
Uranium	(800°)	—	18·7	13		U	240	— — — 4 — 6		(7·2)	(80)	(9)	

daran, seine Grundgedanken durch eine breite Palette empirischer Daten zu untermauern, die er aus eigenen Experimenten und aus einer gründlichen Auswertung der Fachliteratur gewann. Er suchte nach einem »natürlichen System«, in dem jedes Elements durch seine Eigenschaften in periodischer Weise mit den in der Nähe angeordneten Elementen zusammenhing. Ende 1871 fühlte sich Mendelejew ausreichend gewappnet, um eine Zusammenfassung seiner Ergebnisse in einer angesehenen deutschen Fachzeitschrift zu veröffentlichen. Mehrere Stellen seines Periodensystems hatte er unausgefüllt belassen, zugleich aber einige der chemischen und physikalischen Eigenschaften jener unbekannten Elemente vorausgesagt, die diese Lücken füllen würden.

NEU ENTDECKTE ELEMENTE

Mendelejews erste Veröffentlichungen über sein Periodensystem fanden kaum Beachtung bei anderen Wissenschaftlern, mit Ausnahme der wenigen Forscher, die dasselbe Ziel verfolgten. Dies änderte sich in der zweiten Hälfte der 1870er Jahre und vor allem in den 1880er Jahren. Hauptgrund dafür war die Entdeckung mehrerer neuer Elemente, deren Eigenschaften weitgehend jenen entsprachen, die Mendelejew für die noch fehlenden Elemente vorhergesagt hatte. 1875 entdeckte der französische Chemiker Paul Émile Lecoq de Boisbaudran das Element Gallium. Mendelejew erkannte sofort, dass die Eigenschaften von Gallium sich weitgehend mit den Eigenschaften eines von ihm vorhergesagten Elements deckten. Als der schwedische Chemiker Lars Fredrik Nilson 1879 das Element Scandium entdeckte, wies er selbst auf die Übereinstimmung mit Mendelejews Vorhersage hin. Nun hoben immer mehr Wissenschaftler hervor, wie sehr Mendelejews Periodensystem den Eigenschaften der Elemente – der neuen wie auch der längst bekannten – gerecht wurde. Als schließlich der deutsche Chemiker Clemens Alexander Winkler 1886 das von Mendelejew ebenfalls prognostizierte Element Germanium entdeckte, war das Periodensystem als wissenschaftliches Prinzip weithin anerkannt. Unmittelbar nach der Veröffentlichung seines Systems hatte Mendelejew dagegen noch einen erbitterten Prioritätsstreit mit anderen Wissenschaftlern, speziell mit Lothar Meyer, geführt. Dass Mendelejew, der sich mit seinem ebenso hitzigen wie störrischen Gemüt nicht viele Freunde machte, diesen Streit in den Augen der meisten Wissenschaftler gewann, dürfte nicht zuletzt an seinem forschen Auftreten gelegen haben.

Nach der Entwicklung des Periodensystems machte Mendelejew Karriere. Zusätzlich zu seiner Lehr- und Forschungstätigkeit arbeitete er auf verschiedenen Gebieten als Berater der russischen Regierung und privater Unternehmen. Seine berufliche Laufbahn beendete er als Direktor des Russischen Amts für Maße und Gewichte. Mendelejew wurde zu einer Ikone der russischen Wissenschaft und im Zarenreich als Sinnbild der wissenschaftlichen Leistungsfähigkeit Russlands verherrlicht.

Gegenüber: Das Periodensystem in der ersten englischen Ausgabe von Mendelejews *Grundlagen der Chemie*, einer Übersetzung der 5. russischen Auflage von 1891.

ALAN ROCKE

August Kekulé

KOHLENSTOFFKETTEN, BENZOLRING UND
CHEMISCHE STRUKTUREN
(1829–1896)

✳ ✳ ✳

»Ich drehte den Stuhl nach dem Kamin und versank im Halbschlaf.
Wieder gaukelten die Atome vor meinen Augen ... Und siehe, was war das?
Eine der [schlangenartigen Formen] fasste den eigenen Schwanz und höhnisch wirbelte
das Gebilde vor meinen Augen. Wie durch einen Blitzstrahl erwachte ich ...«
August Kekulé, in einem öffentlichen Vortrag, 1890

Friedrich August Kekulé war der Hauptbegründer der Strukturtheorie der organischen Chemie, die eine Darstellung des präzisen Aufbaus komplexer Moleküle
ermöglichte. Eine der folgenreichsten Anwendungen seiner Theorie betraf die
Stoffklasse der sogenannten »aromatischen« Substanzen. Seine Erkenntnisse beförder-
ten nicht zuletzt die aufkeimende Entwicklung der chemischen Industrie gegen Ende
des 19. Jahrhunderts.

Kekulé stammte aus Darmstadt, der damaligen Hauptstadt des Großherzogtums
Hessen. Dem Wunsch des Vaters entsprechend, der Mitglied des großherzoglichen Ka-
binetts war, begann August ein Architekturstudium an
der nahe gelegenen, kleinen Universität Gießen. An
dieser Hochschule war mit Justus von Liebig auch ein
Professor von Weltruhm beschäftigt, allerdings auf ganz
anderem Gebiet. Und nachdem Kekulé Liebigs Vorlesungen besucht hatte, galt seine Leidenschaft fortan
der Chemie.

Als sich Kekulés Chemiestudium dem Ende näherte,
riet Liebig ihm, nach der Promotion noch weitere akademische Erfahrungen zu sammeln – nicht zuletzt,
weil es für Chemiker außerhalb der Hochschulen damals kaum Arbeit gab. Diesem Rat folgend ging Kekulé für längere Zeit ins Ausland: zunächst nach Paris,
dann ins schweizerische Chur und zuletzt nach London. Anschließend übernahm er eine Dozentur an der
Universität Heidelberg. Nach zweieinhalb Jahren auf
dieser Position wurde er 1858 Professor für Chemie
an der Universität Gent im wallonischen Teil Belgiens.
Neun Jahre später, als er schon zu den berühmtesten
Chemikern Europas zählte, erhielt er einen Ruf an die

Gegenüber: August
Kekulé auf einem
Gemälde von Heinrich
von Angeli, 1890.

Justus von Liebig auf
einer Photographie
von Alois Löcherer,
1853.

Kekulé (sitzend, in
der Mitte) und seine
Forschergruppe an der
Universität Gent im
Jahr 1863.

Universität Bonn, wo er den Rest seiner akademischen Laufbahn verbrachte. Kekulés
Freude über die Rückkehr in sein Heimatland wurde durch privates Leid getrübt: Seine
hübsche junge Frau war bei der Geburt des ersten Kindes gestorben und seine zweite
Ehe unglücklich.

EIN VISIONÄRER THEORETIKER

In den 1840er Jahren begannen Chemiker darüber nachzudenken, wie sich die Anordnung von Atomen in Molekülen bestimmen ließe – ein Projekt, das von Kontroversen
und Konfusionen geprägt war. Als junger theoretischer Chemiker mischte auch Kekulé in dieser Debatte mit. Dabei kam ihm zugute, dass sich seine wissenschaftlichen
Kontakte nicht auf Deutschland allein beschränkten, sondern auch nach Frankreich,
England, Belgien und in die Schweiz reichten. Mehrere Wissenschaftler in Europa entwickelten damals gerade Ideen zur Wertigkeit von Atomen – etwa, dass ein Wasserstoffatom sich nur mit genau einem anderen Atom verbinden kann, ein Sauerstoffatom mit
zwei, ein Stickstoffatom mit drei und ein Kohlenstoffatom vermutlich mit vier anderen
Atomen.

Laut einer Geschichte, die Kekulé in hohem Alter erzählte, hatte er während seines Forschungsaufenthalts in London, als er an einem Sommerabend des Jahres 1855
versonnen auf dem Oberdeck eines Londoner Pferde-Omnibusses saß, eine Molekül-

Vision. Zu Hause angekommen schrieb er Einzelheiten eines Verfahrens nieder, mit dem sich Moleküle in schematischer Form bis auf ihre individuellen Atome zergliedern ließen. Die Theorie der chemischen Struktur war geboren. Von entscheidender Bedeutung war nicht nur die Erkenntnis, dass sich ein jedes Kohlenstoffatom mit vier anderen Atomen verbinden kann, sondern auch die Einsicht, dass sie sich miteinander verbinden können und so lineare Ketten aus Kohlenstoffatomen bilden. Drei Jahre später veröffentlichte Kekulé seine Theorie. Sie wurde schon bald zu einer Grundlage der theoretischen Chemie, und seine Strukturformeln waren für die Praxis der chemischen Analyse und Synthese von unschätzbarem Wert.

Kekulé erzählte noch eine zweite Geschichte, über einen Abend des Jahres 1862, als er im Halbschlummer vor dem Kamin seiner Wohnung in Gent die Vision einer sich in den eigenen Schwanz beißenden Schlange erlebte. Dieses Mal gab ihm seine Vision die Idee ein, Benzol – Grundlage aller »aromatischen« Substanzen – habe ein ringförmiges, kein linear aufgebautes Molekül. Diese Idee war der Kern seiner Benzoltheorie, die er 1865 publizierte. Es traf sich gut, dass sich die industrielle Produktion synthetischer Farbstoffe damals gerade zu einem großen Geschäft entwickelte, besonders in Deutschland, und fast alle neuen Farbstoffe Benzolderivate waren. Tatsächlich beruhten nicht nur die meisten Farbstoffe, sondern auch Arzneien, Lebensmittelzusatzstoffe, Munition und diverse Kunststoffe auf »aromatischen« Substanzen. Kekulés neue Erkenntnisse über diese Stoffklasse erschlossen nicht nur ein höchst fruchtbares Forschungsgebiet, sondern trugen auch zur Entstehung zahlreicher chemischer Industrien bei.

Kekulé war einer der kreativsten Chemiker des 19. Jahrhunderts. Studenten, Freunde und Bewunderer aus aller Welt waren begeistert von seinem Enthusiasmus und Humor, von seinem sprühenden Geist und Charisma als Wissenschaftler. Am meisten zu verdanken aber hatten ihm seine Landsleute, verhalfen seine Ideen doch der organischen Chemie in Deutschland zu jener weltweit führenden Position, die sie beim Tod Kekulés innehatte. Diese Ideen bilden noch heute die Grundlage der organischen Chemie.

Kekulés Benzolformel, zwei äquivalente Varianten der ringförmigen Struktur des Moleküls, 1872.

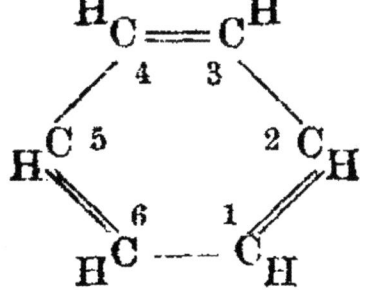 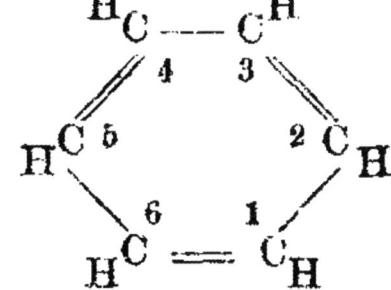

GEORGINA FERRY

Dorothy Crowfoot Hodgkin

DIE STRUKTUR KOMPLEXER BIOLOGISCHER MOLEKÜLE
(1910–1994)

*»Ich möchte nicht den Anschein erwecken, dass sich alle Strukturprobleme
durch die Röntgenanalyse lösen, oder alle Kristallstrukturen leicht
entschlüsseln lassen. Mir scheint, ich habe mehr Zeit mit dem Nicht-
Entschlüsseln von Strukturen verbracht als mit dem Entschlüsseln.«*
Dorothy Crowfoot Hodgkin, Nobelpreis-Vortrag, 1964

D orothy Crowfoot Hodgkin widmete ihr Leben als Wissenschaftlerin dem Entschlüsseln der Molekülstrukturen von medizinisch bedeutsamen Naturstoffen
wie Antibiotika, Vitaminen und Proteinen. Sie ist die bisher einzige britische
Frau, der ein Nobelpreis im Bereich der Naturwissenschaften verliehen wurde. Große
Anerkennung fand auch ihr Engagement für den Weltfrieden und für die Förderung
von Bildung und Wissenschaft in Entwicklungsländern. Während sie ihren bahnbrechenden Forschungen nachging, unterstütze sie zugleich ihren Mann auf seinem anspruchsvollen beruflichen Weg und zog drei Kinder groß – lange bevor es üblich wurde,
dass verheiratete Frauen berufstätig sind.

Dorothy Hodgkin, Mädchenname Crowfoot, geboren als älteste von vier Töchtern
eines britischen Kolonialbeamten und Archäologen, züchtete als Zehnjährige im Chemieunterricht ihre ersten Kristalle. Sie war auf der Stelle »in Bann geschlagen« und begann, daheim eigene Experimente durchzuführen. 1928 wurde sie zum Chemiestudium
am Somerville College zugelassen, einem der Frauencolleges der Universität Oxford.
Nachdem sie ihr Studium mit Auszeichnung abgeschlossen hatte, ging sie 1932 nach
Cambridge, um dort bei John Desmond Bernal zu promovieren. Bernal, ein hervorragender Kristallograph und engagierter Linksintellektueller, hatte mit Forschungen zu
biologischen Molekülen begonnen. Hodgkin wurde seine
engste Mitarbeiterin und teilte auch seine Begeisterung für
sozialistische Ideen.

Die Wirkung chemischer Stoffe im menschlichen Körper beruht auf der speziellen dreidimensionalen Anordnung, in der Dutzende, Hunderte oder gar Tausende von
Atomen in jedem Molekül miteinander verbunden sind.
Die relative Position der Atome zueinander lässt sich rekonstruieren, indem man Röntgenstrahlen durch den reinen Kristall einer Substanz schickt und dabei Positionen
und Intensitäten der gebeugten Strahlen misst. Diese als

Gegenüber: 1945
entschlüsselte Do-
rothy Hodgkin die
Struktur des Penicil-
linmoleküls, die sie
auf dieser undatierten
Aufnahme – im Bei-
sein ihrer Oxforder
Laborkollegen – stolz
präsentiert.

Die komplexe
Struktur des für die
Behandlung von
Diabetes so bedeutsa-
men Insulinmoleküls
konnte Hodgkin erst
1969 entschlüsseln.

Röntgenstrukturanalyse bezeichnete Technik wurde erstmals 1912 von William und Lawrence Bragg vorgeführt. Bernal und Hodgkin waren die ersten, die diese Technik auf komplexe biologische Moleküle wie das Verdauungsenzym Pepsin anwendeten.

1934 kehrte Hodgkin an die Universität Oxford zurück. Das Somerville College hatte ihr ein Forschungsstipendium bewilligt und der dortige Professor für organische Chemie, Robert Robinson, erfolgreich Mittel beantragt, mit denen Hodgkin im Gebäude des Universitätsmuseums ihr eigenes Röntgenlabor einrichten konnte. Umgehend begann sie mit der Untersuchung des Proteohormons Insulin, doch erwiesen sich dessen Moleküle als zu groß und die Apparate als

William Henry Bragg (oben) und sein Sohn William Lawrence Bragg erhielten 1915 gemeinsam den Nobelpreis für die Entwicklung der Röntgenstrukturanalyse. Während seiner Tätigkeit als Forschungsassistent von Bragg konstruierte John Desmond Bernal 1927 eine Drehkristall-Kamera zur Röntgenbeugung (rechts), die bei Kristallographen über viele Jahre hinweg in Gebrauch war. 1937 lieh sich Dorothy Hodgkin Braggs Apparaturen, um Röntgenaufnahmen von Insulin zu machen.

zu primitiv für sofortige Ergebnisse. Letztlich sollte es mehr als drei Jahrzehnte dauern, bis Hodgkin die komplexe Struktur des Insulinmoleküls vollständig entschlüsselt hatte.

Kurz nach ihrer Rückkehr nach Oxford lernte sie Thomas Hodgkin kennen, den sie 1937 heiratete. Ihre Kinder wurden zwischen 1938 und 1946 geboren, und in all diesen Jahren setzte sie ihre Forschungen fort. 1941 hatte man erstmals Penicillin, das zuvor von Wissenschaftlern der Dunn School of Pathology in Oxford isoliert worden war, erfolgreich an Menschen getestet. Die Analyse der Anordnung der rund zwei Dutzend Atome des Penicillins hatte damals, in Zeiten des Krieges, oberste Priorität, war sie doch Voraussetzung für eine massenhafte Produktion dieses Medikaments. Bis zum Kriegsende im Mai 1945 hatte Hodgkin die Aufgabe bewältigt und zugleich einen Dissens unter Chemikern entschieden, indem sie zeigte, dass sich mittels Röntgenstrukturanalyse Strukturen selbst dann entschlüsseln ließen, wenn die genaue chemische Formel ungewiss war.

Mit wachsendem Ruhm zog sie Studenten und erfahrene Kollegen aus aller Welt an. Ihr nächster großer Erfolg war die 1955 vollendete Analyse des Vitamins B12, das zur Behandlung von perniziöser Anämie eingesetzt wurde. Nachdem sie bereits zahlreiche andere Auszeichnungen erhalten hatte, wurde ihr 1964 der Nobelpreis für Chemie verliehen. Die Krönung ihrer Forschungen war die Entschlüsselung der Struktur des aus Tausenden von Atomen bestehenden Insulinmoleküls, die ihr schließlich 1969 gelang.

LEIDENSCHAFTLICHE FRIEDENSAKTIVISTIN

Ihren Nobelpreis begriff Hodgkin als Chance, sich noch wirkungsvoller für andere Ziele zu engagieren, die ihr ebenfalls wichtig waren. 1975 übernahm sie die Präsidentschaft der sogenannten Pugwash Conferences on Science and World Affairs, der regelmäßigen Zusammenkünfte von Wissenschaftlern aus Ost und West, die gegen Atomwaffen protestierten. Außerdem unterstützte sie Organisationen, die sich für Frieden in Vietnam einsetzten. Als Kanzlerin der Universität Bristol kämpfte sie ab 1971 gegen Kürzungen bei der Hochschulfinanzierung. Sie reiste mehrmals nach China, Indien und in andere Entwicklungsländer und warb für einen verstärkten Austausch von Studenten und Wissenschaftlern aus diesen Ländern und solchen mit besser ausgestatteten Hochschulen. Überdies forderte sie ihre frühere Studentin Margaret Thatcher zu Gesprächen mit der Sowjetunion auf.

Ungeachtet ihrer Berühmtheit blieb Dorothy Hodgkin eine freundliche, bescheidene Frau mit sanfter Stimme. Sie ermutigte viele Frauen zu einer Karriere im Bereich der Kristallographie, sowohl durch ihre Vita, als auch in Form direkter Hilfe und Unterstützung. Und sie bestach durch außergewöhnliche Tapferkeit – nicht nur, als sie sich als Wissenschaftlerin auf einem neuen Forschungsgebiet bewähren musste, sondern auch beim Umgang mit den zunehmenden Schmerzen des Gelenkrheumas, unter dem sie seit ihrem 28. Lebensjahr litt. Im Sommer 1993 unternahm sie, obwohl bereits an den Rollstuhl gefesselt, eine letzte Reise nach Peking zum Internationalen Kongress der Kristallographie. Freunde und Kollegen aus aller Welt zeigten sich begeistert und gerührt ob ihrer Entschlossenheit, bis zuletzt an einem großen wissenschaftlichen Abenteuer teilzuhaben.

VIRENDRA SINGH

Chandrasekhara Venkata Raman

MOLEKULARPHYSIKER UND LICHTTHEORETIKER
(1888–1970)

Die wahre Inspiration der Wissenschaft ist,
zumindest in meinem Fall, die Liebe zur Natur.«
Chandrasekhara Venkata Raman, *Why the Sky is Blue*, 1968

Der indische Physiker Chandrasekhara Venkata Raman entdeckte, dass die Streuung von Licht an Molekülen in Gasen, Flüssigkeiten oder Feststoffen dessen Wellenlänge verändert – ein Effekt, der heute als Raman-Streuung bekannt ist. Die aus dieser Streuung resultierenden Spektren, die sogenannten Raman-Spektren, lassen sich zur Bestimmung und Analyse von Molekülstrukturen nutzen. Für diese Entdeckung wurde Raman in den Ritterstand erhoben und 1930 mit dem Physik-Nobelpreis geehrt. Damit war er der erste Asiat, der einen Nobelpreis im Bereich der Naturwissenschaften erhielt.

Raman wurde in Thiruvanaikaval geboren, einem Dorf nahe Tiruchirappalli im südindischen Bundesstaat Tamil Nadu. Sein Vater, Chandrasekhara Iyer, war Professor für Physik und Mathematik. Raman studierte am Presidency College in Madras, wo er auch seine erste wissenschaftliche Veröffentlichung verfasste, den im *Philosophical Magazine* erschienenen Aufsatz »Unsymmetrical diffraction« über ein Thema der Optik. Da eine wissenschaftliche Karriere ohne Abschluss an einer britischen Universität zu jener Zeit im kolonialen Indien unmöglich war, entschloss sich Raman zu einer Bewerbung beim Rechnungshof der indischen Regierung. Er wurde als bester Absolvent der Aufnahmeprüfung angenommen und 1907 zum stellvertretenden Abteilungsleiter in Kalkutta ernannt – ein Amt, das er für zehn Jahre innehaben sollte.

Kurz nach seiner Ankunft in Kalkutta kam Raman in Kontakt mit der Indischen Gesellschaft zur Förderung der Wissenschaften, die 1876 von Mahendralal Sircar als akademische Einrichtung unter indischer Leitung gegründet worden war. Raman begann dort in seiner Freizeit zu forschen, obwohl ihm nur eine dürftige technische Ausstattung zur Verfügung stand. Seine früheste bedeutsame Arbeit behandelte physikalische Aspekte gestrichener Saiten auf Instrumenten der Violinfamilie und erweiterte Hermann von Helmholtz' Beschreibung der grundlegenden Schwingungsform um komplexere Formen.

Durch seine Forschungen geriet Raman ins Blickfeld von Sir Ashutosh Mukherji, dem Gründer der University of Calcutta, der ihm die neu eingerichtete Palit-Professur

Gegenüber: Die letzte bekannte Photographie von Chandrasekhara Venkata Raman, entstanden kurz vor seinem Tod 1970.

für Physik anbot. 1917 nahm Raman das Angebot an, obwohl es den Verlust einer sicheren Anstellung im öffentlichen Dienst und drastische Gehaltseinbußen bedeutete.

Seine erste Auslandsreise unternahm Raman 1921 nach England zu einer wissenschaftlichen Konferenz für Repräsentanten von Hochschulen des gesamten Britischen Königreichs. Auf der Schiffsreise zurück nach Indien faszinierte ihn das tiefe Blau des Mittelmeers. Der englische Physiker Lord Rayleigh hatte dieses Blau als Reflektion des Himmelsblaus erklärt, das seinerseits durch die elastische Streuung des Sonnenlichts in der Atmosphäre verursacht werde – die sogenannte Rayleigh-Streuung. Doch diese These ließ sich widerlegen, indem man die Wasseroberfläche durch ein der Untersuchung von polarisiertem Licht dienendes Nicolsches Prisma betrachtete, das – in einem Winkel von 53° (dem »Brewster-Winkel«) gehalten – reflektierendes Sonnenlicht eliminiert. Nach eigenen Experimenten in Kalkutta kam Raman zu dem Schluss, dass die blaue Farbe auf eine Lichtstreuung an Wassermolekülen zurückzuführen sei – so, wie die Farbe des Himmels auf eine Lichtstreuung an Luftmolekülen. Dieses Ergebnis mündete in Ramans 1922 erschienener Schrift *Molecular Diffraction of Light* und läutete eine Phase intensiver experimenteller Forschung ein, die schließlich zur Entdeckung jenes Effekts führte, der heute Ramans Namen trägt.

ERHELLENDES ZUR LICHTSTREUUNG

Die Raman-Streuung wurde erstmals um das Jahr 1923 in Ramans Labor beobachtet und 1928 in einem Aufsatz im *Indian Journal of Physics* beschrieben, einer von Raman selbst gegründeten Fachzeitschrift. Es hatte sich gezeigt, dass eingestrahltes Licht nach der Streuung an einem durchsichtigen Material neben der primären Rayleigh-Streuungskomponente, deren Frequenz gegenüber dem eingestrahlten Licht unverändert bleibt, noch eine schwächere sekundäre Komponente mit veränderter Frequenz (also verändertem Energiezustand) aufwies. Zunächst führte man die Raman-Streuung auf Fluoreszenz zurück, doch konnte Raman diese Erklärung durch Experimente ausschließen, die er mit K. S. Krishnan durchführte. Die beiden zeigten, dass das streuende Licht stark polarisiert war. Anfang 1928 erkannte Raman, dass die von ihm beobachtete Sekundärstrahlung das optische Analogon zur Streuung von Röntgenstrahlen war. Arthur Compton hatte 1923 beobachtet, dass Röntgenstrahlen beim Durchdringen von Materie gestreut wurden und mit größerer Wellenlänge wieder austraten.

Beim sogenannten Compton-Effekt zeigt Röntgenstrahlung das Verhalten von Quantenteilchen (Photonen), die in Materie in einem elastischen Stoß mit Elektronen kollidieren. Dieser Effekt war ein entscheidender Beweis für die Existenz solcher Quanten, deren Energie und Impulse proportional ihrer Frequenz entsprechen. Beim Raman-Effekt wiederum zeigt sichtbares Licht das Verhalten von Quantenteilchen, die in einem unelastischen Stoß mit Molekülen kollidieren. Bei der Raman-Streuung hat die Streustrahlung entweder eine niedrigere oder eine höhere Frequenz als das eingestrahlte Licht – abhängig davon, ob die Lichtquanten Energie an die Moleküle abgeben oder von diesen aufnehmen. Die Theorie zu diesem Effekt wurde 1925 von Werner Heisenberg und Hendrik Kramers in ihrer Arbeit über die Quantentheorie der Dispersion antizipiert. Der Raman-Effekt galt somit als wichtiger Beweis für den Quantencharakter des Lichts.

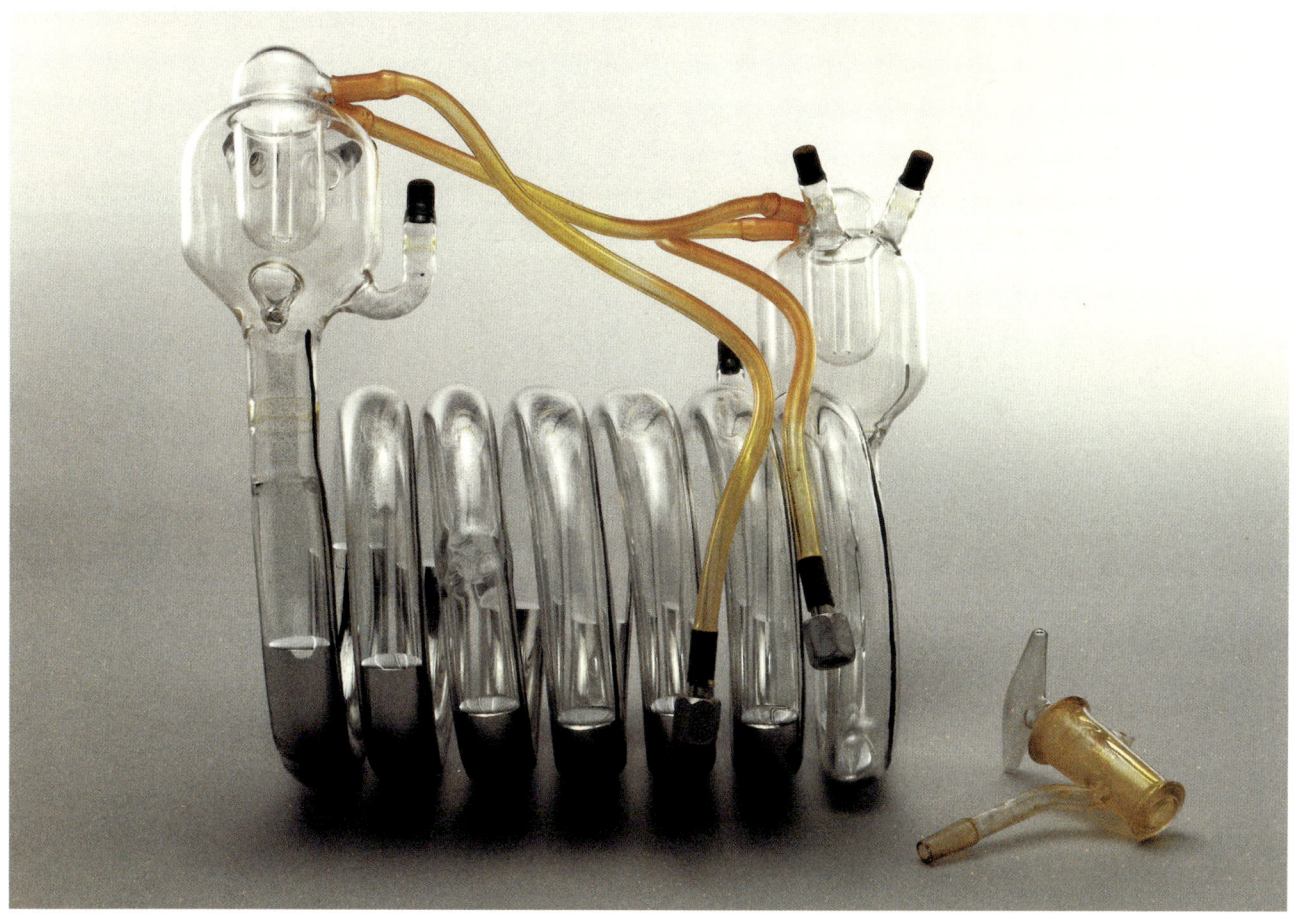

Die zentrale Bedeutung des Raman-Effekts aber lag darin, dass er einer höchst wirkungsvollen Technik zur Untersuchung von Molekülstrukturen und Energiezuständen Bahn brach. Denn die Veränderungen der Frequenz in den Raman-Spektren zwischen Lichteinfall und Sekundärstrahlung entspricht dem Unterschied zwischen energetischem Ausgangs- und Endzustand der Moleküle. Deshalb kann der Raman-Effekt zur Bestimmung spezifischer Moleküle und chemischer Verbindungen genutzt werden. Anfangs betrafen die gewonnenen Daten hauptsächlich die Rotations- und Schwingungszustände von Molekülen. Diese hatten sich bis dahin nur durch Infrarotspektren und somit mühsam gewinnen lassen. Durch die optischen Raman-Spektren waren solche Daten leichter zugänglich. Mit der Erfindung des Lasers in den 1960er Jahren wurde die Raman-Spektroskopie noch ausgereifter und präziser, was ihren Einsatz bei der mikroskopischen Untersuchung und Messung von Materialien und deren Eigenschaften erlaubte. Heute dient sie vielfältigen Zwecken: der Verwendung in der Medizin zur Echtzeitkontrolle anästhetischer Gase bei Operationen; dem Einsatz bei der Konservierung historischer Artefakte; der Nutzung durch Strafverfolgungsbehörden und Sicherheitsdienste zur Identifizierung von Drogen wie auch zum Aufspüren von Sprengstoffen und forensischen Beweisen.

Der »Toronto-Lichtbogen«, eine wassergekühlte Lichtbogenlampe mit Kupfer, dient als Strahlungsquelle für die Raman-Spektroskopie. Die Entdeckung des Raman-Effekts führte zu einer der ersten Bestätigungen der Quantentheorie: Energie hat kein kontinuierliches Wertespektrum, sondern wird diskontinuierlich in unteilbaren Einheiten sogenannter Quanten abgegeben und aufgenommen.

Raman verließ Kalkutta 1933 und begab sich nach Bangalore, um dem hier befindlichen Indischen Institut der Wissenschaften als dessen erster indischer Leiter zu dienen. Sowohl in Kalkutta als auch in Bangalore bildete er eine große Zahl von Studenten aus, die später wichtige Ämter bekleiden sollten. Zwar trat er nach vier Jahren als Institutsleiter zurück, doch war er bis zu seiner Pensionierung im Jahr 1948 auch weiterhin als Physikprofessor tätig. In jenem Jahr gründete er das Raman Research Institute, an dem er zur Optik von Mineralien und zur Physiologie des Sehens forschte. Als seine her-

Undatierte Photographie, die Raman in seinem Labor im Raman Research Institute zeigt, das er 1948 in Bangalore gegründet hatte.

ausragende Leistung aus dieser Zeit gilt die Raman-Nath-Theorie zur Lichtbeugung an Ultraschallwellen.

Raman war im Herzen Naturalist, fasziniert von der Schönheit der Natur, etwa von den Farben des Meeres oder den Tönen der Mineralien. Auch Klänge faszinierten ihn, was sich in seinen Arbeiten über Musikinstrumente und Flüstergalerien niederschlug. Seine gesamte Forschung ist als eine Huldigung an die Schönheit der Natur zu verstehen, deren physikalische Aspekte er untersuchte.

Raman während der Nobelpreisverleihung 1930 neben den weiteren Preisträgern. Er war der erste Inder, der einen Nobelpreis im Bereich der Naturwissenschaften erhielt.

IM INNERN DES ATOMS

Gegen Ende des 19. Jahrhunderts, als Einstein noch ein Schuljunge war, glaubten viele Physiker, in ihrem Fach gebe es keine bedeutenden Entdeckungen mehr zu machen und die Physik sei quasi an ihr Ende gelangt. Speziell das Atom galt – so es denn existierte – als unteilbares Objekt, das keine größeren Geheimnisse barg. Doch dann, in den zwanzig Jahren ab 1895 – dem Jahr, in dem Wilhelm Röntgen die Röntgenstrahlen entdeckte – überstürzten sich die Ereignisse: Henri Becquerel und den Curies gelang die Entdeckung der Radioaktivität in Uran, Radium und anderen Elementen; J. J. Thomson stieß auf das negativ geladene Elektron; Ernest Rutherford, Frederick Soddy und ihre Mitarbeiter eruierten die radioaktive Transmutation von Elementen, Isotopen, Alpha- und Betateilchen, den dichten Atomkern sowie das positiv geladene Nuklearteilchen, das später Proton genannt wurde. Zur selben Zeit entwickelte Max Planck die Quantentheorie, Einstein seine Theorien der speziellen und allgemeinen Relativität und Rutherfords Student Niels Bohr das anschauliche Sonnensystemmodell des Atoms, in dem Elektronen um den Atomkern kreisen wie Planeten um die Sonne, auf Bahnen, die durch diskrete elektronische Energiezustände nach Maßgabe der Quantentheorie bestimmt waren.

In den 1920er und 1930er Jahren trat die komplexe Struktur des Atoms immer deutlicher zutage. Im Zuge der von Niels Bohr, Max Born, Louis de Broglie, Paul Dirac, Werner Heisenberg, Wolfgang Pauli, Erwin Schrödinger und Richard Feynmann (um nur einige beteiligte Physiker zu nennen) eingeleiteten Quantenrevolution wurden subatomare Teilchen wie das Elektron nicht mehr nur als Teilchen auf separaten Umlaufbahnen aufgefasst, sondern auch als Wellen. Im mechanischen Quantenwellen-Modell des Atoms wurde Bohrs sinnfälliges »Sonnensystem« durch eine weniger leicht zu veranschaulichende Wellenfunktion ersetzt, die die Position der kreisenden Elektronen mit Wahrscheinlichkeit statt mit Gewissheit bestimmte. In den 1930er Jahren gelang es dem Chemiker Linus Pauling, diese neue Quantenphysik für seine Forschung über die Natur chemischer Bindungen fruchtbar zu machen, darunter Fälle, in denen sich Atome durch Ionisation oder Kovalenz Elektronen teilen. Dies führte zu einem Verständnis von Kristallen und Molekülen, das auch die Chemie revolutionieren sollte.

In den folgenden Jahrzehnten wurden neue subatomare Teilchen entdeckt oder postuliert. 1932 wies James

Gegenüber: Computerbild eines »Monte-Carlo-Ereignisses« in einem Teilchenbeschleuniger, bei dem Protonenstrahlen auf ein statisches Ziel prallen, wodurch riesige Mengen an Energie freigesetzt werden. Dies dient der empirischen Überprüfung von Theorien der Teilchenphysik.

Die erste Röntgenaufnahme der Welt, gemacht von Wilhelm Röntgen 1895. Sie zeigt die Hand seiner Frau samt Ehering.

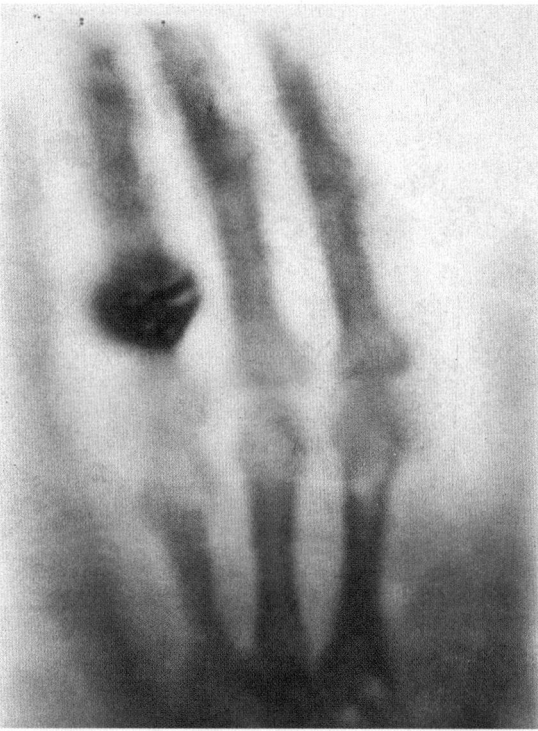

Ein Modell der »Alpha-Helix« der Proteinstruktur, die Linus Pauling 1948 auf der Grundlage seiner revolutionären Theorien zur chemischen Bindung entdeckte. Sie bahnte der Entdeckung der »Doppelhelix« der DNA im Jahr 1953 den Weg.

Ein von James Chadwick verwendetes Spinthariskop zur Messung subatomarer Alphateilchen. 1932 entdeckte Chadwick das Neutron, nachdem er Alphateilchen zur Bestimmung der positiven Ladung eines Kerns genutzt hatte.

Chadwick, ein Mitarbeiter Rutherfords, ein zweites Nuklearteilchen nach: das Neutron, das in seiner Masse derjenigen des Protons entsprach, jedoch nicht elektrisch geladen war. Noch aber war unklar, welche Kraft den Atomkern zusammenhielt, mussten sich doch zwei oder mehr positiv geladene Protonen auf kurze Entfernung elektromagnetisch abstoßen. Hideki Yukawa postulierte daraufhin subatomare Teilchen namens Mesonen, die der Masse nach zwischen den leichten Elektronen und den schweren Protonen rangierten und jene starke Wechselwirkung vermitteln konnten, die den Kern zusammenhält. Das erste Meson, ein sogenanntes Pion, wurde 1947 nachgewiesen. Im Hinblick auf die Atomhülle prognostizierte Dirac – auf der Grundlage von Quantenmechanik, spezieller Relativitätstheorie und dem neuen Begriff des Spins – die Existenz eines »Anti-Elektrons«, das über dieselbe Masse wie ein Elektron und eine gleich große, jedoch positive Ladung verfügen würde. Es wurde erstmals 1932 beobachtet und erhielt den Namen »Positron«. Zur gleichen Zeit postulierte Pauli ein elektrisch neutrales, nicht-nukleares Teilchen mit einer gen Null tendierenden Masse und halbzahligem Spin; dieses von Enrico Fermi als »Neutrino« bezeichnete Teilchen konnte 1956 nachgewiesen werden. Dank der Entwicklung von Teilchenbeschleunigern und -detektoren in den 1950er Jahren gelang die Enthüllung weiterer subatomarer Teilchen. Dies führte letztlich zur Entstehung dessen, was seit den 1970er Jahren als Standardmodell der Teilchenphysik bezeichnet wird. Gleichwohl sind seither weitere Elementarteilchen entdeckt worden, zuletzt im Large Hadron Collider am CERN in Genf. Unser Verständnis vom Atom ist also nach wie vor im Entstehen begriffen.

Einstein, der die Quantentheorie 1925 vehement kritisierte und in späteren Jahren der Elementarteilchenphysik skeptisch gegenüberstand, hatte an den oben skizzierten Entwicklungen nur einen geringen Anteil. Doch wie stets verdienen seine Worte Beachtung. 1932 schrieb er in seinem Werk *Die Evolution der Physik*: »Für die Naturwissenschaft wird es niemals eine Erfüllung geben. Jeder bedeutende Fortschritt wirft neue Fragen auf. Jede Entwicklung legt über kurz oder lang neue, noch schwerer überwindbare Klippen frei.« Diese Einschätzung sollte sich als höchst zutreffend erweisen. Im September 2011 berichteten Teilchenphysiker

148

eines unterirdischen Labors nahe Rom von Neutrinos, die vom CERN aus offenbar schneller als Licht zu ihnen gelangt seien. Zum Zeitpunkt der Niederschrift dieses Textes gibt es für diese Ergebnisse noch keine Erklärungen; womöglich beruhen sie auf Messfehlern. Sollten sie sich bestätigen, würde das einen der Eckpfeiler der modernen Physik zum Einsturz bringen – jenen erstmals in Einsteins spezieller Relativitätstheorie formulierten Grundsatz, dass die Lichtgeschwindigkeit eine kosmische Konstante ist und nicht übertroffen werden kann. Es würde nicht nur bedeuten, dass Einstein falsch lag, sondern auch, dass wir unsere wissenschaftliche Vorstellung vom Universum grundlegend revidieren müssten.[*]

* Wie CERN im Februar 2012 mitteilte, waren die Messergebnisse durch Störeffekte infolge von Instrumentenfehlern verfälscht worden. Die Annahme überlichtschneller Neutrinos stellte sich somit als falsch heraus.

Die Technik hinter der Hochenergie-Teilchenphysik. Die Photographie zeigt die Magneten und Verteilerbox der letzten Fokussierungsstufe in einem der sechs Detektoren des Large Hadron Collider am CERN, der sich in einem 26 Kilometer langen Tunnel in 150 Meter Tiefe befindet.

ANDREW ROBINSON

Marie Curie & Pierre Curie

BAHNBRECHENDE FORSCHUNGEN ZUR RADIOAKTIVITÄT
(1867–1934) UND (1859–1906)

✳ ✳ ✳

*»Eine große Entdeckung entspringt nicht fix und fertig dem Gehirn eines Wissenschaft-
lers, wie Minerva fertig gerüstet dem Kopf des Jupiter entstieg; sie ist die Frucht schwerer
Arbeit, die vorher geleistet wurde. Zwischen den Tagen fruchtbaren Schaffens gibt
es Tage der Ungewissheit, an denen nichts gelingen will und selbst die Materie wider-
spenstig scheint. Genau dann muss man sich gegen die Entmutigung wehren.«*
Marie Curie, *Pierre Curie*, 1923

Gegenüber: Marie und
Pierre Curie in ihrem
Labor in der Pariser
Rue Lhomond, um
1900, kurz nachdem
ihnen die Identi-
fizierung von Radium
gelungen war. Das La-
bor war dem Paar von
der EPCI, der Schule
für Industrielle Physik
und Chemie, gestiftet
worden. Marie nannte
es einen »elenden
alten Schuppen«.

Die Entdeckung und Isolierung des Elements Radium, die Marie Curie mit ihrem Mann Pierre Curie zwischen 1898 und 1902 gelang, wird oft als umstands-
lose Tat betrachtet. Genährt wird diese Vorstellung durch den Mythos, der sich
mit ihrer Person verknüpft und in Albert Einsteins Diktum, Marie Curie sei »unter allen
berühmten Menschen der einzige, den der Ruhm nicht verdorben hat«, bereits anklingt.

Was Marie Curie die Nobelpreise für Physik (1903) und Chemie (1911) einbrachte,
war tatsächlich jedoch ein komplexes Zusammenwirken von Chemie und Physik im
Verbund mit exzellenter Beobachtungsgabe, scharfsinnigem Denken, modernster Technik, radikalen Methoden, Aufopferungsbereitschaft und einer Portion Glück.

Eine Seite aus Marie
Curies Laborbuch,
das die Curies vom
27. Mai 1899 bis
zum 4. Dezember
1902 führten. Es
enthält Einträge zu
Experimenten mit
radioaktiven Subs-
tanzen. Einige von
Maries Laborbüchern
sind immer noch so
radioaktiv, dass man
sie nicht ungeschützt
einsehen kann.

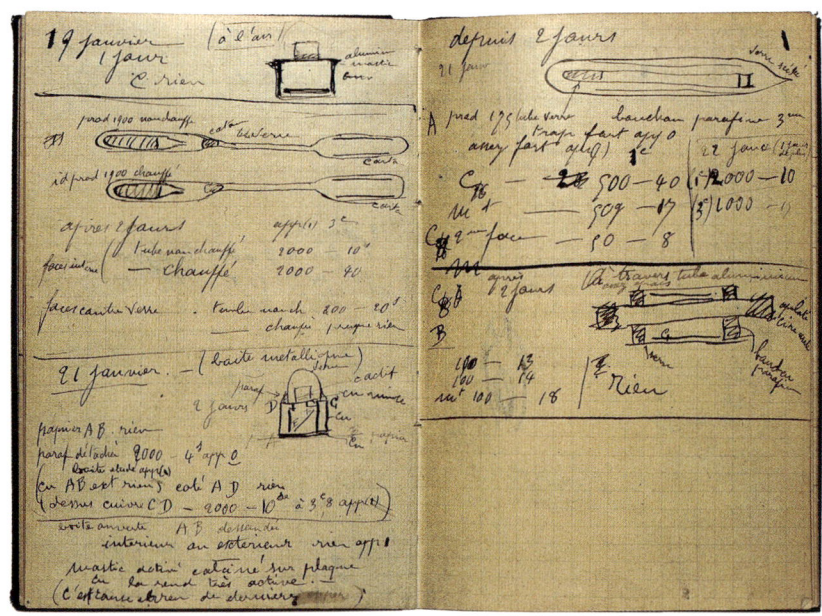

EINE EHRGEIZIGE JUNGE FRAU

Ihre Kindheit und Erziehung in Polen hatten entscheidenden Anteil an Marie Curies späterem Erfolg. Warschau, wo sie als Maria Skłodowska geboren wurde, stand zeit ihrer Jugend unter strenger russischer Herrschaft. Marias Eltern waren in Warschau angesehene Lehrer und führende Mitglieder der unbewaffneten intellektuellen Widerstandsbewegung. Die russischen Pädagogen behandelten ihre polnischen Schüler damals, so Curie in ihrer Autobiographie, ausnahmslos als »Feinde«. Dies befeuerte einen glühenden Patriotismus, der Maria jene Mischung aus Ehrgeiz, Wissensdurst und Pflichtbewusstsein einflößte, welche ihre berufliche Laufbahn prägen sollte. Ihre Mutter starb an Tuberkulose, als Maria zehn Jahre alt war, doch dank ihres Vaters, so Maries zweite Tochter Eve Curie, »lebte sie in einem geistig anregenden Umfeld, wie es nur wenigen Mädchen ihres Alters vergönnt war«.

Auf dieser Familienphotographie der Skłodowskis, aufgenommen 1890 in Warschau, ist Maria Skłodowska (die spätere Marie Curie) links neben ihrem Vater Władisław und ihren älteren Schwestern Bronia und Helena zu sehen.

Maria beendete die Schule mit Auszeichnung, sah sich dann aber mit der Tatsache konfrontiert, dass Frauen damals eine Hochschulausbildung weitgehend verwehrt war. Um sich ihren Lebensunterhalt zu verdienen, arbeitete sie dreieinhalb Jahre lang als Hauslehrerin. Mit ihrem Gehalt unterstützte sie ihre ältere Schwester, die in Paris eine medizinische Ausbildung durchlief, nach deren Abschluss – so die Vereinbarung – Maria der Schwester nachfolgen sollte. 1891 begann sie schließlich als eine von 23 weiblichen Studenten der naturwissenschaftlichen Fakultät ihr Studium an der Pariser Sorbonne. Über die männliche Dominanz in der akademischen Welt verlor sie in eigenen Berichten über ihre Studentenzeit jedoch keinerlei Worte. Tatsächlich stand Marie Curie feministischen Bemühungen, ihr eine Vorbildfunktion zuzuweisen, immer zurückhaltend gegenüber.

Die Familie Curie. Die Brüder Jacques (links) und Pierre (rechts) stehen hinter ihren Eltern, Dr. Eugène Curie und Sophie-Claire Depouilly Curie.

Nach nicht einmal drei Jahren harten Studiums legte sie ihre Prüfung zur *licence ès sciences* als Jahrgangsbeste und zur *licence ès mathématiques* als Zweitbeste ab. Auf der Suche nach einem geeigneten Labor für Maries Forschungen machte einer ihrer Professoren sie mit dem Physiker Pierre Curie bekannt. Dieser, etwas älter als Marie, hatte sich mit seinen Arbeiten zur Piezoelektrizität – der in bestimmten Materialien wie Kristallen, Keramik und Knochen auftretenden elektrischen Ladung – sowie zum Einfluss von Temperatur auf Magnetismus bereits einen Namen gemacht. Maries und Pierres familiäre Hintergründe, in Polen beziehungsweise Frankreich, wiesen erstaunliche Ähnlichkeiten auf. Sie heirateten 1895 und begannen nach der Geburt ihres ersten Kindes Irène (einer späteren Nobelpreisträgerin) 1897 mit gemeinsamen wissenschaftlichen Forschungen. Ihre Laborbuch-Einträge der folgenden Jahre zeigen mal seine, mal ihre Handschrift. Zwischen den beiden gab es nicht nur einen regen Gedankenaustausch, sondern auch einen »Austausch von Kraft«, wie es Henri Poincaré formulierte, »eine wirkungsvolle Arznei in den Phasen der Entmutigung, die jeder Forscher durchmacht.«

EIN RÄTSELHAFTES PHÄNOMEN

Als Henri Becquerel 1896 die kurz zuvor von Wilhelm Röntgen entdeckten Röntgenstrahlen sowie deren lumineszierende Wirkung auf bestimmte Mineralien untersuchte, entdeckte er seinerseits die Strahlung von Uran. Becquerel testete eine Reihe lumineszierender Mineralien, indem er sie für mehrere Stunden der hellen Sonne aussetzte, als dünne Kristallplättchen auf einer unbelichteten, mit zwei Lagen dicken schwarzen Papiers umwickelten Photoplatte. Seine These war, dass das Papier jedwede Schwärzung der Platten durch Sonnenlicht oder Fluoreszenz verhindern würde, dass hingegen jede »unsichtbare Fluoreszenz« – in anderen Worten, eine der Röntgenstrahlung ähnelnde

Strahlung der Mineralien – als dunkle Flecken auf den Platten nachweisbar sein müsste. Bei Uransalzen zeigte sich, dass das Papier Strahlung hindurchließ: Auf einem Teil der Photoplatte hatte sich das Kristallplättchen als dunkler Umriss abgezeichnet. Becquerel nahm an, das Sonnenlicht habe diese unsichtbare Strahlung des Urans hervorgerufen. Doch dann verhinderten mehrere bewölkte Tage die Durchführung weiterer Versuche. Enttäuscht deponierte er einige der umwickelten Photoplatten zusammen mit den Uranpräparaten in einer verschlossenen Schublade seines Labors. Als er sie später entwickelte, war er wie vor den Kopf geschlagen: Statt der erwarteten schwachen Schatten der Uranschichten »zeigten sich Umrisse von großer Deutlichkeit. Ich dachte mir sofort, dass die Wirkung in der Dunkelheit eingetreten sein müsse«, so Becquerel. Er hatte die Radioaktivität entdeckt (wofür er 1903 gemeinsam mit dem Ehepaar Curie den Nobelpreis für Physik erhielt), doch konnte er sich das Phänomen nicht erklären und beließ es ohne Namen.

Die Curies entschlossen sich, diese neu entdeckte Strahlung durch möglichst präzise Tests mehrerer Mineralien zu untersuchen. Becquerel hatte gezeigt, dass Radioaktivität elektrisch geladene Teilchen entlädt und auch auf Photoplatten wirkt. Für den Nachweis solch ionisierender Strahlung konstruierte Pierre ein hochempfindliches Strommessgerät. Dieses piezoelektrische Quarz-Elektrometer bestand im Wesentlichen aus einem Plattenkondensator (der Ionisationskammer), einem Elektrometer zur Messung von Veränderungen des elektrischen Potenzials sowie einem piezoelektrischen Quarzkristall. Piezoelektrische Kristalle besitzen die Eigenart, dass unter mechanischem Zug oder Druck auf ihren Oberflächen eine geringe elektrische Polarisation auftritt. In diesem Fall wurde die Polarisation mithilfe kleiner, an der Unterseite des Kristalls angehängter Gewichte herbeigeführt. Die untersuchte Substanz lag als feines Pulver verteilt auf der unteren Platte des Kondensators, die an den Pol einer 100-Volt-Batterie angeschlossen worden war. Die obere Platte war mit einem Anschluss des Elektrometers verbunden, dessen anderer Anschluss wiederum mit der Oberseite des Kristalls. (Die Unterseite des Kristalls war ebenso wie der andere Pol der Batterie geerdet, sodass sich ein vollständiger Stromkreis ergab.)

Während des von Marie durchgeführten Experiments wurde der langsame Anstieg der elektrischen Ladung auf beiden Platten, verursacht durch die Ionisation der Luft infolge der Strahlung der Substanz, durch einen Anstieg der elektrischen Ladung des Kristalls ausgeglichen, der seinerseits durch eine ständige Erhöhung des angehängten Gewichts erzielt wurde. Dieses Gleichgewicht wurde durch das Elektrometer ermittelt, das aus einem rotierenden, an einem leitenden Platindraht hängenden Aluminiumband mit einem kleinen Spiegel darunter bestand. Ein auf den rotierenden Spiegel fallender Lichtstrahl erzeugte einen Lichtpunkt auf einer gläsernen Skala, und wenn dieser Lichtpunkt auf die Mitte der Skala (den postulierten Nullpunkt) fiel, waren die Ladungen auf der oberen Platte des Kondensators und auf dem piezoelektrischen Quarzkristall genau gleich. Die Aufgabe bestand darin, die Lichtmarke im Verlauf des Experiments ständig in dieser Mittelstellung zu halten. Mit möglichst ruhiger Hand musste Marie Gewicht um Gewicht an den Kristall hängen, zugleich mit der anderen Hand ein Chronometer starten und stoppen und während der gesamten Prozedur die Bewegung der Lichtmarke im Blick behalten. Nach einer Zeit T ab Beginn des Experiments war die Ladung Q auf der Kondensatorplatte gleich der Ladung auf dem Kristall. Der von der

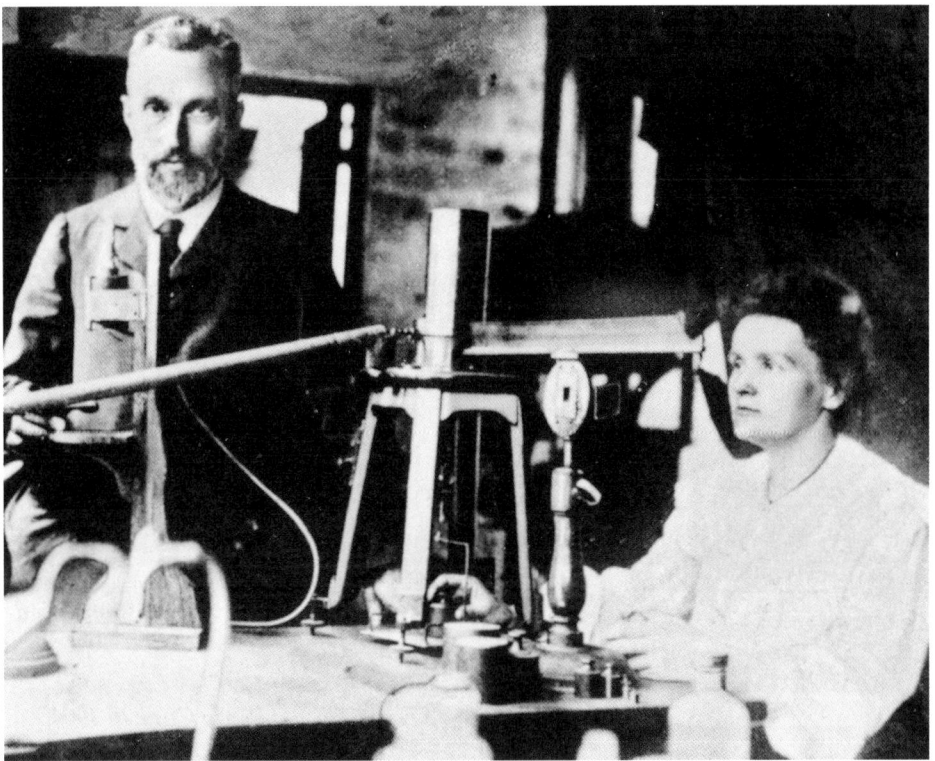

Diese undatierte Photographie von Pierre und Marie Curie zeigt sie mit dem piezoelektrischen Quarz-Elektrometer, das sie zur Messung der Radioaktivität verwendeten. Das von Pierre konstruierte, hochempfindliche Gerät wurde von Marie bedient und half ihnen bei der Entdeckung des Radiums.

Strahlung verursachte Strom ergab sich dann durch den Ladungsfluss pro Sekunde, also Q geteilt durch T.

Im April 1898 berichtete die damals allein arbeitende Marie: »Zwei Uranverbindungen, Pechblende (ein Uranoxid) und Chalkolith (Kupferphosphoruranit), sind weit aktiver als das Uran selbst. Diese bemerkenswerte Tatsache führt zu der Annahme, dass diese Mineralien möglicherweise ein Element enthalten können, das weit aktiver ist als das Uran.« Natürlich vorkommendes Chalkolith wies einen Strom von 52 Millionstel eines Millionstel Ampere auf, künstlich erzeugtes Chalkolith dagegen lediglich 9 Millionstel eines Millionstel Ampere.

DIE ISOLIERUNG VON RADIUM

Der nächste Schritt bestand darin, dass unbekannte chemische Element zu isolieren. Neben Marie widmete nun auch Pierre diesem Vorhaben all seine Zeit, obwohl er mehr Physiker als Chemiker war. Für die Isolierung veranschlagten sie wenige Wochen. Tatsächlich dauerte sie mehrere Jahre und sollte Maries weiteres Leben bestimmen. Mithilfe eines Chemiker-Kollegen entwickelten die Curies ein Reinigungsverfahren und stellten eine Substanz her, die vierhundertmal aktiver war als Uran. Chemische und später auch spektroskopische Analysen ergaben, dass Pechblende mindestens zwei neue Elemente enthalten musste. Dem ersten gaben sie im Juli 1898 den Namen »Polonium«, dem zweiten, im Dezember, die Bezeichnung »Radium«. Im Titel ihres gemeinsamen

Marie Curie setzte ihre Forschungen auch nach Pierres Tod 1906 fort und erhielt 1911 ihren zweiten Nobelpreis. Oft trug sie in ihren Taschen Reagenzgläser mit radioaktiven Substanzen bei sich oder bewahrte diese in ihrem Schreibtisch auf. Die Toxizität der Strahlung, der sie ausgesetzt war, führte zu Leukämie, an der sie 1934 starb.

Aufsatzes »Sur une nouvelle substance fortement radio-active contenue dans la pechblende« (»Über eine neue, stark radioaktive Substanz, die in Pechblende enthalten ist«) wird das Wort »radioaktiv« erstmals als wissenschaftlicher Begriff gebraucht.

Nach der aufwendigen Reinigung von mehreren Tonnen Pechblende verfügten die beiden Forscher 1902 über ein Zehntel Gramm reinen Radiumchlorids – das Fünfzigstel einer Teelöffelmenge. Dies aber genügte Marie Curie, um das Atomgewicht von Radium mit 225 zu bestimmen (nahe am heute gültigen Wert von 226) und Radium in Mendelejews Periodensystem unter Barium in die Spalte der Erdalkalimetalle einzuordnen. 1910 gelang ihr mithilfe des Chemikers André Debierne (der 1899 das Element Actinium in Pechblende entdeckt hatte) die Darstellung metallischen Radiums. Reines Radium wurde zum Vergleichsmaßstab für andere radioaktive Substanzen, nicht zuletzt jene, die in der Radiotherapie Verwendung finden. »Es ist keine Übertreibung zu behaupten, dass [die Isolierung des Radiums] der Eckpfeiler ist, auf dem das ganze Gebäude der Radioaktivität ruht«, schrieb 1924 der Physiker und Nobelpreisträger Jean Perrin – auch wenn die korrekte theoretische Erklärung der Radioaktivität mit Bezug auf den Aufbau des Atomkerns Zeitgenossen der Curies vorbehalten blieb, in erster Linie Ernest Rutherford und Frederick Soddy.

Der Tod Pierre Curies bei einem Verkehrsunfall in Paris 1906 war ein Schicksalsschlag für Marie, von dem sie sich nie mehr gänzlich erholte. Ihrer Hingabe an die Wissenschaft jedoch tat er keinen Abbruch. Unmittelbar nach Pierres Tod folgte sie ihm auf seinen Lehrstuhl nach und war damit an der Sorbonne, ihrer alten Universität, die erste Frau mit einer Professur. 1914 wurden unter ihrer Leitung die Laborräume des Pariser Radiuminstituts fertiggestellt, das sich rasch zu einem internationalen Zentrum für Nuklearphysik und -chemie entwickelte, und an dem Irène und Frédéric Joliot-Curie 1934 die künstliche Radioaktivität entdeckten. Marie interessierte sich zunehmend für die medizinischen Anwendungsmöglichkeiten der Radioaktivität. Während des Ersten Weltkriegs wurde sie Leiterin des Französischen Radiologischen Dienstes und steuerte eigenhändig mit Röntgenapparaten ausgerüstete Ambulanzfahrzeuge hinter die Frontlinien. Sie starb im relativ jungen Alter von 67 Jahren in einem Sanatorium in Hochsavoyen an Leukämie, zweifellos hervorgerufen durch ihren jahrelangen Umgang mit hochradioaktiven Materialien.

FRANK CLOSE

Ernest Rutherford

VORSTOSS ZU DEN GEHEIMNISSEN DES ATOMKERNS
(1871–1937)

>*»Wenigen Menschen ist es vorbehalten, Unsterblichkeit zu erlangen,*
>*und noch weniger Menschen erklimmen den Olymp bereits zu Lebzeiten.*
>*Lord Rutherford hat beides geschafft.«*
>Nachruf auf Ernest Rutherford in der *New York Times*, 1937

Ernest Rutherford ist der Vater der Kernphysik. Obgleich vor allem für seine die moderne Physik prägende Entdeckung des Atomkerns bekannt, erhielt Rutherford den Nobelpreis im Bereich Chemie, nämlich für die Entdeckung der Transmutation von Elementen. Auf seinen Leistungen fußt unter anderem die heutige Hochenergieteilchenphysik, die sich mit der Natur der Materie und deren Ursprüngen im Urknall beschäftigt, sowie die moderne Nukleartechnologie, seien es Atomkraftwerke, Atomwaffen oder die Nuklearmedizin. Rutherfords Forschungen in der Experimentalphysik stehen hinsichtlich ihrer Tiefe und Breite fraglos auf einer Stufe mit den Leistungen Einsteins in der theoretischen Physik.

Dass der in Neuseeland geborene Rutherford 1895 nach England kam, ist einem Zufall zu verdanken: Hochzeitspläne hatten den neuseeländischen Gewinner eines jährlich vergebenen Auslandsstipendiums zum Verzicht bewogen, und Rutherford war der zweite Kandidat auf der Liste – der Rest ist Geschichte. Und doch hätte ihn bei seiner Ankunft in Cambridge auch eine ganz andere Zukunft erwarten können. Denn in Neuseeland hatte er zum Elektromagnetismus geforscht und elektromagnetische Wellen über große Entfernungen gemessen, darin sogar einen Weltrekord aufgestellt. Auf diesem Gebiet, auf dem er damals gar Guglielmo Marconi voraus war, hatte er auch weiterarbeiten wollen. Doch just im Jahr 1895 entdeckte Wilhelm Röntgen die Röntgenstrahlen und Henri Becquerel kurz darauf die Radioaktivität, woraufhin sich auch die Forschung in Cambridge unter J. J. Thomson – dem bald darauf die Entdeckung des Neutrons gelingen sollte – diesen rätselhaften neuen Strahlen zuwandte. Der Legende nach hatte Lord Kelvin, von Thomson nach seiner Meinung gefragt, der Erforschung von Radiowellen keine Zukunft prophezeit, was Rutherford bewog, sich mit Radioaktivität zu beschäftigen.

Die Radioaktivität war 1896 von Becquerel erkannt und 1898 von den Curies im Zuge ihrer Entdeckung des Radiums als solche bezeichnet worden. Doch war es Rutherford, der diese Durchbrüche wissenschaftlich zu nutzen vermochte. Er verwendete die Strahlung zum Beschuss von Atomen und zu deren Strukturanalyse. Es waren diese

Gegenüber: Undatierte Photographie von Ernest Rutherford, entstanden vermutlich kurz nachdem er 1908 den Nobelpreis für Chemie erhalten hatte.

Forschungen, mit denen er – in den 1890er Jahren zunächst als Forschungsstudent am Cavendish-Laboratorium in Cambridge, dann als Professor an der McGill University in Kanada und schließlich in Manchester – das Geheimnis der Atomstruktur lüftete. 1919 kehrte er nach Cambridge zurück, wo er seinen Lehrmeister J. J. Thomson als größten Experimentalphysiker seiner Zeit beerbte.

RADIOAKTIVITÄT ALS ALCHEMIE

Anfangs hatte er mit Thomson zum Ionisationseffekt von Röntgenstrahlen in Gasen geforscht, dann aber sein erstes bahnbrechendes Projekt in Angriff genommen: die Messung der Strahlungsintensität von Uran. Dafür bedeckte er eine Uranprobe mit mehreren Lagen Aluminiumfolie, welche die Strahlung absorbierten. Wie zu erwarten nahm die Intensität der Strahlung mit zunehmender Dicke der Schicht ab: Die Strahlung wurde immer mehr absorbiert. Ab einem gewissen Punkt aber wirkte sich die Verstärkung der Schicht kaum noch auf die Strahlungsintensität aus. Erst, nachdem Rutherford mehrere Aluminiumschichten hinzugefügt hatte, ließ sich eine Abnahme der Intensität feststellen, die allerdings sehr viel langsamer ausfiel als zuvor. Daraus schloss er, dass es zwei Arten von Strahlung geben müsse. Die eine, die rasch absorbiert wurde, nannte er Alpha, die andere, welche die Folie durchdrang, Beta. Später entdeckte er eine dritte Art von Strahlung, die noch durchdringender war und von ihm die Bezeichnung Gamma erhielt.

1898 wechselte er an die McGill University im kanadischen Montreal. Dort machte er sich daran, die von Uran emittierte Energiemenge zu messen. Dies war der Moment seiner größten Erleuchtung: Die Mengen waren bis zu einhundertmal größer als jene, die in allen bis dato bekannten chemischen Reaktionen aufgetreten waren. Die Ergebnisse vermittelten ihm einen blassen Schimmer von der im Innern des Atoms schlummernden Kraft.

Thomson hatte 1897 gezeigt, dass Atome kleine elektrische Teilchen enthalten, die sogenannten Elektronen. Zum Ausgleich ihrer negativen Ladung musste im Atom auch eine positive Ladung existieren, was bedeutete, dass Atome komplexe Gebilde waren. 1900 stellte Rutherford die These auf, die Kraft des Urans resultiere aus der Neuanordnung der Bestandteile seiner Atome. Zu einem Zeitpunkt, da man über den Aufbau der Atome noch nichts wusste, war dies eine bemerkenswerte Ansicht, zumal andere – allen voran die Curies – fälschlicherweise annahmen, die Energie der Radioaktivität stamme von außerhalb des Atoms.

Zu jener Zeit begann Rutherford, sich über die ungewöhnlichen Eigenschaften der Radioaktivität von Thorium zu wundern. Die Energiemengen schienen zu variieren und auf Luftzüge zu reagieren. Nach einer Reihe von Experimenten kam er zu dem Schluss, dass Thorium ein radioaktives, durch Luftbewegungen beeinflussbares Gas freisetzt. Zur Bestimmung der Bestandteile dieses Gases brauchte es die Hilfe eines Chemikers: Frederick Soddy. Zusammen erkannten Rutherford und Soddy, dass sie es mit einem neuen Element zu tun hatten, nämlich mit Radon. Diese Entdeckung war der erste Beleg dafür, dass ein Element – Thorium – sich in ein anderes – Radon – verwandeln kann. Als Soddy ausrief: »Das ist Transmutation!«, entgegnete Rutherford: »Nenn es bloß nicht Transmutation, sonst wird man uns als Alchemisten brandmarken.« Doch was sie entdeckt hatten, war tatsächlich eine Form von Alchemie, die allerdings ganz natürlich auftrat. Rutherford und Soddy konnten schließlich zeigen, dass Thorium erst zu Radium transmutiert, welches dann zu Radon wird, wobei auf jeder Stufe Strahlung emittiert wird. Damit hatten sie nicht nur einen erstaunlichen Kaskadenprozess im Periodensystem offengelegt, sondern auch nachgewiesen, dass Strahlung eine unmittelbare Folge von Transmutation ist.

DIE ENTDECKUNG DES ATOMKERNS

1907 wechselte Rutherford von der McGill University an die Universität Manchester. Dort stellte er ein Forschungsteam zusammen, dem auch der junge Deutsche Hans Geiger angehörte, der Namensgeber des Geigerzählers. Einen Prototypen des Geigerzählers verwendeten Rutherford und Geiger zur Untersuchung von Alphastrahlen. Dabei zeigten sie, dass diese aus positiv geladenen Teilchen bestanden, die fast zehntausendmal schwerer waren als Elektronen. Tatsächlich handelte es sich um die doppelt geladenen Kerne von Heliumatomen. Dies konnte Rutherford 1908 beweisen, indem er zahlreiche Alphateilchen sammelte, sie durch Elektronen neutralisierte und dann die Spektrallinien des resultierenden Gases analysierte. Sie waren identisch mit den Spektrallinien von Helium. Diese Erkenntnis verkündete Rutherford in seiner Rede anlässlich der Verleihung des Nobelpreises, den er in jenem Jahr – für Chemie, nicht für Physik – für seine Forschungen mit Soddy über Transmutation erhielt. Rutherford selbst hatte die Physik immer weit höher eingeschätzt als die Chemie und letztere sogar einmal mit Briefmarkensammeln verglichen. Was ihn freilich nicht daran hinderte, über seine »unvermittelte Transmutation vom Physiker zum Chemiker« zu scherzen. Dass es der Nobelpreis für Chemie war, hatte seine Berechtigung: Rutherford und Soddy hatten zwar physikalische Methoden angewendet, damit jedoch für eine Revolution im Bereich der Chemie gesorgt. Lady Rutherford, seiner Frau, wurde bei der Nobelpreisverleihung versichert, ihr Mann werde »eines Tages auch den Preis für Physik erhalten« – eine Vorhersage, die sich als unzutreffend erwies, was umso erstaunlicher ist, als der Großteil von Rutherfords wissenschaftlichen Entdeckungen noch vor ihm lag.

Mit der Identifizierung der Alphateilchen war der Nachweis erbracht worden, dass schwere Atome durch das Abstoßen winziger atomarer Fragmente zu leichteren Atomen zerfallen können. Noch ungeklärt war indes die Frage, wie diese Teile – die leichten, negativ geladenen Elektronen und ihre positiv geladenen Gegenstücke – im Innern der Atome angeordnet waren. Die Beantwortung dieser fundamentalen Frage stellte Rutherfords nächste bedeutende Leistung dar.

Rutherford und Geiger konstruierten einen mit Zinksulfid beschichteten Leuchtschirm, der beim Auftreffen elektrisch geladener Teilchen – zum Beispiel Alphateilchen – schwache

Photographie aus dem Jahr 1912, die Rutherford und Hans Geiger (links) mit ihren Apparaten zur Zählung von Alphateilchen zeigt.

Atomteilchenspuren in einer Blasenkammer, einem mit einer überhitzten und durchsichtigen Flüssigkeit (oft flüssigem Wasserstoff) gefüllten Gefäß, das zum Aufspüren von darin befindlichen elektrisch geladenen Teilchen dient. Knapp ein halbes Jahrhundert nach Rutherfords Entdeckung der Streuung von Alphateilchen ermöglichte die Blasenkammer seinen Nachfolgern weitere Fortschritte auf diesem Forschungsgebiet.

Lichtblitze erzeugte. Während seiner Zeit an der McGill University hatte Rutherford festgestellt, dass Alphateilchen beim Durchdringen dünner Schichten von Mikanit gestreut wurden. Dies war überraschend, da sich Alphateilchen mit 15 000 Kilometern pro Sekunde fortbewegten, rund einem Zwanzigstel der Lichtgeschwindigkeit. Um sie überhaupt abzulenken, brauchte es elektrische und magnetische Kräfte, die weit stärker waren als jede bis dahin bekannte Kraft. Das brachte Rutherford auf die Idee, dass diese Kräfte aus dem Innern des Atoms stammen könnten.

Geiger hatte einen jungen Studenten namens Ernest Marsden. Diesem schlug Rutherford 1909 vor, zu untersuchen, ob irgendwelche Alphateilchen in sehr großen Streuwinkeln abgelenkt würden. Marsden nutzte Goldfolie statt Mikanit sowie einen Szintillationsschirm zum Aufspüren der gestreuten Alphateilchen. Zum allgemeinen Erstaunen stellte Marsden fest, dass etwa eines von 20 000 Alphateilchen genau dorthin zurückgelenkt wurde, wo es hergekommen war. Das geschah nach dem Auftreffen auf eine Goldfolie mit einer Dicke von nur wenigen Hundert Atomlagen. Rutherfords legendäre Reaktion lautete: »Es ist, als feuerte man eine 38-cm-Granate auf ein Stück Seidenpapier und sie prallt zurück und trifft einen.«

Ein Jahr lang zerbrach sich Rutherford den Kopf über dieses Phänomen, bis er zu der Auffassung gelangte, die positive Ladung eines Atoms konzentriere sich in einem schweren und äußerst kompakten »Nukleus« oder Kern. Was die relativ leichten Alphateilchen (der Kern eines Goldatoms ist rund fünfzigmal schwerer als ein Alphateilchen) zurückwarf, war die Abstoßung durch eine gleichnamige Ladung. Die Größe des Kerns in Relation zum Atom entsprach – wie es ein berühmter Vergleich veranschaulichte – »einer Fliege in einer Kathedrale«.

Mit der Entdeckung des Atomkerns hatte Rutherford seinem Assistenten Niels Bohr den Weg zu dessen 1913 entwickeltem Atommodell geebnet. Damit war das gängige Bild des Atoms als »Sonnensystem« *en miniature* geboren, in dem leichte »planetenartige« Elektronen einen »sonnenartigen« Kern umkreisen, das aber auch schon die Ideen der noch in den Kinderschuhen steckenden Quantentheorie zum Tragen brachte. Wenn dieses schlichte Modell auch in der Folge durch die Berücksichtigung ausgereifter Ideen von Quantenmechanik und Relativitätstheorie im Detail weiterentwickelt wurde, hat es in seinen Grundzügen doch seit einem Jahrhundert Bestand.

ATOMSPALTUNG UND DIE GEBURT DER KERNPHYSIK

Diese Experimente hatten zwar die Existenz eines Atomkerns bewiesen, aber noch keinen Aufschluss über die Struktur des Kerns selbst gebracht. In einem elektrisch neutralen Atom gleicht die positive Ladung des Kerns die negative Ladung der ihn umgebenden Elektronen aus. Da die Atome leichter Elemente weniger Elektronen besitzen als die Atome schwerer Elemente, musste auch – wie Rutherford erkannte – die Ladung ihrer Kerne geringer sein. Entsprechend niedriger musste der Widerstand gegen eindringende Alphateilchen sein, was diesen eine größere Annäherung erlauben würde.

Wasserstoff ist das leichteste aller Elemente, und so begannen Rutherford und Marsden, Wasserstoff mit Alphateilchen zu beschießen. Diese stammten aus einer radioaktiven Quelle, wurden durch Wasserstoffgas geleitet und beim Auftreffen auf einen Zinksulfid-Schirm in Form von Szintillationen nachgewiesen. Überstieg die Entfernung des Schirms ein bestimmtes Maß, gab es keine Szintillationen mehr. Das lag daran, dass die Alphateilchen durch etliche Kollisionen mit Luftmolekülen auf dem Weg vom Wasserstoff zum Schirm an Energie verloren und schließlich in ungefähr derselben Entfernung von ihrer radioaktiven Quelle zur Ruhe kamen. Allerdings traten auch jenseits dieser Maximalreichweite der Alphateilchen gelegentlich Szintillationen auf. Mithilfe eines magnetischen Feldes zeigte Rutherford, dass diese durch positiv geladene Teilchen verursacht wurden, die leichter waren als die Alphateilchen. Jene leichteren Teilchen, so erkannte er, mussten von den energetischen Alphateilchen aus den Atomen im Wasserstoffgas herausgestoßen worden sein. Diese positiv geladenen Nukleone der Wasserstoffatome nannte er »H-Teilchen« – heute heißen sie Protonen.

Dies war eine bedeutende Entdeckung, doch bewies sie noch nicht, dass Protonen in den Atomkernen aller Elemente die Träger der positiven Ladung sind. Der entscheidende Durchbruch in dieser Frage gelang Rutherford, nachdem er drei Jahre lang über eine von Marsden ermittelte Merkwürdigkeit nachgedacht hatte: »H-Teilchen« entstehen auch, wenn Alphateilchen sich durch Luft bewegen. Marsden hatte dies 1914 herausgefunden, war dann aber nach Neuseeland aufgebrochen. Also machte sich Rutherford selbst an die Untersuchung dieses Phänomens und fand schließlich heraus, was hier vor sich ging. Beim Beschuss mehrerer leichter Elemente mit Alphateilchen konnte er das Auf-

Nach der Entdeckung des Protons beschossen Rutherford und seine Kollegen zwecks Untersuchung des Atomkerns eine Reihe von Elementen mit Wasserstoff, darunter auch Bor. Doch erst in den 1930er Jahren gelang ihnen die Beobachtung, dass ein Bor-Kern durch die Kollision in ein niederenergetisches Alphateilchen sowie zwei hochenergetische Alphas (hier angezeigt durch die zwei weißen Linien oben rechts und unten) zerfällt. Offenbar waren die Forscher auf eine neue Möglichkeit der Stromerzeugung gestoßen. Rutherford allerdings tat Spekulationen über Atomenergie 1933 noch als »Unsinn« ab.

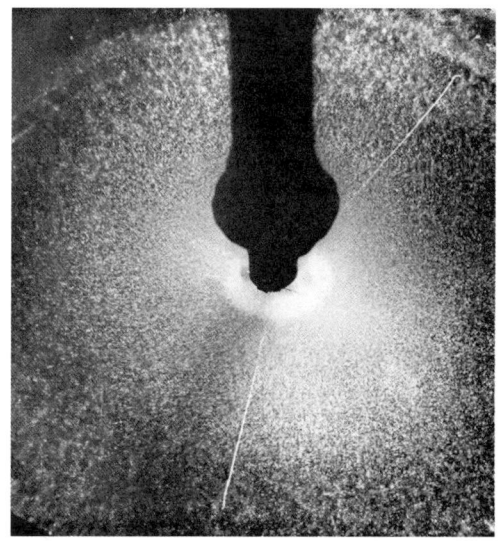

treten von H-Teilchen nachweisen. Diese wurden, so erkannte er, aus dem Innern der Atome dieser Elemente hinausgeschleudert. In Marsdens früheren Experimenten war dies bei Stickstoff geschehen, der ein wesentlicher Bestandteil der Atmosphäre ist. Mit seinen Versuchen hatte Rutherford nun gezeigt, dass H-Teilchen in den Kernen aller Atome zu finden sind, und erst jetzt, im Jahr 1919, taufte er sie Protonen.

Eine kleine Geschichte illustriert die Bedeutsamkeit dieser Entdeckung. Rutherfords Sachverstand war auch während des Ersten Weltkriegs gefragt, als er Methoden zum Aufspüren von U-Booten entwickelte. Doch als seine Protonen-Forschung in die entscheidende Phase eintrat, blieb er einer Sitzung des Nationalen Wissenschaftsausschusses mit der Begründung fern, seine Forschungsergebnisse wären, sollten sie seine Vermutungen bestätigen, noch wichtiger als der Gewinn des Krieges. Eine erstaunlich weitsichtige Prognose, betrachtet man die Entwicklungen, die durch die Erforschung des Atomkerns eingeleitet wurden und nicht zuletzt den Bau der Atombombe umfassten, welche schließlich den Zweiten Weltkrieg beendete.

Mit Anbruch der 1920er Jahre war die Rolle der Protonen als Träger der Kernladung erwiesen, doch erklärten sie noch nicht die relative Masse der Atomkerne verschiedener Elemente. Ein Alphateilchen mit der doppelten Ladung eines Protons ist viermal so schwer. Das führte Rutherford 1920 zu der Annahme, es gebe ein »Neutron« – ein Teilchen von derselben Masse des Protons, aber ohne elektrische Ladung. Die Tatsache, dass ein Alphateilchen viermal schwerer als ein Proton ist, ließe sich dann damit erklären, dass es zwei Protonen und zwei Neutronen enthält. Zu diesem Zeitpunkt war Rutherford bereits nach Cambridge gewechselt, wo er die Nachfolge Thomsons als Cavendish-Professor angetreten hatte. Im Cavendish-Laboratorium sollte dann James Chadwick unter Rutherfords Leitung 1932 das Neutron entdecken.

Rutherford, mittlerweile schon über fünfzig Jahre alt, verlegte sich zunehmend darauf, Forschungsprojekte jüngerer Kollegen anzuleiten, statt selbst Experimente durchzuführen. Das Cavendish-Laboratorium verfügte über hochempfindliche Apparate, die durch fahrlässigen Umgang leicht gestört oder beschädigt werden konnten. Selbst laute Geräusche konnten einige Instrumente in ihrer Funktion beeinträchtigen, weshalb Rutherfords dröhnende Stimme eine latente Gefahr darstellte. Eine berühmte Photographie zeigt ihn unterhalb eines Schilds mit der Aufschrift: »Speak Softly Please«.

Zu diesem Zeitpunkt begann Rutherford mit dem, was man heute »Big Science« nennt: mit der Nutzung riesiger Apparaturen zur Erforschung der innersten Geheimnisse des Atoms. Ihm war klar, dass er mit dem Proton und Neutron die Grundbestandteile des Atomkerns entdeckt hatte. Doch die genaue Struktur dieser Kerne war nach wie vor ein Rätsel. Die bei natürlicher Radioaktivität auftretenden Alphateilchen konnten die starken elektronischen Felder um den Atomkern nur in beschränktem Maß durchdringen. Es brauchte neue Methoden, um die Energie der Alphateilchen zu erhöhen, sodass man mit ihnen auch das Innerste des Kerns erforschen konnte.

So kam es unter Rutherfords Leitung zum Bau des ersten Teilchenbeschleunigers. Mit diesem Gerät beschleunigten John Cockroft und Ernest Walton Protonen, die leichter zu handhaben waren als Alphateilchen, und feuerten Strahlen hochenergetischer Teilchen auf Lithiumatome. Dabei stellten sie fest, dass ein Proton einen Lithiumkern in zwei Hälften spaltet und in zwei Alphateilchen umwandelt. Zum ersten Mal war so die künstliche Transmutation eines Elements gelungen.

Rutherfords Labor in
Cambridge zu Beginn
des 20. Jahrhunderts.

Bis dahin waren spontane Transmutationen von Elementen im Zusammenhang mit Radioaktivität aufgetreten. Im Cavendish-Laboratorium nun war die Transmutation eines stabilen Elements in ein anderes gelungen. Dies war der Beginn einer neuen Wissenschaft: der Kernphysik. Natürliche Radioaktivität setzte eine erhebliche Menge an Energie frei, jedoch nicht in einer Form, die viele Anwendungsmöglichkeiten zu bieten schien. Als Rutherford in den 1930er Jahren erklärte, dass Unsinn rede, wer glaube, aus dem Atomkern ließe sich nützliche Energie gewinnen, hatte er damit – im Hinblick auf die Situation vor der künstlichen Transmutation – Recht. Doch die Möglichkeit einer herbeigeführten Transmutation eröffnete neue Perspektiven, darunter auch die Aussicht auf eine Spaltung von Elementen wie Uran, bei der Neutronen freigesetzt würden, die ihrerseits weitere Spaltungen umliegender Atome induzierten. Ebendieser Prozess wird seither zur Energieerzeugung genutzt, im zivilen wie im militärischen Bereich.

Schon in den 1930er Jahren galt Rutherford als einer der größten Experimentalphysiker der Geschichte. Nachdem er 1914 in den Ritterstand erhoben worden war und 1925 den Order of Merit erhalten hatte, rückte er 1931 als Lord Rutherford of Nelson in den Adelsstand auf. Dieser Ruhm mag indirekt auch zu seinem Tod geführt haben. Denn 1937 erlitt Rutherford einen Nabelbruch. Das britische Protokoll jener Zeit schrieb vor, dass ein Mitglied des House of Lords nur durch einen adligen Chirurgen operiert werden durfte. Es war die Verzögerung durch die Suche nach einem geeigneten Arzt, so heißt es bisweilen, die für Rutherfords frühen Tod verantwortlich gewesen sei.

Zwei Jahre später begann der Zweite Weltkrieg. Man kann nur spekulieren, welche Beiträge Rutherford zum Manhattan-Projekt, der auf seinen kernphysikalischen Entdeckungen beruhenden Entwicklung der Atombombe, hätte leisten können, oder zur Entwicklung des Radars, bei der es um elektromagnetische Strahlung ging. Rutherford liegt in der Westminster Abbey begraben, unweit des Grabes von Isaac Newton.

er og Nuttall's Apparat

ANDREW WHITAKER

Niels Bohr

VORREITER DER QUANTENFORSCHUNG
(1885–1962)

*»Wenn man nicht zunächst über die Quantentheorie entsetzt ist,
kann man sie doch unmöglich verstanden haben.«*
Niels Bohr, zitiert in Werner Heisenberg, *Der Teil und das Ganze*, 1969

Niels Bohr leistete entscheidende Beiträge zur Entwicklung der Quantentheorie im ersten Drittel des 20. Jahrhunderts. Aber wohl noch bedeutender war seine Rolle als inspirierender Mentor jener zumeist etwas jüngeren Physiker, die diese Theorie vollendeten. Sein Institut für Theoretische Physik in Kopenhagen war, lässt man die Kriegsjahre außer Acht, von der Gründung im Jahr 1921 bis zu Bohrs Tod ein Forschungszentrum von Weltgeltung. Nahezu alle führenden Quantentheoretiker hielten sich längere Zeit in Kopenhagen auf, wo sie Bohr ihre Ideen erläuterten, mit ihm forschten und diskutierten und sich dabei große Teile seines physikalischen Denkens zu eigen machten.

Nachdem Werner Heisenberg und Erwin Schrödinger 1925–26 die präzise Formulierung der Quantentheorie gelungen war, entwickelte Bohr das Konzept der Komplementarität, mit dem sich die mathematischen Ergebnisse »interpretieren« und die vermeintlich paradoxen Aspekte der Quantentheorie rational beschreiben ließen. Außerdem steuerte er entscheidende Beiträge zur Kernphysik bei. Gegen Ende seines Lebens übernahm Bohr zunehmend die Rolle eines Elder Statesman der Physik sowie Friedensaktivisten.

EIN FAMILIE GEISTIGER PIONIERE

Bohr wurde am 7. Oktober 1885 in Kopenhagen geboren. Sein Vater Christian, ab 1890 Professor für Physiologie an der Universität Kopenhagen, war selbst ein hervorragender Wissenschaftler. In seiner bedeutendsten Arbeit beschäftigte er sich mit der Wirkung von Kohlendioxid auf die Freisetzung von Sauerstoff durch Hämoglobin; sie brachte ihm 1907 und 1908 eine Nominierung für den Nobelpreis für Medizin ein. Niels wuchs in gut situierten Verhältnissen auf, aber auch in einer von Wissbegier geprägten Atmosphäre. Sein Bruder Harald (1887–1951) war ein bedeutender Mathematiker und wurde später Leiter des Instituts für mathematische Wissenschaften, das direkt neben Niels eigenem Institut lag. Däne zu sein, Bürger eines kleinen und kurz zuvor im Krieg mit

Gegenüber: Niels Bohr 1925 in seinem Kopenhagener Institut für Theoretische Physik, drei Jahre nachdem ihm der Nobelpreis »für seine Verdienste um die Erforschung des Aufbaus der Atome und der von ihnen ausgehenden Strahlung« verliehen worden war.

Preußen entwürdigten Landes, dem im 20. Jahrhundert noch weiteres Unglück bevorstand, war für Bohr von großer Bedeutung. Auch die Tatsache, dass er »Halbjude« war, sollte zumindest in seinem späteren Leben eine Rolle spielen.

Bohr studierte zunächst in Dänemark, bevor er ab 1912 bei Ernest Rutherford an der Universität Manchester forschte, was den Beginn seiner internationalen Karriere markiert. In den Jahren zuvor hatte Rutherford das Innere des Atoms erforscht, dessen Masse sich fast gänzlich in einem extrem kleinen Nukleus im Zentrum konzentriert. Bohrs Leistung bestand darin, Rutherfords Arbeit mit den quantentheoretischen Ideen Max Plancks zu verbinden. Seit Begründung der Quantentheorie im Jahr 1900 hatte sich diese auf das Phänomen der Strahlung konzentriert; das berühmte Bohr-Atom war die erste Anwendung der Theorie auf Atome. Bohrs 1913 vorgestelltes Modell der Atomstruktur, welches das Atom als kleinen, positiv geladenen Kern mit umgebenden Elektronen darstellt, ist bis auf den heutigen Tag in Gebrauch.

Bohrs Modell beruhte auf quantisierten Elektronenbahnen um den Kern, mit einem Drehimpuls von $nh/2\pi$, wobei n die Werte 1, 2, 3 ... für die verschiedenen Bahnen annimmt und h das Planck'sche Wirkungsquantum ist, die grundlegendste Konstante der Quantentheorie. Bohr wies die Existenz diskreter Umlaufbahnen oder »Energiezustände« in Atomen nach, zwischen denen Übergänge stattfinden können – sprich: Elektronen können von einer Umlaufbahn auf die nächste springen und dabei Strahlung absorbieren oder emittieren, deren Frequenz durch den Energieunterschied der beiden Zustände bestimmt wird; die notwendige Ausgangsenergie stammt von einem Photon, einem Lichtteilchen, mit entsprechender Wellenlänge. Die Stärke dieses Modells bestand in seiner Fähigkeit, die Wellenlänge der Spektrallinien jener Strahlung zu erklären, die von atomarem Wasserstoff absorbiert oder emittiert wurde.

Diese Arbeit wurde zu einem Triumph für Bohr und bescherte ihm 1922 – zu Recht – den Nobelpreis für Physik. Zugleich war er selbst der erste, der erkannte, dass dieses Modell nur eine Zwischenstation auf dem Weg zu einer vollständigen Quantentheorie sein konnte. Nach Auffassung der damaligen Physik war sein Atom instabil, da das kreisende Elektron eigentlich Energie verlieren und sich spiralförmig dem Kern nähern musste. Nötig war ein noch radikalerer Bruch mit der Vergangenheit. Dieser erfolgte im nachfolgenden Jahrzehnt und wurde nicht zuletzt durch Bohrs Korrespondenzprinzip ermöglicht, demzufolge in der neuen Quantentheorie die Gesetze der klassischen Physik in hinreichend großen Systemen repliziert werden müssen. Glaubt man dem israelischen Physiker und Philosophen Max Jammer, hat es »in der Geschichte der Physik kaum eine umfassende Theorie gegeben, die einem einzigen Prinzip so viel verdankt, wie die Quantenmechanik dem Bohr'schen Korrespondenzprinzip«.

KONTROVERSEN ÜBER DIE QUANTENTHEORIE

Heisenberg, der 1925 die erste präzise Formulierung der Quantentheorie entwickelt hatte, war Bohrs Schützling und Anhänger. Er war es auch, der die berühmte Unschärferelation herleitete, wonach der gleichzeitigen Kenntnis von Ort und Impuls eines Teilchens Grenzen gesetzt sind. Doch es war Bohr, der dieses Argument zu einem philosophischen Prinzip – dem Prinzip der Komplementarität – verallgemeinerte, das die vermeintlichen Widersprüche der Quantentheorie erklären sollte. Das Komplementaritätsprinzip besagt, dass manche Objekte zwei Eigenschaften aufweisen, die widersprüchlich scheinen. Wir können dann zwar zwischen verschiedenen Betrachtungsweisen hin und her wechseln, um diese widersprüchlichen Eigenschaften zu beobachten, sie aber nicht beide gleichzeitig wahrnehmen. Bohr riet dazu, sich auf die Messergebnisse zu konzentrieren, statt danach zu fragen, *warum* wir Ort und Impuls nicht gleichzeitig berücksichtigen können, oder *warum* Licht manchmal Wellencharakter und manchmal Teilchencharakter hat. »[D]er uns aufgezwungene Verzicht auf das Kausalitätsideal in der Atomphysik«, schrieb er 1936, »ist begrifflich … darin begründet, dass wir infolge der unvermeidbaren Wechselwirkung zwischen den Versuchsobjekten und den Messinstrumenten – der prinzipiell nicht Rechnung getragen werden kann, wenn diese Instrumente zweckgemäß die eindeutige Anwendung der zur Beschreibung der Erfahrungen nötigen Begriffe erlauben sollen – nicht länger imstande sind, von einem selbständigen Verhalten der physikalischen Objekte zu reden.«

Über viele Jahre wurde dieser Ansatz Bohrs von niemandem infrage gestellt, mit Ausnahme Schrödingers, der eine eigene Formulierung der Quantentheorie entwickelt hatte, und Einsteins, der forderte, zu einem genaueren Verständnis atomarer Systeme zu gelangen, statt nur Aussagen über deren Abhängigkeit von Messungen zu treffen. Zu jener Zeit galt Bohr als Gewinner jener berühmten Bohr-Einstein-Debatte der 1920er

Bohr und Einstein während einer Unterhaltung im Jahr 1925. Die beiden Physiker blieben einander in gegenseitiger Wertschätzung verbunden und waren auch in politischen Fragen einer Meinung. Nur bezüglich der Quantentheorie sollten sie, bei allem Bemühen, zu keiner einhelligen Auffassung gelangen.

Bohr mit Margarethe in einer Aufnahme von 1911, dem Jahr vor ihrer Hochzeit. Ihr Sohn Hans Bohr schrieb: »Ihre Meinung und ihr Urteil waren für ihn im Alltag maßgeblich, und sie teilte ihr Leben mit meinem Vater auf jede erdenkliche Weise.« Margarethe starb 1984 im Alter von 94 Jahren und überlebte Niels damit um 22 Jahre.

und 1930er Jahre, die in öffentlichen Diskussionen und auf der berühmten 5. Solvay-Konferenz zur Quantenphysik im Oktober 1927 ausgetragen worden war. Diese Auffassung ist mittlerweile ins Wanken geraten, nachdem theoretische Physiker an vielen Aspekten des Komplementaritätsprinzips Anstoß genommen haben.

In den 1920er Jahren hatte Bohr das Aufbauprinzip für Elektronen in verschiedenen Zuständen entwickelt, um zu einem Verständnis des Periodensystems der Elemente zu gelangen. In den 1930er Jahren verlagerte sich sein Interesse dann auf die Kernphysik. Er war Urheber des Tröpfchenmodells des Atomkerns, das viele experimentelle Ergebnisse zu erklären verhalf und auch zu der Erklärung der Kernspaltung beitrug, die Lise Meitner und Otto Robert Frisch 1938 lieferten. Ebenso wie ein Flüssigkeitstropfen konnte der Atomkern einen Hals ausbilden und sich in zwei Hälften teilen. 1939, während eines Aufenthalts in den USA, erarbeitete Bohr zusammen mit John Wheeler die detaillierte Theorie der Kernspaltung. Gemeinsam zeigten sie, dass das dominante Isotop von Uran, U-238, an der Spaltung nicht beteiligt ist; spaltbar ist vielmehr U-235, das nur 0,7 Prozent des natürlichen Urans ausmacht. Die Anreicherung natürlichen Urans zur Erhöhung des Anteils von U-235 avancierte zu einer vordringlichen Aufgabe beim Bau der Atombombe und auch bei den Bemühungen um eine zivile Nutzung der Atomenergie nach dem Krieg.

EIN GROSSER GELEHRTER DÄNE

Zu jenem Zeitpunkt war Bohr längst Dänemarks berühmtester Bürger. 1931 wurde ihm und seiner Familie jener Ehrenwohnsitz zugesprochen, den die Carlsberg-Stiftung dem jeweils bedeutendsten dänischen Wissenschaftler oder Künstler zur Verfügung stellte. (Seine Familie bestand damals aus seiner Frau Margarethe, die er 1912 geheiratet hatte, und fünf Söhnen, darunter Aage, der später selbst Physiker wurde und 1975 den Nobelpreis für Physik erhielt.) Auch nach der deutschen Besetzung 1940 blieb die Familie in Kopenhagen. Im Oktober 1941 kam Heisenberg, damals schon in das Nuklearprogramm der Nationalsozialisten involviert, zu jenem denkwürdigen Besuch nach Dänemark, bei dem er die dänischen Physiker mit der Prophezeiung eines deutschen Sieges gegen sich aufbrachte. In einem privaten Gespräch mit Bohr irritierte Heisenberg seinen früheren Mentor durch seinen dringlichen Wunsch, die Möglichkeiten des Baus von Atomwaffen zu erörtern. Dieser Besuch bildete die Grundlage für das knapp sechzig Jahre später von dem britischen Schriftsteller Michael Frayn verfasste Theaterstück *Copenhagen*.

Als im September 1943 bekannt wurde, dass dänische Juden nach Deutschland deportiert werden sollten, flüchteten Bohr und seine Frau nach Schweden und von dort aus nach London. Im November reisten er und Aage in die USA, wo sie sich dem Atombombenprojekt anschlossen, in dem sich Bohr jedoch überwiegend mit den politischen Auswirkungen dieser neuen Waffen beschäftigte. Im Mai 1944 traf er mit Winston Churchill zusammen, in der Hoffnung, diesen als Unterstützer für Pläne zu einer internationalen Kontrolle von Atomwaffen zu gewinnen. Doch Churchill war nicht interessiert; vielmehr kritisierte er Bohrs Korrespondenz mit dem russischen Physiker Pjotr Kapiza und bezichtigte ihn gewissermaßen des Verrats. (Dabei war Bohrs Schreiben an Kapiza vom Britischen Geheimdienst abgesegnet worden.)

Bohr setzte seine Friedensmission auch nach dem Krieg fort; allerdings war ihr zu seinen Lebzeiten nur geringer Erfolg beschieden. Für seine Bemühungen erhielt er 1957 den ersten Atoms for Peace Award in Gegenwart von US-Präsident Eisenhower. Maßgeblich beteiligt war Bohr auch an den Planungen für das CERN, das Europäische Kernforschungszentrum, für das Nordita, das Skandinavische Institut für Theoretische Atomphysik, und für das Risø, ein dänisches Forschungszentrum für die zivile Nutzung der Kernenergie. Niels Bohr starb unerwartet im November 1962.

Die Väter der Quantentheorie auf der Solvay-Konferenz im Jahr 1927, unter ihnen Bohr, Max Born und Paul Dirac (mittlere Reihe: erster, zweiter und fünfter von rechts) sowie Werner Heisenberg, Wolfgang Pauli und Erwin Schrödinger (hintere Reihe: dritter, vierter und sechster von rechts). Einstein (vorn in der Mitte), der Heisenbergs Unschärferelation kritisch gegenüberstand, sagte: »Gott würfelt nicht.« Bohr erwiderte: »Einstein, hören Sie auf, Gott zu sagen, was er tun soll.«

ROBERT PARADOWSKI

Linus Carl Pauling

ARCHITEKT DER STRUKTURCHEMIE UND FRIEDENSAKTIVIST
(1901–1994)

»Chemie ist etwas Wunderbares! Ich bedaure all die Menschen,
die von Chemie keine Ahnung haben.
Ihnen fehlt eine wichtige Quelle des Glücks.«
Linus Pauling, Erste Hitchcock-Vorlesung,
University of California, Berkeley, 1983

Von dem Moment an, da Linus Pauling als Jugendlicher im Haus eines Freundes in Portland, Oregon, sein erstes chemisches Experiment durchführte, bis zu seinen letzten Lebensmonaten auf seiner Ranch an der kalifornischen Big-Sur-Küste stand sein Dasein ganz im Zeichen der Chemie. Als er der Frau, die seine Gattin werden sollte, einen Heiratsantrag machte, war er ehrlich genug zu erwähnen, dass sie hinter seiner Arbeit werde zurückstehen müssen. Paulings Leidenschaft für die Wissenschaft trug viele Früchte; sie führte zu grundlegenden Erkenntnissen über die Natur der chemischen Bindung und die Struktur solch wichtiger biologischer Moleküle wie der Proteine, für die er 1954 mit dem Chemie-Nobelpreis geehrt wurde. Auf seinem Sachverstand als Wissenschaftler beruhte auch sein Engagement für eine bessere Welt. Vor allem seine Veröffentlichung von Beweisen dafür, dass der radioaktive Niederschlag oberirdischer Atomversuche für zahlreiche Geburtsfehler und Krebsfälle verantwortlich war, trug ihm 1962 den Friedensnobelpreis ein. Dieser wurde ihm am 10. Oktober 1963 verliehen, dem Tag des Inkrafttretens des Moskauer Atomteststopp-abkommens. Damit ist Pauling der einzige Mensch, der jemals zwei ungeteilte Nobelpreise erhalten hat.

FRÜHE JAHRE DER MÜHSAL UND TRAGIK

Pauling war das erste von drei Kindern und der einzige Sohn des Apothekers Herman W. Pauling, eines Sprosses deutscher Einwanderer, und der Apothekertochter Lucy Isabelle Pauling. Linus wuchs in Condon auf, einer verschlafenen Kleinstadt in Oregon, in der sein Vater eine Apotheke besaß. Zu seinen Kindheitserinnerungen zählen Cowboys, von denen ihm einer beibrachte, mit dem Messer einen Bleistift anzuspitzen, sowie Indianer, die ihm zeigten, wie man essbare Wurzeln finden und ausgraben konnte. Diese Lektionen lehrten ihn zweierlei: dass es für die Bewältigung bestimmter Aufgaben passende Techniken gibt und dass Menschen mit Erfahrungswissen wertvolle Informationsquellen sind. Seine Lieblingsfächer in der dürftigen Grundschule von Condon wa-

Linus und Ava Helen Pauling 1924 im südkalifornischen Corona del Mar, kurz nach ihrer Hochzeit. (Ihre Ehe sollte mehr als 58 Jahre halten). Indem sie den Großteil seiner häuslichen Pflichten übernahm, unterstützte Ava Helen ihren Mann bei der wissenschaftlichen Arbeit; außerdem wurde sie seine engste Mitarbeiterin bei seiner »Friedensarbeit«. Sie, die selbst ihr ganzes Leben eine Friedensaktivistin war, engagierte sich in zahlreichen sozialen Bewegungen, unter anderem für die Frauenemanzipation und für Rassengleichheit.

ren Rechnen und Rechtschreibung, da es dort um Antworten ging, die eindeutig richtig oder falsch waren. Finanzielle Probleme und ein Brand in seinem Geschäft zwangen Herman Pauling 1909, mit seiner Familie nach Portland zu ziehen. Kurze Zeit nach der Eröffnung seiner neuen Apotheke starb er unerwartet an einem durchbrochenen Magengeschwür im jungen Alter von 33 Jahren.

Paulings Mutter (von allen »Belle« genannt) verfügte über keinerlei einträgliche Ausbildung. In der Hoffnung, eine Untervermietung könnte ihr und den Kindern den Lebensunterhalt sichern, lieh sie sich einen erheblichen Geldbetrag und erwarb ein großes Haus. Doch das Geld war auch weiterhin knapp und ihre Gesundheit zunehmend angegriffen, sodass Linus mit Jobs wie dem Ausliefern von Milch und dem Austragen von Zeitungen Geld hinzuverdienen musste. Nachdem sein Interesse für Chemie geweckt worden war, richtete er sich im Keller des Hauses ein Labor ein, in dem er erste einfache Experimente durchführte. Außerdem belegte er an der Washington High School alle ihm offenstehenden Kurse in Naturwissenschaften und Mathematik, verließ die Schule aber ohne ein Abschlusszeugnis, da er die erforderlichen Kurse in Amerikanischer Geschichte nicht absolviert, sondern stattdessen Mathematikkurse bevorzugt hatte. Zu jener Zeit hatte er bereits einen gut bezahlten Job in einer Maschinenwerkstatt, die Lastenaufzüge herstellte, und seine Mutter drängte ihn zum Verzicht auf das College, damit er die Familie weiterhin finanziell unterstützen konnte. Zum Glück intervenierte der Vater eines Freundes von Linus und brachte Belle Pauling dazu, ihrem Sohn den Besuch des Oregon Agricultural College (OAC, heute die Oregon State University) zu erlauben.

Während er in seinem Hauptfach Chemietechnik (am OAC das einzige Fach für potenzielle Chemiker) glänzte, führte er seine nebenberuflichen Tätigkeiten fort, um sich selbst, seine Mutter wie auch Schwestern über Wasser zu halten. Für ein Jahr musste er wegen finanzieller Schwierigkeiten seiner Mutter die Ausbildung am College sogar ganz unterbrechen. Damals arbeitete er als Straßenbauer und später, am OAC, als Tutor für quantitative Analyse. Während dieser Zeit begann er, Aufsätze von Gilbert Newton Lewis und Irving Langmuir über die chemische Bindung zu lesen. In seinem letzten Studienjahr lernte er seine zukünftige Ehefrau Ava Helen Miller kennen, als er einen Grundkurs Chemie für Studentinnen der Hauswirtschaftslehre gab.

Nach seinem Abschluss am OAC 1922 ging Pauling für ein Aufbaustudium ans California Institute of Technology (auch bekannt als Caltech oder CIT, das von Pauling bevorzugte Akronym). Dort belegte er zahlreiche Kurse, begann zugleich jedoch auch mit Forschungen unter der Leitung von Roscoe Gilkey Dickinson, einem Röntgenkristallographen, der Pauling mit der strukturellen Untersuchung des Minerals Molybdänit vertraut machte. Dessen Schwefelatome waren, wie sich herausstellte, trigonal prismatisch um das Molybdänatom angeordnet – ein überraschendes Ergebnis, das sich in Paulings erster Publikation niederschlug. Nach Paulings erstem Jahr am CIT heiratete er Ava Helen, die nun in eine Rolle schlüpfte, die sie über fünfzig Ehejahre lang innehaben sollte: als wesentliche Stütze seiner wissenschaftlichen Arbeit und – in späterer Zeit – friedensaktivistischen Tätigkeit. Nach der erfolgreichen Verteidigung seiner Dissertation, die auf seinen Aufsätzen zur Kristallstruktur beruhte, wurde Pauling 1925 promoviert.

DIE BESTIMMUNG DER NATUR DER CHEMISCHEN BINDUNG

1926 erhielt Pauling ein Guggenheim-Stipendium und reiste mit seiner Frau nach Europa, wo er sich mit den Auswirkungen der noch jungen Quantenmechanik auf seine Forschungen über die chemische Bindung beschäftigte – jene Anziehungskräfte also, die Atome als Verbindungen zusammenhalten. Pauling verbrachte einige Zeit an Niels Bohrs Institut in Kopenhagen und bei Erwin Schrödinger an der Universität Zürich, doch am fruchtbarsten waren seine Studien und Forschungen an Arnold Sommerfelds Institut für Theoretische Physik in München. Hier nutzte er die Wellenmechanik (die von Sommerfeld bevorzugte Variante der Quantenmechanik) zur Vorhersage der Eigenschaften ionischer Kristalle.

Paulings Zeichnung der 42 Strukturen, die die chemische Bindung von Naphthalin erläutern, einem aromatischen Kohlenwasserstoff, der zur Herstellung von Mottenkugeln und Farbstoffen verwendet wird. Die Zeichnung hatte Pauling für sein Buch *The Nature of the Chemical Bond* angefertigt. In diesem Klassiker der Naturwissenschaften befasste sich Pauling mit der Klärung der Struktur von Benzol und anderen Kohlenwasserstoffen.

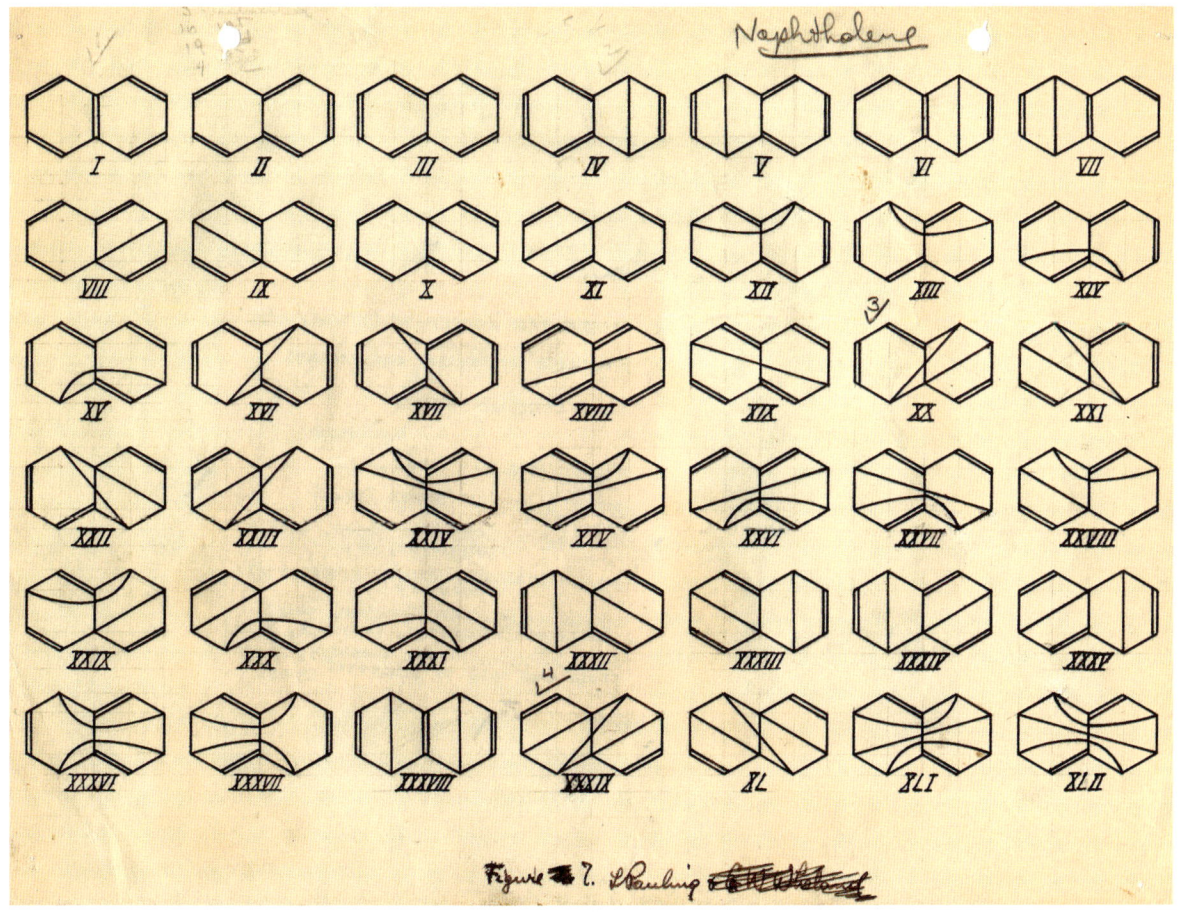

Gegenüber: Paulings Forschungen zu Molekularkrankheiten begründeten ein ganz neues und bedeutendes Gebiet der Medizin. Diese Darstellung des Künstlers Roger Hayward, mit dem Pauling 1964 zum Zwecke seiner Publikation *The Architecture of Molecules* (»Die Architektur der Moleküle«) zusammenarbeitete, zeigt, wie eine Anämie durch eine defekte Seitenkette (rechts) verursacht wird, die einen Teil des Hämoglobinmoleküls (links) nicht zu stabilisieren vermag. Paulings Forschungen auf diesem Gebiet, in denen sich seine früheren Molekül-Untersuchungen mit seinem später entwickelten Interesse für Medizin verbanden, lieferten nicht nur neue Erkenntnisse über die Funktionsweise des Bluts auf molekularer Ebene, sondern führten auch zu bedeutsamen Entdeckungen im Bereich der Immunologie, der Sichelzellenanämie, der Genetik, der Evolution und der Gesundheitsvorsorge.

1927 kehrte Pauling ans CIT zurück, wo er eine lange und erfolgreiche Karriere begann. In der ersten Zeit setzte er Röntgenstrahlen zur Untersuchung von Kristallstrukturen ein, etwa von Silikatmineralien, und trug dazu bei, sie zu einem der bestverstandenen Bereiche der Strukturchemie zu machen. Dank seines Wissens über Bindungsabstände und Bindungswinkel konnte Pauling seine später so genannte Koordinationstheorie entwickeln, die Regeln vorgab, mit deren Hilfe Kristallographen die Atomkonfiguration in diversen Kristallen leichter ermitteln konnten. 1930, nach einem Treffen mit Herman Mark in Deutschland, begann Pauling, sich für das Phänomen der Elektronenbeugung zu interessieren und diese Technik mit seinen Mitarbeitern zur Strukturbestimmung von Molekülen in gasförmigen wie flüssigen Zuständen einzusetzen.

In den 1930er Jahren gelangte er über die Austausch- oder Resonanzenergie zweier Elektronen zu seinem Konzept der Hybridisierung (also der Mischung von Orbitalen, sprich: von Raumsegmenten eines Atoms, in dem sich bestimmte Elektronen aufhalten) – eine revolutionäre Idee, die er in einem seiner berühmtesten Aufsätze zur Natur der chemischen Bindungen formulierte. Paulings Verständnis quantenmechanischer Prinzipien war auch ein entscheidender Faktor für die Entwicklung seiner Valenzstrukturtheorie, mit der er die These vertrat, dass sich bestimmte Moleküle wie Benzol als Zwischenstruktur beschreiben ließen, die als Kombination (oder Hybrid) aus einer oder mehreren anderen Strukturen mit überlappenden Atomorbitalen auftraten. Sein 1939 erschienener Klassiker *The Nature of the Chemical Bond, and the Structure of Molecules and Crystals* (»Die Natur der chemischen Bindung«), der auf seinen George-Fisher-Baker-Vorlesungen an der Cornell University basiert, war eine kohärente Zusammenfassung seiner eigenen experimentellen und theoretischen Arbeiten wie auch der Studien anderer Strukturchemiker.

Mitte der 1930er Jahre wandte sich Pauling verstärkt biologischen Molekülen zu. Mit seinen Kollegen führte er magnetische Untersuchungen von Hämoglobin durch und zeigte, dass ein Magnet Hämoglobin aus venösem Blut anzieht, aus arteriellem Blut jedoch abstößt. Hämoglobin ist ein Proteinmolekül, und so führten ihn seine Untersuchungen quasi naturgemäß zu einer allgemeineren Beschäftigung mit Proteinen, einschließlich ihrer Denaturierung, d. h. des Zusammenbruchs ihrer normalen Struktur, sowie ihrer Rolle in Antikörper-Antigen-Reaktionen, wie zum Beispiel dem Kampf von Antikörpern des menschlichen Immunsystems gegen angreifende Antigene in Form von Bakterien oder Viren. Seine Theorie der Spezifität der Interaktion von Antigenen und Antikörpern, die sich später als falsch herausstellte, wurzelte in seiner Vorstellung, sie seien strukturell komplementär.

AUF DER SUCHE NACH PRAKTISCHEN LÖSUNGEN

Während des Zweiten Weltkriegs konzentrierte sich Pauling in seinen Arbeiten auf praktische Probleme. So entwickelte er einen künstlichen Ersatzstoff für Blutserum, mit dem sich mehr Blutplasma für verwundete Soldaten gewinnen ließ. Er erfand einen Sauerstoffdetektor, dessen Funktion auf den besonderen magnetischen Eigenschaften von Sauerstoff beruhte und der in U-Booten und Flugzeugen Verwendung fand. Außerdem arbeitete er an Sprengstoffen, Raketentreibstoffen und Geheimtinten. Wegen Glo-

NO MORE WAR!

A Nobel prize-winning scientist discusses today's most crucial issues — nuclear testing and nuclear warfare.

1958 veröffentlichte Linus *No More War!* (»Nie wieder Krieg!«), eine leidenschaftliche Analyse der furchtbaren Folgen eines Nuklearkriegs für die Menschheit. Je ein Exemplar des Buches überreichte er den Mitgliedern des US-Senats, der fünf Jahre später das Moskauer Atomteststoppabkommen ratifizierte, das von den USA, Großbritannien und der Sowjetunion unterzeichnet worden war. Im selben Jahr erhielt Pauling den Friedensnobelpreis.

merulonephritis, einer schweren Nierenkrankheit, musste er J. Robert Oppenheimers Angebot ablehnen, die Chemieabteilung des amerikanischen Atombombenprojekts zu leiten. Gegen Ende des Krieges beschäftigte er sich mit Sichelzellenanämie, einer Erbkrankheit, bei der venöse rote Blutzellen die Form einer Sichel haben. Pauling glaubte, diese Sichelform werde durch eine genetische Mutation im Globinteil des Hämoglobins der Zelle verursacht. Nach drei Jahren Arbeit konnten er und seine Kollegen nachweisen, dass tatsächlich ein solcher Moleküldefekt im Hämoglobin die Ursache der Krankheit ist. Auf diese Weise gelang Pauling die Entdeckung der ersten Molekularkrankheit.

In den Nachkriegsjahren setzte er seine Protein-Forschungen fort und veröffentlichte zu Beginn der 1950er Jahre einen Aufsatz zur Anordnung von Aminosäuren, in dem er auch eine zylindrische, spiralartige Struktur beschrieb (die später so genannte Alpha-Helix), in der die Aminosäuren durch Wasserstoffbrücken verbunden waren. Diese und weitere seiner Beschreibungen von Proteinstrukturen erwiesen sich als sehr bedeutsam. Neben seiner wissenschaftlichen Arbeit engagierte sich Pauling auch für die Aufklärung der Bevölkerung über die Gefahren durch Atomwaffen. In zunehmendem Maße widmete er sich seiner Teilnahme an der Kampagne zur Beendigung oberirdischer Atomwaffentests. Im Januar 1958 überreichte er den Vereinten Nationen gemeinsam mit seiner Frau eine Petition zum Atomwaffenstopp, der von über 9 000 angesehenen Wissenschaftlern unterzeichnet worden war. Zwar versuchten Beamte der US-Regierung, Pauling durch den Entzug seines Reisepasses in seinem politischen Engagement zu behindern, doch mussten sie ihm den Pass wieder aushändigen, als er 1954 den Nobelpreis für Chemie erhielt. Bis zum Ende der 1950er Jahre und noch in die 1960er Jahre hinein setzten sich Pauling und seine Frau auf der ganzen Welt für ihre Sache ein. Für diesen Einsatz wurde Pauling 1963 mit dem Friedensnobelpreis geehrt. (Seine Frau wurde nicht mit dem Preis bedacht, weil der männlich dominierte Kreis der Vorschlagsberechtigten sie schlicht nicht nominiert hatte.)

ZWEIFACHER NOBELPREISTRÄGER

Nachdem am CIT Kritik an Paulings Friedensaktivismus sowie seinem Friedensnobelpreis laut geworden war und man ihm zur Strafe die Laborräume für seine molekularmedizinischen Forschungen entzogen hatte, verließ er 1963 das Institut. Mitte der 1960er Jahre arbeitete er am Center for the Study of Democratic Institutions in Santa Barbara, wo man ihn in seinem friedenspolitischen Engagement bestärkte. Dort entwickelte er unter anderem eine Theorie des Atomkerns (die allerdings von den meisten Physikern abgelehnt wurde). Getrieben vom Wunsch nach eigenen Laborräumen für seine experimentelle Forschung trat er 1967 eine Professur für Chemie an der University of California in San Diego an. Dort begann er sich für Vitamin C zu interessieren, dessen Potenzial zur Linderung von Gesundheitsproblemen er für unterschätzt hielt. Nachdem er 1969 eine Professur an der Stanford University übernommen hatte, veröffentlichte er 1970 sein meistverkauftes Buch *Vitamin C and the Common Cold* (»Vitamin C und der Schnupfen«), mit dem er eine Debatte über die Megavitamintherapie anstieß, welche bis an sein Lebensende andauern sollte.

Seine Ansichten über die Wirksamkeit hoher Dosen von Vitamin C bei der Behandlung von Infektionskrankheiten, Krebs und anderen Krankheiten stießen in der medizinischen Forschung weitgehend auf Ablehnung. 1973 gründete Pauling mit Kollegen das Institute of Orthomolecular Medicine (heute Linus Pauling Institute of Science and Medicine), dessen vorrangiger Zweck darin bestand, experimentelle und klinische Beweise für Paulings Theorien zu finden. Das Institut hatte jedoch mit personellen und juristischen Problemen zu kämpfen. Pauling selbst durchlebte nach dem Tod seiner Frau 1981 und nach der Entdeckung seiner Prostatakrebserkrankung 1991 schwierige Zeiten. Trotz dieser Schicksalsschläge setzte er seine Arbeit fort. Unter anderem argumentierte er gegen die wachsende Zahl von Kristallographen, die Quasikristalle entdeckt zu haben glaubten, welche mit ihrer fünfzähligen Symmetrie bestimmten traditionellen und von Pauling hochgehaltenen Prinzipien widersprachen.

In seinen letzten Lebensjahrzehnten tat er, was er schon damals im Keller des mütterlichen Hauses getan hatte, wo über seinem Labortisch Tabellen chemischer Substanzen und ihrer Eigenschaften gehangen hatten: Er erforschte die Zusammenhänge zwischen den Strukturen und Funktionen von Molekülen – nicht nur auf chemischem Gebiet, sondern im Grenzbereich von Chemie und Physik, von Chemie und Biologie, von Chemie und Medizin. Als Atheist und Reduktionist war er fest davon überzeugt, dass die Naturwissenschaften in der Lage waren, alle Fragen zu beantworten, welche die Menschen nur stellen könnten. Das Universum bestand für Pauling aus nichts als Materie und Energie, und in der Struktur von Molekülen sah er letztlich die Erklärung für alle physikalischen, chemischen, biologischen und sogar psychologischen Phänomene. Auch für den Tod seiner Frau und sein anschließendes seelisches Leiden fand er rationale Erklärungen, ebenso wie für den Krebs, der von seiner Prostata über den Darm bis zu seiner Leber vordrang, und an dem Pauling schließlich 1994 starb. Er hinterließ ein chemisches Wissen von unerreichter Fülle und Vielfalt, ein breites Fundament für nachfolgende Entdeckungen.

$-\frac{\hbar}{i}\frac{\partial}{\partial t} = \frac{p^2}{2m} - \frac{Ze^2}{r}$
$\alpha = \frac{\hbar^2}{ec}$
ϑ

GINO SEGRÈ

Enrico Fermi

VATER DER ATOMBOMBE
(1901–1954)

»*Dieser Brief ist ein vorläufiger Bericht über Experimente zur Feststellung,
ob und in welcher Zahl Neutronen von Uran emittiert werden, welches
Neutronenbestrahlung ausgesetzt ist, und auch ob die erzeugte Zahl die
Gesamtzahl der von jeglichen Prozessen absorbierten übersteigt.*«
H. Anderson, E. Fermi und H. Hanstein, *Physical Review*, 1939

Einige Physiker des 20. Jahrhunderts waren ideenreicher als Enrico Fermi, ein
oder zwei die tiefschürfenderen Denker, und ein paar auch mathematisch begabter. Doch Fermi, ausgestattet mit der verblüffenden Fähigkeit, den Kern jeder
Frage der Physik zu erfassen, war der größte Problemlöser von allen. Er war auch der
letzte Physiker, der auf seinem Gebiet sowohl als Theoretiker wie auch als experimenteller Forscher herausragte.

Diese Eigenschaften manifestieren sich in Fermis Reaktion auf die Explosion der
ersten Atombombe. Fermi war wohl mehr als jede andere Einzelperson für die physikalischen Theorien verantwortlich, die zur Entwicklung der Bombe am Los Alamos National Laboratory in New Mexico geführt hatten, dem Forschungs- und Konstruktions-
zentrum für das US-Atomwaffenprogramm mit dem Codenamen »Manhattan Project«.
Auch beim eigentlichen Bau der Bombe spielte er eine Schlüsselrolle. In Los Alamos galt
er vielen als Orakel, das man zu jedem kniffligen Problem befragen konnte, sei es ein
theoretisches oder experimentelles oder aber die Abschätzung von Zahlenwerten. Und
doch ist uns kein denkwürdiger Satz bekannt, den er nach der Testzündung am 16. Juli
1945 geäußert hätte. Überliefert ist stattdessen folgende Anekdote.

Die bekannteste unmittelbare Reaktion auf dieses Ereignis ist diejenige von J. Robert Oppenheimer, dem Technischen Leiter des Manhattan-Projekts: Als er sah, wie
die Explosion den Himmel zum Glühen brachte, kam ihm eine Zeile aus der hinduis-
tischen *Bhagavad Gita* in den Sinn, in der Vishnu dem Prinzen verkündet: »Jetzt bin
ich der Tod geworden, der Zerstörer der Welten.« Kenneth Bainbridge, der Leiter des
Tests, fand die deutlich prosaischeren Worte: »Jetzt sind wir alle Hurensöhne.« Während andere Anwesende ihre Gefühle, die von Angst bis Stolz reichten, erst noch ordnen
mussten, sah man den stets pragmatischen Fermi ein Blatt Papier in Stücke reißen – um
auf eine schnelle und einfache Art die Auswirkungen der Explosion zu messen. Nach
rund vierzig Sekunden warf er die Papierfetzen in die Luft, just in dem Moment, als
die Druckwelle der Detonation seinen Hochsitz erreichte. In aller Ruhe beobachtete er,
wie weit die Fetzen fortgeweht wurden, konsultierte eine einfache Tabelle, die er vorbe-

Gegenüber: Eine
gestellte Photogra-
phie von Enrico
Fermi während einer
Vorlesung an der
Universität Chicago.
Auf der Tafel hat er
zum Spaß den Wert
von Alpha umgekehrt
– jener Feinstruktur-
konstante, welche die
Stärke der elektro-
magnetischen Kraft
angibt und als eine der
fundamentalen Natur-
konstanten gilt.

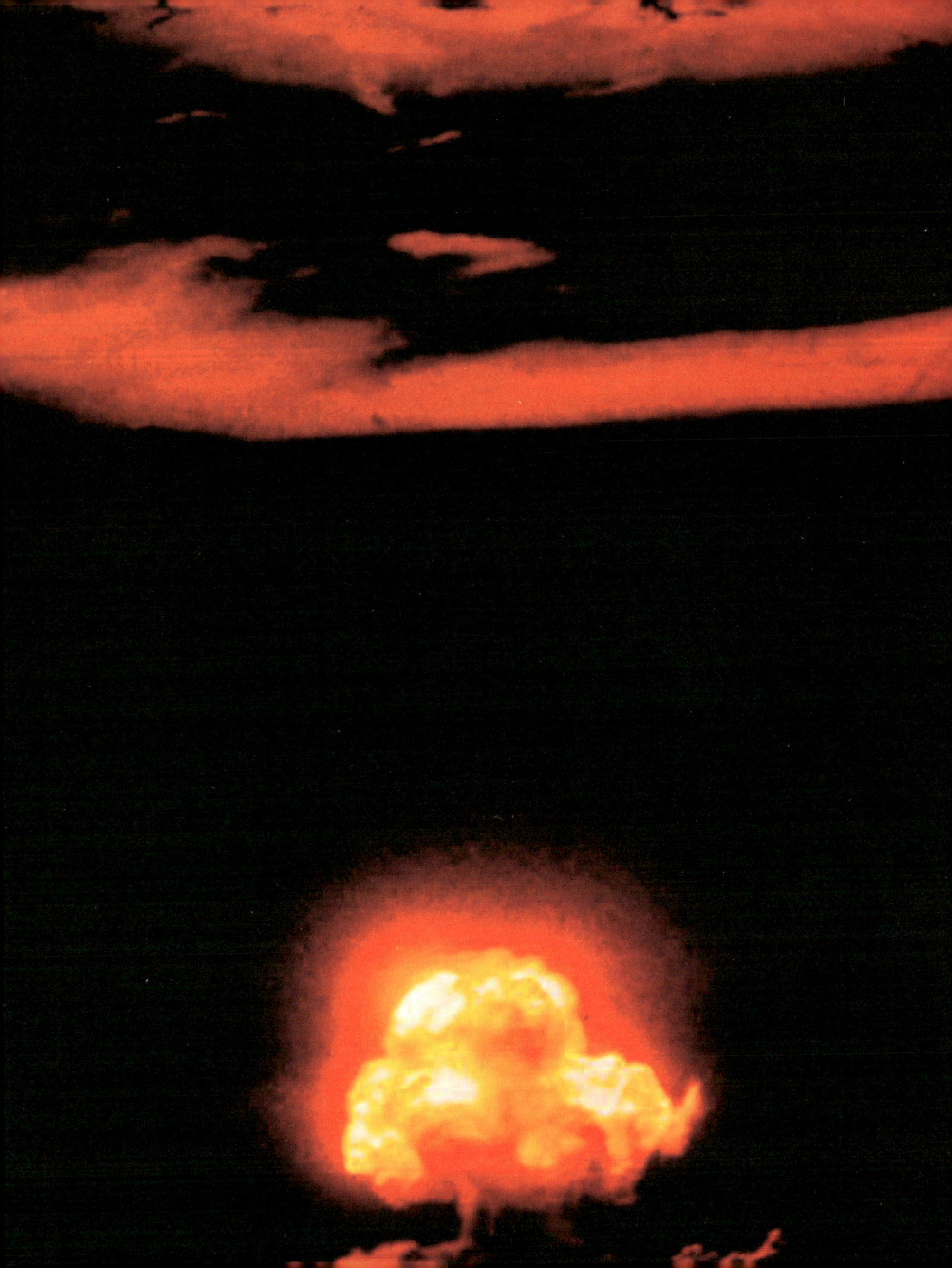

reitet hatte, nahm seinen Rechenschieber heraus und verkündete seine Schätzung des Ausmaßes der Explosion. Spätere Messungen erwiesen die schlichten Berechnungen Fermis – wie stets – als erstaunlich zutreffend. Fermis Fähigkeit, die Größenordnung jedweder physikalischer Phänomene abzuschätzen, war legendär, und auch bei dieser Gelegenheit hatte er seinem Ruf alle Ehre gemacht.

THEORIE UND EXPERIMENT IN ROM

Fermi wurde am 29. September 1901 in Rom geboren und wuchs in normalen Familienverhältnissen auf. Sein Vater war Angestellter der staatlichen Eisenbahngesellschaft, seine Mutter Lehrerin. Doch Fermis außergewöhnliches Talent blieb nicht lange unentdeckt. Ein Stipendium ermöglichte ihm ein Studium an Italiens Elitehochschule Scuola Normale Superiore in Pisa, wo er mit seinen Leistungen nicht nur seine Kommilitonen in den Schatten stellte, sondern alsbald auch seine Dozenten. Zu jener Zeit war Italien im Bereich der Physik noch ein Entwicklungsland, sodass Fermi weitgehend autodidaktisch lernte und seine ganz eigene Arbeitsweise entwickelte, die darin bestand, den Kern jedes Problems herauszuschälen und dann eine simple Lösung zu finden. Diese Methode stand in scharfem Gegensatz zur damals vorherrschenden deutschen Physiktradition, in der die mathematische Analyse eine weit größere Rolle spielte.

Nach seinem Examen fand Fermi schon bald Antworten auf mehrere wichtige Fragen im Bereich der theoretischen Physik; unter anderem entwickelte er einen Ansatz in statistischer Mechanik, der neueste quantenmechanische Ideen berücksichtigte. So wurde schließlich Orso Corbino auf ihn aufmerksam, ein deutlich älterer Physikprofessor aus Rom, der schon lange davon träumte, ein erstklassiges Forschungszentrum für Physik aufzubauen, für das er einen geeigneten Leiter suchte. Der politisch einflussreiche Corbino hielt Fermi für den Mann, mit dem sich sein Traum verwirklichen ließe, und verhalf dem damals 26-Jährigen in Rom zu einem Lehrstuhl für theoretische Physik – ein in Italien bis dahin beispielloser Karrieresprung.

Fermi übertraf Corbinos Erwartungen bei Weitem. Aus allen Teilen Europas kamen Gastwissenschaftler nach Rom, forschten mit Fermi und bildeten italienische Nachwuchsphysiker aus. 1934 veröffentlichte Fermi seinen wohl berühmtesten Beitrag zur Physik, die sogenannte Theorie der schwachen Wechselwirkung. Schon seit einigen Jahren wusste man, dass Kernzerfälle, bei denen ein Elektron emittiert wird, dem Energieerhaltungssatz zu widersprechen schienen – was rätselhaft war, galt dieser Satz doch als Fundament der Physik. Niels Bohr hielt den Erhaltungssatz deshalb nur für eingeschränkt gültig. Wolfgang Pauli dagegen wollte an der uneingeschränkten Gültigkeit festhalten; er nahm an, die fehlende Energie werde durch ein noch nicht nachgewiesenes Teilchen entfernt. Doch auf welche Weise? 1934 zeigte Fermi, wie dies vor sich gehen könnte. Er nannte Paulis Teilchen *Neutrino* und postulierte die Existenz einer völlig neuartigen Wechselwirkung, die

Gegenüber: Der Moment der ersten Atomexplosion, am 16. Juli 1945 um 05:29:45 Uhr, dem Beginn des Atomzeitalters. Fermi, J. Robert Oppenheimer und andere beobachteten das Ereignis aus einer Entfernung von zehn Kilometern. Diese Photographie, das einzig bekannte Farbbild der Explosion, wurde von einem Maschinenbauingenieur namens Jack Aeby aufgenommen.

Drei junge Physikgenies – Enrico Fermi, Werner Heisenberg und Wolfgang Pauli – bei einer Bootsfahrt auf dem Comer See anlässlich einer Physik-Konferenz 1927. Mit gerade einmal 27 Jahren war Pauli der älteste der drei Wissenschaftler.

es einem Neutron ermögliche, in ein Proton, ein Elektron und ein Neutrino zu zerfallen. Fermi zeigte auch, in welcher Form diese Wechselwirkung auftreten könnte, schätzte ihre Größenordnung ein und erforschte ihre Konsequenzen. Zu einem Zeitpunkt, da Schwerkraft und Elektromagnetismus die einzigen bekannten Kräfte waren, war dies ein revolutionäres Konzept. Inzwischen gilt es als ein Meilenstein der Physik.

Während Fermi weiterhin als Theoretiker tätig war, half er, eine Gruppe von Experimentalphysikern zusammenzustellen, denen größtenteils selbst erfolgreiche Karrieren bevorstanden. Das ursprüngliche Team, bestehend aus Edoardo Amaldi, Bruno Pontecorvo, Franco Rasetti und Emilio Segrè, war auch an Fermis wohl bedeutendstem experimentellen Projekt beteiligt. Noch bis zum Beginn der 1930er Jahre erfolgte die Streuung an Atomkernen vorwiegend durch die von Ernest Rutherford entwickelte Technik der Bestrahlung der Kerne mit Alphateilchen (sprich: Heliumkernen), die bei radioaktivem Zerfall auftraten. Doch mit dem von James Chadwick 1932 in Cambridge entdeckten Neutron war nun ein neues »Geschoss« verfügbar geworden. Zwar war es relativ schwierig, einen Neutronenstrahl zu fokussieren, doch wurden Neutronen dank ihrer elektrischen Neutralität vom Kern nicht abgestoßen und erreichten deshalb mit größerer Wahrscheinlichkeit ihr Ziel. Bald machte Fermi eine wichtige Entdeckung: Hatte man bis dahin angenommen, die Wahrscheinlichkeit einer nuklearen Transformation würde mit steigender Energie des Neutronenstrahls ebenfalls steigen, stellte er nun fest, dass das Gegenteil der Fall war. Je langsamer die auftreffenden Neutronen waren, desto länger dauerte ihre Durchquerung des Kerns und desto wahrscheinlicher war eine Wechselwirkung. Mithilfe des neuen Verfahrens gelangen seinem Team und anderen Wissenschaftlern eine Reihe bedeutender Entdeckungen, so etwa 1938 die Kernspaltung. In jenem Jahr wurde Fermi für seine Arbeiten mit dem Nobelpreis für Physik ausgezeichnet. Von Schweden reiste er damals gleich weiter in die USA, nachdem er sich in weiser Voraussicht für die Emigration entschieden hatte, denn seine Frau war Jüdin, und in Italien waren unter Mussolini gerade eine Reihe drakonischer Rassengesetze beschlossen worden. Fermis Auswanderung markierte das Ende einer Ära in der italienischen Physik, doch mittlerweile hatte sich das Fach an den Hochschulen des Landes etabliert – und blieb es auch nach dem Verlust seines bedeutendsten Vertreters.

DER ERSTE KERNREAKTOR DER WELT

Auch in seiner neuen Heimat setzte Fermi seine Forschung mit Neutronen fort, doch diente sie dort zunehmend militärischen Zwecken. 1942 leitete er an der Universität Chicago den Bau des ersten Kernreaktors und saß höchstpersönlich in der Schaltzentrale, als dieser den kritischen Zustand erreichte – jenen Punkt, an dem im Reaktor eine sich selbst erhaltende Kernspaltungskettenreaktion stattfindet. Danach wechselte er nach Los Alamos, kehrte aber nach Kriegsende wieder an die Universität Chicago zurück und wurde dort zu einem Vorreiter auf dem neuen Gebiet der Hochenergiephysik. Zugleich beschäftigte er sich auch mit anderen Bereichen wie etwa der Astrophysik. Sowohl als theoretischer wie auch als experimenteller Physiker blieb er seinem besonderen Arbeitsstil treu und konnte die begabtesten Nachwuchsphysiker der USA nach Chicago locken.

Chicago Pile 1, der erste Kernreaktor der Welt, errichtet 1942 auf einem Racquet-ball-Spielfeld unter der stillgelegten West-tribüne des Stagg-Field-Stadions der Universität Chicago. Der Reaktor bestand aus Urankugeln zur Neutronenerzeugung, die durch Graphit-blöcke voneinander getrennt waren. Fermi beschrieb die Anlage als einen »schlichten Stapel schwarzer Bauklötze und Bau-hölzer«.

1954, auf der Höhe seiner Schaffenskraft, wurde bei Fermi Magenkrebs festgestellt. Er starb schon bald, nachdem eine diagnostische Operation ergeben hatte, dass der Krebs metastasierte. Die Trauer um Fermi war groß. Später wurde die größte Hochenergie-einrichtung der USA in Fermi National Laboratory umbenannt. Und alle Elementar-teilchen mit halbzahligem Spin (einer intrinsischen Eigenschaft), darunter das Neutron, das Proton, das Elektron und das Neutrino, heißen heute Fermionen.

JIM AL-KHALILI

Hideki Yukawa

JAPANS ERSTER NOBELPREISTRÄGER
(1907–1981)

*»Die Ergebnisse der Physik sind durch ihre praktischen Anwendungen
untrennbar mit den Problemen der Menschheit verbunden;
diese Verbindung darf man nicht außer Acht lassen.«*
Hideki Yukawa, in einem Eröffnungsvortrag auf der
Ersten Kyoto-Wissenschaftler-Konferenz, 1962

Bis zum 20. Jahrhundert leisteten japanische Wissenschaftler auf dem Gebiet der Physik nur einen geringen Beitrag. Mit Hideki Yukawa sollte sich dies ändern. Er wurde 1907 in Tokio geboren, ein Jahr nach seinem Freund Shin'ichirō Tomonaga, ebenfalls ein Physik-Nobelpreisträger. Yukawa war eines von sieben Kindern und wuchs in Kyoto auf, wo sein Vater Takujo Ogawa Geographie-Professor war. Der Tradition entsprechend hieß er Hideki Ogawa, bis er eine japanische Tänzerin namens Sumi Yukawa heiratete und ihren Familiennamen annahm.

Yukawa war ein aufgewecktes Kind, zeigte jedoch wie so viele große Mathematiker und Physiker kaum Interesse an weltlichen Dingen und sozialen Kontakten. Im Umgang mit anderen Menschen fühlte er sich, wie er selbst einräumte, unbeholfen und unwohl. Er bevorzugte die abstrakte Welt der Mathematik. Zwei Dinge hinterließen bei ihm als Gymnasiast nachhaltigen Eindruck: Albert Einsteins Japanbesuch 1922 und wenig später ein Buch des Quantentheoretikers Max Planck in deutscher Sprache, das er zufällig entdeckt hatte. 1926 begann Yukawa ein Physikstudium an der Universität in Kyoto. Dort nahm auch seine lebenslange Freundschaft mit Tomonaga ihren Anfang.

Nach Studienabschluss und Heirat erhielt Yukawa 1933 in Kyoto eine Dozentur und begann nun, verstärkt über die Anziehungskraft nachzudenken, die Atomkerne zusammenhält. Der kurz zuvor entdeckte zweite Bestandteil des Kerns, das Neutron, konnte als elektrisch neutrales Teilchen nicht durch jene elektromagnetische Kraft an die positiv geladenen Protonen gebunden sein, welche die Elektronen außerhalb des Kerns auf ihren Umlaufbahnen hält. Schnell war klar, dass im winzigen Raum des Atomkerns eine andere Kraft wirken musste, doch wusste niemand Genaueres über deren Ursprung oder Eigenschaften. Auf dem Gebiet der theoretischen Physik hatten europäische Physiker wie Heisenberg, Pauli, Dirac und Fermi – die nur wenige Jahre älter waren als Yukawa – die Quantenmechanik entwickelt. Dirac im Besonderen hatte eine sogenannte Quantenfeldtheorie veröffentlicht, in der Kräfte zwischen Teilchen wie den Elektronen durch Felder vermittelt werden, die sich auf Quantenebene mittels sogenannter Austauschteilchen beschreiben lassen. Yukawa begann nun mit der Arbeit an einer Quan-

Gegenüber: Hideki Yukawa, photographiert 1949 in seinem Seminarraum an der Columbia University in New York, kurz nach der Bekanntgabe, dass ihm der Nobelpreis für Physik zugesprochen worden war.

186

tenfeldtheorie, die jenen Klebstoff beschreiben würde, der Protonen und Neutronen (die gemeinsam als Nukleonen bezeichnet werden) im Atomkern zusammenhält.

EINE THEORIE ÜBER DAS HERZ DES ATOMKERNS

Kurz vor seinem großen Durchbruch 1935 war Yukawa an die Universität Osaka gewechselt. Dort verfasste er seinen berühmten Aufsatz »On the interaction of elementary particles«, in dem er die Ansicht vertrat, die Masse des Austauschteilchens zwischen Nukleonen liege zwischen der eines Elektrons und der eines rund zweitausendmal schwereren Nukleons. Yukawas Theorie zufolge binden sich zwei Nukleonen aneinander, indem sie eine Implikation der Unschärferelation Heisenbergs ausnutzen, wonach ein subatomares Teilchen sich von seiner Umgebung für eine sehr kurze Zeit eine winzige Energiemenge »borgen« kann. Je mehr geborgte Energie, desto kürzer die Zeit, in der das Teilchen sie behalten kann, bevor es sie »zurückzahlen« muss. Einsteins berühmte Gleichung $E = mc^2$ impliziert, dass diese geborgte Energie – wegen der Austauschbarkeit von Masse und Energie – zur Schaffung eines Teilchens mit einer bestimmten Masse genutzt werden kann. Yukawa nun glaubte, dass dieses mittlerweile »Meson« genannte Teilchen im Innern des Atomkerns geschaffen werde. Dieses Teilchen, so seine Annahme, sei verantwortlich für die Anziehungskraft zwischen Protonen und Neutronen. Seine Berechnungen sagten vorher, dass ein Meson von einem Nukleon erzeugt wird, das sich von seiner Umgebung genug Energie für diese Erzeugung

Das Originalmanuskript von Yukawas »On the interaction of elementary particles«. Der Aufsatz sagte die Existenz eines neuen subatomaren Teilchens voraus, das später den Namen »Meson« erhielt, und machte Yukawa unter Physikern in aller Welt bekannt.

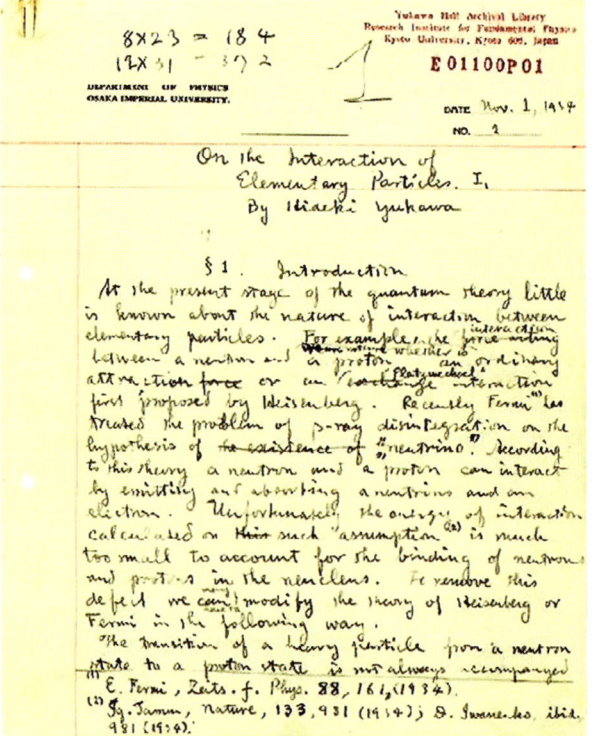

geborgt hat, woraufhin das Meson auf ein nahes Neutron überspringt und dabei wieder im Nichts verschwindet. Während seines kurzen Daseins aber wird es dieser Interpretation zufolge zwischen den zwei Nukleonen ausgetauscht und sorgt dadurch für eine Anziehungskraft, die diese beiden zusammenhält.

Im folgenden Jahr glaubten Physiker, ein derartiges Teilchen – entstanden in kosmischer Strahlung – experimentell nachgewiesen zu haben; wie sich jedoch herausstellte, war dieses »μ-Meson« vielmehr ein Verwandter des Elektrons und spielte im Atomkern gar keine Rolle. Die erste Entdeckung eines wirklichen Mesons (das Pion genannt wurde, kurz für »π-Meson«) ließ noch bis 1947 auf sich warten; es wurde in England von Cecil Powell, César Lattes und Giuseppe Occhialini an der Universität Bristol nachgewiesen. Zwei Jahre später erhielt Yukawa für seine Theorie den Physik-Nobelpreis. Damals arbeitete er in den USA, zunächst am Institute for Advanced Study in Princeton, danach an der Columbia University in New York. 1953 kehrte er nach Japan zurück, wo er ein neu geschaffenes Forschungsinstitut in Kyoto leitete, das heute seinen Namen trägt. Die restlichen Jahre seines Lebens verbrachte er mit Arbeiten auf dem Gebiet der theoretischen Teilchenphysik.

Anfang der 1950er Jahre war Yukawa bereits eine führende Gestalt in der theoretischen Teilchenphysik. Ein Dokumentarfilm der US-Regierung aus dem Jahr 1954 zeigt ihn beim Spaziergang durch den Marquand Park in Princeton mit seinen Physikerkollegen Albert Einstein, John Archibald Wheeler und Homi Bhabha.

189

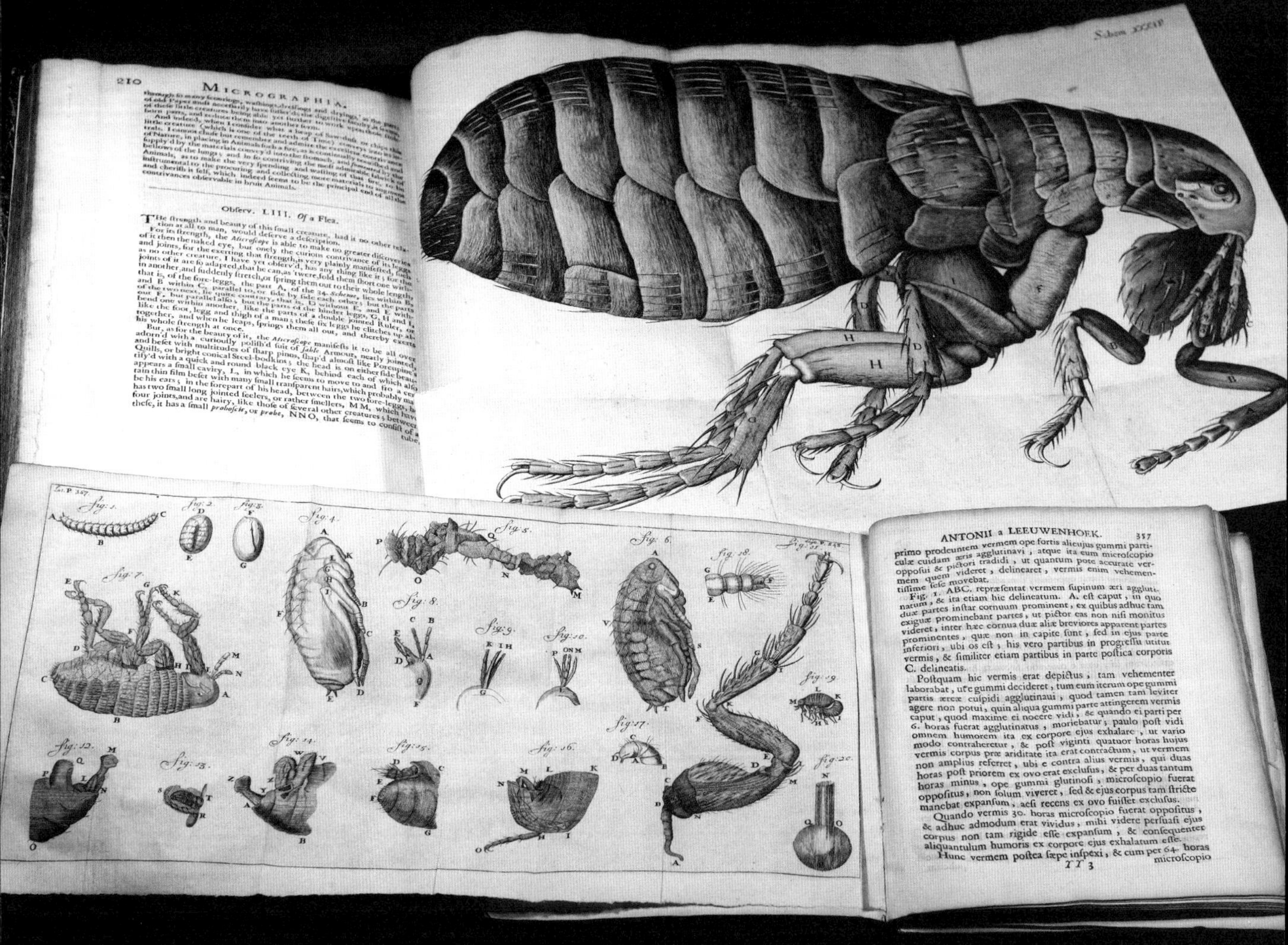

210 MICROGRAPHIA.
Observ. LIII. Of a Flea.
THe strength and beauty of this small creature, had it no other relation at all to man, would deserve a description.
For its strength, the Microscope is able to make no greater discoveries of it then the naked eye, but onely the curious contrivance of its leggs and joints, for the exerting that strength, is very plainly manifested, such as no other creature, I have yet observ'd, has any thing like it; for the joints of it are so adapted, that he can, as 'twere, fold them short one within another, and suddenly stretch, or spring them out to their whole length, that is, of the fore-leggs, the part A, of the 34. Scheme, lies within B, and B within C, parallel to, or side by side each other; but the parts of the two next, lie quite contrary, that is, D without E, and E without F, but parallel also; but the parts of the hinder leggs, G, H and I, bend one within another, like the parts of a double jointed Ruler, or like the foot, legg and thigh of a man; these six leggs he clitches up altogether, and when he leaps, springs them all out, and thereby exerts his whole strength at once.
But, as for the beauty of it, the Microscope manifests it to be all over adorn'd with a curiously polish'd suit of sable Armour, neatly jointed, and beset with multitudes of sharp pinns, shap'd almost like Porcupine's Quills, or bright conical Steel-bodkins; the head is on either side beautify'd with a quick and round black eye K, behind each of which also appears a small cavity, L, in which he seems to move to and fro a certain thin film beset with many small transparent hairs, which probably may be his ears; in the forepart of his head, between the two fore-leggs, he has two small long jointed feelers, or rather smellers, MM, which have four joints, and are hairy, like those of several other creatures; between these, it has a small proboscis, or probe, NNO, that seems to consist of a tube,
H
H
fig: 1.
fig: 2.
fig: 3.
fig: 4.
fig: 5.
fig: 6.
fig: 7.
fig: 8.
fig: 9.
fig: 10.
fig: 12.
fig: 13.
fig: 14.
fig: 15.
fig: 16.
fig: 17.
fig: 18.
fig: 19.
fig: 20.
ANTONII a LEEUWENHOEK. 357
primo prodeuntem vermem ope fortis alicujus gummi particulæ cuidam æris agglutinavi, atque ita eum microscopio opposui & pictori tradidi, ut quantum pote accurate vermem quem videret, delinearet, vermis enim vehementissime sese movebat.
Fig. 1. ABC. repræsentat vermem supinum æri agglutinatum, & ita etiam hic delineatum. A. est caput, in quo duæ partes instar cornuum prominent, ex quibus adhuc tam exiguæ prominebant partes, ut pictor eas non nisi monitus videret, inter hæc cornua duæ aliæ breviores apparent partes prominentes, quæ non in capite sunt, sed in ejus parte inferiori, ubi os est; his vero partibus in progressu utitur vermis, & similiter etiam partibus in parte postica corporis C. delineatis.
Postquam hic vermis erat depictus, tam vehementer laborabat, ut e gummi decideret, tum eum iterum ope gummi partis æreæ cuspidi agglutinaui, quod tamen tam leviter agere non potui, quin aliqua gummi parte attingerem vermis caput, quod maxime ei nocere vidi, & quando ei parti per 6. horas fuerat agglutinatus, moriebatur; paulo post vidi omnem humorem ita ex corpore ejus exhalare, ut vario modo contraheretur, & post viginti quatuor horas hujus vermis corpus præ ariditate ita erat contractum, ut vermem non amplius referret, ubi e contra alius vermis, qui duas horas post priorem ex ovo erat exclusus, & per duas tantum horas minus, ope gummi glutinosi, microscopio fuerat oppositus, non solum viveret, sed & ejus corpus tam stricte manebat expansum, acsi recens ex ovo fuisset exclusus.
Quando vermis 30. horas microscopio fuerat oppositus, & adhuc admodum erat vividus, mihi videre persuasi ejus corpus non tam rigide esse expansum, & consequenter aliquantulum humoris ex corpore ejus exhalatum esse.
Hunc vermem postea sæpe inspexi, & cum per 64. horas microscopio
YY 3

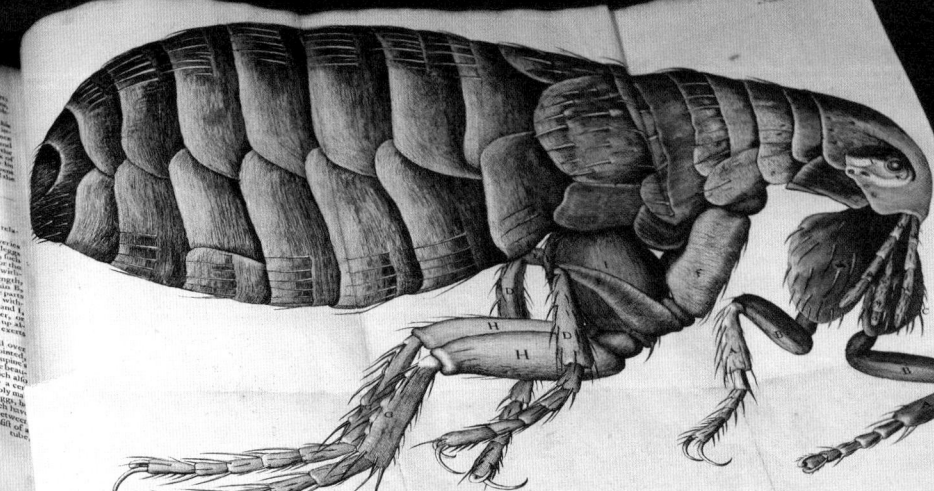

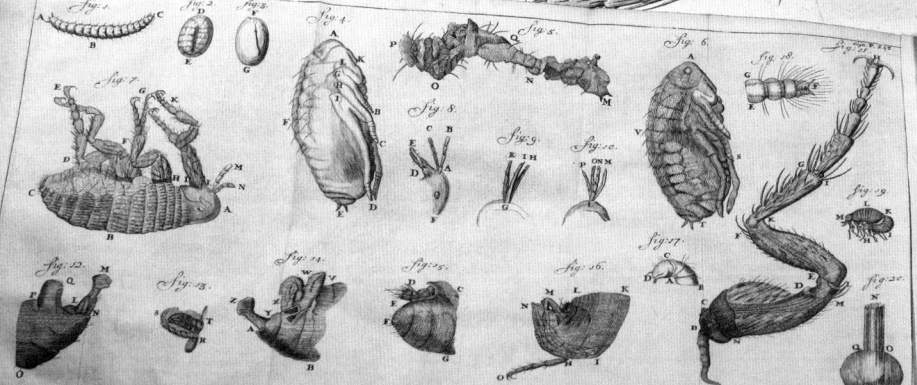

LEBEN

Die Geschichte der modernen Biowissenschaften beginnt mit Robert Hooke, dem Kurator für Experimente der Londoner Royal Society, und seiner Erfindung eines Mikroskops mit 50- bis 100-facher Vergrößerung. Unter dem Titel *Micrographia* veröffentlichte Hooke 1664 einen imposanten Folianten mit Zeichnungen von vergrößerten Stecknadeln, Fliegen und Flöhen, Ruß, Leinenstoff, Schimmel, Kork, Federn und anderen Dingen, darunter eine Pflanzenzelle – im Übrigen ein von Hooke geprägter Begriff, den die Form dieser Zelle an eine Mönchszelle erinnerte. Einer der ersten Käufer dieses Werks war Samuel Pepys, der in einem seiner berühmten Tagebücher notierte, *Micrographia* sei das »geistreichste Buch, das ich je gelesen habe«. Kurz darauf hob der niederländische Mikroskopbauer Antoni Van Leeuwenhoek mit seinen in den 1670er Jahren in den *Philosophical Transactions* der Royal Society veröffentlichten Beobachtungen von Einzellern, Bakterien, Spermien, Muskelfasern, dem Blutfluss in Kapillaren und der Feinstruktur von Pflanzen die Mikrobiologie aus der Taufe.

Ein anderer Niederländer, Jan Ingenhousz, wies im 18. Jahrhundert durch Messung der Gasproduktion von Pflanzen die Pflanzenatmung nach. Er zeigte, dass die grü-

Gegenüber: Seiten aus Robert Hookes *Micrographia* mit der vergrößerten Darstellung eines Flohs. Als das Buch 1664 erschien, war es eine Sensation. Hier ist es neben einem ähnlichen und fast zeitgleich erschienenen Werk des niederländischen Mikroskopbauers Antoni Van Leeuwenhoek zu sehen.

Links: Antoni Van Leeuwenhoek auf einem Gemälde von Jan Verkolje, um 1680. Die Photographie ganz links zeigt den Nachbau eines Mikroskops von Van Leeuwenhoek. Von den über 500 verschiedenen Modellen, die er konstruierte, sind nur 9 erhalten. Über die Konstruktionsweise seiner meist vier bis fünf Zentimeter großen Geräte ist wenig bekannt. Trotz ihrer geringen Maße ermöglichten manche von ihnen eine bis zu 400-fache Vergrößerung.

nen Farbkörper in Pflanzen (die später Chlorophyll genannt wurden) in der Lage waren, aus Sonnenlicht Energie zu gewinnen und diese zur Umwandlung von Kohlendioxid und Wasser in Kohlenhydrate zu nutzen – ein Vorgang, in dessen Folge der von Tieren benötigte Sauerstoff produziert wird. Außerdem konnte er nachweisen, dass Pflanzen im Dunkeln Kohlendioxid abgeben.

So bedeutsam die Entdeckung der Photosynthese auch war, die drängendste Aufgabe der Biologie bestand damals in der Schaffung eines grundlegenden Ordnungssystems für die Natur. Einen ersten Schritt in diese Richtung unternahm John Ray mit seiner 1704 vollendeten dreibändigen Pflanzengeschichte, in der sich die erste biologische Definition einer »Art« findet. Doch erst 1751 entwickelte Carl von Linné sein heute noch gebräuchliches binominales System. In der Linné'schen Nomenklatur bezeichnet die erste Hälfte des latinisierten wissenschaftlichen Doppelnamens die Gattung, die zweite die Art; beide werden kursiv geschrieben. Im Namen des Grasfroschs beispielsweise – *Rana temporaria* – markiert *Rana* die Gattung und *temporaria* die

Der Naturforscher John Ray, porträtiert von einem unbekannten Maler nach 1680. Ray veröffentlichte zwischen 1686 und 1704 eine einflussreiche Pflanzengeschichte.

Art. Beim Kriechenden Hahnenfuß, *Ranunculus repens*, und beim Scharfen Hahnenfuß, *Ranunculus acris*, handelt es sich um zwei Arten, *repens* und *acris*, die zur selben Gattung, nämlich *Ranunculus*, gehören. Der binären Bezeichnung kann unter Umständen noch in Antiqua-Schrift der abgekürzte Name des Entdeckers hinzugefügt werden – so lautet etwa der wissenschaftliche Name des Gänseblümchens *Bellis perennis* L. (wobei L. hier für Linné steht). Während also in der umgangssprachlichen Bezeichnung eines Tiers oder einer Pflanze die Art an erster und die Gattung an zweiter Stelle genannt wird, ist es beim wissenschaftlichen Namen genau umgekehrt.

Doch Linné war auch Kreationist. Trotz seiner Entdeckung hybrider Pflanzen, die durch die Kreuzung verschiedener Arten entstanden waren, glaubte er, dass Gott alle Arten in ihrer gegenwärtigen Form geschaffen habe. Erst rund ein Jahrhundert nach Linné entwickelte sich allmählich ein wissenschaftliches Verständnis von Hybridität. 1859 veröffentlichte Charles Darwin sein Werk *Über die Entstehung der Arten*, das den Kreationismus zurückwies und die Transmutation von Arten mit dem Prinzip der natürlichen Auslese erklärte. Jedoch gelang es Darwin nicht, einen befriedigenden biologischen Mechanismus für die natürliche Auslese anzuführen, der die Vererbung von Merkmalen bei Pflanzen und Tieren erklären konnte. Seine hierzu entwickelte Theorie der »Pangenese« und der »Gemmulae« war falsch.

Die richtige Antwort lieferte schließlich ein Zeitgenosse Darwins, der österreichische Mönch Gregor Mendel, der Darwin allerdings unbekannt war. In den 1860er Jahren

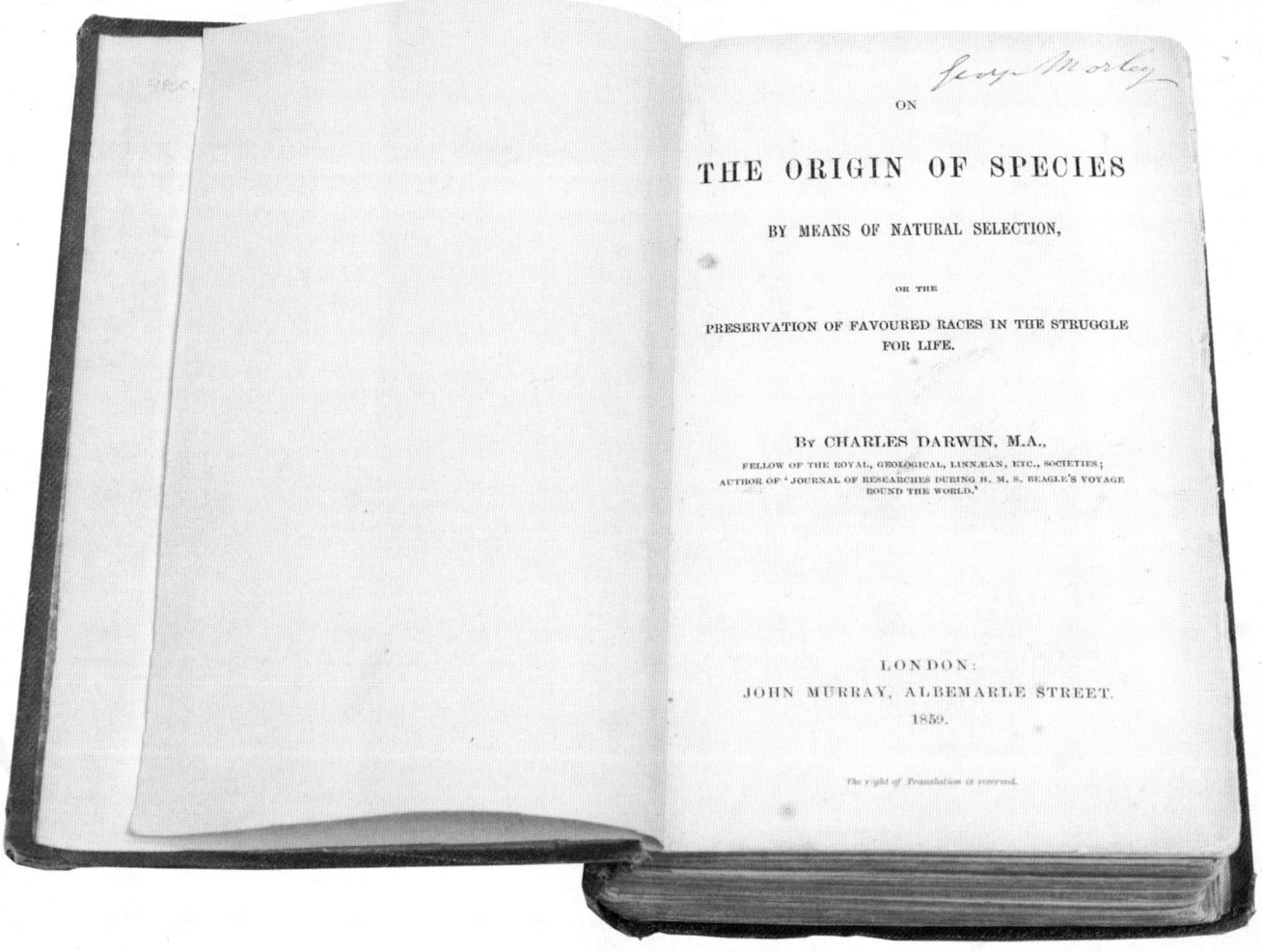

ON

THE ORIGIN OF SPECIES

BY MEANS OF NATURAL SELECTION,

OR THE

PRESERVATION OF FAVOURED RACES IN THE STRUGGLE
FOR LIFE.

By CHARLES DARWIN, M.A.,
FELLOW OF THE ROYAL, GEOLOGICAL, LINNÆAN, ETC., SOCIETIES;
AUTHOR OF 'JOURNAL OF RESEARCHES DURING H. M. S. BEAGLE'S VOYAGE
ROUND THE WORLD.'

LONDON:
JOHN MURRAY, ALBEMARLE STREET.
1859.

The right of Translation is reserved.

führte Mendel umfangreiche Zuchtexperimente mit Erbsen durch. Durch die generationsübergreifende Beobachtung der Merkmale von Hybriden entwickelte Mendel eine Theorie der Vererbung, welche auf Elementen in den Fortpflanzungszellen der Erbsen beruhte, die man später Gene nennen sollte. Diese Theorie wurde zur Grundlage der Genetik. 1953 entdeckten der Physiker Francis Crick und der Biologe James Watson den genetischen Mechanismus der Replikation und Vererbung. Sie entschlüsselten die »Doppelhelix«-Struktur der Desoxyribonukleinsäure (*deoxyribonucleic acid*), kurz DNA, und schufen so das Fachgebiet der Molekularbiologie. Diese Entdeckung veränderte die Biowissenschaften nachhaltig und hatte auch Auswirkungen auf die Erforschung des Nervensystems, die im 19. und 20. Jahrhundert von Forschern wie dem Physiologen Jan Purkinje und dem Neurowissenschaftler Santiago Ramón y Cajal vorangetrieben wurde. Obwohl die Neurowissenschaften die Erklärung des menschlichen Bewusstseins, wie von Crick erhofft, bislang schuldig geblieben sind, darf man auf ihrem Gebiet noch bedeutende wissenschaftliche Fortschritte erwarten.

Titelseite von Charles Darwins *On the Origin of Species by Means of Natural Selection*. Mit der Veröffentlichung dieses Werks 1859 war die moderne Evolutionstheorie aus der Taufe gehoben; allerdings fehlte ihr noch der Begriff des Gens.

Linné.

TORE FRÄNGSMYR

Carl von Linné

EIN BOTANIKER GIBT DER NATUR IHRE NAMEN
(1707–1778)

*»In weiter Ferne sah ich Gott den Allmächtigen seiner Wege gehen und
versank in Staunen. Ich folgte seinen Fußspuren in den Feldern der Natur
und erkannte in jedem Ding, selbst dem kaum sichtbaren,
eine unendliche Weisheit und Kraft, eine unbegreifliche Perfektion.«*
Carl von Linné, Einleitung zu *Systema Naturae*, 12. Auflage, 1766

Carl von Linné gilt in vielerlei Hinsicht als eine Symbolgestalt der schwedischen
Naturwissenschaften des 18. Jahrhunderts. Er war nicht nur ein Vorreiter des
naturwissenschaftlichen Fortschritts in Schweden, sondern lenkte durch sein
Renommee auch einige Aufmerksamkeit auf andere schwedische Forscher. Linné, später
im Leben geadelt, stammte aus einfachen Verhältnissen. Er wurde am 23. Mai 1707
in der südschwedischen Region Småland als Kind einer Familie von Bauern und Priestern
geboren. Dank seines Vaters Nils, eines Dorfpfarrers und Hobbybotanikers, entwickelte
der junge Carl schon früh ein Interesse für Blumen und andere Pflanzen. Nach
seiner Zeit am Gymnasium begann er 1727 ein Studium an der Universität Lund, wechselte
aber schon nach einem Jahr an die Universität Uppsala. Offiziell studierte er Medizin,
doch was ihn mehr als alles andere faszinierte, war die für die Medizin so bedeutsame
Pflanzenkunde.

DIE INTERPRETATION NATÜRLICHER FORMEN

Linné erkannte schnell, dass sich die Pflanzenkunde als Fach in einem Zustand zunehmender
Verwirrung befand. Immer öfter reisten die Menschen in fremde Länder,
wodurch sich die Zahl der bekannten Pflanzen dramatisch erhöhte. Und welchen Systematikern
man auch folgte, ob nun Aristoteles oder moderneren wie Andreas Caesalpinus,
Caspar Bauhin oder Joseph Pitton de Tournefort: Es taten sich Probleme auf.
Einige Naturforscher ordneten die Pflanzen nach ihrer Farbe, andere nach ihrer Größe,
wieder andere nach Blütenkrone und Frucht. Linné setzte sich in den Kopf, eine eigene
Systematik zu entwickeln.

Von Rudolf Jakob Camerarius, einem deutschen Botaniker und Mediziner, und dem
Franzosen Sébastien Vaillant, ebenfalls Pflanzenkundler, hatte er gelernt, dass Pflanzen
eine Sexualität besitzen: Ihre Staubgefäße mit den Pollen lassen sich als Entsprechung
männlicher Genitalien verstehen, und ihre Stempel als Eierstöcke, also als Entsprechung
der weiblichen Sexualorgane. Ende 1729 hatte Linné einen kleinen Aufsatz

Gegenüber: Carl von
Linné auf einem Gemälde
von Alexander
Roslin, 1775.

195

Das Originalmanuskript von Linnés »Praeludia sponsaliorum plantarum« von 1729.

vollendet, auf Schwedisch, doch mit dem lateinischen Titel »Praeludia sponsaliorum plantarum« (»Vorspiel zur Hochzeit der Pflanzen«). Die darin geäußerten Ansichten sollte er später auf der Grundlage weiterer empirischer Erkenntnisse noch ausführlicher darlegen.

Der damalige Professor für Pflanzenkunde an der Universität Uppsala war betagt und Linné übernahm schon bald dessen Lehrverpflichtungen; mit seinen Studenten begab er sich auf zahlreiche Exkursionen. Im Sommer 1732 unternahm er eine Forschungsreise nach Lappland, über die er einen Bericht mit dem Titel *Iter Lapponicum* (»Lappländische Reise«) verfasste, der 1811 zunächst in englischer und 1889 dann in schwedischer Sprache veröffentlicht wurde.

Wer in Schweden Arzt werden wollte, hatte zweierlei Bedingungen zu erfüllen: Er musste eine Studienreise ins Ausland unternommen und einen Doktortitel an einer ausländischen Universität erworben haben. So machte sich Linné im April 1735 auf den Weg und verbrachte, nach Stationen in Hamburg und Amsterdam, einige Zeit in der kleinen niederländischen Universitätsstadt Harderwijk, wo er mit einer Dissertation über Fieber promoviert wurde. Anschließend reiste er weiter nach Leiden, um den berühmten Mediziner Hermann Boerhaave und den hervorragenden Botaniker Johann

Friedrich Gronovius kennenzulernen. Als Glücksfall erwies es sich, dass Linné eine Anstellung bei George Clifford erhielt, dem Direktor der Niederländischen Ostindien-Kompanie. Auf Cliffords zwischen Leiden und Haarlem gelegenen Anwesen Hartekamp war er zwei Jahre lang für Garten, Bibliothek und Herbarium verantwortlich.

EIN NEUES KLASSIFIKATIONSSYSTEM, INKLUSIVE *HOMO SAPIENS*

Auf Hartekamp betrieb Linné eifrig eigene Forschungen. Er arbeitete an mehreren Manuskripten, die er aus Schweden mitgebracht hatte und nun in Druck geben wollte. Linnés unverkennbares Talent ließ mehrere Gönner um seine Gunst wetteifern, sodass er finanziell wie moralisch von Gronovius und Clifford zugleich unterstützt wurde. Seine bedeutendste Schrift aus dieser Zeit ist *Systema naturae*, die Ende 1735 erschien. Sie

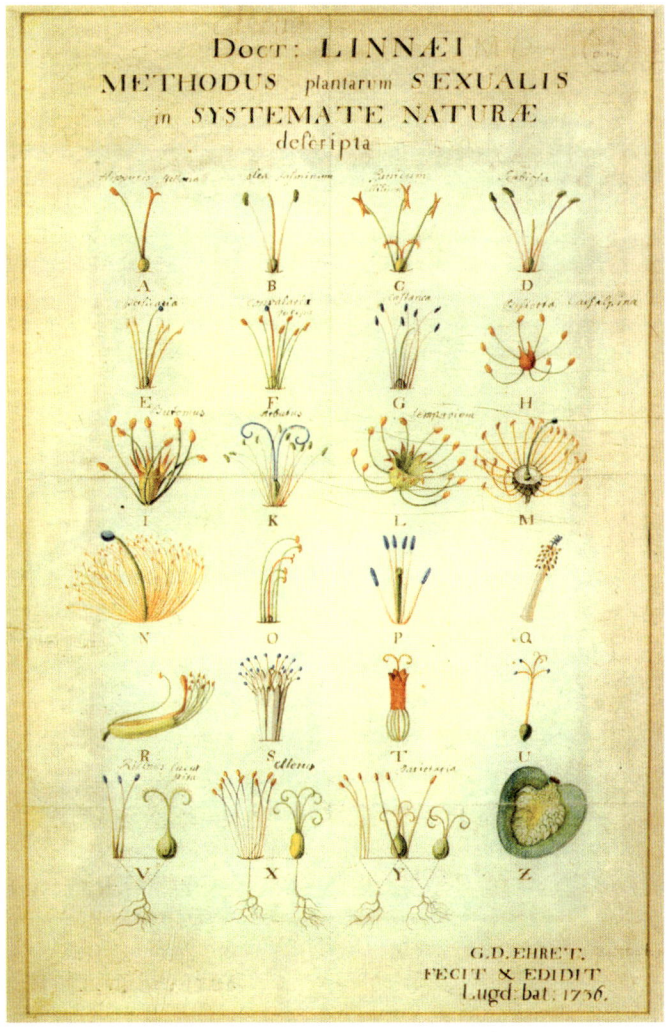

Das 1735 erstmals erschienene Werk *Systema naturae* teilt die Welt der Natur in ein System aus Klassen, Ordnungen, Gattungen und Arten ein. Diese Buchseite zeigt die 24 Klassen von Pflanzen, die Linné im Zusammenhang mit seiner Darstellung der Geschlechtlichkeit von Pflanzen bestimmte. Das Buch erschien zu Linnés Lebzeiten in zwölf Auflagen. Die 10. Auflage, veröffentlicht in zwei Bänden 1758 und 1759, war die erste, in der sich auch ein binominales System zur Bezeichnung von Tieren fand, das Linné zuvor schon für Pflanzen verwendet hatte. Daher gilt sie als Grundstein der modernen zoologischen Nomenklatur.

bot im großen Folioformat eine tabellarische Übersicht über die drei Reiche der Natur: das Reich der Mineralien (*regnum lapideum*), die Welt der Pflanzen (*regnum vegetabile*) und das Reich der Tiere (*regnum animale*). Den Menschen, oder *Homo sapiens* – so die von ihm gewählte Bezeichnung –, setzte Linné an die Spitze der Gruppe der viergliedrigen Tiere. Das war zu jener Zeit ein durchaus provokanter und gewagter Vorschlag. Zu seiner Verteidigung erklärte Linné, der Mensch sei zwar Teil der Schöpfung, gehöre aber eindeutig nicht zum Reich der Mineralien oder der Pflanzen, also ins Tierreich. Linné war es auch, der die Menschheit erstmals nach Rassen oder Arten unterteilte und damit die physische Anthropologie begründete, ein seit jeher heikles Forschungsgebiet. Dabei ging er von fünf Rassen aus: der amerikanischen, der europäischen, der asiatischen, der afrikanischen und einer fünften, »abscheulich« gemischten Gruppe, zu der er unter anderem die Hottentotten zählte. Es dürfte in Anbetracht der damaligen Zeit kaum überraschen, dass weiße Europäer unter den Rassen ganz oben und schwarze Afrikaner ganz unten rangierten.

Das berühmteste der in der *Systema Naturae* vorgestellten Reiche ist jedoch die Pflanzenwelt. In den entsprechenden Ausführungen wird jenes Sexualsystem der Pflanzen beschrieben, das als Linné'sches System bekannt geworden ist. In der festen Überzeugung, dass Pflanzen sexuelle Wesen seien, gründete Linné sein System auf die Fortpflanzungsorgane: die Staubblätter und Stempel. Nach Anzahl und Anordnung der Staubblätter teilte er die Pflanzen in 24 Gruppen oder Klassen ein, und nach der Anzahl der Stempel noch einmal in Untergruppen oder Ordnungen. Diese Einteilung reichte von Klassen über Ordnungen und Familien bis hinunter zu den Arten. Die ersten zehn Klassen umfassten Pflanzen mit bis zu zehn Staubblättern, die folgenden dreizehn Klassen Pflanzen mit unterschiedlichen Anordnungen von Staubblättern (etwa zwei lange und zwei kurze Staubblätter), während die vierundzwanzigste Klasse von den Kryptogamen gebildet wurde, den blütenlosen Pflanzen. Wie schon in seiner Schrift über die »Hochzeit der Pflanzen« beschrieb Linné auch in *Systema Naturae* das Sexualleben der Pflanzen sehr lebendig und poetisch. So heißt es beispielsweise über die erste Klasse, dass deren Pflanzen jeweils mit einem Mann verheiratet seien; in der achten Klasse hingegen teilten sich acht Männer die Brautkammer mit einer Frau, in der vierzehnten täten dies zwei große und zwei kleine Männer. Diese freimütige Redeweise stieß damals auf einige Empörung. Dennoch war Linnés Sexualsystem bald weithin anerkannt und wurde sehr einflussreich. Linné gab, wenn man so will, den Botanikern eine gemeinsame Sprache, sodass sie sich leichter miteinander verständigen konnten. Zu Linnés Lebzeiten wurde *Systema Naturae* in etlichen Auflagen veröffentlicht. Die letzte aus seiner Hand war die 12. Auflage von 1766–68; aus den ursprünglich elf Seiten war da schon ein dreibändiges Werk geworden. In einführenden Handbüchern findet sich Linnés Sexualsystem noch heute, allerdings nicht mehr in anspruchsvollerer Fachliteratur. Linné selbst hatte sein System im Übrigen nie als Darstellung natürlicher Gruppen erachtet, sondern lediglich als Instrument zur Identifizierung von Pflanzen.

Während seiner drei Jahre in den Niederlanden war Linné ungemein produktiv. Neben der *Systema Naturae* und einigen kleineren Schriften veröffentlichte er acht große Werke, darunter auch erweiterte oder exemplarische Darstellungen seines Sexualsystems. Seine Amtspflichten erfüllte er in Form einer eindrucksvollen Beschreibung der Blumen in Cliffords Garten, *Hortus Cliffortianus*. Es folgten weitere Werke: In *Funda-*

menta Botanica beschrieb und erläuterte er die seinem System zugrunde liegende Methode der Einteilung von Pflanzen in Arten, Ordnungen und Klassen; in *Critica Botanica* stellte er Regeln für die Benennung von Arten auf; *Genera Plantarum* katalogisierte und beschrieb alle von ihm behandelten Pflanzenfamilien, eingeteilt in Klassen und Ordnungen, und bot einen historischen Überblick über botanische Klassifikationssysteme, von demjenigen Caesalpinus' bis hin zu seinem eigenen. Bei all dem fand er im Sommer 1736 noch Zeit für eine Reise nach England, die von Clifford finanziert wurde. In London traf er Sir Hans Sloane, den Nachfolger Isaac Newtons als Präsident der Royal Society, und in Oxford den deutschen Botaniker Johann Jakob Dillenius.

Im Juni 1738 kehrte Linné nach Schweden zurück, das er hernach nie mehr verlassen sollte. Er ließ sich in Stockholm als praktizierender Arzt nieder, wurde 1741 Professor an der Universität Uppsala und im selben Jahr zum königlichen Hofarzt ernannt. 1758 erwarb er den Gutshof Hammarby bei Uppsala, der heute ein Museum ist. 1762 wurde er als »von Linné« geadelt.

COLLINSONIA. *Hort. Cliff.* 14. *Sp.* 1.

NAMENSGEBER DER NATUR

Die Beschreibung des Sexualsystems der Pflanzen in *Systema Naturae* war Linnés erste große Leistung. Die zweite war seine 1751 erschienene Abhandlung über Pflanzenarten, die den Titel *Species Plantarum* trägt und als Ausgangspunkt der modernen botanischen Nomenklatur gilt. Das Werk behandelt alle ihm damals bekannten Arten, insgesamt rund 8000. Nicht weniger wichtig war die Art und Weise ihrer Erfassung. Linné schlug die Verwendung einer binären Nomenklatur vor, also eines zweigliedrigen Systems, das die Arten mittels eines Vor- und Nachnamens charakterisierte. Bis dahin waren Arten mit einem Familiennamen bezeichnet worden, auf den eine lange Beschreibung folgte. Mit Linnés System ließ sich jede Pflanze anhand zweier Wörter eindeutig identifizieren. Das erste bezeichnete die Gattung (*genus*), das zweite die Art. So lautet beispielsweise die wissenschaftliche Bezeichnung für Ackersenf *Sinapis arvensis*. Die Entscheidung für die einzelnen Namen erfolgte keineswegs willkürlich. Vielmehr wurden die Familiennamen für gewöhnlich in Anlehnung an Namen berühmter Botaniker gebildet. So benannte Linnés Kollege Gronovius eine in Schweden heimische kleine und unscheinbare Pflanze nach Linné, nämlich *Linnea borealis* (*borealis* bedeutet »des Nordens«). Linné hielt dies für eine gute Wahl, fand er sich selbst doch, wie jene Pflanze, »bescheiden und anspruchslos« – eine Selbsteinschätzung, die nicht all seine Kollegen geteilt haben dürften.

Linnés dritte große Leistung war die Form seiner Pflanzenbeschreibung. Er definierte die unterschiedlichen Arten sehr viel klarer und führte eine einheitliche Terminologie für verschiedene Teile der Pflanzen ein, die für ihre Identifizierung relevant waren. Er hatte einen scharfen Blick für Details; seine Beschreibungen waren stets ebenso knapp wie eindeutig und erfassten in wenigen Worten das Wesentliche. Linnés Drang zur Klassifikation war extrem – in dem Maße, dass Kritiker bemängelten, die Struktur der Natur werde bei ihm auf ein abstraktes Modell reduziert oder in ein starres Kor-

Bildtafel aus *Hortus Cliffortianus*, mit einem Stich von Jan Wandelaar nach einer Zeichnung von Georg Dionysius Ehret. Sie zeigt *Collinsonia canadensis*, eine in Nordamerika heimische Pflanze aus der Familie der Lippenblütler. Benannt wurde sie nach dem englischen Quäker, Händler und Hobbybotaniker Peter Collinson, der ein eifriger Verfechter des Linné'schen Klassifikationssystems war und den Schweden bei dessen Besuch in London beherbergte.

sett gezwängt. Kritik kam vor allem von Linnés französischen Kollegen Georges-Louis Leclerc de Buffon und Michel Adanson. Im Besonderen Buffon war der Ansicht, eine wissenschaftliche Klassifikation sei in Wirklichkeit unmöglich, da sowohl im Tierreich als auch im Pflanzenreich Formen existierten, die ineinander übergingen und sich nicht scharf voneinander abgrenzen ließen.

WISSENSCHAFT AUF RELIGIÖSEM FUNDAMENT

Linnés Blick auf die Natur war von seinem Glauben geprägt. Für ihn gab es im Universum eine feste Ordnung: Er glaubte, dass eine Art etwas Konstantes und Unveränderliches sei, und dass die Anzahl der Arten sich seit der Schöpfung nicht gewandelt habe – Gott habe alle Arten in genau der Form geschaffen, wie sie sich den Menschen jetzt darböten. Ausgehend von diesem Schöpfungsakt sei alles auf natürliche Weise aus einem Ei oder Samenkorn heraus entstanden. Oft zitierte Linné den Satz *omne vivum es ovo*, zu Deutsch: »alles, was lebt, stammt aus dem Ei«. Insofern darf man annehmen, dass er die Theorie von der Urzeugung genauso verwarf wie den populären Glauben, bestimmte Insekten entstammten den Körpern anderer Tiere. Nach einiger Zeit jedoch war Linné gezwungen, seine Vorstellung von der Konstanz der Arten auf den Prüfstand zu stellen. Er entdeckte eine neue Pflanze, *Peloria*, die er zunächst für eine deformierte Variante von *Linaria vulgaris* hielt, bis er in ihr eine Hybride erkannte, sprich: eine Kreuzung verschiedener Arten. 1744 beschrieb er die Pflanze in seiner Dissertation mit dem Titel *Peloria* und versuchte – reichlich verwirrt – zu erklären, warum sie nicht in sein Klassifikationssystem passte. Da er die Existenz von Hybriden nicht länger leugnen konnte, dachte er nun, dass alle Arten innerhalb einer Familie von ein und derselben Mutterform abstammten.

Trotz der offenkundigen scholastischen Züge seines Systems war Linné nie ein Denker im Elfenbeinturm, der ohne Kontakt zur Natur verharrte. Niemand sonst vermochte die Schönheit der Natur besser zu beschreiben als Linné, niemand sonst pries Gottes Nähe in höheren Tönen. Seine klassischen Texte enthalten Passagen über »die Merkwürdigkeit der Insekten«, über »die Süße in der Natur« und »das Staunen angesichts der Natur«. Gott war in seiner Schöpfung allgegenwärtig, und die Aufgabe des Naturwissenschaftlers bestand darin, dies offenzulegen. So teilte Linné den aristotelischen Gedanken der »Kette des Lebens«, *catena naturae*, dem zufolge sich alles durch die Schöpfung Entstandene hierarchisch anordnen ließe, von den Engeln an der Spitze über die Menschen, Tiere und Pflanzen bis hinunter zur leblosen Materie. Die Schöpfung habe keine zeitlichen Lücken: »Die Natur macht keine Sprünge«, erklärte Linné.

Die Göttliche Ordnung ließ sich auch auf andere Weise beschreiben, nämlich als Zustand des Gleichgewichts. Diese Idee griff Linné in seinem Werk *Oeconomia Naturae* (»Ökonomie der Natur«) von 1749 auf. Er war der Ansicht, dass alle Lebewesen, was ihr Überleben betrifft, aufeinander angewiesen seien. Niederlage und Tod eines Individuums bedeuteten stets zugleich den Vorteil eines anderen. Wir hätten es folglich mit einem »Krieg eines jeden gegen jeden« zu tun. Das gelte auch, wie Linné meinte, für die menschliche Gesellschaft: Kriege fanden zumeist in dicht besiedelten Gegenden statt und begrenzten dadurch das Bevölkerungswachstum. Ordnung und Ausgewogenheit ließen sich in der Natur in vielerlei Hinsicht beobachten. So wurde Linné nicht müde, seine Vorstellungen von der geographischen Verbreitung von Pflanzen und Tieren zu erläutern: Da unterschiedliche Lebensformen unterschiedliche Umwelten brauchten, habe Gott auf der Erde verschiedene Klimate und Milieus erschaffen, um allen Lebewesen gerecht zu werden. Auf diese Weise war dem Prinzip Rechnung getragen, dass die Schöpfung alle Arten von Leben umfasste und keinerlei Lücken aufwies. Aufgrund all dieser Überlegungen zu verschiedenen Pflanzen und ihren ganz eigenen Lebensbedürfnissen lässt sich Linné als früher Vertreter dessen betrachten, was heute ökologisches Denken genannt wird.

Noch etwas anderes kennzeichnete Linné: seine Neigung zum Volksglauben und sein Mystizismus. In einer Zeit, in der Europa längst vom aufgeklärten Glauben an die Kraft der Vernunft geprägt war, konnte Linné erstaunlich antiquierte Ansichten an den Tag legen. So teilte er etwa den Volksglauben, Schwalben überwinterten auf dem Meeresboden, ohne dies je durch ein Unterwasserexperiment mit Schwalben überprüft zu haben. Außerdem hegte er Sympathien für Zahlensymbolik und für die Idee, dass ein Mensch zwölf Stadien à sieben Jahre durchlaufe: Mit sieben Jahren verliert ein Kind die Milchzähne, mit vierzehn kommt es in die Pubertät und so weiter. Des Weiteren verfasste Linné eine Abhandlung über verschiedene Lebewesen im Tierreich, zu denen nicht nur Schimpansen und Orang-Utans zählten, sondern auch Tiermenschen, Höhlenmenschen und Menschen mit Schwänzen. Natürlich hatte Linné diese Fantasiewesen nie persönlich zu Gesicht bekommen, sondern nur von ihnen gelesen oder gehört. Was ihn indes nicht davon abhielt, Bilder dieser Kreaturen zu veröffentlichen. Präsentierte sich Linné einerseits als rational denkender Wissenschaftler, der den Menschen im Tierreich ansiedelte, hing er andererseits in großer Naivität bestimmten abergläubischen Vorstellungen an.

Linné hatte ein besonderes Verhältnis zu seinen Studenten. Er kümmerte sich um sie, sprach von ihnen in liebevollem Ton und nannte sie seine »Apostel«. Getrieben von dem Wunsch, so viel wie möglich über Gottes Schöpfung zu erfahren – vor allem über jede Pflanze und jedes Tier –, schickte er seine Apostel in jeden Winkel der Welt, von Island im Norden bis nach Australien im Süden, von Japan im Osten bis nach Amerika im Westen. Von hier aus brachten die Studenten ihrem Lehrmeister in Uppsala ihre Fundstücke mit. Sie schrieben ihm Briefe und Berichte und publizierten ihre Forschungsergebnisse in Fachzeitschriften und Büchern. Mittels seiner Apostel erforschte Linné auch im fortgeschrittenen Alter, als er auf eigene Auslandsreisen verzichtete, die Natur in aller Welt. In seinen letzten vier Lebensjahren war er, durch zwei Schlaganfälle halbseitig gelähmt, zu keiner wissenschaftlichen Arbeit mehr fähig. Er starb schließlich im für jene Zeit respektablen Alter von 71 Jahren.

In späteren Jahren versuchte Linné, die in Afrika und Asien lebenden menschenartigen Affen zu klassifizieren. Unumwunden gab er zu, dass sein diesbezügliches Wissen kaum auf eigener Erfahrung beruhe, sondern sich weitgehend der Arbeit seines Doktoranden Christian Emmanuel Hoppius verdanke. Dessen Dissertation »Anthropomorpha« enthielt eine druckgraphische Darstellung verschiedener Typen von »primitiven« Menschen, wie frühere Anthropologen sie sich vorgestellt hatten. Das Werk erschien 1763 in einer Ausgabe der *Amoenitates academicae*, einer mehrbändigen Sammlung von Dissertationen der sogenannten »Apostel« Linnés.

Jan Ingenhousz

PHYSIOLOGE UND ENTDECKER DER PHOTOSYNTHESE
(1730–1799)

»Es gibt in der Tat nur wenige neue … Entdeckungen, die sich in einen unmittelbaren Vorteil ummünzen lassen, abgesehen vielleicht von dem der Verblüffung oder Bewunderung und einer im Entdecker hervorgerufenen Freude, … gemischt mit einer Art Befriedigung, die an einen unwiderstehlichen Stolz grenzt, der sich zwangsläufig mit der Gewissheit einstellt, den Umfang des menschlichen Wissens erweitert zu haben.«
Notiz von Jan Ingenhousz, auf ein Stück Papier gekritzelt, Datum unbekannt

Als das Wort »Photosynthese« 1893 erstmals verwendet wurde, lag die erste grundlegende Beschreibung dieses biochemischen Vorgangs bereits über hundert Jahre zurück. Im Sommer 1779 hatte der niederländische Arzt Jan Ingenhousz in einem Landhaus bei London eine aufwendige Reihe von 500 Experimenten durchgeführt, deren Ergebnisse er in *Experiments upon Vegetables* (»Versuche mit Pflanzen«) veröffentlichte. Zu der Zeit, da seine Entdeckung ihren endgültigen Namen erhielt, war der Name des Entdeckers längst in Vergessenheit geraten. Heute taucht er aus dem Nebel der Geschichte allmählich wieder auf. Zu Recht, denn Ingenhousz war nicht nur ein begnadeter Experimentator, ein ausgezeichneter Arzt und produktiver Forscher auf dem Gebiet der Chemie und Physik, sondern auch ein kritischer Geist und vielsprachiger Reisender.

Jan Ingenhousz wurde in Breda geboren, nahe der heutigen niederländisch-belgischen Grenze. Als Katholik war ihm der Zugang zu den protestantischen Universitäten seines Heimatlandes verwehrt, sodass er sein Medizinstudium im jenseits der Grenze gelegenen Löwen absolvieren musste. Nach dem Examen verbrachte er weitere Studienzeit in Paris, Leiden und Edinburgh, wo er seinen Wissensdurst in Seminaren über Gynäkologie, Physiologie, Landwirtschaft, Chemie und Pharmakologie stillte. Nach dem Tod seines Vaters gab er eine florierende Arztpraxis in seiner Heimatstadt auf, um auf Einladung von Sir John Pringle nach England überzusiedeln. Pringle, der sich als Autor von *Diseases of the Army* und Leibarzt König Georgs III. einen Namen gemacht hatte, war dem jungen und talentierten Ingenhousz erstmals begegnet, als er in Diensten der britischen Armee auf dem Kontinent weilte. In London führte er ihn in die Kreise der führenden Wissenschaftler und Politiker ein. Darunter war auch Benjamin Franklin, dem Ingenhousz lebenslang als wissenschaftlicher Kollege und in Freundschaft verbunden bleiben sollte.

1766 beteiligte sich Ingenhousz an der Kampagne zur Impfung der Bevölkerung gegen die tödlichen Pocken, wobei er lebende Pockenviren verwendete. Es war eine der ersten effektiven Präventionsmaßnahmen in der Geschichte der Medizin. Während die

Gegenüber: Von Jan Ingenhousz existieren nur wenige Bilder. Das beste unter den erhaltenen ist dieses Porträt, das höchstwahrscheinlich von der Londoner Künstlerin Anna Louisa Lane stammt und 1769 in Rom von Domenico Cunego gestochen wurde. Der lateinische Text lautet: »J. Ingenhousz, zum Hofarzt ernannt, um die Kinder der Kaiserin durch Impfung gegen Pocken zu schützen.« Die Tafel diente auch als Frontispiz von Ingenhousz' *Experiments upon Vegetables* von 1779.

J. INGENHOUSZ. C. ET ARCHIAT. CÆS.

OB CÆSAREAM PROLEM

INSITIONE VARIOLARUM SERVATAM

A. L. L. ad vivum delin.

Cunego inc. Romæ 1769.

Impfung vor allem in religiösen Kreisen auf großen Widerstand stieß, erregte sie bei den aufgeklärten Eliten in ganz Europa großes Interesse. Österreichs Kaiserin Maria-Theresia lud Ingenhousz nach Wien ein, damit er ihre Familie behandelte. Die Behandlung verlief erfolgreich, woraufhin Ingenhousz zum Hofarzt ernannt und mit einem lebenslangen Festgehalt belohnt wurde. Wohlhabend und unabhängig reiste Ingenhousz nun durch ganz Europa, traf Intellektuelle, Politiker und Naturphilosophen. Er lebte in London, Paris und Wien und verbrachte immer wieder längere Zeit in Bowood House, dem Landsitz des Earl of Shelburne bei Calne in der Grafschaft Wiltshire, in dem Joseph Priestley sich ein Labor eingerichtet hatte und 1774 den Sauerstoff entdeckte. 1779 wurde Ingenhousz in die Royal Society aufgenommen. Die meisten Einladungen anderer wissenschaftlicher Gesellschaften hingegen schlug er aus und lehnte sogar das kaiserliche Angebot ab, Leiter aller Universitäten und Bibliotheken in Österreich zu werden. Eine Begleiterscheinung seines Strebens nach zuverlässigem Wissen war seine scharfe Kritik an Anton Mesmer, die den Erfinder des »animalischen Magnetismus« letztlich aus Wien vertrieb.

DAS GEHEIME LEBEN DER PFLANZEN

Ingenhousz' pragmatisches Denken äußert sich auch in seinen Arbeiten zur Optimierung des Eudiometers. Dieses Gerät zur »Luftgütemessung« (so die wörtliche Bedeutung) war von Priestley erfunden und vom Abbé Fontana, einem Kollegen Ingenhousz', weiterentwickelt worden. Es trug nicht nur zur Entstehung der Umweltwissenschaften bei, sondern ermöglichte Ingenhousz auch die Messung der Gasproduktion von Pflanzen. Der Untertitel seines Buches *Experiments upon Vegetables* von 1779 zeigt, dass er das Wesentliche dieses pflanzlichen Mechanismus bereits erfasst hatte: *Discovering their Great Power of Purifying the Common Air in the Sunshine and of Injuring it in the Shade and at Night* (»Entdeckung ihres beachtlichen Vermögens, die gewöhnliche Luft bei Sonnenschein zu reinigen und sie im Schatten und bei Nacht zu verderben«). In moderner Terminologie ausgedrückt: Pflanzen sind in der Lage, aus den Stoffen Wasserstoff und Kohlenstoff – die sie aus Wasser und Kohlendioxid gewinnen – Kohlenhydrate zu bilden. Die Energie für diesen Prozess stammt von der Sonne und wird durch den grünen Molekülkomplex Chlorophyll absorbiert. Abfallprodukt dieses Vorgangs ist Sauerstoff, ein für alle Tiere einschließlich der Menschen lebenswichtiges Gas. Ingenhousz eliminierte auf empirischem Weg alle irrelevanten Variablen und beschrieb, wie allein die grünen Teile der Pflanzen die Luft »reinigten« und dabei »entphlogistizierte Luft« (Sauerstoff) produzierten. Indem er die »Lüfte« von Pflanzen bei Sonnenschein, Dunkelheit und in Ofennähe miteinander verglich, zeigte er, dass Pflanzen mithilfe des Sonnenlichts und nicht etwa der Wärme »die Güte der Luft verbessern«. Außerdem wies er nach, dass sie die Luft – wie jeder andere atmende Organismus auch – durch Produktion von »fixer Luft« (Kohlendioxid) »verdarben«. Dies ließ sich am besten im Dunklen beobachten, wenn die Produktion von Kohlendioxid nicht durch die Produktion von Sauerstoff überlagert wurde.

Die Veröffentlichung dieser Ergebnisse im Herbst 1779 stieß auf Kritik von Priestley, Jean Senebier und Willem Van Barneveld, die Ingenhousz die Urheberschaft dieser Entdeckung absprachen und ihrerseits behaupteten, jenen Vorgang als erste beobachtet zu haben. Doch statt sich auf eine endlose Kontroverse einzulassen, setzte Ingenhousz – bestärkt durch seinen Freund Benjamin Franklin – seine Forschungen und die Arbeit an ihren Anwendungen fort. Immer wieder hob er dabei die entscheidende Rolle der Pflanzen für die Regulation des Ökosystems hervor. Was sich hinter dem Phänomen der »Pflanzenökonomie« verbarg und das Ökosystem des Planeten antrieb, war Licht. Ingenhousz experimentierte auch mit Methoden zur Verbesserung des Pflanzenwachstums und reagierte damit auf drängende Probleme der Landwirtschaft; die Landwirtschaftskammer in London ernannte ihn nach ihrer Gründung 1793 zum Ehrenmitglied. 1789, rund zehn Jahre nach seiner bahnbrechenden Publikation, war es Ingenhousz gelungen, die Wechselwirkung von Pflanzen, Sonnen-

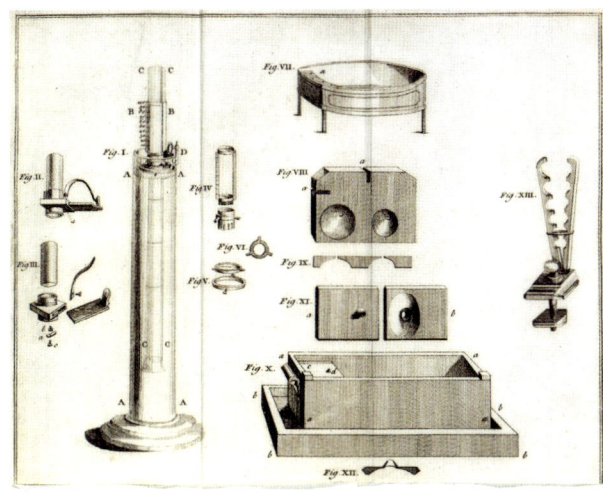

licht und Atmosphäre in der chemischen Terminologie Lavoisiers zu formulieren und Sauerstoff, Kohlendioxid und Wasserstoff als Bestandteile der photosynthetischen Reaktion zu benennen.

Neben seinen Forschungen zur Photosynthese verfolgte Ingenhousz noch zahlreiche weitere Projekte. 1785 schrieb er über die Verwendung des Deckglases beim Mikroskop sowie die zufällige Bewegung von Teilchen in einer Lösung, heute bekannt als »Brownsche Molekularbewegung«. Außerdem forschte und publizierte er zu elektrischen Leitern, Maschinen und Pistolen, zu Blitzableitern und Schießpulver, zu Magnetismus sowie den Eigenschaften von Metallen und gasbetriebenen Lampen. Auch mit den medizinischen Anwendungen neuer Forschungsergebnisse beschäftigte er sich. So schrieb er als erster über den Einsatz von Elektroschocks zur Behandlung psychischer Störungen und konstruierte einen Apparat zur Therapie unterschiedlicher Krankheiten mittels Sauerstoffinhalation, womit er zur Entwicklung der »pneumatischen Medizin« durch Thomas Beddoes beitrug.

Im Juli 1789 floh Ingenhousz vor der Französischen Revolution aus Paris nach London. Eine Rückkehr zu seiner Frau nach Wien sollte ihm durch die politischen Unruhen bis an sein Lebensende verwehrt bleiben. In seinen letzten Lebensjahren bemühte er sich, all die ihm noch vorschwebenden Experimente und Aufsätze zu Ende zu bringen. Erneut hielt er ein Plädoyer für evidenzbasierte Medizin, als er sich mit Edward Jenner über dessen neue Impfmethode austauschte, die auf eine Impfung mit Kuhpocken statt mit echten Pocken setzte. Jenners Methode war vielversprechend, doch hielt Ingenhousz ihre Sicherheit für nicht ausreichend erwiesen. Er starb 1799 in Bowood House; der genaue Ort seiner Grabstätte in der Kirche von Calne ist unbekannt.

Diese Bildtafel aus *Experiments upon Vegetables* zeigt das Eudiometer. Dieses Gerät biete, so Ingenhousz, »eine neue Methode, den Grad der Reinheit der atmosphärischen Luft zu prüfen.« Dabei wurde »salpetrige Luft« (Stickoxid) mit einer Luftprobe in einem Glasrohr über Wasser gemischt. Sie reagierte mit der »entphlogistizerten Luft« (Sauerstoff) in der Probe und bildete einen roten Dampf, der sich im Wasser löste und den Wasserspiegel ansteigen ließ. Die endgültige Höhe des Wasserspiegels gab Aufschluss über die Sauerstoffmenge in der Probe.

ALISON PEARN

Charles Darwin

DIE THEORIE DER EVOLUTION DURCH NATÜRLICHE AUSLESE
(1809–1882)

*»Vor neunzehn Jahren kam mir, während ich anderweitig mit Naturgeschichte
befasst war, der Gedanke, ich täte wohl gut daran, jegliche Art von Tatsachen zu
notieren, die für die Frage nach der Entstehung der Arten von Belang sind.«*
Charles Darwin, in einem Brief an Asa Gray, 20. Juli 1857

Jede Liste berühmter Wissenschaftler wäre unvollständig ohne Charles Darwin, den Urheber der Theorie von der Evolution der Arten durch »natürliche Auslese« – so seine Terminologie. Darwin jedoch hat den Ausdruck »Wissenschaftler« nicht häufig verwendet. Obgleich berühmt für seine Leistungen auf dem Gebiet der Geologie, bezeichnete er sich selbst nur selten als Geologen, und obwohl verantwortlich für einen Großteil unseres Wissens über Pflanzenphysiologie, bestritt er, ein Botaniker zu sein. Stattdessen verstand sich Darwin als »Naturforscher« im weitesten Sinn. Tatsächlich ist es die große Bandbreite seiner Forschungen, über alle fachwissenschaftlichen Grenzen hinweg, die seine Arbeit auszeichnet und seinen Erfolg begründet.

Darwins wissenschaftliche Ausbildung unterlag vielfältigen Einflüssen: Er war nicht nur Sohn eines Arztes, sondern auch Enkel des berühmten Erfinders und Philosophen Erasmus Darwin sowie des Fabrikanten Josiah Wedgwood I., des Gründers der Wedgwood Porzellanmanufaktur. Darwin wuchs in Shropshire auf, wo er und sein Bruder über genug Geld und Platz verfügten, um sich ein – wie sie es nannten – »Labor« einzurichten, in dem sie ihrer gemeinsamen Leidenschaft für die Chemie frönten. Es war das einzige Labor, das Darwin je besaß – bis zum Schluss arbeitete er als Wissenschaftler überwiegend daheim.

Als jüngerer Sohn war Darwin gezwungen, einen Beruf zu erlernen. Nur wenige ehrbare Berufe kamen überhaupt infrage, und Darwin entschied sich für den naheliegendsten: Er wollte Arzt werden, wie sein Vater. Er begann ein Medizinstudium in Edinburgh, brach es jedoch schon bald wieder ab und wechselte 1928 nach Cambridge, um dort Theologie zu studieren – ein üblicher Karriereschritt für Männer seiner Herkunft. Bereits in Edinburgh hatte Charles ein großes Interesse für die Naturgeschichte gezeigt, die Anatomiestunden gemieden und stattdessen mit dem Zoologen Robert Grant stundenlange Exkursionen an die Küste unternommen, die ihn zu seinem ersten wissenschaftlichen Text animierten, einem Aufsatz über die algenartige Bryozoe *Flustra*. In Cambridge ließ er das Studium locker angehen, machte Ausritte, besuchte Konzerte und Feierlichkeiten. Zugleich tat er sich als eifriger Sammler von Käfern hervor und zählte

Gegenüber: Das Original dieses Porträts von Charles Darwin malte John Collier 1881, ein Jahr vor Darwins Tod. Es war das Lieblingsbild seiner Familie, auf deren Wunsch Collier 1883 diese Kopie anfertigte, die später der National Portrait Gallery überlassen wurde. Das Bild zeigt Darwin mit dem bequemen Mantel und dem Hut, die er für gewöhnlich trug, wenn er in seinem Gewächshaus und Garten Pflanzen oder Insekten beobachtete, und wenn er seinen täglichen Spaziergang auf seinem »Denkpfad« unternahm – einem sandigen Pfad in einem Wäldchen am Rande seines Grundstücks.

bald zum Kreis zweier Gelehrter, die seine wissenschaftliche Ausbildung prägen sollten: des Geologen Adam Sedgwick sowie des Mineralogen und Botanikers John Henslow.

VOM HOBBYNATURFORSCHER ZUM ANGESEHENEN WISSENSCHAFTLER

Als Darwin nach abgeschlossenem Studium eines Tages von einer Exkursion mit Sedgwick nach Hause kehrte, fand er dort einen Brief von Henslow vor, der ihm anbot, an einer Vermessungsexpedition nach Südamerika teilzunehmen. Er würde auf der HMS *Beagle* als selbstständiger Naturforscher und Begleiter des Kapitäns Robert FitzRoy mitfahren können. Darwin war nicht nur wegen seiner Herkunft und Besonnenheit empfohlen worden, sondern auch, weil er als Wissenschaftler noch ein Grünschnabel war – eben noch kein, wie es Henslow ausdrückte, »fertiger Naturforscher«.

Am 27. Dezember 1832 stach die *Beagle* in See. Im Rückblick nannte Darwin diese auf zwei Jahre hin angelegte, aber letztlich fünf Jahre währende Reise eine lebensverändernde Erfahrung. Und das war sie in der Tat. Darwin brach als unerfahrener 22-Jähriger ohne langfristige Pläne auf und kehrte als bewundertes Mitglied der Wissenschaftsgemeinde zurück.

Im Laufe der Expedition eignete sich Darwin alle praktischen Fähigkeiten eines Forschers an: Beobachten, Sammeln, Konservieren, sorgfältiges Aufzeichnen, Klassifizieren sowie die Verwendung von Mikroskopen. Ausgewählte Pflanzen, Vögel, Insekten, Fossilien und verschiedene Arten von Meereslebewesen brachte er kisten- und fässerweise mit nach Haus. Diese Sammlungen waren beachtlich, aber nicht einzigartig: In Südamerika gab es damals, wie Darwin im Scherz sagte, mehr Sammler »als Zimmerleute, Schuhmacher oder Handwerker jeder anderen ehrbaren Zunft«. Was Darwin von ihnen unterschied, war sein Interesse für den Kontext der von ihm gesammelten Dinge sowie seine Fähigkeit, Fundstücke in geographischer Hinsicht und – nachdem er mit dem Sammeln von Fossilien begonnen hatte – chronologischer Hinsicht zu vergleichen.

Während seiner Andenüberquerung entdeckte Darwin Spuren eines schier unvorstellbaren Wandels der Landschaft: Versteinerte Bäume, einst vom Meer überspült, standen nun am höchsten Bergpass. An Bord der *Beagle* präsentierte ihm FitzRoy anschließend Vermessungsdaten, die für eine geringe, aber dauerhafte Veränderung der relativen Höhe von Festland und Meer sprachen. Darwins Beobachtungen deckten sich mit der kurz zuvor von Charles Lyell aufgestellte These, die gegenwärtige Landschaft sei das Ergebnis gradueller Auswirkungen bekannter Ereignisse über Jahrtausende hinweg. Die Beobachtungen, die er in allen Teilen des Kontinents gemacht hatte, fügte Darwin buchstäblich zusammen, indem er geologische Querschnitte auf aneinandergeklebten Papierstücken anordnete. Im Zuge dessen entwickelte er eine eindrucksvolle Theorie von der Erdkruste, die seiner Ansicht nach aus riesigen Blöcken bestand, die auf- und abstiegen und sich im flüssigen Kern darunter quer stellten.

Wenn Darwin auch behauptete, »blindlings alle Arten von Fakten« zu sammeln und daraus seine Schlüsse zu ziehen, waren seine Methoden in Wirklichkeit weit komplexer und einfallsreicher. Im Zentrum seiner Arbeit standen tatsächlich »große Mengen an Fakten«, die vor allem der Fundierung seiner veröffentlichten Thesen dienten. Zugleich scheute er nicht davor zurück, schon früh eine gewagte Hypothese aufzustellen und erst

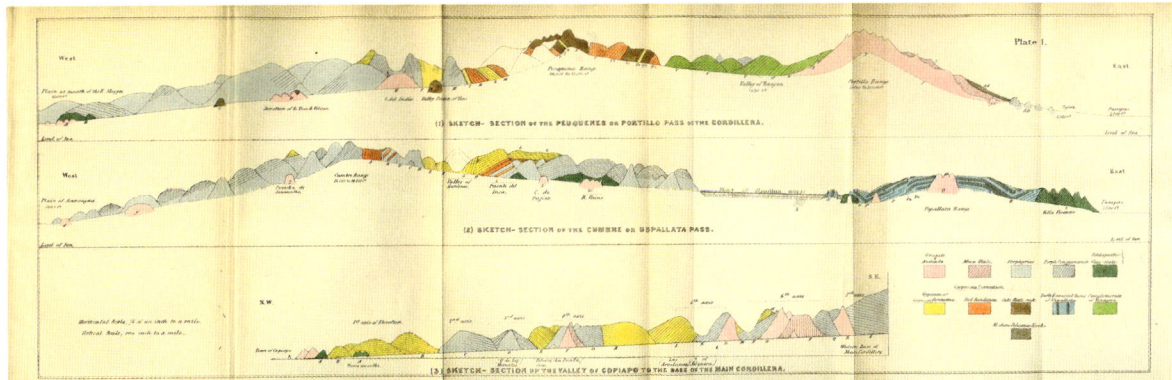

dann nach empirischen Daten zu suchen, um sie zu prüfen. Erstaunlich viele seiner erst Jahrzehnte später publizierten Ansichten finden sich bereits in den Notizbüchern, die er ab seiner Rückkehr nach England im Oktober 1836 führte. Zu diesem Zeitpunkt war er unter Gelehrten schon recht berühmt, dank Henslow, der Darwins Geologische Briefe gesammelt und publiziert hatte. Führende Wissenschaftler feierten ihn und überhäuften ihn mit Publikations- und Forschungsangeboten.

Auf der Grundlage seiner Hypothese von der Senkung und Hebung lieferte Darwin Antworten auf zwei seinerzeit heiß diskutierte Fragen der Geologie. Im einen Fall hatte er spektakulären Erfolg, im andern einen – wie er es formulierte – »gewaltigen und nachwirkenden Fehler« begangen. Während seiner Fahrt auf der *Beagle* war Darwin mit den für Schiffe nicht ungefährlichen Korallenriffen konfrontiert worden. Deren Existenz gab Rätsel auf. So konnten Korallenpolypen nur in Wassertiefen von maximal 60 Metern überleben, doch hatte Lyell kurz zuvor erklärt, sie wüchsen auf den Kegelrändern von Unterwasservulkanen. Darwin nun erklärte, Korallen entstünden im Flachwasser rund um Inseln, wo Generation um Generation aufeinander wuchs, während die Inseln selbst allmählich im Wasser versanken. Dieser elegante Lösungsvorschlag brachte Darwin die Anerkennung vieler seriöser Wissenschaftler ein. Wieder zurück in Großbritannien wurde er im März 1838 zum Sekretär der Geological Society gewählt, und kurzzeitig spielte er mit dem Gedanken, eine Universitätskarriere einzuschlagen.

Darwin richtete seine Aufmerksamkeit nun auf die sogenannten »Parallelstraßen« von Glen Roy in den schottischen Highlands – eine Reihe erstaunlicher Terrassen, die mehrere Täler am Great Glen umringen. Geologen vermuteten, dass diese Täler, einst für Menschenwerk gehalten, ursprünglich einmal Seen umschlossen hätten, und dass jene »Straßen« vom Wasser der Seen geschaffen worden seien. Von den riesigen Dämmen, die diese Theorie voraussetzte, fehlte allerdings jede Spur. Darwin hatte einen anderen, durchaus originellen Gedanken: Er nahm an, dass die »Straßen« von Meerwasser geschaffen worden waren, das abgeflossen sei, als sich die Landmassen langsam hoben. Doch auch diese Antwort hatte ihre Schwächen – so fehlte es vor allem an Fossilien. Und schon bald nach ihrer Veröffentlichung wurde Darwins Theorie von Louis Agassiz angezweifelt, der stattdessen erklärte, jene fraglichen Dämme seien von Gletschereis gebildet worden. Diese Erfahrung lehrte Darwin, mit der Veröffentlichung seiner Theorien künftig vorsichtiger zu sein.

Zehn Jahre nach der Reise auf der *Beagle* veröffentlichte Darwin 1846 sein Werk *Geological Observations of South America*. Dieses enthielt aufwendige geologische Querschnitte der Anden, die seine Theorie der großflächigen Senkung und Hebung stützen sollten. Die gedruckten Versionen beruhten auf einer Reihe handgefertigter und kolorierter Schnittzeichnungen, die der junge Darwin während seiner Reise auf langen Streifen aus aneinandergeklebten Papierstücken zusammengefügt hatte.

Kurz nach seiner Exkursion nach Glen Roy im Januar 1839 wurde Darwin in die Royal Society aufgenommen. Fünf Tage später heiratete er seine Cousine Emma Wedgwood, mit der er bald auch eine Familie gründete. Darwin, mit Leib und Seele Beobachter, zückte bei jeder Gelegenheit sein Notizbuch, um das Verhalten seines im Dezember jenes Jahres geborenen Sohns William detailliert zu protokollieren. Diese Notizen verwendete er für sein 1872 erschienenes Buch *The Expression of the Emotions in Man and Animals* (»Der Ausdruck der Gemütsbewegungen bei dem Menschen und den Tieren«) und dann noch einmal 1877 für »A biographical sketch of an infant«, einen Aufsatz in der kurz zuvor gegründeten Psychologie-Zeitschrift *Mind*.

DIE EVOLUTION DER EVOLUTIONSLEHRE

1842 zog Darwin mit seiner anwachsenden Familie nach Downe, ein Dorf in Kent, das nahe genug an London lag, um berufliche und private Kontakte zu pflegen, zugleich jedoch in ausreichender Entfernung, um Gelegenheitsbesucher abzuhalten. Das Haus in Downe blieb bis an sein Lebensende Darwins Zuhause und Arbeitsplatz. Mittlerweile war er ein bekannter Autor und sein Bericht der Reise auf der *Beagle* ein Bestseller. Doch Darwin war auch chronisch krank. Das hinderte ihn indes nicht, Freundschaft mit dem Botaniker und Entdecker Joseph Hooker zu schließen, der mit der Identifizierung der von Darwin während der *Beagle*-Expedition gesammelten Pflanzenproben betraut worden war. Die Freundschaft mit Hooker sollte für Darwin persönlich wie beruflich höchst bedeutsam werden. Die beiden begannen einen umfangreichen Briefwechsel, und in den folgenden vierzig Jahren war Hooker sowohl ein Resonanzkörper für Darwins Ideen als auch eine Art Verbindungsmann zu all den Entdeckern, Diplomaten, Siedlern sowie Hobby- und Berufsforschern, die den nun sesshaften Darwin mit Informationen über die Pflanzen, Tiere und Völker der Welt versorgten. Und Hooker war einer der wenigen, dem Darwin von einer Theorie erzählte, die er seit den späten 1830er Jahren entwickelt hatte – eine Theorie, die eine Erklärung für die Vielfalt allen organischen Lebens liefern würde, und die implizierte, dass alle Lebewesen von einem einzigen gemeinsamen Vorfahren abstammten.

Während der *Beagle*-Expedition waren Darwin mehrere Sachverhalte aufgefallen: wie schwer es war, zu unterscheiden, was bloße Varietäten und was verschiedene Arten waren; dass viele längst ausgestorbene Fossilien einigen lebenden Kreaturen auf verblüffende Weise ähnelten; und wie sehr sich viele Organismen ihrer Umwelt angepasst hatten. Der Gedanke, dass Arten sich im Laufe der Zeit verändern konnten, war umstritten, aber nicht neu. Der Biologe Jean-Baptiste Lamarck hatte die Ansicht vertreten, nützliche erworbene Eigenschaften könnten von einer Generation an die nächste weitergegeben werden. Gelehrte wie William Paley betrachteten eine solche Anpassung als Beleg für die göttliche Einrichtung der Natur.

Darwin hatte nie ein eigenes Labor. Er arbeitete zumeist in der heimeligen Atmosphäre seines Wohnhauses in Downe in der Grafschaft Kent, das er 1842 mit seiner Familie bezogen hatte und in dem er vierzig Jahre später starb. In seinem Arbeitszimmer, in dem sich – neben unzähligen Büchern, Proben, Geräten und Briefstapeln – ein eigens konstruierter Schreibstuhl sowie Porträts von Verwandten und Bekannten fanden, hielten sich auch Darwins Kinder und Hunde häufig auf.

Die fünf Jahre, in denen Darwin auf der HMS *Beagle* die Welt bereiste, waren die Grundlage seiner wissenschaftlichen Karriere – und zugleich ein großartiges Abenteuer. Zeitgenössische Zeichnungen von Conrad Martens, einem Künstler an Bord der *Beagle*, zeigen die Wildnis der Landschaft von Feuerland und seiner Bewohner.

Die Galapagosfinken mit ihren unterschiedlich geformten, für verschiedenartige Nahrung geeigneten Schnäbeln stehen heutzutage sinnbildlich für das Potenzial der natürlichen Auslese, feinste Anpassungen zu bewirken. Doch Darwin übersah zunächst das Sinnbildhafte dieser Vögel. Es war John Gould, der erstmals auf ihre Besonderheiten hinwies.

Auf seiner Weltreise war Darwin auf den enormen natürlichen Variantenreichtum von selbst offenkundig miteinander verwandten Organismen gestoßen. Zurück in England suchte er Hunde- und Taubenzüchter auf und machte sich ein Bild vom dramatischen Wandel der Eigenschaften von Haustieren, der sich in nur wenigen Generationen durch gezielte Manipulation natürlich auftretender Variationen bewirken ließ. Das letzte Puzzleteil, das Darwin noch für den Entwurf einer neuen Theorie fehlte, lieferte ihm Thomas Malthus' *Essay on the Principle of Population* mit der These, Populationen tendierten zu einem nur durch den Konkurrenzkampf um Ressourcen begrenzten Wachstum. Darwins Idee nun war, dass jede natürlich auftretende Eigenschaft eines Individuums – sei es Pflanze, Tier oder Mensch –, die ein Überleben bis zur Fortpflanzung sicherte, überproportional an nachfolgende Generationen weitergegeben wird. Dieses Prinzip der »natürlichen Auslese« gilt für die ganze Bandbreite physischer Eigenschaften – für Färbung oder Tarnung ebenso wie für Mittel zum Kampf oder zur Flucht, oder auch für die Fähigkeit, sich Nahrung zu beschaffen, die anderen nicht zugänglich ist. Durch diesen Mechanismus, erkannte Darwin, konnten sich ganze Populationen bestens an die Bedingungen ihrer Umwelt anpassen. Das galt nicht zuletzt für eine Reihe von Vogelarten, von denen Darwin Exemplare auf verschiedenen Galapagos-Inseln gesammelt hatte, darunter die berühmten Finken (was jedoch erst später durch die Arbeit von John Gould gezeigt wurde). Bei ausreichender Zeit konnten die Nachfahren solcher Organismen divergieren, verschiedene ökologische Nischen besetzen und sich zu neuen Arten entwi-

1. Geospiza magnirostris.
2. Geospiza fortis.
3. Geospiza parvula.
4. Certhidea olivacea.

ckeln. Wenngleich das Wort »ecology« im Englischen erst ab 1876 nachgewiesen ist, war Darwin doch in vielerlei Hinsicht ein *ecologist* – ein Ökologe.

In der Biologie verhielt es sich also wie in der Geologie: Erst skizzierte Darwin eine umfassende Theorie, dann richtete er seine gesamte Forschung danach aus. Selbst seine acht Jahre dauernde Taxonomie-Studie lebender und fossiler Rankenfußkrebse, veröffentlicht 1851, ist – betrachtet man sie im Licht seiner Theorie – eine Untersuchung über Anpassung. Als Darwin über Rankenfußkrebse forschte, schrieb er auch an einem nie veröffentlichten »Wälzer«, den er *Natural Selection* nannte, und sammelte mithilfe globaler Korrespondenten alle möglichen Fakten zur Naturgeschichte. Einer dieser Korrespondenten war Alfred Russel Wallace, ein Naturforscher und gewerblicher Sammler, der Darwin Ende 1856 Exemplare von Vogelarten aus Malaysia schickte. Beiden Männern war bewusst, dass sie eine ähnliche Spur verfolgten. Darwin hatte Wallace von seinen Plänen zur Publikation eines Werks über Arten erzählt: Neben den sieben Kapiteln seines »Wälzers« gab es noch zwei ältere Manuskripte von 1842 und 1844, die fast seine gesamte Theorie enthielten. 1858 beschleunigte Wallace die Veröffentlichung von Darwins Theorie, als er ihm ein Mauskript sandte, das denselben Mechanismus für den Wandel der Arten postulierte, von dem auch Darwin ausging.

Darwin leitete Wallace' Manuskript wie gewünscht an Charles Lyell weiter. Lyell und Hooker sorgten dafür, dass Wallace' Aufsatz und eine eiligst von Darwin verfasste Schrift während einer Sitzung der Linnean Society vorgetragen wurden, der Darwin, in tiefer Trauer über den Tod seines kurz zuvor verstorbenen Sohnes, jedoch nicht beiwohnte. Die beiden Texte erregten kaum Aufmerksamkeit, doch legte Darwin schon bald darauf nach: Er reicherte sein früheres Manuskript mit Material aus seinem »Wälzer« an und schrieb in weniger als einem Jahr *On the Origin of Species by Means of Natural Selection*, in deutscher Übersetzung unter dem Titel *Über die Entstehung der Arten* veröffentlicht. Das Werk erschien am 24. November 1859 und war sofort ausverkauft. Im Gegensatz zu Wallace verfügte Darwin über soziales Prestige, wissenschaftliches Renommee und ein breit gefächertes Wissen – mithin das, was es brauchte, damit das Buch ernst genommen wurde. Es war zugleich ein großer kommerzieller Erfolg, wurde zu Darwins Lebzeiten sechsmal aufgelegt und in viele Sprachen übersetzt.

ORIGINELLE EXPERIMENTE UND ANHALTENDER RUHM

Mit der Veröffentlichung von *Über die Entstehung der Arten* war Darwins Karriere keineswegs abgeschlossen. Zwar machten ihm immer wieder gesundheitliche Probleme zu schaffen, doch war er gerade einmal 50 Jahre alt, und der Großteil seiner Publikationen lag noch vor ihm. Was nach wie vor fehlte, war eine Theorie, die erklärte, wie Vererbung funktioniert. Zwar entwickelte in den 1860er Jahren Gregor Mendel seine Theorie der Genetik – wie wir sie heute nennen –, doch blieben seine Arbeiten bis nach Darwins Tod unbekannt. Ein Jahrzehnt nach *Über die Entstehung der Arten* veröffentlichte Darwin ein zweibändiges Werk mit dem Titel *The Variation of Animals and Plants under Domestication* (»Die Variation von Tieren und Pflanzen unter Domestikation«), das er mit der Beschreibung eines hypothetischen Vererbungsmechanismus beschloss, den er »Pangenese« nannte. Darin postulierte er kleine Teilchen oder »Gemmulae«, die in Körperflüssigkeiten zirkulieren, von Eltern auf ihre Kinder übertragen werden können und als Katalysatoren für die Entwicklung bestimmter Organe fungieren. Doch diese Annahme fand wenig Beifall und wurde auch nicht durch Experimente zur Bluttransfusion gestützt, die Darwins Vetter Francis Galton durchführte.

Seine nächsten beiden Bücher, *The Descent of Man, and Selection in Relation to Sex* (»Die Abstammung des Menschen und die geschlechtliche Zuchtwahl«) und *The Expression of Emotions in Man and Animals* (»Der Ausdruck der Gemütsbewegungen bei dem Menschen und den Tieren«), sollten zeigen, auf welche Weise vermeintlich einzigartige menschliche Eigenschaften wie ästhetisches Empfinden, Bewusstsein und auch religiöse Gefühle in einem evolutionären Kontinuum mit dem Rest des Tierreichs stehen. Den Mechanismus der natürlichen Auslese ergänzte Darwin hier um eine Theorie der geschlechtlichen Auslese. Demnach müssten Organismen nicht nur bis zur Fortpflanzung überleben, sondern darüber hinaus gewisse für Sexualpartner attraktive Eigenschaften besitzen, die ebenfalls überproportional weitergegeben würden.

Darwins Hauptaugenmerk in dieser Zeit galt jedoch weder den Menschen noch Tieren, sondern den Pflanzen. So, wie er Menschen lediglich als eine scharf markierte Varietät der Primaten erachtete, sah er auch zwischen Tieren und Pflanzen keine festen Grenzen. In seinem Garten und Gewächshaus in Downe führte er originelle Experimente zur Untersuchung von Anpassungen durch, die Kreuzungen und somit eine größere Variation ermöglichten. Als Untersuchungsobjekte dienten ihm Pflanzen, die – indem sie sich bewegten oder auf äußere Reize reagierten – tierartiges Verhalten zeigten: Schling-, Kletter- sowie fleischfressende Pflanzen.

Wenngleich Darwin in seinen späteren Jahren manchmal für seine vermeintlich laienhaften Arbeitsmethoden kritisiert wurde, war er doch ein geschickter Experimentator, an dem die Fortschritte der Wissenschaften keineswegs unbemerkt vorübergingen. Durch seinen Sohn Francis, einen Botaniker, der in Darwins Auftrag forschte, stand er in Kontakt zu den in der Entstehung begriffenen Universitätslaboratorien in Deutschland. Er war ein Vorreiter der Verwendung wissenschaftlicher Fragebögen, Unterzeichner mehrerer Parlamentspetitionen zur gesellschaftlichen Rolle der Wissenschaft und ein gemäßigter Befürworter kontrollierter Tierversuche.

Mit seinem letztem Buch, *The Formation of Vegetable Mould through the Action of Worms* (»Die Bildung der Ackererde durch die Tätigkeit der Würmer«), kehrte Darwin 1881 zu einem Forschungsprojekt zurück, das auf Experimenten fußte, die er einst mit seinen Kindern auf dem Grundstück seines Hauses durchgeführt hatte. Es war das erste Werk, das die Bedeutsamkeit dieser scheinbar unbedeutenden Lebewesen für ihre Umgebung und für den Kreislauf der Natur insgesamt darlegte. Darwin verstarb im Jahr darauf, nachdem er noch miterlebt hatte, wie sich das Buch besser verkaufte als all seine vorherigen Werke. In Anerkennung seiner revolutionären wissenschaftlichen Ideen und seines allgemeinen Ansehens wurde er mit einer feierlichen Beisetzung in der Londoner Westminster Abbey geehrt.

Darwins letztes Buch über die Fähigkeit der Regenwürmer zur Umwandlung der Landschaft erschien im Jahr vor seinem Tod und verkaufte sich besser als jedes seiner vorherigen Werke. Bezeichnenderweise handelte es sich um das Ergebnis von Forschungen, die er bereits viele Jahre zuvor begonnen und dann unter Mithilfe seiner Familie durchgeführt hatte. Das Werk war so populär, dass es von Linley Sambourne, einem für die Satire-Zeitschrift *Punch's Almanack* tätigen Künstler, ins Visier genommen wurde. Seine Karikatur zeigt die Evolution des Regenwurms vom Urchaos bis zum viktorianischen Gentleman – zu Darwin höchstpersönlich.

ROGER WOOD

Gregor Mendel

BEGRÜNDER DER GENETIK UND DER VERERBUNGSREGELN
(1822–1884)

*»Die unterscheidenden Merkmale zweier Pflanzen können zuletzt doch nur
auf Differenzen in der Beschaffenheit und Gruppierung der Elemente beruhen,
welche in den Grundzellen derselben in lebendiger Wechselwirkung stehen.«*
Gregor Mendel, »Versuche über Pflanzenhybriden«, 1866

In einem ummauerten Garten der Augustiner-Abtei St. Thomas nahe der mähri-schen Stadt Brünn (dem heutigen Brno in der Tschechischen Republik) ließ der Abt 1856 ein Gewächshaus für Experimente der Pflanzenzucht errichten. Der junge Mönch Gregor Mendel, der nach einem Studium an der Universität Wien wieder in die Abtei zurückgekehrt war, sollte dieses Gewächshaus und den angrenzenden Experimentiergarten durch seine Arbeiten berühmt machen. Zwischen 1855 und 1863 ent-deckte er dort die wissenschaftlichen Grundlagen der biologischen Vererbung, mittels Untersuchungen von Hybriden verschiedener Varietäten der Gartenerbse, *Pisum sati-vum*. Neun Jahre lang experimentierte er mit über 10 000 Pflanzen, bis er eine Theorie entwickelt hatte, die auf Elementen innerhalb der Fortpflanzungszellen der Erbsen be-ruhte, den später so genannten Genen, welche die »Anlagen« der von ihm untersuchten Merkmale steuerten.

Mendel wurde in Heizendorf (heute Hynčice) geboren, einem Dorf im Nordosten Mährens, wo er als einziger Sohn einer Gärtnerstochter und eines ehemaligen Soldaten der österreichischen Armee aufwuchs. Als Kleinbauern mit einem bescheidenen Hof hatten die Eltern nur ein geringes Auskommen, doch waren sie bestrebt, ihrem wissens-durstigen Sohn durch eine gute Ausbildung ein besseres Leben zu ermöglichen. Bis zu seinem 16. Lebensjahr finanzierten sie ihm den Besuch des Gymnasiums in Troppau (heute Opava), auch wenn sie das Schulgeld nur mit Mühe auftreiben konnten. Von da an verdiente der junge Mendel als Nachhilfelehrer eigenes Geld, was sich zunehmend schwieriger gestaltete, als er mit 18 Jahren ans Philosophische Institut in Olmütz (heute Olomouc) wechselte, eine Art Studienkolleg. Dort hatte er mit gesundheitlichen Pro-blemen zu kämpfen, die ihn mehrmals zu Genesungsaufenthalten in seinem Elternhaus zwangen. Aus Mitgefühl überließ ihm seine jüngere Schwester einen Teil ihres Erbes. Trotz der Unterbrechungen seines Studiums blieb Mendels wissenschaftliche Begabung am Philosophischen Institut nicht unbemerkt. Hier ermöglichte man dem 23-Jähri-gen schließlich den Eintritt in eine Ordensgemeinschaft, die sein wissenschaftliches Interesse fördern und ihm eine erstklassige Ausbildung bieten würde. Seine Vorliebe für Naturwissenschaften ließ Mendel verschiedene Fachgebiete erkunden, darunter die

Gegenüber: Unda-tierte Photographie von Gregor Mendel, die ihn als Abt des Augustiner-Klosters St. Thomas in Brünn zeigt, in das er 1843 eingetreten war.

Meteorologie, Bienenkultur und Pflanzenzucht. All diese Interessen verfolgte er neben seinem Vollzeitberuf als Lehrer für Physik und Naturgeschichte an der Oberrealschule in Brünn.

Für die Gartenerbse als Versuchspflanze entschied sich Mendel, da sie sich normalerweise selbst bestäubte, was die Isolierung reiner Zuchtexemplare erlaubte, deren kielförmige und die Fortpflanzungsorgane umhüllende Blüten zufällige Fremdbestäubungen verhinderten. In einem 1866 veröffentlichten Bericht über seine Entdeckungen schreibt Mendel, dass er vor Beginn der Experimente zwei Jahre lang 34 Varietäten der Erbse nebeneinander aufgezogen hatte, um sicherzustellen, dass alle Merkmale, die er untersuchen wollte, gleichmäßig ausgeprägt waren. Die Kreuzung verschiedener Varietäten erfolgte mittels »künstlicher Befruchtung«: Hierzu entfernte Mendel die männlichen Organe aus den Pflanzen (um Selbstbestäubung zu verhindern) und bestäubte die Blüte mit den Pollen einer anderen Varietät. Den Zweck seiner Experimente sah Mendel darin, ein besseres Verständnis von der »Entwicklung der Hybriden in ihren Nachkommen« zu gewinnen und »neue Varianten zu erzielen«. Schon andere Gärtner vor ihm hatten Erbsen gekreuzt und von einer unvorhersehbaren Vielfalt an Variation in der zweiten Generation (F2 genannt) berichtet. Mendel reagierte darauf, indem er die Variation statistisch analysierte und mathematisch erklärte. Es ist dieser *statistische* Ansatz zur Erforschung der Variation, der ihn als originellen Wissenschaftler kennzeichnet.

EXPERIMENTE IM KLOSTERGARTEN

Dank seines zweijährigen Studiums an der Universität Wien war es Mendel möglich, die modernen Auffassungen »berühmter Physiologen« zu berücksichtigen, wonach »sich bei den Phanerogamen [Blütenpflanzen] zu dem Zwecke der Fortpflanzung je eine Keim- und Pollenzelle zu einer einzigen Zelle« vereinige. Dass er damit die traditionelle Ansicht ablehnte, die Pollenzelle allein sei Ursprung des Embryos, war für seine Analyse der Variation von entscheidender Bedeutung. Als Botaniker mit umfassender Praxiserfahrung war es Mendel gewohnt, Arten anhand kontrastierender Merkmale voneinander zu unterscheiden. Ähnlich verfuhr er nun bei der Beurteilung von Unterschieden zwischen Hybrid-Generationen: Um zu klären, ob Individuen in irgendeiner Hinsicht zusammenhingen oder unabhängig variierten, ordnete er sie nach Farbe, Größe und Gestalt in einem Schema aus Paaren »differierender Merkmale«.

Mendel beobachtete über mehrere Generationen hinweg die Trennung (»Segregation«) und Neukombination der von ihm untersuchten sieben Merkmalspaare und konnte schließlich nachweisen, dass die Hybriden der ersten Generation (oder F1) hinsichtlich aller Merkmale uniform waren und jeweils dasselbe der zwei kontrastierenden Merkmale aufwiesen (so hatten beispielsweise alle F1-Pflanzen aus einer Kreuzung von grün- und gelbsamigen Varietäten nur gelbe Samen). Dieses Merkmal bezeichnete Mendel als dominant, nachdem er beobachtet hatte, dass diese Dominanz nicht von der Kreuzungsrichtung abhing (gelb weiblich × grün männlich, grün männlich × gelb weiblich). Mendels Originalität zeigte sich bei seinem nächsten Schritt. Er untersuchte nun die F1-Nachkommen (F2) und fand heraus, dass in allen Fällen eines von zwei kontrastierenden Merkmalen sehr viel häufiger auftrat als das andere. Beim Auszählen großer Stichproben erkannte er, dass das dominante Merkmal und sein rezessives Ge-

genstück jeweils im Verhältnis 3:1 auftraten (im vorigen Beispiel: dreimal gelb zu einmal grün). Mendel erklärte dieses Muster durch einen altbekannten mathematischen Grundsatz: Bezeichnet man das dominante Merkmal mit *A*, das kontrastierende rezessive mit *a*, so wäre eine Hybride der ersten Generation *Aa*; werden nun zwei derartige Hybriden miteinander gekreuzt (*Aa* × *Aa*), ergäbe das in F2 die Kombination *AA* + 2*Aa* + *aa*. Wegen der Dominanz von *A* gegenüber *a* ergibt sich somit in der zweiten Hybrid-Generation ein Verhältnis von 3:1.

Nachdem Mendel die Veränderungen als einen mathematisch vorhersagbaren Prozess erklärt hatte, führte er eine Reihe weiterer Experimente durch, um seine Theorie abzusichern. Bei der Analyse von Herkunft und Entwicklung der aus seinen Kreuzungen stammenden Hybriden entdeckte er Muster der Vererbung (sprich: Konstanz zwischen Generationen) und Variation in den Wechselbeziehungen der verschiedenen Merkmale. Nachdem er auch noch Rückkreuzungen durchgeführt und analysiert hatte, konnte er seine Theorie als empirisch gut begründet erachten. Alle sieben Merkmale verteilten sich in der Abfolge der Generationen unabhängig voneinander. Geschult in Wahrscheinlichkeitstheorie und Kombinatorik hatte Mendel durch neun Generationen von Kreuzungen hindurch den Weg der einzelnen Merkmale und ihrer Kombinationen verfolgen können. Er hatte seine Experimente

begonnen, um – wie er schrieb – ein »Gesetz zu ermitteln«. Als er seine Ergebnisse schließlich veröffentlichte, war er überzeugt, dieses Gesetz entdeckt zu haben.

Das Bild zeigt die Vererbung von Farbe bei der Erbse. Die Haufen oben links und rechts sind die grünen beziehungsweise gelben Eltern. Der mittlere Haufen besteht aus den Hybriden der ersten Generation F1, in der Gelb das dominante Merkmal ist. Die Schoten enthalten die Hybriden der Generation F2, in der die Farben im Verhältnis 3:1 verteilt sind.

ZU INNOVATIV, UM ANERKANNT ZU WERDEN

Mendels 1866 publizierte Theorie wurde zwar international wahrgenommen, aber nicht verstanden. Mendel hatte aus einem Aspekt der Naturgeschichte eine Wissenschaft gemacht, indem er Vererbung und Variation zu zwei Aspekten eines einzigen Entwicklungsprozesses erklärte, der sich aus der Bildung der Fortpflanzungszellen (weiblich und männlich) sowie ihrer Vereinigung bei der Befruchtung ergab. Doch kein Wissenschaftler wollte Mendels Enthusiasmus teilen. Dabei ließ sich durch eine Analyse der einzelnen Merkmale und ihrer Kombinationen sogar der »Grad der Verwandtschaft zwischen Hybridformen und ihren Stammarten« vorhersagen. Denn Mendel hatte nachgewiesen, dass die vererbten Elemente unverändert von einer Generation

Heredity in *Primula Sinensis*.

1. Primrose Queen. 2. Crimson King. 3. F₁ formed by crossing these two types. 4—21. Various
F₂ types obtained by self-fertilising F₁. 4, 10, 16. Whites. 5, 11, 17. Various tinged whites.
6, 12, 18. Light magentas. 7, 13, 19. Reds. 8, 14, 20. Magentas. 9, 15, 21. Deeper magentas.
7, 13, 15, 19, 20 have the dark blotches which cannot appear unless the stigma is red. 16—21 are all large
eyed, viz. homostyle forms, like 1.

Diese Bildtafel aus *Mendel's Principles of Heredity* von William Bateson, veröffentlicht 1909, zeigt die erstaunliche Bandbreite der Variation eines vererbten Merkmals, die sich ergeben kann, wenn zwei oder mehrere separate Faktoren zusammenwirken, wie hier im Fall der *Primula sinensis* oder chinesischen Primel, bei der ein Elter weiße und das andere Elter dunkelrote Blüten hat. Die Variation bezüglich Größe und Form der Blüte erklärt sich ebenso wie die Eigenart des »Auges« durch die Wirkung anderer segregierender Faktoren.

an die nächste weitergegeben werden. Er schrieb an den berühmten Schweizer Botaniker Karl Wilhelm von Nägeli, seine Experimente hätten dies eindeutig ergeben. In einem weiteren Brief hob er diesen Punkt erneut hervor, indem er über die segregierten Merkmale schrieb: »... nichts verrät an ihnen, dass eines von dem andern etwas geerbt oder mitgenommen hätte«. Nicht unerwähnt ließ Mendel auch, dass diese Erkenntnis bereits von praktischem Nutzen gewesen sei, habe er doch eine besonders fruchtbare Varietät der Erbse mit großen, schmackhaften Samen isolieren können. Doch Nägeli maß Mendels Theorie keine große Bedeutung bei, ebenso wenig wie irgendein anderer Wissenschaftler vor 1900.

Zwei Jahre nachdem Mendel seine Theorie der für sie noch unempfänglichen Welt präsentiert hatte, starb der weithin geschätzte Abt von St. Thomas. Mendel wurde zu seinem Nachfolger gewählt, was ihm zusätzliche Pflichten aufbürdete, unter denen seine Arbeit im Garten litt. 1871 beendete er seine Untersuchungen über Hybriden. Doch Mendel war vom Wert seiner Theorie bis zuletzt überzeugt und nutzte ihre Prinzipien weiterhin zu praktischen Zwecken. Dies bezeugt der Bericht eines jungen französischen Gärtners, der Mendel an einem Sommertag des Jahres 1878 besuchte. Beim gemeinsamen Spaziergang durch die Klosteranlagen zeigte ihm Prälat Mendel etikettierte Sorten von Obstbäumen, Gewächshauspflanzen und üppig wachsendem Gemüse, darunter »zahlreiche Beete mit reich tragenden grünen Erbsenpflanzen, von denen er sagt, er habe sie, was Höhe und Frucht angehe, umgestaltet, damit sie seiner Einrichtung größeren Nutzen brächten«. Auf die Frage, wie er dies angestellt habe, antwortete Mendel lediglich: »Mit einem kleinen Trick.«

Durch Nachforschungen im Anschluss an die »Wiederentdeckung« von Mendels Arbeit im Jahr 1900 weiß man heute Genaueres über diesen »kleinen Trick« und seine Vorhersagekraft. Die fundamentale Bedeutung der Entdeckung Mendels ist inzwischen allgemein anerkannt. Manche beschreiben die Geschichte der Genetik sogar als eine Reihe materieller und theoretischer Modifikationen des Mendel'schen Begriffs der vererbten Elemente (Gene). Unter den großen Naturwissenschaftlern der bescheidenste, sowohl im Dienst für sein Kloster als auch im Umgang mit seiner Neugier, hat Mendel mit seinem Werk das geschaffen, was wir heute Genetik nennen.

Mendel führte seine Forschungen zur Variation bei Pflanzen im Versuchsgarten seines Klosters durch, einem 36 × 6 Meter großen Areal, das 1830 neben der Klostermauer angelegt und vom übrigen Garten durch eine niedrige Hecke abgetrennt worden war (später dann durch einen Zaun, wie auf dieser Photographie zu sehen). Mendel nutzte außerdem ein eigens errichtetes großes und beheiztes Gewächshaus. Zwischen 1856 und 1863 züchtete und testete er hier rund 29 000 Erbsenpflanzen.

NICHOLAS WADE

Jan Purkinje

ERFORSCHER DES SEHVERMÖGENS UND
PIONIER DER NEUROWISSENSCHAFTEN (1787–1869)

»[Es gibt] Empfindungen, wie sie diesem oder jenem Sinne zukommen, denen aber nichts außerhalb des Leibes entspricht, und die … zum Teil mit Recht für Phantome, für bloßen Schein … gehalten werden. Diese mögen also nach den angegebenen Rücksichten immerhin subjektive Sinnenphänomene heißen. Jedoch bleibt es stets eine unabweisbare Aufgabe des Naturforschers, ihren objektiven Grund aufzuzeigen …«
Jan Purkinje, *Beiträge zur Kenntnis des Sehens in subjectiver Hinsicht*, 1819

Als Fachdisziplin existierten die Neurowissenschaften im 18. und 19. Jahrhundert noch nicht. Sie entstanden als Folge wissenschaftlicher Bemühungen, den Aufbau des Nervensystems sowie dessen Kommunikationsmechanismen und Verbindungen mit der Sinneswahrnehmung zu erhellen. Jan Purkinje, einer der bekanntesten Wissenschaftler seiner Zeit, war an dieser Geburt der Neurowissenschaften maßgeblich beteiligt und half, jene Strukturen, Methoden und Gegenstände zu etablieren, die noch immer das Herz dieser Disziplin ausmachen. (Apropos Herz: Dieses Organ war ebenfalls Forschungsgegenstand Purkinjes, wovon heute noch die zum Herz zählenden Purkinje-Fasern künden.) Die Neurowissenschaften entwickelten sich letztlich aus den biologischen Wissenschaften durch die Isolierung bestimmter begrifflicher Bausteine und die Untersuchung ihrer Zusammenhänge. Obwohl Purkinje keine Ausbildung in Histologie – also der mikroskopischen Anatomie von Zellen – hatte, wurde er doch zum Vater dieser neuen Disziplin.

Jan Evangelista Purkinje wurde im böhmischen Libochovice geboren. Seine Muttersprache war Tschechisch. Man hat neun verschiedene Schreibweisen seines Nachnamens nachgewiesen, doch er selbst benutzte in den meisten seiner Publikationen die deutsche Variante »Purkinje«. Erst nach seiner Rückkehr nach Prag 1850 zog er wieder die tschechische Variante »Purkyně« vor. Purkinjes Werk ist in vielen Fachdisziplinen rezipiert worden, doch ist er am bekanntesten für seine frühen Studien zu Zellen, von denen einige – etwa die Purkinje-Zellen im Klein-

Gegenüber: Jan Purkinje im letzten Jahrzehnt seines Lebens. Er war ein begeisterter Verfechter der wissenschaftlichen Nutzung der Photographie und könnte durchaus auch für die recht theatralische Komposition dieses Bildes verantwortlich sein.

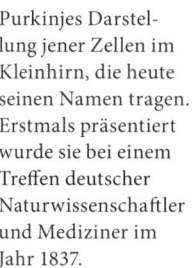

Purkinjes Darstellung jener Zellen im Kleinhirn, die heute seinen Namen tragen. Erstmals präsentiert wurde sie bei einem Treffen deutscher Naturwissenschaftler und Mediziner im Jahr 1837.

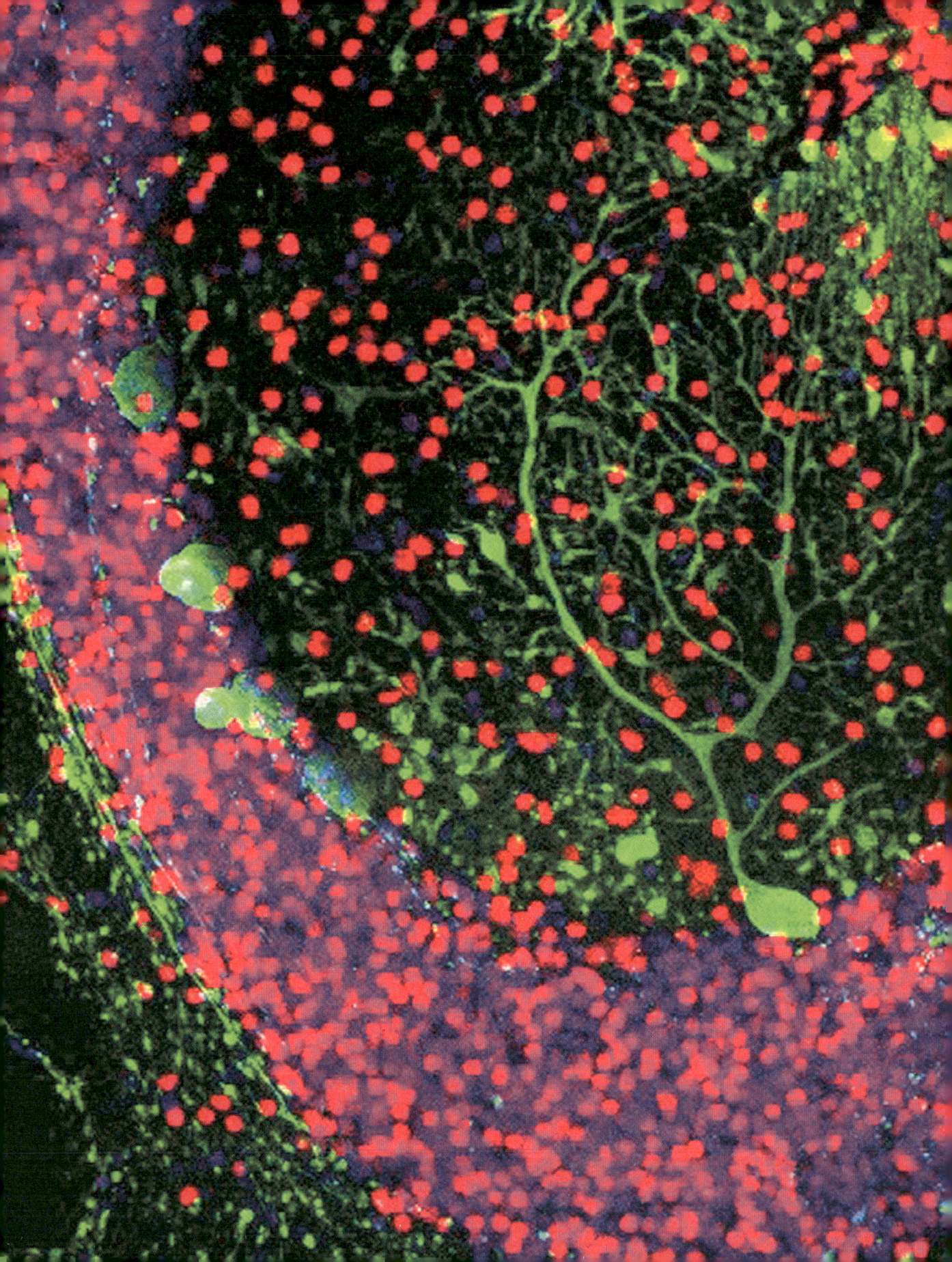

hirn – seinen Namen tragen. Während Physiologen seine Bemühungen bewundern, Struktur und Funktion zu verknüpfen, bestaunen Pharmakologen seine heldenhaften Selbstversuche mit Medikamenten, und Forensiker schätzen ihn als Vorreiter bei der Verwendung von Fingerabdrücken zur Identifizierung. Doch all diesen Leistungen gingen seine Untersuchungen des Sehvermögens voraus. Erste Experimente zum Sehen hatte Purkinje bereits als Student in Prag durchgeführt. Deren Ergebnisse flossen in seine Dissertation ein, mit der er zum Doktor der Medizin promovierte. Dieses Werk war der Versuch, gewisse subjektive visuelle Phänomene zu beschreiben und mit objektiven Begriffen zu erklären.

VON VISUELLEN PHÄNOMENEN ZU BEDEUTENDEN ENTDECKUNGEN

Das Phänomen des Sehvermögens liegt an einer Schnittstelle von Physiologie und Psychologie, und Purkinjes Forschungen machten diese gemeinsame Zuständigkeit besonders deutlich. Purkinje war ein ausgezeichneter Beobachter, und mehrere visuelle Phänomene sind nach ihm benannt: der Purkinje-Effekt, die Purkinje-Bilder und der Purkinje-Baum. Sie wurden in seinen 1823 und 1825 erschienenen Werken über subjektive visuelle Phänomene beschrieben, die gewissermaßen den Beginn einer neuen Forschungsära markieren. Es war nicht so, dass er mehr sehen konnte, weil er auf den

Gegenüber: Eine Purkinje-Zelle (in grün), mittels einer modernen Einfärbungsmethode sichtbar gemacht. Es ist eine Ironie der Wissenschaftsgeschichte, dass Purkinje wegen der unzureichenden Einfärbungsmethoden und Mikroskope der damaligen Zeit nur den großen Zellkörper sehen konnte, nicht jedoch die dichten Verzweigungen einer einzelnen Purkinje-Zelle.

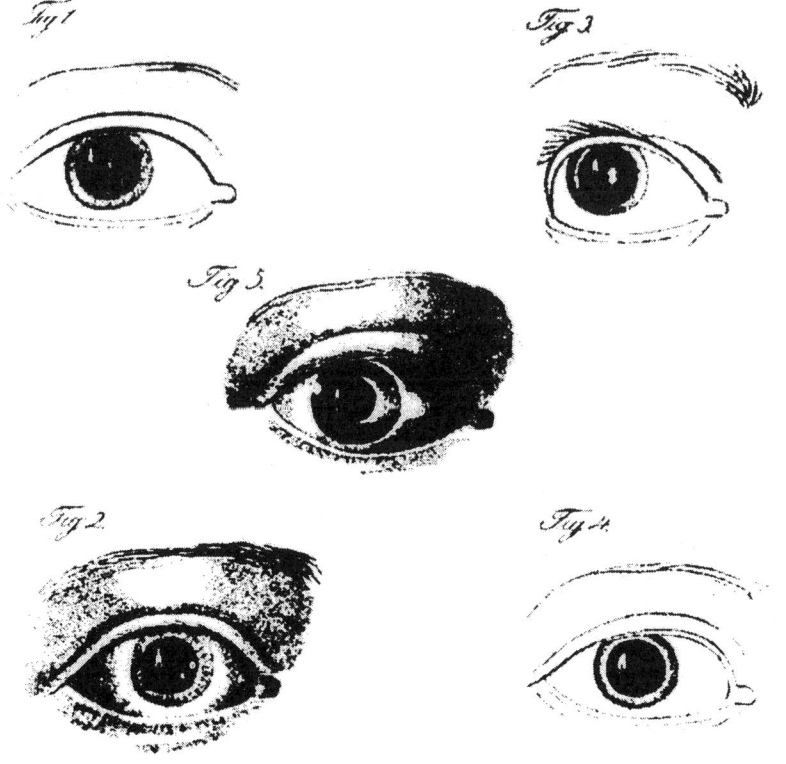

Purkinje-Bilder sind die Spiegelungen einer Lichtquelle am optischen Apparat des Auges. Die hier abgebildeten Illustrationen Purkinjes aus dem Jahr 1823 zeigen Bilder, die von der Reflektion von Kerzenlicht auf Hornhaut und Linse, aber auch auf anderen Teilen des Auges herrühren.

Neun verschiedene Muster von Fingerabdrücken, von Purkinje für seine Antrittsvorlesung in Breslau 1823 angefertigt. Er beschrieb sie (in der hier gezeigten Reihenfolge) als: »quere Bögen«, »mittleren Längenstreif«, »schiefen Streif«, »schiefe Bucht«, »Mandel«, »Spirale«, »Ellipse«, »Kreise« und »Doppelwirbel«. Obgleich Purkinjes Klassifikationssystem heute nicht mehr verwendet wird, war es eines der ersten Systeme überhaupt und beeinflusste nachfolgende Versuche zur Erkennung von Fingerabdrücken.

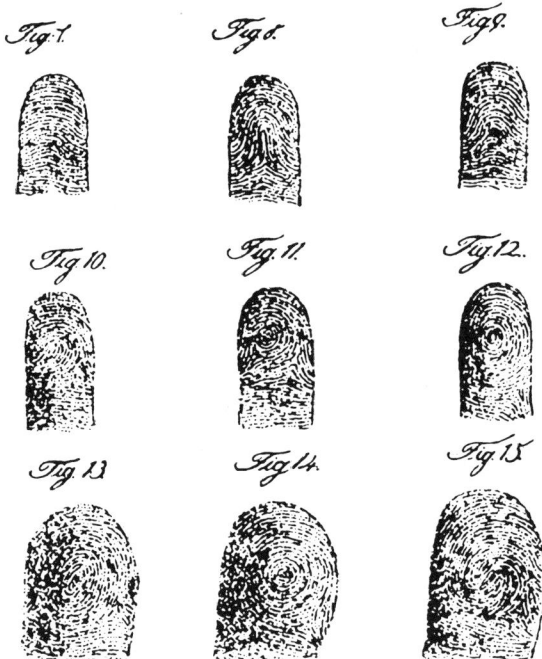

Schultern von Riesen stand; vielmehr richtete er den Blick nach innen und entdeckte eine Welt visueller Phänomene, deren Erforschung noch heute anhält.

1823 wurde Purkinje zum Professor für Physiologie an der Universität Breslau ernannt (dem heutigen Wrocław in Polen, damals zu Preußen gehörend). Seine Antrittsvorlesung handelte von den Bildern, die von den Oberflächen der Hornhaut und Linse gespiegelt werden. Sie heißen heute »Purkinje-Bilder« und waren sowohl für die Erklärung der Akkommodation – also des Fokussierens – als auch für das Verfolgen von Augenbewegungen von Nutzen. In dieser Vorlesung präsentierte Purkinje außerdem neun Grundmuster von Fingerabdrücken sowie die Prinzipien der Ophthalmoskopie (Augenspiegelung). Überdies führte er Experimente zum Schwindelgefühl durch, bei denen er die Augenbewegung nach einer Körperdrehung beobachtete und mit der Position des Kopfes in Zusammenhang brachte. Damit ebnete er weiteren Gleichgewichtsforschungen den Weg und ermöglichte späteren Wissenschaftlern (darunter Ernst Mach, Josef Breuer und Alexander Crum Brown) die Formulierung der hydrodynamischen Theorie zur Funktion der Bogengänge im Innenohr, die Bewegungen feststellen und dem Gleichgewichtsinn sowie der räumlichen Orientierung dienen.

Purkinjes bekannteste Leistung im Bereich der Sehforschung ist die Identifizierung der Leuchtkraftveränderung von Farben in der Morgen- oder Abenddämmerung: Erscheinen blaue Gegenstände vor Sonnenaufgang heller als rote, verhält es sich nach Sonnenaufgang genau umgekehrt. Purkinje beschrieb dieses Phänomen wie folgt: »Objektiv hat der Grad der Beleuchtung großen Einfluss auf die Intensität der Farbenqualität. Um sich davon recht lebendig zu überzeugen, nehme man vor Anbruch des Tages, wo es eben schwach zu dämmern beginnt, die Farben vor sich. Anfangs sieht man nur schwarz und grau. Gerade die lebhaftesten Farben, das Rot und das Grün, erscheinen am schwärzesten. Das Gelb kann man von Rosenrot lange nicht unterscheiden. Das Blau war mir zuerst bemerkbar. Die roten Nuancen, die sonst beim Tageslichte am hellsten brennen, nämlich Karmin, Zinnober und Orange, zeigen sich lange am dunkelsten, durchaus nicht im Verhältnisse ihrer mittleren Helligkeit. Das Grün erscheint mehr bläulich, und seine gelbe Tinte entwickelt sich erst mit zunehmendem Tage.« Dieses heute »Purkinje Effekt« genannte Phänomen beruht auf der unterschiedlichen Spektralempfindlichkeit von Zapfen und Stäbchen in der Netzhaut: Stäbchen sind empfindlicher für kürzere Wellenlängen des Lichts als Zapfen. Mit einem selbst entwickelten Perimeter erforschte Purkinje außerdem das Farbgesichtsfeld. Der Ausdruck »Purkinje-Baum« wiederum bezeichnet Netzhautgefäße, die bei seitlicher Beleuchtung des Auges sichtbar werden.

Seit 1832 verfügte Purkinje über ein von Georg Simon Plössl hergestelltes achromatisches Mikroskop, damals eines der weltbesten Geräte seiner Art. Damit untersuchte er das Kleinhirn und entdeckte jene Zellen, die heute seinen Namen tragen. Als einer der ersten verwendete Purkinje auch ein Mikrotom, eine Schneidemaschine zur Anfertigung hauchdünner Gewebeteilchen als mikroskopische Präparate. Man hat Purkinjes Forschungslabor in Breslau als Wiege der Histologie bezeichnet, nicht nur wegen seiner mikroskopischen Untersuchungen, sondern auch wegen seiner Lehrmethoden und der Tatsache, dass er seine Studenten zum Lernen durch Entdecken ermutigte. Dieser Ansatz fand nicht nur Beifall. Als Purkinje experimentelle Vorführungen und Laborarbeit in seinen Seminaren einführte, versuchte die Universitätsleitung, ihn zu degradieren. Doch er hatte einflussreiche Unterstützer, darunter Johann Wolfgang von Goethe; auch der preußische Kultusminister sprach sich für seine Methoden aus. Mit der Zeit konnte Purkinje die Bedenken seiner Kollegen ausräumen und ihren Respekt gewinnen; er wurde zu einem der bekanntesten Professoren seiner Universität. Im November 1839 gründete er die weltweit erste eigenständige Abteilung für Physiologie, drei Jahre später eröffnete er das Institut für Physiologie, das erste offizielle Physiologie-Labor der Welt.

1850 kehrte er nach Prag zurück, um auch dort ein physiologisches Institut aufzubauen. Seine Forschungen wurden nun überwiegend in tschechischer Sprache publiziert. Er gründete Fachzeitschriften, die er auch herausgab, hob öffentlich den Wert von Bildung hervor, nahm am kulturellen Leben der Tschechen teil und spielte eine wichtige Rolle in der tschechischen Nationalbewegung. Im letzten Jahrzehnt seines Lebens wurden ihm zahlreiche internationale Auszeichnungen zuteil, im Jahr vor seinem Tod sogar der Leopold-Orden, eine der höchsten Auszeichnungen des österreichischen Kaiserreichs. Purkinje starb in Prag.

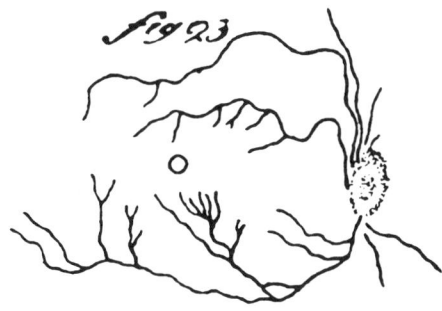 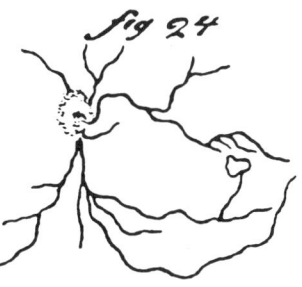

Purkinjes Darstellung der Purkinje-Bäume für das rechte und linke Auge, die Schatten der Netzhautgefäße zeigend. Diese seien zu sehen, so Purkinje, wenn eine Kerzenflamme zunächst seitlich an ein Auge gehalten und dann hin und her bewegt werde: »So erscheint mir in dem durch den Lichthof matt beleuchteten Grunde ein schwarzes Adergeflecht«.

RONALD FISHMAN

Santiago Ramón y Cajal

DIE FEINSTRUKTUR DES GEHIRNS
(1852–1934)

>*»Auf einem vollkommen lichtdurchlässigen gelben Feld erscheinen schmale, feine,
schwarze Fäden, ordentlich angeordnet … ausgehend von … schwarzen Körpern! …
Das Auge ist irritiert, so sehr ist es an jenes unentwirrbare Netz gewöhnt, das durch
die herkömmliche Färbung sichtbar wird und den Geist stets zu einem interpreta-
torischen Kraftakt zwingt. Hier dagegen ist alles einfach, klar, ohne Wirrsal.«*
S. Ramón y Cajal, *Histologie du Systeme Nerveux de l'Homme et des Vertebres*, 1909

Mit diesen Worten schilderte der betagte Santiago Ramón y Cajal sein Erweckungserlebnis als junger Anatom im Jahr 1887, als er zum ersten Mal Ner-
venfasern erblickte, die nach einer vom italienischen Wissenschaftler und
Arzt Camillo Golgi entwickelten Methode angefärbt worden waren. Geboren wurde
Cajal am 1. Mai 1852 in einem kleinen Dorf in der spanischen Provinz, als Sohn eines Barbiers und Wundarztes, der später unter großer Anstrengung einen Doktortitel
erwarb und von seinem Sohn verlangte, ebenfalls Medizin zu studieren. Doch wie so
viele begabte Jugendliche war auch Cajal ein rebellischer Teenager, der sich der strengen
Disziplin im Schulunterricht nicht unterwerfen wollte. Er zeigte schon früh eine künst-
lerische Ader und beabsichtigte, Künstler zu werden, sehr zum Missfallen seines Vaters,

Gegenüber: Santiago
Ramón y Cajal 1884
in seinem Labor in
Valencia, kurz bevor
er Camillo Golgis
Methode der Einfär-
bung von Gewebe
kennenlernte, die ihm
die Identifizierung
der Nervenzellen und
die Formulierung der
später so genannten
Neuronentheorie
ermoglichte.

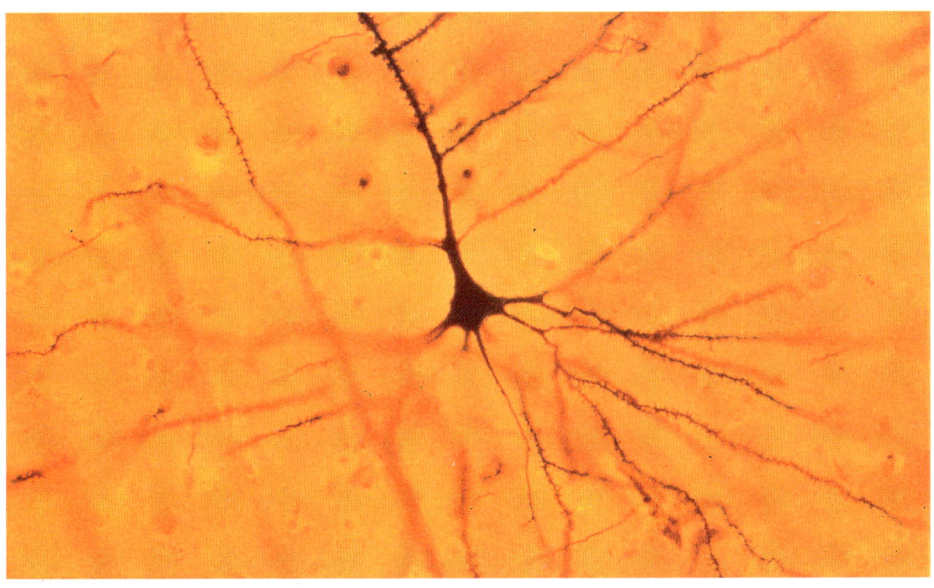

Eine Nervenzelle,
durch Golgi-Färbung
sichtbar gemacht. Zu
erkennen ist die feine
Struktur der Dendri-
ten und des Axons.

der sich am Ende durchsetzte. 1873 schloss Cajal in Saragossa ein Medizinstudium ab. Er trat umgehend in den militärischen Sanitätsdienst ein, infizierte sich auf Kuba mit Malaria und wurde nach nicht mal einem Jahr wieder nach Hause geschickt. Anatomie war das einzige Fach gewesen, das ihn interessiert und seinen Neigungen entsprochen hatte, und so schlug er nun eine Laufbahn ein, in der sein künstlerisches Talent schließlich doch noch zum Tragen kam. Diese Laufbahn führte ihn auf prestigeträchtige Lehrstühle an Hochschulen in Valencia, Barcelona und Madrid; seine Entdeckung der Zellarchitektur des Nervensystems brachte ihm internationale Anerkennung und 1906 den Nobelpreis für Physiologie oder Medizin ein, den er gemeinsam mit Golgi erhielt.

EIN BLICK INS INNERE DES GEHIRNS

Bis zur Mitte des 19. Jahrhunderts setzte die primitive Technik der Mikroskope deren Einsatz zur Untersuchung von Zellen und Gewebe Grenzen. Das betraf die Untersuchung des Nervensystems in besonderer Weise. Die »Zelltheorie« – die Annahme, dass alle lebenden Körper aus Zellen bestünden – war 1839 aufgestellt und umgehend für alle Organe akzeptiert worden, mit Ausnahme des Nervensystems. Man wusste, dass das Nervensystem mittels elektrischer Signale funktioniert. Doch auf welche Weise wurden diese elektrischen Signale erzeugt und übermittelt, und wie hing all dies mit der Feinstruktur des Nervensystems zusammen? Gehirn und Rückenmark schienen größtenteils aus Fasern zu bestehen. Zwar waren auch Zellen sichtbar, doch ließen sie sich zwischen all den Fasern nicht genau erkennen, und es war unklar, ob sie nur dazu dienten, die Fasern zu ernähren, oder aber eine bedeutendere Rolle spielten. Eine Lösung des Problems versprach die von Golgi entwickelte Methode der Einfärbung von Nervengewebe mit Silberchromat. Dabei wurde auch eine begrenzte Anzahl von Zellen vollständig eingefärbt, sodass man erstmals Nervenzellen des Gehirns samt ihrer Fortsätze sehen konnte.

Doch die Golgi-Färbung war nicht verlässlich und zudem schwer zu reproduzieren. Zwischen 1880 und 1885, als Golgi über sie berichtete, fand sie kaum Verwendung, sodass er der Neurohistologie enttäuscht den Rücken kehrte und sich der Malariaforschung zuwandte, durch die er später Berühmtheim erlangte. Es war Cajal, der Golgis Methode aufgriff und das Färbeverfahren optimierte. Dies führte in den folgenden Jahren zu einer Reihe origineller Entdeckungen. Er beobachtete eine Vielzahl verschiedener Typen von Nervenzellen – heute als »Neuronen« bekannt – und erkannte, wie sie in verschiedenen Teilen des Zentralnervensystems zusammenhingen. Seine Forschungen gingen gleichermaßen in die Tiefe wie in die Breite, sodass sich noch heutige Neuroanatomen auf ihn berufen, wenn sie ihre Forschungsergebnisse präsentieren.

Cajal verfügte über Fähigkeiten, die ihn für all diese Leistungen prädestinierten. Seine Vorstellungskraft half ihm, wichtige Forschungsprobleme zu identifizieren und dann die Orte im Zentralnervensystem zu bestimmen, an denen zu diesen Problemen geforscht werden musste. Da er selten, wenn überhaupt jemals, ein ganzes Neuron in einem Bildfeld betrachten konnte, musste er das Neuron mit Geduld und Beharrlichkeit in mehreren

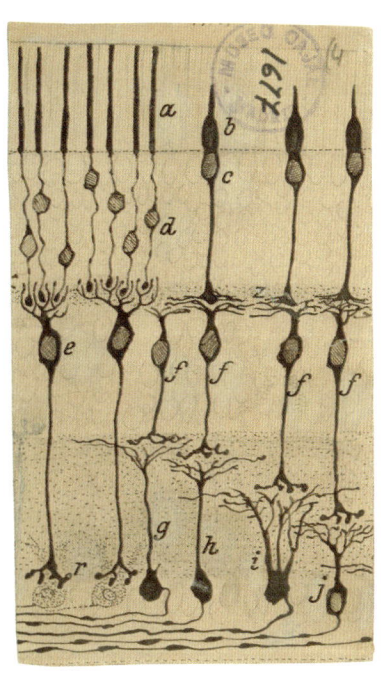

Cajal war nicht nur der wohl geschickteste Anatom im Bereich der Neurowissenschaften, sondern auch ein ausgezeichneter Graphiker. Er fertigte schematische Zeichnungen an – die vorliegende zeigt Nervenstrukturen in der Retina –, um die Zellbildung in bestimmten Bereichen des Gehirns, des Rückenmarks und des Auges zu veranschaulichen und somit besser zu verstehen, wie diese verschiedenen Teile des neuronalen Systems miteinander verbunden sind.

Ansichten verfolgen und diese anschließend präzise in einem Bild zusammenfügen und wiedergeben. Niemand sonst hatte einen besseren Einblick in die Wechselwirkungen zwischen Neuronen, die ja kaum einmal gemeinsam mit einem einzigen Blick durch das Mikroskop zu sehen waren. Cajals Stärke war nicht die Verfolgung langer Trakte innerhalb des Nervensystems, sondern die Beachtung der Verbindungen zwischen Zellen in bestimmten Regionen wie Kleinhirn, Großhirnrinde und Netzhaut. Er scheute sich auch nicht, in seinen Zeichnungen zwischen den Fasern zweier benachbarter Neuronen eine Lücke zu lassen, um die von ihm erahnten Unterbrechungen hervorzuheben, selbst wenn er eine solche Lücke nicht wahrnehmen konnte.

EIN BEGRÜNDER DER MODERNEN NEUROWISSENSCHAFTEN

Cajals Forschungen waren von erheblicher Bedeutung für die Formulierung jener Prinzipien, die heute als grundlegend für das Verständnis des Nervensystems gelten. Erstens ist das Neuron die Grundeinheit des Systems. Die kürzeren Dendriten und die längeren Axone sind Fortsätze des Zellkörpers und werden durch diesen mit Nährstoffen versorgt. Zweitens bewegen sich Nervenimpulse in einem Neuron fast immer in nur eine Richtung, nämlich von den Dendriten zum Zellkörper, dann durch den Zellkörper zu den Axonen und deren Ästen, die wiederum Verbindungen zu den Dendriten oder Zellkörpern eines anderen Neurons herstellen. Drittens bleibt jedes Neuron bei diesem Prozess eine individuelle Entität: Es kommt nicht zu einer physischen Fusion mit den Fortsätzen eines anderen Neurons. Vielmehr gibt es zwischen den Neuronen einen räumlichen Spalt (später »Synapse« genannt), den der Nervenimpuls in eine Richtung überwindet. Nervenbahnen sind somit Ketten von Neuronen und ihren Synapsen.

Cajal war ein kompromissloser Verfechter dessen, was später als »Neuronentheorie« bezeichnet wurde – der Idee also, dass autonome Neuronen im Nervensystem umgrenzten Leitungsbahnen folgen. Nur so, glaubte Cajal, ließen sich die zunehmenden Anzeichen für die Lokalisation bestimmter Funktionen in bestimmten Bereichen von Gehirn und Rückenmark erklären. Besonders hilfreich waren seine akkuraten Untersuchungen von Zellen in der Großhirnrinde. Sie verbanden sich mit den zeitgleichen Bemühungen anderer Wissenschaftler, den Gesichts- und Tastsinn sowie die motorische Repräsentation in diskreten Bereichen der Hirnrinde zu verorten. Die Neuronentheorie zeigte im 20. Jahrhundert in Physiologie und Pathologie eine solche Erklärungs- und Vorhersagekraft, dass sie zu einer anerkannten Grundlage der modernen Neurobiologie wurde. Cajal gilt heute als ein Hauptbegründer der modernen Neurowissenschaften. Zu seinen Lebzeiten jedoch war die Neuronentheorie umstritten. Cajal verteidigte sie bis zu seinem Tod 1934. Erst seit der Visualisierung der Synapsen durch das Elektronenmikroskop in den 1950er Jahren gilt sie als endgültig bestätigt.

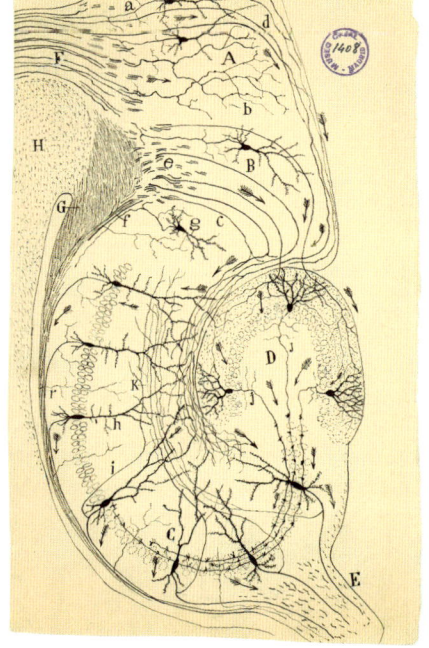

Cajals Zeichnung der komplizierten Verbindungen zwischen verschiedenen Schichten der Hippocampus-Region in einem Rattenhirn, die den einseitig gerichteten Verlauf der Nervenimpulse über Dendriten, Zellkörper und Axon verdeutlicht.

ROBERT OLBY

Francis Crick & James Watson

SCHLÜSSEL ZUR DNA UND ZUM GEHEIMNIS DES LEBENS
(1916–2004) UND (GEBOREN 1928)

»I'm Watson, I'm Crick, / Let us show you our trick,
We've found where the seed of life sprang from,
We believe we're a stew / Of molecular goo
With a period of thirty-four Ångstrom.«
Knittelvers, vorgetragen von Roy Markham und E. S. Anderson
beim Cold Spring Harbor Symposium, 1953

Die Namen Crick und Watson werden für alle Zeiten mit den drei Buchstaben »DNA« verbunden sein, der Abkürzung für *deoxyribonucleic acid*, zu Deutsch »Desoxyribonukleinsäure« – also für das genetische Material. Die beiden Forscher haben diese Substanz nicht entdeckt. Diese Leistung war bereits im 19. Jahrhundert vollbracht worden. Was sie im Februar des Jahres 1953 entdeckten, war vielmehr die Molekularstruktur dieser Substanz. Sie besteht aus zwei helikalen Strängen, die einen Zylinder bilden, in dem die flachen Basen paarweise übereinander liegen wie ein Stapel Münzen.

Es war einer von mehreren Erfolgen, die Wissenschaftler in den 1950er und -60er Jahren im Bemühen um eine Klärung der Strukturen komplexer Moleküle verzeichnen konnten. Dazu angespornt hatte sie die Entdeckung der Strukturen von Faserproteinen, die dem amerikanischen Chemiker Linus Pauling 1951 gelungen war. Doch unter all diesen Erfolgen ragt die Entschlüsselung der DNA besonders hervor, da sie die größten Konsequenzen für die Biologie insgesamt hatte. Warum war das so? Weil es sich bei der DNA um das Material handelt, aus dem die Gene bestehen, und weil ihre Struktur bereits eine Vorstellung davon vermittelt, wie sie ihre Aufgaben erfüllt, nämlich durch Duplikation, Transmission, Mutation und Expression genetischer Informationen. Die Entschlüsselung der DNA-Struktur bewirkte eine Revolution in der Biologie. Sie erfasste erst die Biophysik und drang dann auch in andere Bereiche der Biologie vor, in die Biochemie, Genetik, Virologie oder Medizin. Heute verfügt diese neue Forschungsrichtung namens Molekularbiologie über eine Vielzahl von Methoden zur Untersuchung und Manipulation der DNA. So ist es ihr mittlerweile auch gelungen, die Sequenz der vier Basen der DNA zu bestimmen, in denen die Erbinformationen enthalten sind.

Francis Harry Compton Crick war das erste Kind von Harry und Annie Crick. Die Familie lebte in Northampton, wo Harry Crick eine Schuhfabrik betrieb. Obwohl Francis nicht unter Akademikern aufwuchs, zeigte er schon früh ein Interesse und eine besondere Begabung für Naturwissenschaften. Als 17-Jähriger gewann er den Chemie-Wettbewerb seiner Schule. Zum Studium der Physik ging er ans University College

Gegenüber: Diese Photographie aus dem Jahr 1959 zeigt James Watson (links) und Francis Crick (rechts) in Boston, anlässlich ihrer Ehrenvorlesung am Massachusetts General Hospital.

London, wo er 1937 sein Examen machte. Zwar waren seine Leistungen nur durchschnittlich, doch fand er dank des großen Bedarfs an Physikern während des Zweiten Weltkriegs eine Anstellung bei der Royal Navy. Er arbeitete in der Forschungsabteilung für Minenkonstruktion und tat sich bei der Entwicklung neuer Zündmechanismen für Minen hervor. Seine Arbeit zeugte von originellem Denken, einem sicheren Urteilsvermögen sowie einer scharfsinnigen und energischen Persönlichkeit, die ganz im Gegensatz zu Cricks jungenhafter Erscheinung stand. Der Ruf, den er sich bei der Royal Navy erwarb, half ihm, 1947 in den Bereich der biophysischen Forschung zu wechseln. Cricks neue Karriere begann in Cambridge im Strangeways-Laboratorium, doch schon 1949 schloss er sich der Medical Research Council (MRC) Unit an, einer Forschergruppe im Cavendish-Laboratorium unter der Leitung von Max Perutz. Hier begann er, Proteinstrukturen zu erforschen.

James Dewey Watson wuchs in der South Side von Chicago auf. Sein Vater war Schuldeneintreiber, seine Mutter Sekretärin und Buchhalterin. Die Familie war nicht wohlhabend, doch Jim erwies sich als heller Kopf und wurde mit 15 Jahren in das vierjährige College-Programm der Universität Chicago aufgenommen. Mit 19 Jahren ging er für ein vertiefendes Studium an die University of Indiana, an der er zur Wirkung von Röntgenstrahlen auf Bakteriophagen forschte und 1950 promoviert wurde. Die folgenden Jahre verbrachte er als Post-Doktorand in Europa. Anfang Oktober 1951 wechselte er von Kopenhagen nach Cambridge zur Forschergruppe um Max Perutz, um sich mit der Röntgenbeugung vertraut zu machen, in der Hoffnung, die Struktur der DNA zu entschlüsseln. Bald lernte er Crick kennen. »Ich wusste«, erzählte Watson im Rückblick auf jenen Tag, »dass ich Cambridge für lange Zeit nicht mehr verlassen würde. Eine Abreise wäre eine große Dummheit gewesen, denn ich hatte sofort bemerkt, wie viel Spaß es machte, sich mit Francis Crick zu unterhalten.« Jahre später beschrieb er diese erste Begegnung wie folgt: »Ich wurde Zeuge, wie Cricks unbändiger Verstand sich ans Werk machte ... es war, als betrachtete man ein Feuerwerk zur Feier des 4. Juli. Nie zuvor hatte ich eine so disziplinierte Kraft des Denkens erlebt.«

EINE PERFEKTE KOMBINATION VON GEGENSÄTZEN

Was ihre Persönlichkeiten betraf, hätten Crick und Watson kaum unterschiedlicher sein können. Crick, damals 35 Jahre alt, war redegewandt und gesprächig, überschwänglich und äußerst selbstsicher; begrüßte er Menschen, ging er geradewegs auf sie zu und sah sie mit seinen suchenden blauen Augen direkt an. Watson, dessen Rede eher stockend war und häufig von einer Art Kichern unterbrochen wurde, starrte zumeist verlegen in die Gegend, wenn er mit jemandem sprach. Doch mit seinen erst 23 Jahren und einem Doktortitel in der Tasche war er vielen seiner Zeitgenossen erkennbar weit voraus. So hatte der zwölf Jahre ältere Crick noch immer nicht promoviert, was allerdings auf seine Arbeit während des Krieges zurückzuführen war.

Trotz ihrer Unterschiede bildeten die beiden ein ideales Gespann. Crick redete, diskutierte und argumentierte gern, selbst wenn er im Labor an einem experimentellen Projekt arbeitete. Gesprächsthemen gab es reichlich, denn Crick verschlang ungeheure Mengen an wissenschaftlicher Fachliteratur. Watson wiederum konnte sich mit Crick über seine Mission unterhalten: die Entschlüsselung der DNA-Struktur. Watson war es auch, der den Forschern der MRC Unit die Bedeutung der DNA überhaupt erst vor Augen führte und Crick davon überzeugte, dass Nukleinsäuren wahrscheinlich das wichtigste, vielleicht sogar einzige Erbmaterial seien. Wenn Crick also im Labor mit Proteinen beschäftigt war, suchte Watson in der Bibliothek nach Fachliteratur über Nukleinsäuren. Anschließend diskutierten sie über die DNA, und Watson informierte Crick über die neuesten Entwicklungen der »Phagen«-Gruppe in den USA. Diese aus Genetikern und ehemaligen Physikern bestehende Gruppe forschte zur Genetik von Bakteriophagen. Deren winzige Größe und die Geschwindigkeit ihrer Fortpflanzung ließen die Hoffnung entstehen, mit der Analyse der Genkarte bis zur molekularen Ebene vordringen zu können.

DIE ENTSCHLÜSSELUNG DER DNA-STRUKTUR

Watson war noch nicht lange in Cambridge, als er und Crick ein spekulatives Strukturmodell des DNA-Moleküls anfertigten. Das Modell war gänzlich falsch, ein völliges Desaster, und veranlasste den Cavendish-Professor Lawrence Bragg, die DNA-Forschung einzustellen, zumal eine andere MRC Unit in London seit Längerem mit einem ähnlichen Projekt beschäftigt war. Im Februar 1953 jedoch erhielten Crick und Watson von Bragg die Erlaubnis für einen weiteren Versuch. Es wurde erwartet, dass Linus Pauling binnen Kurzem ein DNA-Modell veröffentlichen würde. Für Bragg war damit »die Jagd eröffnet«. Bereits gegen Ende desselben Monats war Crick und Watson ein Durchbruch gelungen. Watson lieferte später eine sehr lebendige Schilderung der Ereignisse, die zu ihrem zweiten DNA-Strukturmodell geführt hatten.

Watson und Crick mit ihrem DNA-Modell im Cavendish-Laboratorium in Cambridge, wenige Wochen nachdem sie am 25. April 1953 in der Zeitschrift *Nature* von ihrem Durchbruch berichtet hatten.

Cricks Anteil daran war die Konstruktion der zwei Zuckerphosphat-Rückgrate dieses helikalen Moleküls, die Winkelverschiebung der Zuckerreste sowie die gegenläufige Ausrichtung der Stränge. Von Watson stammte das Konzept der Basenpaarung, wonach sich jeweils eine Purinbase mit einer Pyrimidinbase zu einem komplementären Basenpaar verbindet: Adenin (A) mit Thymin (T) und Guanin (G) mit Cytosin (C). Diese Basenpaare ließen bereits erahnen, auf welche Weise die DNA-Verdopplung ablaufen könnte: Falls die zwei »Mutter«-Stränge trennbar waren, könnten sich freie Basen an die Basen der Einzelstränge anlagern, wodurch aus einem DNA-Doppelstrang zwei »Tochter«-Doppelstränge entstehen würden.

Crick und Watson erkannten sofort, dass ihr Modell eine Sensation sein würde, obwohl es tatsächlich noch vier bis fünf Jahre dauern sollte, bis die gesamte Wissenschaftsgemeinde dieses Modell anerkannte. Im Nachhinein aber staunten die beiden Forscher über das Ausmaß der Revolution, die ihr Modell in Gang gesetzt hatte.

Die Nobelpreisträger des Jahres 1962: Neben Crick (ganz links) Maurice Wilkins, der sich mit ihm und Watson (vierter von links) den Preis für Physiologie oder Medizin teilte; daneben der mit dem Literaturnobelpreis geehrte John Steinbeck; rechts außen Max Perutz und John Kendrew, Träger des Chemie-Nobelpreises.

KARRIEREN MIT UNTERSCHIEDLICHER RICHTUNG

Vor der Entschlüsselung der DNA-Struktur hatte Crick damit gerechnet, die MRC Unit verlassen zu müssen – er wusste, dass Bragg ihn als störend empfand. Deshalb hatte er Ende 1952 eine Einladung angenommen, sich dem Protein Structure Project in Brooklyn, New York, anzuschließen. Im Sommer 1953 vollendete er seine Dissertation und zog mit seiner Familie nach Brooklyn, wo er zur Struktur des Proteins Ribonuklease forschte. Als er im September 1954 nach Cambridge zurückkehrte, galt sein Hauptaugenmerk zunächst nicht der DNA-Struktur. Es war Aufgabe seines Freundes Maurice Wilkins gewesen, das Modell von Crick und Watson zu verifizieren und, falls nötig, zu modifizieren. (Für diese Arbeit wurde Wilkins gemeinsam mit Watson und Crick 1962 mit dem Nobelpreis für Physiologie oder Medizin ausgezeichnet.)

Im Winter 1955/56 arbeiteten Crick und Watson erneut zusammen. Als Forschungsgegenstand hatten sie diesmal den Aufbau von Viren gewählt. Doch dann verließ Watson Großbritannien und kehrte in die USA zurück, um an der Harvard University eine Stelle als Privatdozent in der Fakultät für Biologie anzutreten. Crick hingegen strebte eine Karriere in der Forschung an und mied bis zum Schluss alle Verwaltungs- oder Lehrtätigkeiten. Hinter den Kulissen allerdings beeinflusste er die Entwicklung der MRC Unit erheblich, als diese 1962 zum Laboratory of Molecular Biology wurde. Beteiligt war er auch an der Planung des Salk Institute for Biological Studies in La Jolla, Kalifornien, an dem er 1961 als Fellow an Forschungsprojekten im Bereich der experimentellen Biologie und der Neurowissenschaften mitwirkte. Sein Verhältnis zur Universität Cambridge und zu deren Colleges war nicht besonders innig. 1960 erhielt Crick ein Stipendium des Churchill College, trat davon aber schon ein Jahr später wegen eines Streits über den Bau einer Kapelle zurück. Später nahm er noch ein Ehrenstipendium des Gonville and Caius College an.

Watson betätigte sich derweil als Talentschmied und überzeugte herausragende Nachwuchswissenschaftler wie Walter Gilbert und Mario Cappechi, sich seiner Forschergruppe in Harvard anzuschließen. Sein 1965 erschienenes Lehrbuch *The Molecular Biology of the Gene*, entstanden auf der Grundlage seiner Einführungsvorlesungen für Biologiestudenten, war das erste seiner Art. Es ist noch heute im Druck, mittlerweile in der 6. Auflage. Nach diesem Lehrbuch verfasste er seine Erinnerungen an die Wege, auf denen er und Crick zur Entschlüsselung der DNA-Struktur gelangt waren. Obwohl Crick und Wilkins die Veröffentlichung des Buches zu verhindern suchten, erschien es 1968 unter dem Titel *The Double Helix* (»Die Doppelhelix«). Es wurde – von der Kritik als »frisch, arrogant, gehässig, bekloppt und witzig« bezeichnet – ein Bestseller und machte Watson zu einer prominenten Person. Crick, der nach der Ehrung durch den Nobelpreis ein solches Schicksal hatte vermeiden wollen, fand diese Aufgabe nun deutlich erschwert. *The Double Helix* lenkte die allgemeine Aufmerksamkeit auf die DNA, aber auch auf den Umstand, dass die Leistung von Crick und Watson in großem Umfang auf der exzellenten Arbeit von Rosalind Franklin aufbaute, einer am Londoner King's College forschenden Expertin für die Röntgenstrukturanalyse. Ihr früher Tod vier Jahre vor der Nobelpreisverleihung 1962 verhinderte es, dass ihre Leistung ebenfalls mit diesem Preis gewürdigt werden konnte.

Rosalind Franklins Photographien der sogenannten B-Form der DNA lieferten Crick und Watson die entscheidenden Informationen zur Doppelhelix-Struktur der Moleküle, die sie für den Bau ihres Modells benötigten. Nur Franklins früher Tod 1958 verhinderte, dass sie neben Crick, Watson und Maurice Wilkins, ihrem Kollegen am Londoner King's College, für den Nobelpreis des Jahres 1962 berücksichtigt wurde.

AUF DEM WEG ZUM GENETISCHEN CODE?

Von Beginn an waren Crick und Watson überzeugt, dass die von ihnen identifizierte Struktur, falls korrekt, zu einem Verständnis davon führen würde, auf welche Weise Gene Erbinformationen codieren und wie ihre Produkte – Enzyme oder Antigene, allesamt Proteine – die Charakteristika eines Organismus bestimmen. Vor der Entschlüsselung der DNA-Struktur war es eine of-

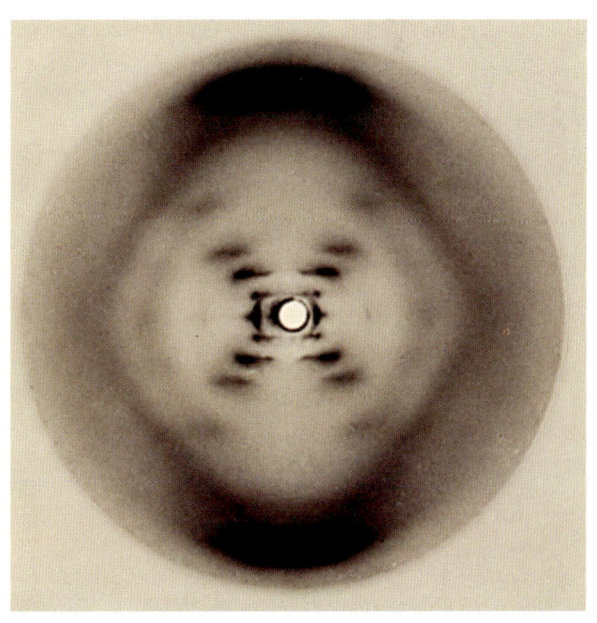

fene Frage gewesen, wie genau die exakten Anleitungen für den Bau eines Organismus in dessen DNA codiert sein könnten. Doch das Modell von Crick und Watson deutete bereits eine Möglichkeit an, denn die vier Basen – A, T, G und C – konnten auf einem Strang der Doppelhelix in jeder denkbaren Sequenz angeordnet sein. Die von Watson entdeckten Regeln der Basenpaarung würden dann die Basensequenz auf dem komplementären Strang festlegen. Ein solcher Vier-Buchstaben-Code konnte problemlos eine

1st	2nd U	C	A	G	3rd
U	PHE	SER	TYR	CYS	U
	PHE	SER	TYR	CYS	C
	LEU	SER	Ochre c.T.	?	A
	LEU	SER	Amber c.T.	Tryp	G
C	((leu)) LEU	PRO	HIS	ARG	U
	Leu	PRO	His	ARG	C
	leu	PRO	GLUN	ARG	A
	(leu)	PRO	GLUN	ARG	G
A	ILEU	THR	ASPN	(ser) SER	U
	ILEU	THR	ASPN	((ser))	C
	? ILEU	THR	LYS	((arg)) ARG	A
	MET	THR	LYS	(arg)	G
G	VAL	ALA	ASP	GLY	U
	VAL	ALA	ASP	GLY	C
	VAL	(Ala) ALA	GLU	(gly)	A
	Val	ALA	Glu		G

Capitals = Nirenberg; results
others = other results and other sources.

13th April '65
FHCC

Eine der schachbrettartigen Tabellen Cricks mit Datum vom 13. April 1965. Darin verzeichnet sind die grundsätzlichen Eigenschaften des genetischen Codes, die Biochemiker unter Rückgriff auf die Struktur der DNA entdeckt hatten.

jener zwanzig »primären« Aminosäuren spezifizieren, die lebende Zellen zur Codierung von Proteinen nutzen. Doch was waren die Hauptmerkmale dieses Codes? Und wie wurde die genetische Sprache der Nukleinsäuren in die Proteinsprache der Genprodukte übersetzt?

Offenbar spielte Ribonukleinsäure – *ribonucleic acid* – (RNA) dabei eine wichtige Rolle, schien sie doch vom Zellkern in das umliegende Zytoplasma zu gelangen, wo sie irgendwie an der Proteinbiosynthese beteiligt war. Würde man durch die Entschlüsselung der RNA-Struktur dem genetischen Code auf die Spur kommen können? Crick jedenfalls war fest davon überzeugt. Und so arbeitete er mit Alexander Rich am California Institute of Technology (Caltech) sowie mit anderen Wissenschaftlern auf dieses Ziel hin. Auch Watson hoffte, die RNA könne nützliche Hinweise liefern. Doch sie wollte ihre Struktur einfach nicht preisgeben. Andere Forscher setzten ihre Hoffnungen auf mathematische Kombinatorik. 1957 begann Cricks fruchtbare Zusammenarbeit mit Sydney Brenner in Cambridge, und im Dezember 1961 präsentierten sie schließlich die Grundzüge des genetischen Codes. Doch »knacken« konnten sie den Code nicht. Dies sollte erst in den nachfolgenden Jahrzehnten durch die Arbeit zahlreicher Biochemiker gelingen. Crick verfolgte ihre Fortschritte aufmerksam und fasste ihre Ergebnisse in schachbrettartigen Tabellen zusammen.

NEUE PERSPEKTIVEN IN NEUROWISSENSCHAFTEN UND GENETIK

1976 verbrachte Crick ein Forschungsjahr am Salk Institute. Nachdem ihm dort ein Lehrstuhl angeboten worden war, kündigte er seine Stelle am Laboratory of Molecular Biology. Mit diesem Ortswechsel verlagerte er auch seinen Forschungsschwerpunkt von der Molekulargenetik auf die Neurowissenschaften. Auf diesem Gebiet publizierte er ab 1979 bis an sein Lebensende, in enger Kooperation mit Christof Koch vom Caltech. Er erwies sich als belebendes Element in diesem noch jungen Konglomerat verschiedener Fachdisziplinen und spielte eine bedeutende Rolle bei der Anwerbung von Neurowissenschaftlern für das Salk Institute.

Im Gegensatz zu Crick machte Watson im Wissenschaftsbetrieb als Autor und Unternehmer von sich reden. 1968 unternahm er einen Versuch zur Rettung des von der Schließung bedrohten, traditionsreichen Cold Spring Harbor Laboratory. Unter seiner Leitung und mit seinem Weitblick und seinen Fähigkeiten als Spendensammler gedieh und expandierte das Labor und wurde zu einer der führenden biologischen Forschungseinrichtungen der USA. 1988 verließ er die Harvard University und wurde Direktor des Humangenomprojekts – ein Amt, das er 1992 aufgab. Ein Jahr später folgte ihm Bruce Stillman als Leiter des Cold Spring Harbor Laboratory nach, und Watson wurde dessen Präsident, danach Kanzler und schließlich 2008 Emeritus. 1997 überreichte ihm US-Präsident Clinton die National Medal of Science, 2002 wurde Watson in Großbritannien ehrenhalber in den britischen Ritterstand erhoben. Crick lehnte die Ritterwürde ab, nahm aber 1991 von Queen Elisabeth II. den Order of Merit entgegen.

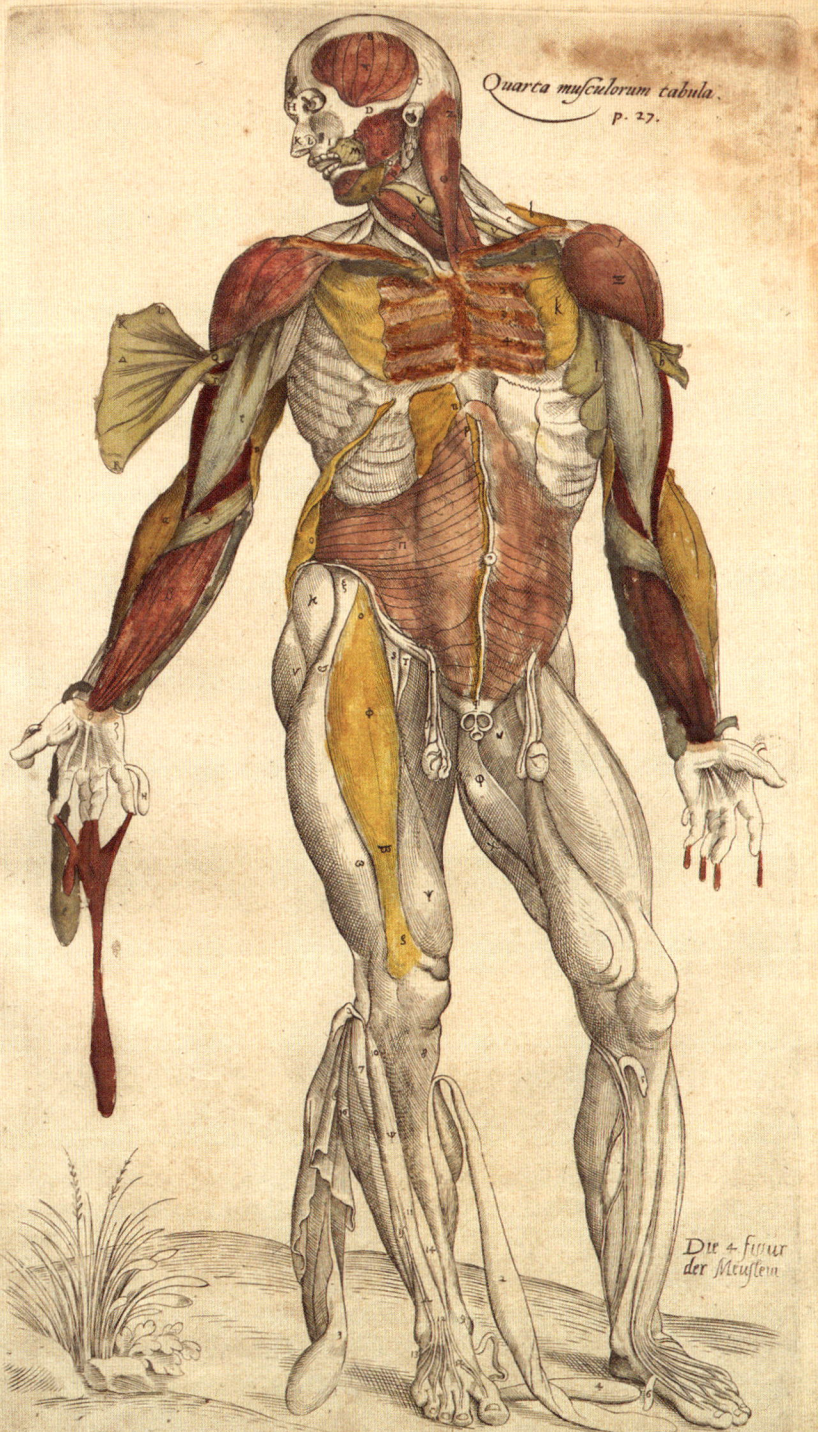

Die 4 figur
der Meuslein

H

KÖRPER UND GEIST

Im Jahr 1813 schrieb der englische Universalgelehrte Thomas Young – ein Arzt, aber auch Augenphysiologe, Physiker, Mathematiker, Linguist, Ägyptologe und einiges mehr – in seiner *Introduction to Medical Literature*: »Es gibt kein schwierigeres Fachgebiet als die Heilkunde – als Wissenschaft übersteigt sie das menschliche Auffassungsvermögen.«

Obwohl sich die wissenschaftliche Medizin seither im Zuge ihres Fortschritts radikal verändert hat, sollte man Youngs Warnung beim Blick auf jene Wissenschaften im Gedächtnis behalten, die Körper und Geist des Menschen erforschen. Und ebenso beim Blick auf die Wissenschaftler, die sich dieser Aufgabe gewidmet haben: Sei es der Arzt William Harvey, der Bakteriologe Louis Pasteur, der Psychologe Francis Galton, der Psychiater Sigmund Freud oder das Paläoanthropologen-Paar Louis und Mary Leakey, die Entdecker der Überreste der frühesten bekannten Hominini – der zweibeinigen Urmenschen mit aufrechtem Gang – in Ostafrika. Es gilt ebenso für die Computerwissenschaftler Alan Turing und John von Neumann, die sich mit der Interaktion von Mensch und Maschine und der Möglichkeit künstlicher Intelligenz beschäftigt haben. Kriterium des sogenannten Turing-Tests für maschinelle Intelligenz ist, dass eine Rechenmaschine, die unsichtbar und in einer natürlichen Sprache mit einem Menschen interagiert, von diesem für einen Menschen gehalten wird. Es ist ein Test, den kein Computer bislang bestanden hat.

Jeder der genannten Wissenschaftler musste sich auf die ein oder andere Weise mit einem ungelösten philosophischen Problem herumschlagen – mit dem von Descartes aufgeworfenen »Körper-Geist-Problem«: Psychologische Phänomene scheinen sich qualitativ und substanziell von den physischen Körpern zu unterscheiden, von denen sie offenbar abhängig sind. Wenn es diesen Dualismus tatsächlich gibt, wie Descartes behauptete, können dann die Naturwissenschaften und speziell die Neurowissenschaften jemals psychische Phänomene erklären? Wenn es aber diesen Dualismus nicht gibt, ist dann das Selbst nur eine Illusion, erzeugt von physischen Prozessen im Gehirn?

Vesalius war der erste Humananatom, der die Notwendigkeit der eigenhändigen Sektion von menschlichen Körpern betonte und davor warnte, das Wissen stattdessen allein aus Büchern zu beziehen, speziell denen des antiken römischen Anatomen Galen von Per-

Gegenüber: Eine Seite aus Vesalius' *De humani corporis fabrica*, dem Gründungstext der modernen Anatomie, erschienen 1543.

Der französische Philosoph René Descartes, Urheber des Körper-Geist-Problems, auf einem Porträt aus dem 17. Jahrhundert, nach einem verschollenen Gemälde von Frans Hals aus dem Jahr 1649.

gamon, dessen Irrtümer – wie Vesalius erkannte – daher rührten, dass dieser sich auf Tiersektionen beschränkt hatte. Vesalius, der bei seinen Sektionen mit einem Zeichner zusammenarbeitete, veröffentlichte in der Hochrenaissance schließlich seine eigene monumentale Studie *De humani corporis fabrica* (»Über die Struktur des menschlichen Körpers«): sieben große Folianten über das Skelett, die Muskulatur, die Venen und Arterien, die Nerven, die Geschlechts- und Verdauungsorgane, das Herz und die Lunge sowie das Gehirn und die Sinnesorgane, illustriert mit 73 erstaunlich plastischen Holzschnitten, die die Anatomie für alle Zeiten veränderten. Allerdings irrte auch Vesalius noch in seinen Ansichten zu Herz und Blut. Es war Harvey, der Galens Lehrmeinung, venöses Blut werde in der Leber erzeugt und nach der Aufnahme von Luft in der Lunge durch die Herzkammern in die Arterien getrieben, 1628 über den Haufen warf. Harvey wies nach, dass der Mensch über eine feste Menge an Blut verfügt, die in seinem Körper zirkuliert und dabei das Herz durchfließt.

Louis Pasteur ist mit seinem Werk – den bahnbrechenden Arbeiten zur Stereochemie, der zur Keimtheorie der Krankheit führenden Erforschung der Gärung sowie der Entwicklung von Pasteurisierung und Impfstoffen gegen Milzbrand, Geflügelcholera und Tollwut – vielleicht der Archetyp des Wissenschaftlers im 19. Jahrhundert: rational, aber auch engagiert und sozial gesinnt. »Wenn es um Beobachtung geht, ist das Glück nur dem hold, der vorbereitet ist«, so seine Devise. Gleichwohl argumentierte er in den 1860er Jahren in einer berühmten Kontroverse gegen die spontane Entstehung von Leben in Gärstoffen. Für ihn rührte alles Leben von Gott her, nicht von physischen Kräften.

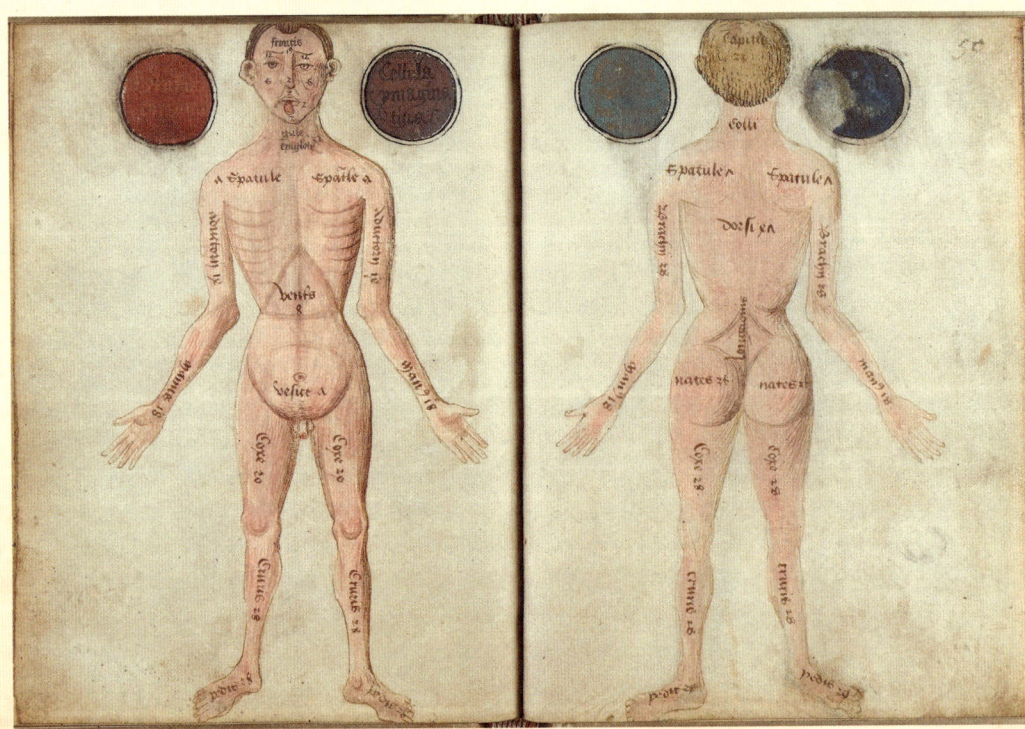

Anatomische Zeichnungen aus *Anathomia corporis humani*, einem Werk von 1316 aus der Feder des Anatomen Mondino de' Luzzi, erstmals 1478 in Italien erschienen und danach vielfach übersetzt. Die *Anathomia* gilt als erste wahre anatomische Schrift, obwohl sie sich auf einige irrige Ansichten Galens stützt.

Johann Heinrich Füssli malte mehrere Versionen seines berühmten Gemäldes *Der Nachtmahr*, darunter dieses um 1790 entstandene Werk. Während seine Zeitgenossen sich an der unverhohlenen Sexualität des Bildes stießen, haben manche moderne Kritiker in dem Werk eine Vorwegnahme der Ideen Freuds über das Unterbewusste gesehen. Freud selbst hatte angeblich einen Druck dieses Gemäldes im Wartezimmer seiner Praxis in Wien hängen, neben einer Kopie von Rembrandts *Die Anatomie des Dr. Tulp* (siehe S. 247).

Nicht minder faszinierende Forscher sind der Psychologe Francis Galton und der Psychiater Sigmund Freud. Doch beide sind auch umstritten: Galton als Begründer der Eugenik-Bewegung, Freud als Begründer der Psychoanalyse. Galtons Bemühungen, Intelligenz zu messen und die weitgehende Vererbbarkeit von Genialität nachzuweisen, litten unter seiner Unfähigkeit, Intelligenz und Genialität wissenschaftlich zu definieren – ein bis heute bestehendes Problem. Noch eigenwilliger waren Freuds Versuche, Träume, Gedanken und Gefühle zu erforschen und dabei bestimmte Mechanismen, etwa »Verdrängung«, zu entdecken. Freud selbst hatte Zweifel, ob die Psychoanalyse als Naturwissenschaft gelten solle. Doch auch wenn viele seiner Ansichten falsch waren, revolutionierte Freud die Art und Weise, in der wir über unser Selbst – unseren Körper und Geist – nachdenken. Diese Revolution stellt noch heutige Neurowissenschaftler vor eine große Herausforderung.

HELEN BYNUM

Andreas Vesalius

RENAISSANCE-ANATOM DES MENSCHLICHEN KÖRPERS
(1514–1564)

*»Falls irgendjemand die Werke der Natur zu beobachten wünscht,
sollte er nicht Büchern über Anatomie vertrauen, sondern seinen
eigenen Augen … und fleißig Sektionen durchführen.«*
Galen von Pergamon, *Über die Aufgaben der Körperteile des Menschen*,
Buch 2, Kapitel 3, 2. Jh. n. Chr.

Im Juli 1543 veröffentlichte Andreas Vesalius sein monumentales *De humani corporis fabrica* (»Über die Struktur des menschlichen Körpers«), schlicht *Fabrica* genannt. Das Werk umfasst sieben Bücher (Abschnitte) im Folioformat über das menschliche Skelett, die Muskulatur, die Venen und Arterien, die Nerven, die Geschlechts- und Verdauungsorgane, das Herz und die Lunge sowie das Gehirn und die Sinnesorgane. Den ausführlichen lateinischen Text ergänzen 73 atemberaubende, lebensechte Illustrationen. Diese Publikation sollte die Anatomie grundlegend verändern.

Vesalius wurde in Brüssel geboren, das damals in den habsburgischen Niederlanden lag. Seine Eltern verfügten über gute Beziehungen: Der Vater war Apotheker am Hof Karls V., des Herrschers über das Heilige Römische Reich, die Mutter die Tochter eines reichen Beamten. Vesalius genoss eine erstklassige Ausbildung an der Universität Löwen und profitierte dabei vom fortschrittlichen Humanismus des Erasmus von Rotterdam. Erasmus warb dafür, die seit der Frührenaissance nach Europa gelangten Originaltexte in den Sprachen der Antike (klassisches Latein, Griechisch und Hebräisch) zu lesen, anstelle der jahrhundertelang durch islamische und mittelalterliche Gelehrte gefilterten Schriften. Denn durch wiederholtes Kopieren hatten sich zwangsläufig Fehler eingeschlichen, und die sich wandelnde Sprache verzerrte möglicherweise ursprüngliche Bedeutungen.

Vesalius hatte das Interesse seines Vaters für Medizin geerbt, und so zog er 1533 nach Paris, um bei einigen der bedeutendsten Lehrmeister seiner Zeit zu studieren, namentlich Sylvius, Johann Winter und Jean Fernal. Sie alle wandten die Prinzipien des Humanismus auf die Heilkunde an. Der Krieg zwischen Frankreich und dem Heiligen Römischen Reich zwang Vesalius 1536 zur Heimkehr, doch verließ er Paris nicht, ohne zuvor zum ersten Mal eigenhändig vor seinen Kommilitonen eine Sektion durchgeführt zu haben – eine damals höchst ungewöhnliche Entscheidung.

Sein Interesse für Anatomie hielt auch in Löwen an. Dort sammelten er und ein Freund, der sich ebenfalls für Anatomie begeisterte, eines Nachts jenseits der Stadtmau-

Gegenüber: Andreas Vesalius auf einem Ölgemälde, nach einem Holzschnitt von Jan van Calcar aus dem Jahr 1543.

ern die Gebeine eines Gehängten auf und schmuggelten sie in die Stadt. Dank dieser Tollheit verfügten sie über ein wertvolles, fast vollständiges Skelett. Diese abenteuerliche Aktion hatte ihren Grund: Leichname waren damals nur schwer erhältlich, selbst medizinischen Fakultäten fehlte es an Skeletten. Doch Vesalius erachtete den menschlichen Körper als wichtigste Quelle anatomischen Wissens. Er vollendete seine Baccalaureus-Arbeit, die Anfang 1537 veröffentlicht wurde, und setzte seine anatomischen Studien fort, bevor er einige Monate später nach Italien aufbrach.

Im September 1537 traf Vesalius in Padua ein, wo er am 5. Dezember promoviert wurde. Er hatte eine der berühmtesten medizinischen Fakultäten Europas hinreichend beeindruckt, um von ihr eine Dozentur für Chirurgie und Anatomie zu erhalten. Schon am folgenden Tag führte er vor seinen Studenten eine erste Sektion durch.

IN VORBEREITUNG DER *FABRICA*

Die unter dem Schutz des Dogen von Venedig stehende Universität Padua zählte damals zu den bedeutendsten Ausbildungsstätten für Medizin und Chirurgie. Ihre medizinische Fakultät veranstaltete jeden Winter eine drei Wochen dauernde Sektion, die zahlreiche sich für die neue beobachtende Anatomie interessierende Studenten anlockte. Bei dieser Sektion öffnete man zunächst den Bauch, um die dortigen inneren Organe zu untersuchen. Es folgten die Öffnung der Brust und eine Untersuchung der hier befindlichen Organe. Dann wurden der Kopf und das Gehirn und schließlich die Gliedmaßen inspiziert. Durch diese traditionelle Reihenfolge war der allmählich verwesende Leichnam längstmöglich nutzbar.

Vesalius etablierte in Padua zwei entscheidende didaktische Neuerungen, die später auch in der *Fabrica* eine zentrale Rolle spielten. Im Unterschied zu seinen Zeitgenossen führte er die Sektionen eigenhändig durch, war Lektor, Demonstrator und Prosektor in einer Person. Er stand nicht am Rednerpult, zitierte auch nicht neben dem Leichnam aus einem Buch, sondern sprach frei über das, was seine Hände dem Publikum gerade offenlegten. Es war nicht so, dass er vorhandene Schriften zur Anatomie gänzlich ignorierte. Doch seinem humanistischen Ansatz entsprechend setzte er sich direkt mit dem Werk des Galen von Pergamon auseinander – jener zu Recht verehrten Autorität aus dem 2. Jahrhundert –, statt mit Galen-Kommentaren Vorlieb zu nehmen, etwa der populären *Anathomia* des Mondino de' Luzzi aus dem 14. Jahrhundert. Galen selbst hatte seine Leser dazu angehalten, das Geschriebene und das mit eigenen Augen Beobachtete zu vergleichen. Vesalius war inzwischen erfahren genug, um zu erkennen, dass Galens Erkenntnisse zum Teil auf der Sektion von Tieren beruhten und daher sachliche Fehler enthielten, was er gegenüber seinen Studenten auch zur Sprache brachte. Freilich sah auch er sich gezwungen, für Sektionen weiterhin Tierkadaver zu verwenden.

In der *Fabrica* entblößte Vesalius den menschlichen Körper Schicht um Schicht – bis auf die Knochen. Dieses vollständige Skelett stützt sich auf einen Spaten, mit dem es sich vielleicht sein eigenes Grab schaufeln wird, um auch noch die letzten Überreste der Sektion zu beseitigen.

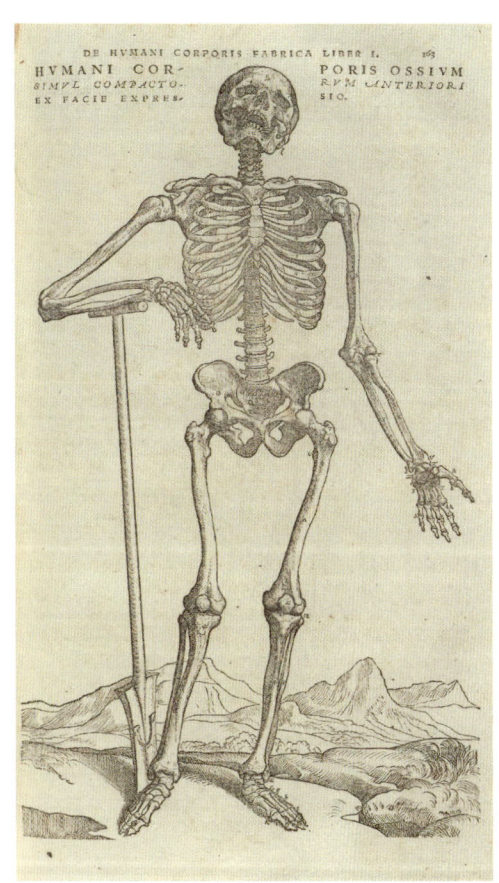

Die Sektion des Leichnams nach Körperteilen brachte ein Problem mit sich: Ganzkörpersysteme wie Venen und Arterien (die Vesalius wie Galen für zwei separate, auf dem Herzen beziehungsweise der Leber basierende Systeme hielt) mussten nach den einzelnen Scktionen rekonstruiert werden, damit man sie untersuchen konnte. Vesalius setzte bei seinen Sektionen zur Veranschaulichung für die Studenten auch lebensechte Zeichnungen ein. Diese sechs beschrifteten und später als große Flugblätter vervielfältigten Abbildungen namens *Tabulae anatomiae sex* von 1538 ermöglichten das gleichzeitige Studium der Natur und ihrer wissenschaftlichen Darstellung. Die Abbildungen der *Tabulae* fertigte Vesalius gemeinsam mit seinem Landsmann Jan van Calcar an, einem Künstler, der in Venedig bei Tizian Malerei studiert hatte. So machte sich die Nähe Paduas zu einem der bedeutendsten Kunstzentren der Welt bezahlt.

Die *Tabulae* waren ein großer Erfolg. Davon zeugt das Ausmaß, in dem das Werk schon bald plagiiert wurde. Eine Vesalius genehmere Folge war, dass ihm in Padua mehr Leichname (von hingerichteten Verbrechern) zugesagt wurden. Im Januar 1540 erhielt er eine Einladung nach Bologna, wo er seine neue Methode der Anatomielehre vorstellen sollte. In einer anatomischen Demonstration vor 200 Zuschauern in dcr Kirche San Francesco geriet er mit dem dortigen Anatomieprofessor Matteo Corti aneinander. Dieser schon ältere Herr las aus Mondinos *Anathomia* vor, während Vesalius das Seziermesser führte. Vesalius musste sich einige spöttische Bemerkungen Cortis über seine »Handarbeit« gefallen lassen, bis er mit einer Entdeckung sowohl Corti und Mondino als auch Galen und seine eigene Darstellung in den *Tabulae* korrigierte: Die Leber hatte gar nicht fünf Lappen.

Während der nächsten zwei Jahre arbeitete Vesalius an der *Fabrica*. Er las seinen Galen und stand im Beisein eines Zeichners am Seziertisch. Die Zeichnungen wurden dann auf Holzstöcke übertragen, erstaunlich detailgetreu, zumeist in Form einer Bearbeitung des Holzes durch die aufgeklebte Zeichnung hindurch. Holzschnitte hatten sich als großartige drucktechnische Innovation erwiesen: Ähnlich wie bewegliche Lettern konnten sie nach Belieben auf den Seiten eingestellt werden. Bei aller Bedeutung ihrer dichten, in klassischem Latein verfassten Texte ist die *Fabrica* jedoch vor allem für ihre Illustrationen und die enge Verbindung von Wort und Bild berühmt. Wer jener Künstler aus Tizians Atelier war, der hier unter Vesalius' Anleitung zeichnete, ist bis heute ungeklärt, doch war sein Beitrag zu diesem Werk beträchtlich. Das Titelbild der *Fabrica* ist ein aussagekräftiges Symbol der neuen vesalianischen Anatomie. Ihre Skelette und Muskelmänner nötigen jedem Betrachter staunende Bewunderung ab. Die

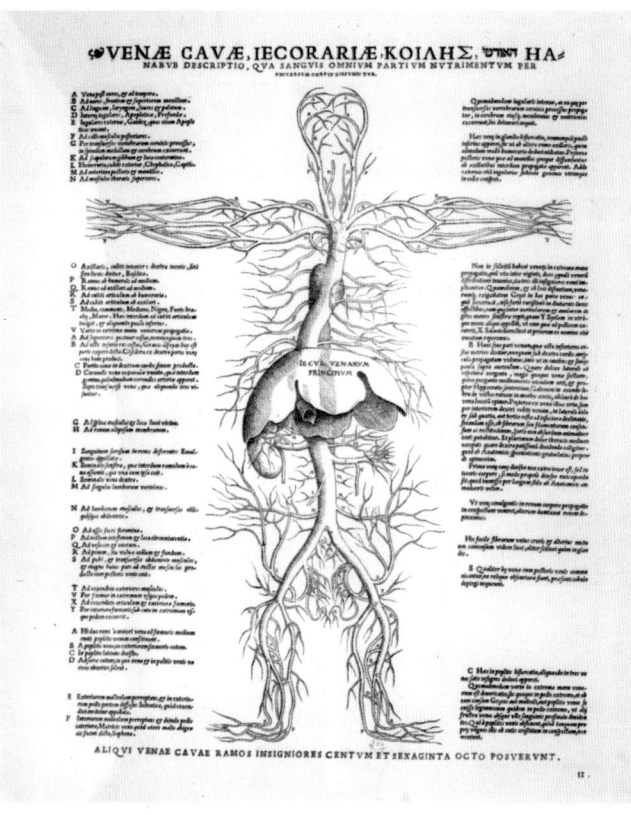

Darstellung von Venen und Leber aus den *Tabulae anatomicae sex* von 1538, eine der sechs Zeichnungen von Jan van Calcar, angefertigt nach früheren, von Vesalius bei Vorlesungen verwendeten Bildern. Die Leber ist hier mit fünf Lappen dargestellt – ein Irrtum, den Vesalius in der *Fabrica* korrigieren sollte.

Ein anatomisches Klappbild von 1573. Jede Schicht ließ sich hochklappen, sodass verschiedene Bereiche der Körperhöhle sichtbar wurden und man sich quasi in den Körper vertiefen konnte. Das Gesicht des hier dargestellten Mannes ist demjenigen Vesalius' verblüffend ähnlich.

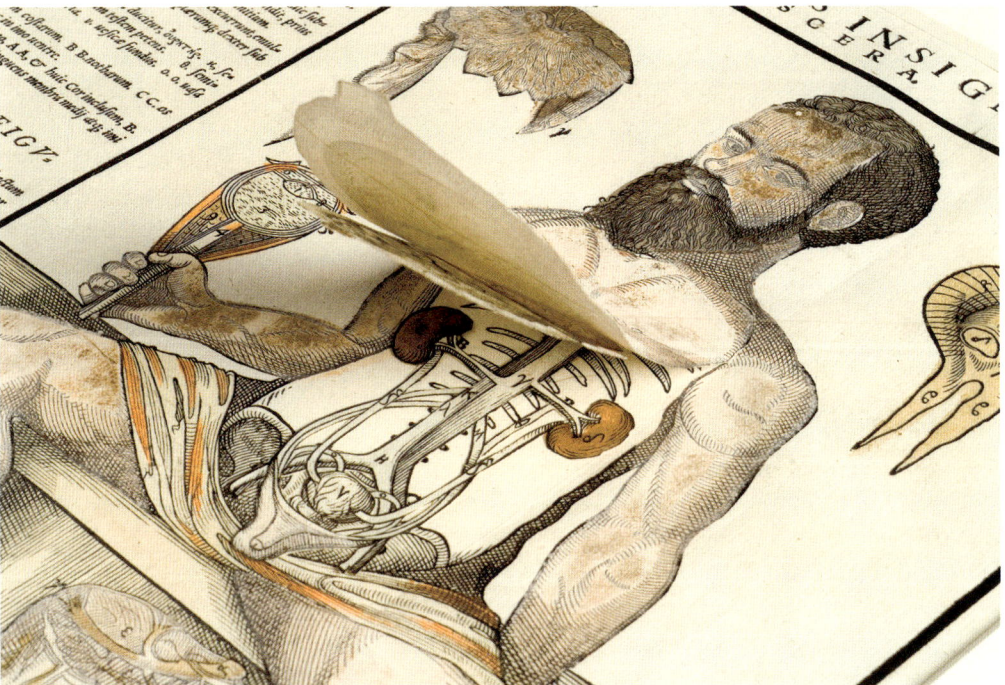

14 Muskelmänner sind jeweils in einem fortlaufenden Panorama dargestellt, und ihre Posen lassen den Betrachter meinen, diese geschundenen und Schicht um Schicht geöffneten Leiber seien noch lebendig.

Vesalius beaufsichtigte die Anfertigung des Manuskripts der *Fabrica*, bevor er Padua in Richtung Basel verließ, um dort mit dem humanistischen Gelehrten und Verleger Johannes Oporinus die Seiten für den Druck einzurichten. Oporinus war berühmt für die hohe Qualität seiner Drucke, und das Endprodukt zeugt von seiner Kunstfertigkeit: Die *Fabrica* ist ein Glanzstück des Renaissance-Humanismus. Sie war ein teurer Gegenstand, ein Luxusprodukt – nichts, was sich ein Student hätte leisten können oder worin ein Anatom beim Sezieren mit blutverschmierten Händen hätte blättern wollen. Für diese Zwecke gab es ein weiteres Werk: das gleichzeitig veröffentlichte, erschwinglichere und kürzere *Suorum de humani corporis fabrica librorum epitome*. Einige der losen Blätter des *Epitome* waren zum Auseinanderschneiden gedacht, damit man die Abbildungen der einzelnen Organe in einem Körperschema übereinander legen konnte, sodass sich eines der damals in der Anatomie beliebten Klappbilder ergab. Eine zweite, überarbeitete Auflage der *Fabrica* erschien 1555. Vesalius verbrachte den Rest seines Lebens in Diensten Kaiser Karls V., dem er die *Fabrica* gewidmet hatte; es ist ungewiss, ob er eine Rückkehr nach Padua erwogen hatte, bevor er 1564 auf der Insel Zakynthos starb.

NACHLEBEN

Die *Fabrica* lässt sich auch als Laie lesen; das war und ist ihr Erfolgsgeheimnis. Frühere Anatomiebücher waren spärlich bebildert und zeigten vornehmlich schematische Darstellungen, Gedächtnisstützen statt Abbildungen dessen, was im Körper tatsächlich zu sehen war. Vesalius war Teil einer Bewegung in der Renaissance, die das anatomische Wissen und die anatomische Darstellung verbessern wollte. In dieser Hinsicht bedeutete sein Werk einen Quantensprung nach vorn. Neben der Vorstellung von der fünflappigen Leber korrigierte er auch noch andere anatomische Irrtümer: Menschen haben im Unterschied zu anderen Wirbeltieren kein »Wundernetz« (*Rete mirabile*, ein bestimmtes Geflecht von Venen und Arterien), und die Herzscheidewand verfügt über keinerlei Poren, durch die Blut fließen kann.

Vesalius' Illustrationen wurden in den folgenden hundert Jahren häufig kopiert und wiederverwendet. Vesalius selbst wurde von Traditionalisten für seine Kritik an Galen kritisiert, doch sein Bestreben, Erkenntnisse durch das Studium von Körpern statt Büchern zu gewinnen, machte in Europa Schule. Damit übertrug er die in anderen empirischen Wissenschaften wie der Botanik oder Geographie längst gängige Erforschung der Natur auf die Anatomie. Seine *Fabrica* veränderte nachhaltig unsere Auffassung und Lehre von dem, was unter unserer Haut verborgen ist.

Rembrandts *Die Anatomie des Dr. Tulp* von 1632 zeigt den frisch gekürten Anatomen der Amsterdamer Chirurgen-Gilde nebst wohlhabenden Gildenmitgliedern, die dafür bezahlt hatten, ebenfalls porträtiert zu werden. Zu sehen ist außerdem der Leichnam von Aris 't Kint, der wegen des Diebstahls eines Mantels hingerichtet wurde und den nun die allerletzte Strafe der Sektion erwartet.

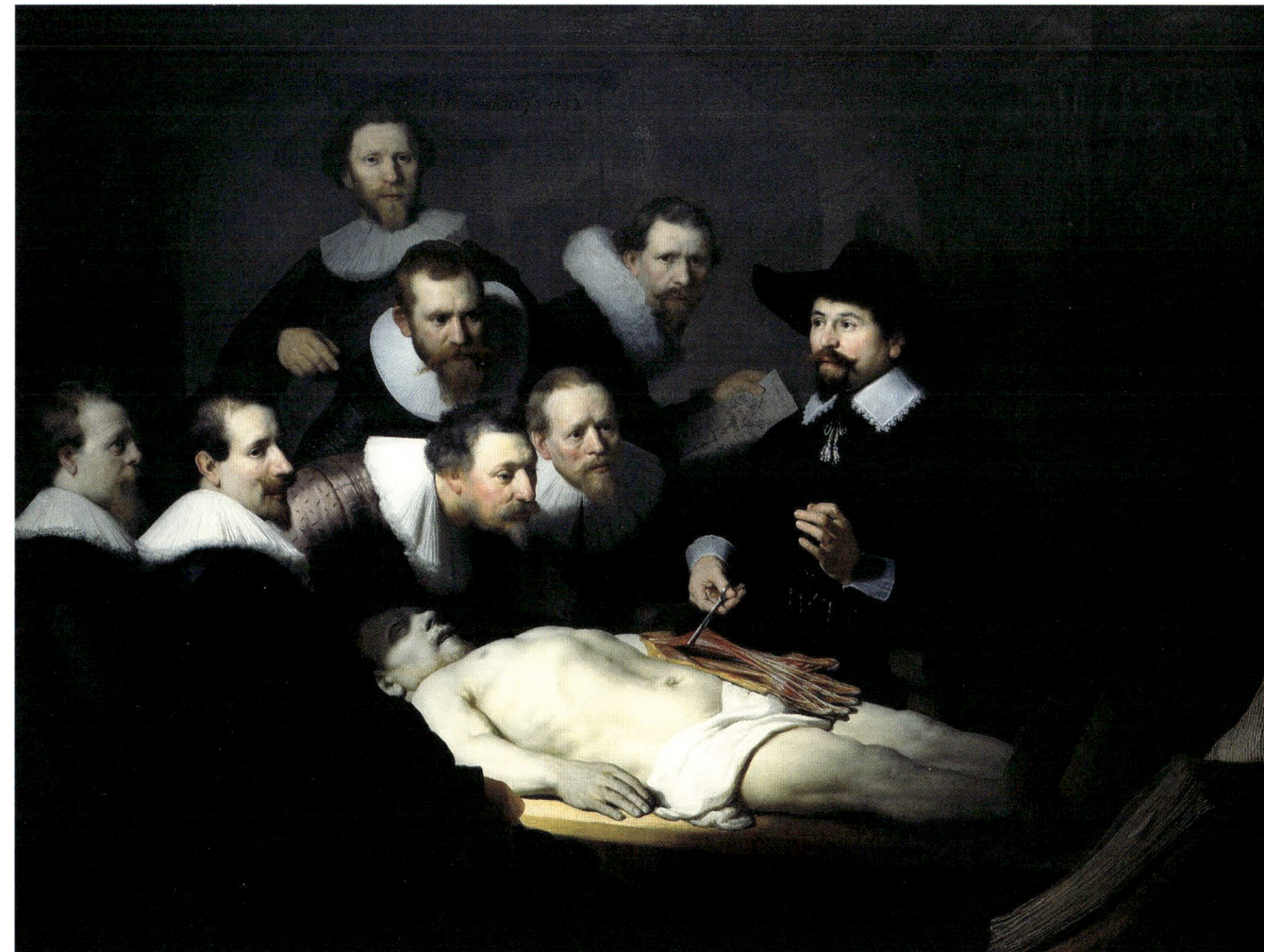

LEON FINE

William Harvey

EXPERIMENTIERFREUDIGER ARZT UND ENTDECKER
DES BLUTKREISLAUFS
(1578–1657)

*»Es gilt, sich der Natur selbst zuzuwenden und die Wege, die sie uns aufzeigt, mutig zu
beschreiten; so nämlich werden wir unter Zuhilfenahme unserer Sinne, von niederen zu
höheren Ebenen, schließlich zum Kern ihres Geheimnisses vordringen.«*
William Harvey, *Exercitationes de generatione animalium*, 1651

Es ist ein faszinierender Gedanke, dass ein einziges Buch mehr als jedes andere
den Fortschritt der praktischen wie wissenschaftlichen Medizin in den letzten
anderthalb Jahrtausenden bestimmt hat. Und ohne Übertreibung lässt sich sagen, dass dies auf William Harveys 1628 erschienenes Werk *Exercitatio anatomica de
motu cordis et sanguinis in animalibus* (»Anatomische Studie über die Bewegung des
Herzens und des Blutes«) zutrifft. Dieses schmale Buch warf ein Dogma der Physiologie und Medizin über den Haufen, dem die westliche Welt seit Galen von Pergamon
angehangen hatte.

Harvey stammte aus einer wohlhabenden Familie in Folkestone, einer in der englischen Grafschaft Kent gelegenen Stadt. Er war der älteste von sieben Söhnen, von denen
fünf später Kaufleute in London wurden. Harvey selbst beendete 1597 sein Studium an
der Universität Cambridge mit dem Bachelor of Arts, bevor ihn eine ausgedehnte Studienreise nach Frankreich, Deutschland und Italien führte. 1602 erhielt er den Doktortitel
in Medizin und Philosophie der Universität Padua, wo er auch die Anatomievorlesun-
gen des italienischen Anatomen Hieronymus Fabricius ab Aquapendente (auch bekannt
als Girolamo Fabrizio) besuchte, der die Venenklappen entdeckt hatte. Nach seiner Promotion kehrte er umgehend nach London zurück, wo man ihn 1604 zum Mitglied des
Royal College of Physicians ernannte.

Harvey genoss schon zu Lebzeiten einen hervorragenden Ruf. Er war Leibarzt von
König Jakob I. und dessen Sohn Karl I. Als Arzt am St Bartholomew's Hospital, dem
ältesten Krankenhaus Londons, verfügte er außerdem über eine umfassende klinische
Erfahrung. Er war ein Mann von großer Geduld und Beharrlichkeit und ein sehr gründ-
licher Wissenschaftler: Es sollte ein Vierteljahrhundert vergehen, bis seine Forschungen
endlich Früchte trugen. Einmal klagte er einem Freund, dass seine Publikationen zum
Blutkreislauf seiner Karriere als Arzt geschadet hätten, er nun als »schwachköpfig« gelte
und Kollegen ihm seinen Ruhm neideten. Zweifellos wusste er um seine historische Bedeutung für die Medizin und setzte einiges daran, dass sein Ruhm auch nach seinem
Tod nicht verblasste. Davon zeugen sein Vermächtnis an das Royal College of Physici-

Gegenüber: William
Harvey auf dem un-
datierten Gemälde
eines unbekannten
Künstlers.

William Harvey erläutert seinem Förderer Charles I. seine Theorie des Blutkreislaufs. Ölgemälde von Ernest Board, frühes 20. Jahrhundert.

ans wie auch die Schenkung seines Geburtshauses und umliegender Ländereien an das Caius College in Cambridge, wo er seine Ausbildung genossen hatte.

BLUT UND HERZ

Nach der Lehre Galens pulsierte das Blut zwischen Lunge und Leber sowie der rechten Herzkammer hin und her, und dann – nach Durchquerung der Herzscheidewand – wiederum zwischen linker Herzkammer und den Arterien. Im frühen 17. Jahrhundert hielt man das Herz für den Ursprung der Körperwärme und sprach der Lunge die Funktion zu, das Blut zu kühlen. In der Diastole (Ausdehnung) des Herzens, so dachte man, verbinde sich das Blut mit Luft, woraufhin es – erwärmt und vitalisiert – in die Arterien gepumpt werde. Dass das Blut in den Venen dunkler ist als das in den Arterien, führte man auf die unterschiedlichen Funktionen dieser beiden Gefäßtypen für die Ernährung der Gewebe und den Erhalt der Lebensgeister zurück.

Harveys experimentelle Beobachtungen widerlegten diese Auffassungen von Grund auf. Er stellte fest, dass die linke Herzkammer das aus den Lungen kommende Blut beständig und einseitig gerichtet in die Hauptarterien und die Gewebe trieb, von wo aus es über die Venen zur rechten Herzkammer zurückkehrte, die es dann durch die Lungen pumpte. Das setzte voraus, dass genauso viel Blut die Venen verließ, wie in die Arterien hineinfloss. Dazu aber musste das Blut in der Peripherie von den Arterien in die Venen fließen, was einen Kreislauf bedeutete. Und dasselbe Prinzip musste für die Zirkulation durch die Lunge gelten: Blut musste den Weg durch die Lunge nehmen, um von der rechten in die linke Herzkammer zu gelangen.

Die Beobachtung der Gleichzeitigkeit von Herzschlag und peripherem Puls hatte zu der falschen Vorstellung geführt, dass Herz und Arterien sich synchron ausdehnten und zusammenzögen. Was man als Herzschlag spüre, so die Annahme, sei die Ausdehnung des Herzens. Mittels direkter Beobachtung durch die Brustwand von Tieren konnte Harvey diese Auffassung widerlegen. Der spürbare Herzschlag ist vielmehr Ausdruck der Kontraktion und Anhebung des Herzens, während es Blut austreibt und durch eine Lageveränderung gegen die Rippen stößt. Es ist also die Systole (Kontraktion), nicht die Diastole (Ausdehnung) der Herzkammern, die mit dem arteriellen Puls zusammenfällt.

In seinem Werk *De motu cordis* bediente sich Harvey zur Argumentation für eine Zirkulation des Blutes auch quantitativer Analysen – seinerzeit ein neuartiger Ansatz. Es erschien ihm abwegig, dass die große Menge an Blut, die ständig über die Venen ins Herz gelangte, allein durch aufgenommene Nahrung entstehen sollte. Und er erkannte, dass die Blutmenge, die durch die Blutgefäße floss, weit größer sein musste als jene Menge, die zur Versorgung der verschiedenen Körperteile benötigt wurde. Diese schlichten Überlegungen ließen ihn folgern, dass eine feste Menge an Blut in einer Art »Kreislauf« durch den Körper fließen musste. Dies war eine revolutionäre These, die erst viele Jahre später weithin anerkannt wurde.

Doch Harvey »entdeckte« nicht nur, er »schuf« auch eine Methode für biologische und medizinische Experimente, die nach seinem Tod noch jahrhundertelang Anwendung fand. Zu Beginn einer jeden Untersuchung formulierte er Fragen (im ersten Kapitel von *De motu cordis* finden sich mehr als zwanzig Fragestellungen), darunter auch rhetorische, mit denen er andere Ansichten leicht spöttisch aufs Korn nahm. Diese Fragen bildeten die Grundlage der anschließenden Experimente. Unverzichtbarer Bestandteil seiner Methode waren Vivisektionen, also operative Eingriffe an lebenden Tieren, die zu Forschungszwecken durchgeführt werden. Dieser Form des Experiments verdankte er zahlreiche Einsichten. Beobachtungen zu einem einzigen Zeitpunkt – sprich: die Sektion eines toten Tiers – reichten zur Beantwortung von Fragen der Funktion nicht aus. Dazu brauchte es kontinuierliche, serielle Beobachtungen von lebenden Tieren. Seine physiologischen Erkenntnisse gewann Harvey dabei unter anderem durch das Abbinden, Entfernen und Freilegen bestimmter Körperteile.

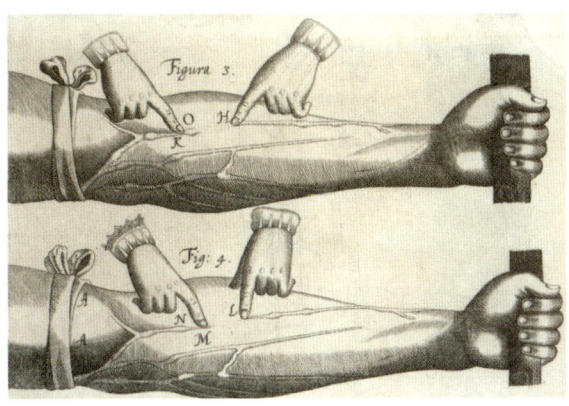

Bildtafel aus William Harveys *De motu cordis* von 1628 zur Funktion der Venenklappen im Unterarm.

DIE NEUGIER IN PERSON

Seit Beginn seiner Karriere war Harvey klar, dass ihm jede untersuchte Spezies neue Erkenntnisse liefern würde. Daher nutzte er für seine Forschungen viele verschiedene Tierarten. Nichts zeugt so sehr von seiner grenzenlosen Neugier, wie seine späten Untersuchungen zur Embryogenese bei Tieren. Bei allem Bemühen um Objektivität war er auch fasziniert von der Schöpfung und ihren Geheimnissen. So begann er, sich mit der Embryologie und den frühesten der Entwicklungsstadien des Lebens zu befassen. Was kommt zuerst? Was kommt danach? Solche Fragen prägen das letzte von Harvey veröffentlichte Werk, sein *Exercitationes de generatione animalium* (»Über die Erzeugung der Tiere«) von 1651.

Harvey war ein Revolutionär, der sich der medizinischen Forschung mit unbändiger Neugier und zugleich – was die Durchführung biologischer Experimente angeht – strenger Disziplin widmete. So gelangte er zu einem grundsätzlich neuen Verständnis der Funktionsweise des menschlichen Körpers. Harvey zeigte seinen Nachfolgern, wie man die richtigen Fragen stellt – und sie am besten zu beantworten versucht.

MICHAEL WORBOYS

Louis Pasteur

REVOLUTIONÄR DER KRANKHEITSBEKÄMPFUNG
(1822–1895)

»Wenn es um Beobachtung geht, ist das Glück nur dem hold, der vorbereitet ist.«
Louis Pasteur, in einem Vortrag an der Universität Lille, 1854

Z um Zeitpunkt seines Todes 1895 war Louis Pasteur ein französischer National-
held und internationaler Star. Die breite Öffentlichkeit kannte ihn vor allem wegen seiner späteren Arbeiten zur Prävention und Behandlung von Infektionskrankheiten. Unter Wissenschaftlern dagegen galt er als der Mann, der das Fachgebiet
der Stereochemie begründet, die biologische Natur der Gärung entdeckt, die Lehre der
spontanen Entstehung von Leben ad acta gelegt, die Keimtheorie der Krankheiten mit-
formuliert und in vielen Bereichen den ökonomischen wie sozialen Nutzen experimenteller Laborforschung nachgewiesen hatte. Sein Ruhm verdankte sich zum Teil einer geschickten Selbstvermarktung, beruhte aber vor allem auf seinen vielfältigen Leistungen
im Bereich der theoretischen und praktischen Mikrobiologie. »Was seine Arbeit bei
aller Kühnheit und Unkonventionalität in erster Linie auszeichnete«, so Gerald Geison,
»war klares Denken, ein außergewöhnliches Geschick im Experimentieren und eine an
Sturheit grenzende Zielstrebigkeit.« Freilich hatte Pasteur als Forscher auch viel Glück –
das betrifft die Auswahl seiner Forschungsgegenstände ebenso wie manch zufällige Ergebnisse singulärer Experimente. Doch dieses Glück war ihm hold, weil er – seiner viel
zitierten Devise entsprechend – »vorbereitet« war: Er verfügte über das Wissen, den
Einblick und die Kreativität, um sich bietende Gelegenheiten beim Schopf zu packen.

Pasteur wurde im ostfranzösischen Dole als Sohn eines Gerbers geboren. Er ging in
Arbois und Besançon zur Schule und zeigte sich so begabt, dass man ihn zur Aufnahmeprüfung an der École Normale Supérieure in Paris empfahl. 1842 fiel er zunächst
durch, bestand die Prüfung aber im Jahr darauf. Er entschied sich für ein Studium der
Physik und dann, nach einem guten ersten Abschluss, für eine zweigleisige Promotion
in Physik und Chemie auf dem neuen Forschungsgebiet der Kristallographie.

Pasteur untersuchte die Beziehung von chemischer Zusammensetzung und Kristallstruktur von Natriumtartrat. Wissenschaftler beschäftigten sich damals mit chemischen
Stoffen, die in sehr ähnlichen Formen kristallisieren – ein als Isomorphismus bezeichnetes Phänomen. Von besonderem Interesse waren die Salze der Weinsäure, die wiederum einen Dimorphismus aufweisen, also zwei verschiedene Kristallformen annehmen

Gegenüber: Louis
Pasteur auf dem Hö-
hepunkt seines Erfol-
ges um 1885, nachdem
die Presse über seine
lebensrettenden
Tollwut-Impfungen
berichtet hatte.

Modelle der spiegelbildlichen Kristalle von Weinsäure, angeblich von Pasteur in den 1840er Jahren angefertigt.

können. Pasteur forschte mit diversen Methoden, bis er unter dem Mikroskop erkannte, dass sich beide Formen wie Bild und Spiegelbild zueinander verhielten. Auch bei dieser Entdeckung spielte Glück eine Rolle: Kristallisation ist ein sehr temperaturempfindliches Phänomen, und Pasteur führte seine Untersuchungen zur optimalen Jahreszeit durch; zudem lässt Natriumtartrat seine Asymmetrie deutlicher erkennen als fast alle anderen Salze. Pasteur stellte fest, dass natürliche Kristalle – anders als synthetische aus dem Labor – polarisierende Wirkung hatten. Untersuchungen ergaben, dass natürliche Kristalle rechtsdrehend waren, synthetische dagegen je zur Hälfte in rechts- und linksdrehender Form auftraten, was bedeutete, dass sich ihre polarisierende Wirkung gegenseitig aufhob. Schon Pasteurs Kristallforschungen lassen fünf Merkmale erkennen, die seine Arbeit als Wissenschaftler dauerhaft kennzeichnen sollten: Geschick und Geduld beim Experimentieren, die Verwendung der Mikroskopie, ein Interesse für die Besonderheiten der Biochemie, das Ausnutzen glücklicher Umstände sowie die große Relevanz seiner Ergebnisse.

1849 übernahm Pasteur eine Professur für Chemie an der Universität Straßburg, wo er sich als Wissenschaftler zunehmend einen Namen machte. Auch in seinem Privatleben gab es Veränderungen: Er heiratete Marie Laurent, die Tochter des Rektors der Universität, die ihn in seiner weiteren Karriere aufopfernd unterstützte. Nach sechs Jahren wechselte er als Dekan der neuen Fakultät für Naturwissenschaften an die Universität Lille. Diese hatte sich die Verbindung von Forschung und Lehre mit der Anwendung wissenschaftlicher Erkenntnisse zum Wohl der heimischen Industrie auf die Fahnen geschrieben – eine Aufgabe, die auch Pasteur sich zu eigen machte. Neben seiner Forschung zu asymmetrischen Verbindungen und ihren optischen Aktivitäten lehrte er zu den Themen Bleichen, Raffinieren und Brauen.

GÄRUNG

Pasteurs Faszination für die Chemie lebender Organismen führte ihn zur Erforschung der Gärung, speziell der Rolle von Hefe bei der Herstellung von Alkohol. 1857 publizierte er zur Milchsäure, einem üblichen Nebenprodukt abnormer Gärung, sowie zu Amylalkohol. Pasteur war der Ansicht, die asymmetrischen optischen Eigenschaften von Amylalkohol resultierten aus dem Gärprozess, was seiner Überzeugung entsprach, dass dieser auf lebende Organismen zurückzuführen sei. Das lief den bestehenden Vorstellungen von Gärung als einem chemischen Prozess zuwider. 1860 veröffentlichte Pasteur, inzwischen Direktor für wissenschaftliche Studien an der École Normale Supérieure, eine umfangreiche Studie zur Gärung, die entscheidend zu deren biologischer Erklärung beitrug. Es hat eine gewisse Ironie, dass mit Pasteur ausgerechnet ein Physiker und Chemiker den Vitalismus vertrat – jene Theorie also, die die Einzigartigkeit des Lebens betonte und behauptete, dessen Phänomene seien nicht auf physische Kräfte reduzierbar. Mit seinem Mikroskop nahm Pasteur statt Kristallstrukturen nun gärende

Trauben und säuernde Milch in den Blick. Dabei beobachtete er, dass Hefe und andere »Gärmittel«, die man vorher für große Moleküle gehalten hatte, bei der Gärung ihre Form veränderten, was ein weiterer Beleg dafür war, dass Hefe aus lebenden Zellen oder deren Keimen bestand.

Während seiner Gärungsstudien geriet Pasteur mit Félix-Archimède Pouchet in einen viel beachteten Streit über die spontane Entstehung von Leben. Pouchet war Ende der 1850er Jahre als Verfechter der Idee der spontanen Entstehung von Leben in Erscheinung getreten. Pasteur widersprach ihm erstmals im Februar 1860 und veröffentlichte im folgenden Jahr einen preisgekrönten Aufsatz mit der These, Leben entspringe stets früherem Leben. Dabei bezog er sich auf die Prozesse der Gärung und Fäulnis in Aufgüssen natürlicher Produkte, die seiner Ansicht nach stets auf eine Kontamination durch lebende Gärmittel zurückzuführen seien. Pouchet hielt dagegen, dass sie auch ohne Kontamination spontan entstehen könnten. Die beiden Forscher lieferten sich ein wissenschaftliches Duell, tauschten Versuchsergebnisse und Polemiken aus, in denen sich Spitzfindigkeiten zur Sterilisationstechnik mit Gedanken über die religiösen Implikationen der Idee einer kontinuierlichen Erschaffung von Leben mischten. Pasteur verfocht die traditionelle Auffassung, dass das Leben in ferner Vergangenheit durch Gottes Wirken geschaffen worden sei und nicht einfach durch physische Kräfte entstehen könne. Entschieden wurde dieser Streit schließlich zugunsten Pasteurs, und zwar nicht nur durch einen zunehmenden Konsens der Wissenschaftsgemeinde, sondern auch durch ein Urteil der Französischen Akademie der Wissenschaften.

KEIME UND KRANKHEIT

Die Auseinandersetzung mit Pouchet veranlasste Pasteur zu Untersuchungen tierischer und menschlicher Krankheiten. Ärzte hatten lange Zeit angenommen, die Entwicklung fieberhafter Erkrankungen und septischer Infektionen verlaufe analog zur Gärung und Fäulnis. Betrachtete man Fieber und septische Infektionen nun als Prozesse, an denen lebende Organismen beteiligt waren, stellten sich ganz neue Fragen. Dass das eine mit dem anderen zusammenhing, war reine Spekulation, was in der Bezeichnung »Keimtheorie der Krankheit« auch trefflich zum Ausdruck kam. Das Wort »Keim« schien anzudeuten, dass die Organismen nicht nur vielgestaltig waren, sondern auch weit verbreitet, vor allem in der Luft, und durch Vermehrung auch gefährlich; »Theorie« wiederum implizierte, dass der tatsächliche Zusammenhang mit Krankheiten erst noch nachgewiesen werden musste. Pasteur unterzog seine Keimtheorie von der Gärung und Fäulnis einem Praxistest und fand heraus, dass das Erhitzen von Wein auf 50 Grad Celsius die Hefezellen abtötete und den Wein vor dem Verderben schützte. Im Bereich der Milchbehandlung ist diese Methode heute als »Pasteurisierung« bekannt. Berühmtester Verfechter der Keimtheorie Pasteurs im Bereich der Medizin war Joseph Lister. Der britische Chirurg führte die septische Infektion von Wunden auf eine Kontamination durch Fäulniskeime zurück und entwickelte antiseptische Verfahren. Lister setzte sich dafür ein, sämtliche Infektionskrankheiten im Lichte der Keimtheorie zu betrachten, und wurde nicht müde, Pasteurs Leistung hervorzuheben.

Sein Ruf als Forscher, der praktischen Problemen mit wissenschaftlichen Erkenntnissen zu Leibe rückt, brachte Pasteur 1865 einen Auftrag der französischen Regierung ein:

Pasteurs Mikroskope und weitere Laborausrüstung, daneben Kokons, die er bei seinen Untersuchungen zur Seidenraupenkrankheit Pébrine in den 1860er Jahren nutzte.

Als Leiter eines Teams sollte er eine Krankheit industriell genutzter Seidenraupen untersuchen. Nach dreijähriger Forschung konnte er die Krankheit auf einen Parasiten zurückführen und Empfehlungen zur keimfreien und gesunden Haltung von Seidenraupen ausgeben. Dieser Erfolg brachte der Keimtheorie breite Anerkennung, und immer mehr Mediziner in aller Welt berücksichtigten sie in ihrer Forschung und Praxis. In dieser Zeit erlitt Pasteur einen ersten Schlaganfall, der ihn linksseitig stark und dauerhaft in seiner Beweglichkeit einschränkte. Doch sein Elan und Ehrgeiz waren dadurch nicht gemindert. Vielmehr sollte nun die wohl produktivste Phase seiner Karriere beginnen.

Die erste Infektionskrankheit, die Pasteur untersuchte, war der Milzbrand, der vor allem der französischen Nutztierindustrie zu schaffen machte, aber auch Menschen befallen konnte. Die bakteriellen Erreger des Milzbrands waren 1876 von Robert Koch entdeckt worden. Die Herstellung eines Milzbrand-Impfstoffs sollte Pasteur, der einige Aspekte von Kochs Arbeit beanstandete, endgültig berühmt machen. Anknüpfend an das Prinzip der Pockenimpfung, wonach eine leichte Infektion gegen eine schwere schützen könne, versuchte er, die Virulenz von Milzbrandbakterien zu reduzieren, indem er sie der Luft aussetzte. Im Labor war diese Methode erfolgreich, sodass Pasteur 1881 einen Feldversuch startete. 25 Schafe wurden geimpft, ebenso viele zur Kontrolle unbehandelt gelassen. Zwei Wochen später wurden sämtlichen Tieren Milzbranderreger gespritzt. Fast alle ungeimpften starben, fast alle geimpften überlebten. Dieses Ergebnis versprach nicht nur den französischen Bauern unmittelbaren Nutzen, es bedeutete auch, dass Impfungen gegen viele, wenn nicht gar alle Infektionskrankheiten möglich waren. Pasteur wurde auf dem Internationalen Medizin-Kongress 1881 gefeiert und genoss von nun an eine großzügige Unterstützung durch den französischen Staat.

NEUE IMPFSTOFFE

Pasteurs nächstes Projekt galt einem Impfstoff gegen Tollwut – eine Krankheit, die zwar nur selten auftrat, aber in der Bevölkerung gefürchtet war, wegen ihrer Unvorhersehbarkeit und der Tatsache, dass eine Erkrankung zum grausamsten aller Tode führte. Pasteur und seine wachsende Mitarbeiterschar erzeugten die Krankheit zunächst unter kontrollierten Bedingungen im Labor bei Hunden und Kaninchen. Nachdem Impfungen bei Hunden erfolgreich gewesen waren, wurden sie auf Menschen ausgeweitet, auf öffentlichen Druck hin, aber auch, weil man inzwischen ausreichendes Vertrauen in den neuen Impfstoff besaß. Allerdings diente der Tollwut-Impfstoff nicht zur Vorbeugung, sondern nur zur Behandlung von Menschen, die womöglich schon infiziert waren. Die Grundidee bestand darin, die lange Inkubationszeit der Tollwut zur Immunisierung zu nutzen. Erste öffentliche Versuchsperson war Joseph Meister, ein Junge, der in Ostfrankreich von einem tollwütigen Hund gebissen und von seinen Eltern nach Paris gebracht worden war, die von Pasteurs eventuell lebensrettender Behandlungsmethode gelesen hatten. Tatsächlich überlebte der kleine Joseph. Anschließend wurde der Impfstoff erfolgreich an einem weiteren Jungen getestet. Nach einer öffentlichen Bekanntmachung im Oktober 1885 kamen Tollwutopfer aus allen Teilen Frankreichs, Europas und bald der ganzen Welt nach Paris, um sich dort kostenlos behandeln zu lassen.

Die neuen Massenmedien priesen Pasteur als großen Wissenschaftler und Wohltäter, dessen Arbeit die Menschheit von der Plage der Infektionskrankheiten zu befreien versprach. Weitere Ehrungen und Belohnungen folgten. Ein öffentlicher Fonds wurde eingerichtet, der die Gründung eines Instituts zur Entwicklung weiterer Impfstoffe und anderer lebensrettender Neuerungen ermöglichen sollte. Das Geld sprudelte reichlich, sodass schon im November 1888 das Institut Pasteur gegründet werden konnte. Zu dieser Zeit war Pasteur gesundheitlich bereits stark angegriffen; nach seinem Tod 1895 wurde er mit einer großen öffentlichen Trauerfeier geehrt. Beerdigt wurde Pasteur in einer Krypta seines Instituts – ein passender Ort für einen Wissenschaftler, durch dessen Arbeit die Laborforschung eine ganz neue Bedeutung für die Wissenschaft und das Leben der Menschen erhalten hatte.

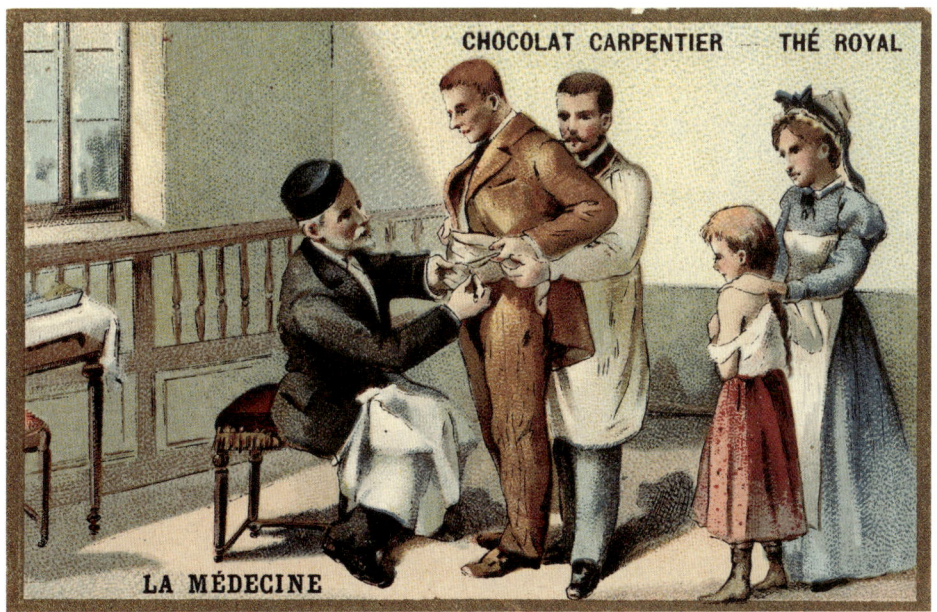

Pasteurs Ansehen und Popularität führten dazu, dass Bilder von ihm in vielfältiger Form verbreitet wurden, zum Beispiel auch auf Schokoladenschachteln. Diese Abbildung zeigt Pasteur, wie er einen von einem Hund gebissenen Mann gegen Tollwut impft. In Wirklichkeit behandelte Pasteur keine Patienten eigenhändig, da ihm die dazu nötige medizinische Ausbildung fehlte.

NICHOLAS GILLHAM

Francis Galton

ENTDECKER, STATISTIKER, PSYCHOLOGE UND
ERFINDER DER EUGENIK
(1822–1911)

*»Ich nehme die Eugenik sehr ernst. Mir scheint, ihre Prinzipien sollten
zu bestimmenden Grundsätzen einer jeden zivilisierten Nation werden,
ungefähr so, als zählten sie zu ihren religiösen Dogmen.«*
Francis Galton, *Memories of My Life*, 1909

Francis Galton war ein Mann mit vielfältigen Interessen, der auf so unterschiedlichen Gebieten wie der Afrikaforschung, der Psychologie, der Statistik und der Daktyloskopie bedeutende Beiträge leistete. Francis war das jüngste der neun Kinder von Tertius und Violetta Galton. Mit seinem älteren Vetter Charles Darwin hatte er einen gemeinsamen Großvater, Erasmus Darwin. Und wie sein Vetter steuerte auch Galton zunächst eine Karriere als Mediziner an. Er absolvierte eine Ausbildung am General Hospital in Birmingham, wechselte aber 1839 ans King's College nach London. Darwin, eben erst von seiner Reise auf der *Beagle* heimgekehrt und frisch verheiratet mit Emma Wedgwood, wohnte ganz in der Nähe. Offenbar war es Darwin, der – voll schlechter Erinnerungen an sein Medizinstudium in Edinburgh – Galton überzeugte, die Medizin dranzugeben und an die Universität Cambridge zu wechseln, seine frühere Hochschule. Im Oktober schrieb sich Galton am Trinity College ein, in der Hoffnung auf ein Mathematikexamen mit Auszeichnung, doch gelang ihm nur ein gewöhnlicher Abschluss.

Nach sechs Jahren des Müßiggangs brach Galton zu einer Expedition nach Namibia auf, entdeckte dabei einen neuen Stamm, die Ovambo, bestimmte Breiten- und Längengrade und führte Temperaturmessungen durch. Anfang 1852 kehrte er nach England zurück und erhielt die Founder's Medal der Royal Geographical Society. 1853 heiratete er Louisa Butler, die Tochter George Butlers, des damaligen Dekans der Kathedrale von Peterborough, und veröffentlichte sein erstes Buch, *Narrative of an Explorer in Tropical South Africa*. Zwei Jahre später erschien sein *The Art of Travel*, ein höchst erfolgreicher Reiseratgeber. Außerdem begann er sich für die Anfertigung retrospektiver Wetterkarten zu interessieren und entdeckte das Phänomen der Hochdruckgebiete, in denen die Winde im Uhrzeigersinn zirkulieren.

Gegenüber: Francis Galton im Alter von sechzig Jahren, Gemälde von Gustav Graef.

Eine von Galtons retrospektiven Wetterkarten. Solche Karten führten ihn zur Entdeckung der Hochdrucksysteme.

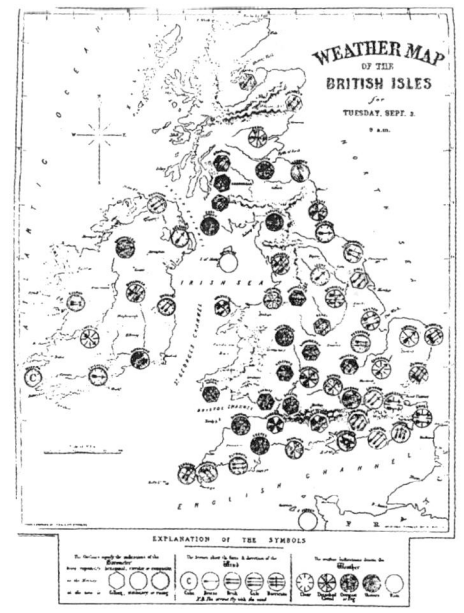

ANLAGE VERSUS UMWELT?

Diese Ausflüge in verschiedene Forschungsgebiete kennzeichnen die erste Hälfte von Galtons Karriere. Die zweite Hälfte begann 1859 mit dem Erscheinen von Darwins *Über die Entstehung der Arten*. Darin zeigte Darwin an Beispielen für künstliche Auslese – etwa an hochgezüchteten Tauben –, wie natürliche Auslese möglich sein könnte. Das brachte Galton auf eine Idee: Wenn künstliche Auslese bei Tauben funktioniert, dann vielleicht ja auch bei Menschen. Könnte sich vielleicht die menschliche Rasse durch gezielte Zucht verbessern lassen?

1865 veröffentlichte Galton im *Macmillan's Magazine*, einer der vielen anspruchsvollen Zeitschriften der Viktorianischen Epoche, einen Artikel mit dem Titel »Hereditary talent and character« (»Erbliche Begabung und Wesensart«). In diesem Artikel und in seinem 1869 erschienenen Buch *Hereditary Genius* (»Genie und Vererbung«) untersuchte Galton nahe Verwandte berühmter Personen. Sollten »Begabung und Wesensart« erblich sein, so seine Argumentation, müsste sich unter den nahen männlichen Verwandten herausragender Männer eine höhere Anzahl gleichfalls herausragender finden lassen als unter entfernteren Verwandten. Galton kam zu dem Ergebnis, dass dies tatsächlich der Fall sei, wobei er die Möglichkeit der »Begünstigung« außer Acht ließ – die Option also, dass herausragende Männer ihren Söhnen einfach zu einer herausgehobenen Stellung verholfen hätten. *Hereditary Genius* kann als erstes Werk der Historiometrie gelten, der historischen Untersuchung menschlicher Entwicklung oder individueller Charaktereigenschaften. Galton war auch der erste, der in diesem Zusammenhang die Formulierung *nature versus nurture* – »Anlage versus Umwelt« – benutzte. Er entwarf sogar einen Fragebogen, den er an 190 Mitglieder der Royal Society verschickte, um seine Untersuchung auf eine stabile empirische Basis zu stellen. In Tabellen trug er Eigenschaften der Familienangehörigen dieser Männer ein und versuchte herauszufinden, ob ihr Interesse für Wissenschaften »angeboren« oder auf Ermunterung durch andere zurückzuführen war. Diese Untersuchungen wurden schließlich 1874 unter dem Titel *English Men of Science. Their Nature and Nurture* als Buch veröffentlicht.

1875 erschien die zweite Auflage von Darwins *The Variation of Animals and Plants under Domestication* (»Die Variation von Tieren und Pflanzen unter Domestikation«). Galton interessierte sich besonders für das Kapitel mit der Überschrift »Provisional hypothesis of pangenesis« (»Provisorische Hypothese der Pangenese«). Im Bemühen um eine Erklärung für jene Variation, die der natürlichen Auslese zugrunde lag, hatte Darwin in diesem Kapitel sogenannte »Gemmulae« postuliert – Partikel, die sich aus allen Teilen des Körpers ansammelten, »um die geschlechtlichen Elemente zu bilden, aus denen in der nächsten Generation ein neues Wesen entsteht«. Nach Darwins Vorstellung waren es zweierlei Mechanismen, die für Variation sorgten: Entweder erlitten die Fortpflanzungsorgane eine Verletzung, die eine ordnungsgemäße Ansammlung der Gemmulae verhinderte, oder aber die Gemmulae wurden »durch direkte Einwirkung veränderter Lebensbedingungen« abgewandelt. Die abgewandelten Gemmulae würden direkt an die Nachkommen weitergegeben, und einige Generationen später wären diese Abwandlungen vererbbar.

Galton war von Darwins Hypothese fasziniert, wenngleich ihm die Idee missfiel, Gemmulae könnten durch Umwelteinflüsse verändert werden. Also entwickelte er seine eigene Theorie der Vererbung, eine Version der Keimbahn-Theorie des deutschen Evolutionsbiologen August Weismann, der zufolge Vererbung nur über Keimzellen (also Ei- und Spermienzellen) erfolgen könne, was bedeutete, dass erworbene Eigenschaften nicht an nachfolgende Generationen weitergegeben werden konnten – eine Konsequenz, die Weismann in einem Brief an Galton 1889 bestätigte.

Doch Galton war weniger Theoretiker als praktischer Wissenschaftler. Was er suchte, waren analysierbare Zahlen, die etwas mit den menschlichen Wesenszügen zu tun hatten. Auf Rat Darwins und des Biologen Joseph Hooker entschied er sich, Samen der Duftenden Platterbse zu vermessen. Die Wahl fiel auch deshalb auf diese Erbsen, weil sie sich nicht gegenseitig befruchteten. Bei seinen Messungen stellte Galton fest, dass die Samengrößen unter den Nachkommen normalverteilt waren – wie schon in der Elterngeneration. Er entdeckte aber auch, dass die Durchschnittsgröße von Samen, deren Eltern besonders große Samen aufgewiesen hatten, zum Mittelwert tendierten. Genauso verhielt es sich bei Eltern mit besonders kleinen Samen. Als Galton den mittleren Durchmesser der Elternsamen auf der x-Achse und denjenigen der Nachkommensamen auf der y-Achse einzeichnete, ergab sich eine gerade Linie. Es war die erste sogenannte Regressionsgerade – heute ein zentraler Begriff der Statistik. Hieraus berechnete Galton den ersten Regressionskoeffizienten oder *coefficient of reversion*, wie er ihn nannte.

Galtons erstes anthropometrisches Labor auf der Internationalen Gesundheitsausstellung in London 1884–85. Galton führte bei den Besuchern des Labors diverse Messungen durch. Auf der Grundlage dieser Daten konnte er zeigen, dass sich das statistische Phänomen der Regression zur Mitte auch bei Menschen findet; zudem entdeckte er ein neues statistisches Phänomen, die Korrelation.

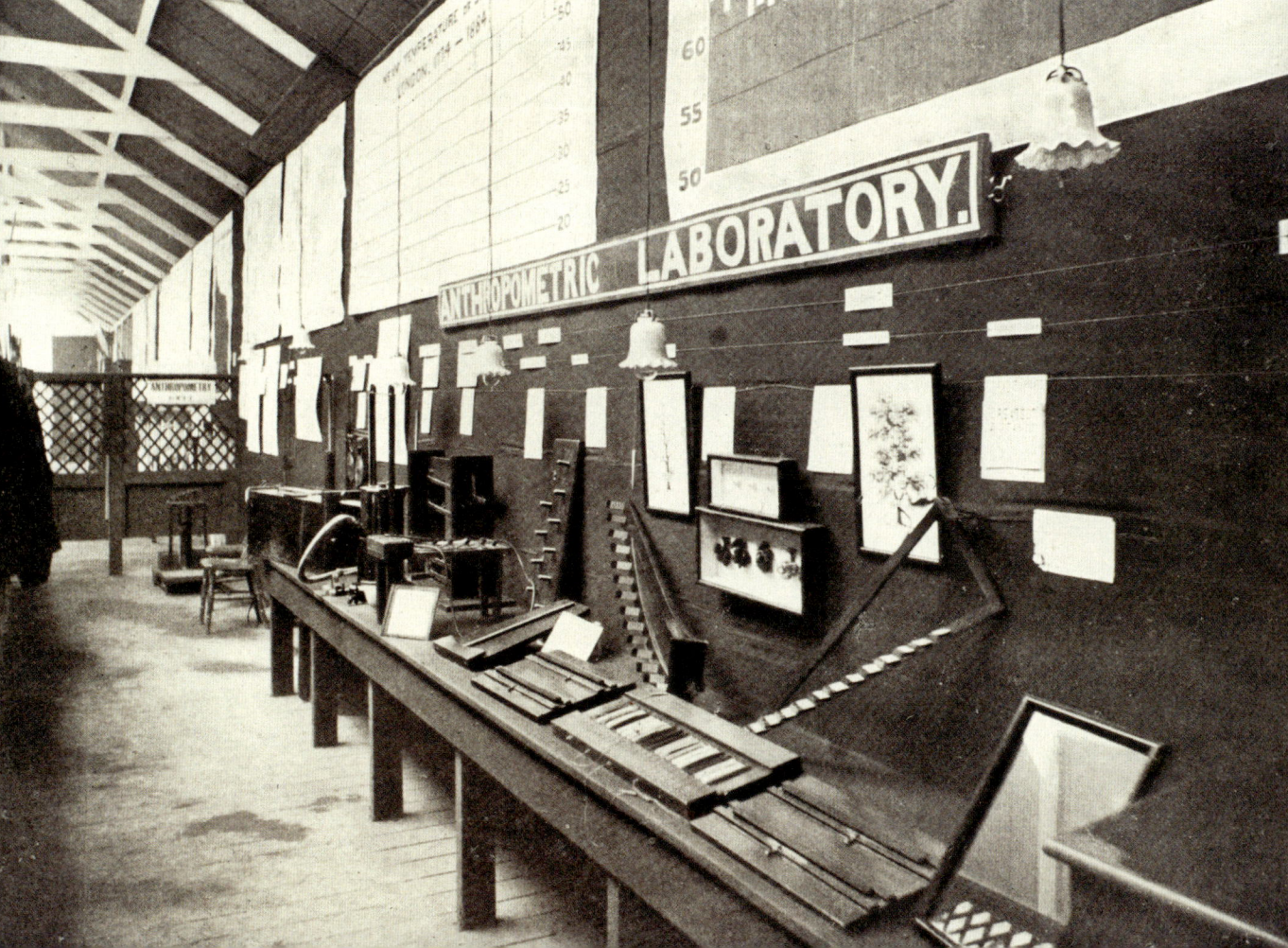

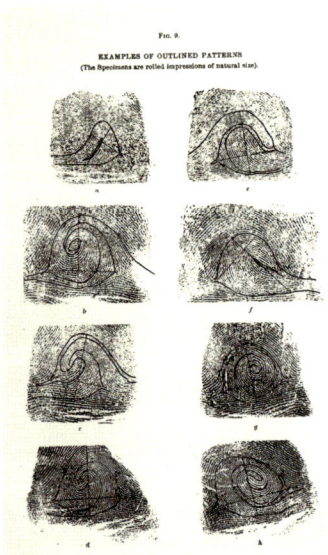

Beispiele von gerollten Fingerabdrücken aus Galtons *Finger Prints* von 1892. Galton war maßgeblich dafür verantwortlich, dass die Abnahme von Fingerabdrücken zu einer verlässlichen Methode der Identifizierung wurde. Sein Freund Sir William Herschel hatte gezeigt, dass Fingerabdrücke sich auch mit fortschreitendem Alter nicht verändern. Galton wiederum hatte durch Berechnungen festgestellt, dass Fälle von zwei Menschen mit identischen Fingerabdrücken äußerst unwahrscheinlich sind.

1884 richtete Galton auf der Internationalen Gesundheitsausstellung im Londoner Stadtteil South Kensington ein anthropometrisches Labor ein. Besucher konnten hier eine Reihe individueller Messungen durchführen lassen und die Daten auf einer Karte mit nach Hause nehmen. Mithilfe gesammelter Stammbaumdaten konnte Galton zeigen, dass auch die menschliche Körpergröße der Regression zur Mitte unterliegt. Außerdem stellte er beim Auftragen von Messdaten der Unterarmlänge sowie Körpergröße eine Korrelation fest – es war die Geburtsstunde des Korrelationskoeffizienten und ein weiterer Meilenstein in der Geschichte der statistischen Analyse.

Nach dem Ende der Internationalen Gesundheitsausstellung 1885 verlegte Galton sein anthropometrisches Labor in die Science Galleries des South Kensington Museum (heute Victoria & Albert Museum). Seine Fragebögen ergänzte er nun um ein Feld für Fingerabdrücke, mit denen er sich inzwischen beschäftigte. Sein Freund Sir William Herschel hatte in Bengalen die Beobachtung gemacht, dass Fingerabdrucksmuster über die Zeit hinweg gleich blieben. In den 1890er Jahren veröffentlichte Galton zwei Bücher über Fingerabdrücke und trug entscheidend dazu bei, dass das Abnehmen von Fingerabdrücken zur Identifizierung von Personen gängige Praxis wurde.

VERERBUNG UND EUGENIK

1889 veröffentlichte Galton sein wichtigstes Buch, *Natural Inheritance.* Dieses Werk war Quelle der Inspiration für seine drei bedeutendsten Jünger: Karl Pearson, W. F. R. Weldon und William Bateson. Während Pearson und Weldon sich vor allem mit Galtons Kapitel über die Normalverteilung und die fortwährende Variation der Wesensart beschäftigten, war Bateson an etwas anderem interessiert. Galton hatte mit einem Problem gerungen: Wie konnte natürliche Auslese in kleinen Schritten funktionieren, wenn es zugleich eine Regression zur Mitte gab? Um das Problem zu umgehen, stellte Galton seine Hypothese der »organischen Stabilität« auf, der zufolge es auch Varianten gab, die nicht zur Mitte regredierten. Bateson fand die Idee der diskontinuierlichen Variation spannend und präsentierte 1894 entsprechende Beipiele in seinem Buch *Material for the Study of Evolution.* So war Bateson intellektuell bestens gerüstet, um im Jahr 1900 Gregor Mendels Vererbungsregeln quasi neu zu entdecken. Mendels Regeln beschrieben die Segregation und Kombination einzelner Merkmale, für die sich auch Bateson interessierte – zum Beispiel gelbe versus grüne Erbsensamen.

Pearson und Weldon dagegen waren überzeugte Verfechter eines Modells, das Galton 1898 unter dem Namen »Law of Ancestral Inheritance« präsentiert hatte. Dieses »Gesetz« bezieht sich auf das gesamte Genom, insofern es eine kontinuierliche Reihe postuliert, in der Eltern eine Hälfte (0,5) zum genetischen Erbe ihrer Nachkommen beitragen, Großeltern ein Viertel $(0,5)^2$, Urgroßeltern ein Achtel etc. Die ganze Reihe $(0,5) + (0,5)^2 + (0,5)^3 \ldots$ ergibt in der Summe 1. Pearson und Weldon versuchten, Galtons Gesetz auf einzelne Merkmale anzuwenden, doch konnte Bateson zeigen, dass Mendels Regeln den empirischen Befunden sehr viel besser gerecht wurden.

Galton interessierte sich auch für die Messung menschlicher Intelligenz. Er wusste, dass es zwei Arten von Zwillingen gab, die wir heute eineiig und zweieiig nennen. Seine

  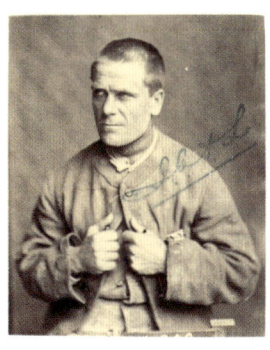

Mörder, die im Londoner Millbank Prison einsaßen. Galton verwendete solche Photographien zur Anfertigung von Bildserien, die er daraufhin untersuchte, ob Verbrecher mit gleichen Straftaten irgendwelche Gemeinsamkeiten aufwiesen. Letztlich kam er zu dem Ergebnis, dass dies nicht der Fall sei.

Erkenntnisse hierzu veröffentlichte er 1875 im *Fraser's Magazine*. Galton hatte festgestellt, dass eineiige Zwillinge neben ihrer ähnlichen physischen Erscheinung oft auch Eigenarten im Verhalten teilten. Da der IQ-Test noch nicht erfunden war, konnte Galton Intelligenz noch nicht quantifizieren, doch seine Ergebnisse sprachen für eine markante erbliche Komponente beim Verhalten und damit bei der Intelligenz.

Eine Definition von Eugenik lieferte Galton in einer Fußnote seines 1883 erschienenen Buches *Inquiries into Human Faculty and its Development* (»Untersuchungen zur menschlichen Veranlagung und deren Entwicklung«). Bei der Eugenik, so schrieb er, gehe es um »Fragen im Zusammenhang mit dem, was im Griechischen *eugenes* heißt, nämlich ›von guter Abstammung‹ oder ›durch Vererbung mit edlen Eigenschaften ausgestattet‹«. In Vorträgen und Aufsätzen warb er für die Eugenik, die dann zu Beginn des 20. Jahrhunderts tatsächlich populär wurde. Doch nicht Galtons Idee der Veredelung guter Anlagen (positive Eugenik) fand Anklang, sondern die Idee der Beseitigung vermeintlich minderwertiger Anlagen. Diese negative Eugenik stand im Mittelpunkt des Ersten Internationalen Eugenik-Kongresses, der 1912 in London stattfand. Die negative Eugenik hatte viele ungewollte und unselige Auswirkungen, darunter nicht zuletzt die in den USA, in Skandinavien und im nationalsozialistischen Deutschland durchgeführten Zwangssterilisationen von Frauen, die als minderwertig oder geistesgestört galten. So hinterlässt Galton ein zwiespältiges Erbe. Er leistete wichtige Beiträge auf so unterschiedlichen Gebieten wie der Afrikaforschung und der Daktyloskopie, begründete aber auch die Eugenik mit all ihren schrecklichen Konsequenzen.

MARK SOLMS

Sigmund Freud

THEORETIKER DES UNBEWUSSTEN
UND BEGRÜNDER DER PSYCHOANALYSE
(1856–1939)

»[Die] Auffassung, das Psychische sei an sich unbewusst, gestattet, die Psychologie zu einer Naturwissenschaft wie jede andere auszugestalten. Die Vorgänge, mit denen sie sich beschäftigt, sind an sich ebenso unerkennbar wie die anderer Wissenschaften …, aber es ist möglich, die Gesetze festzustellen, denen sie gehorchen …«
Sigmund Freud, *Abriss der Psychoanalyse*, 1938

Gegenüber: Sigmund Freud im Jahr 1922.

Jean-Martin Charcot bei der Demonstration eines Falls von florider Hysterie. Charcot betonte den Stellenwert der klinischen Beobachtung – ein Ansatz, der Freud skeptisch gegenüber neurologischen Theorien werden ließ, die jenseits aller Empirie angesiedelt waren.

Sigmund Freud wurde als Kind verarmter jüdischer Eltern in Freiberg, dem heutigen Příbor in Tschechien, geboren. Als er vier Jahre alt war, zog die Familie nach Wien. Nach der Schulzeit immatrikulierte sich Freud an der medizinischen Fakultät der Universität Wien, die damals eine Blütezeit erlebte. Er spezialisierte sich auf Neurologie und studierte in den 1870er Jahren bei Ernst von Brücke, einem Vertreter der sogenannten »Helmholtz-Schule« der experimentellen Physiologie. 1885 ging er nach Paris, um bei Jean-Martin Charcot zu studieren, dem ersten Universitätsprofessor für Neurologie und Verfechter der klinischen Beobachtung. Die Begegnung mit Charcot, obzwar nur kurz, wurde zu einem Wendepunkt in Freuds Leben. Denn sie brachte ihn zu der Überzeugung, dass einige neurologische Störungen (wie die Hysterie) sich am besten psychologisch verstehen ließen. Nach seiner Rückkehr 1886 ließ er sich in Wien als praktischer Arzt nieder und spezialisierte sich auf ebensolche Störungen. In Wien blieb er bis 1938, als die Nationalsozialisten in Österreich die Macht übernahmen und er nach London floh. Dort starb er ein Jahr später.

DAS SUBJEKT ALS OBJEKT DER UNTERSUCHUNG

Was Freud von anderen Naturwissenschaftlern unterschied, war sein Untersuchungsgegenstand. Naturwissenschaftler erforschen Teile der Natur, seien es Sterne, Berge, Vögel, Bienen, Moleküle oder Atome. All diese Dinge sind, so klein sie auch sein mögen, *Objekte*. Und Naturwissenschaftler streben danach, sie objektiv zu beschreiben – sprich: so, wie sie wirklich sind, und nicht nur so, wie sie uns subjektiv erscheinen. Subjektivität gilt in den Naturwissenschaften als größte

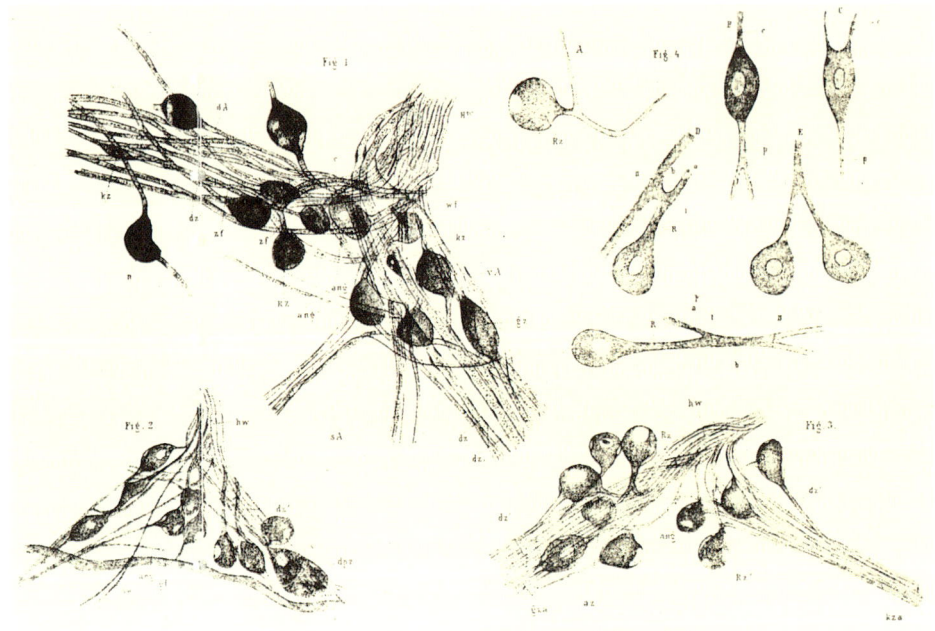

Freuds Zeichnung der Rückenmarksnerven eines Krebses (stark vergrößert), die evolutionäre Lageveränderungen bestimmter Zelltypen zeigt. Es ist wenig bekannt, dass der junge Sigmund Freud für mehr als zwanzig Jahre neurowissenschaftliche Forschungen betrieb.

Fehlerquelle. Freud dagegen machte das beobachtende Subjekt zum Objekt seiner Untersuchung, also genau dasjenige, was andere Naturwissenschaftler auszuschließen versuchen. Dass er sich damit Schwierigkeiten einhandelte, war absehbar.

Es lässt sich kaum leugnen, dass Subjektivität ein Teil der Natur ist. Sie existiert. In seinem berühmten Diktum »Ich denke, also bin ich« erklärte René Descartes Subjektivität gar zu jenem Teil der Natur, dessen wir uns vor allem anderen gewiss sein können. Doch Dinge wie Gedanken (und Gefühle) existieren nicht in der objektiven Welt, sie existieren nur in uns selbst. Das führte Descartes zu einer weiteren berühmten Schlussfolgerung: Die Natur besteht offenbar aus zweierlei Substanzen – dem Physischen und dem Psychischen. Diese Ansicht machte es Naturwissenschaftlern leicht, den psychischen Teil der Natur von ihren Forschungen auszuschließen. Doch damit war das Psychische (etwa Gedanken oder Gefühle) nicht aus der Welt. Es existierte, nur eben außerhalb der Naturwissenschaften. Dass sich die Naturwissenschaften damit Schwierigkeiten einhandelten, war abzusehen.

Wie können psychische Ursachen physische Wirkungen haben? Wie verursacht ein Gedanke – »Ich werde meinen Finger bewegen« – die tatsächliche Bewegung eines Fingers? Dies ist das berüchtigte »Körper-Geist-Problem« (oder auch »Leib-Seele-Problem«), mit dem sich Philosophen seit Descartes herumschlagen. Naturwissenschaftler müssen Descartes' Schlussfolgerung ablehnen – Dinge mit Masse und Energie können nicht von Dingen ohne Masse und Energie beeinflusst werden. Der für unser Verständnis der Physik fundamentale Erste Hauptsatz der Thermodynamik (der Energieerhaltungssatz) schließt diese Möglichkeit eindeutig aus. Dann aber muss Descartes' Philosophie über Bord geworfen werden. Und genau das geschah.

Neben Freuds Herangehensweise gab es zwei alternative Ansätze. Den einen hatte Freud selbst verfolgt, bevor er die Psychoanalyse entwickelte. Der zweite entstand später, als Opposition zur Psychoanalyse. Die erste Alternative bestand darin, nicht die Psyche selbst zu untersuchen, sondern ihren physischen »Schauplatz«, das Gehirn, um aus dessen Funktionsweise die Gesetze der Psyche (oder des »Geistes«) herzuleiten. Genau damit hatte sich Freud bis 1895 beschäftigt. Viele – wenn nicht gar alle – Wissenschaftler, die diesen Ansatz verfolgten, hielten die Erforschung der physischen Korrelate der Subjektivität nicht nur für wissenschaftlicher (objektiver) als die direkte Erforschung der Subjektivität, sondern behaupteten auch, dass Subjektivität *gar nicht wirklich existiere*. Sie sei nichts als bloße Erscheinung und lasse sich letztlich auf physische Phänomene zurückführen. Doch dieser Taschenspielertrick führt uns lediglich zurück zum Ausgangspunkt: Subjektivität wird aus dem Bereich der Naturwissenschaften verbannt. Das liegt daran, dass niemand zu erklären vermag, wie subjektive Erscheinungen sich auf physische Phänomene zurückführen lassen, oder – anders formuliert: wie physische Phänomene subjektive Erscheinungen verursachen. Deshalb gab Freud diesen Ansatz »1895 oder 1900 oder irgendwann dazwischen« auf – bevor er 1899 *Die Traumdeutung* veröffentlichte.

Die andere bedeutende Alternative war der Behaviorismus. Dieser Ansatz, der in den 1920er Jahren populär wurde, zielte ebenfalls nicht auf eine direkte Erforschung der Psyche. Vielmehr untersuchten Behavioristen den beobachtbaren Input und Output der

Freud im Kreis seiner getreuen Anhängerschar, bekannt unter dem Namen »Das Geheime Komitee«. Die sechs Mitglieder dieser 1912 gegründeten und zwanzig Jahre später aufgelösten Gruppe zählten zu den führenden Vertretern der Psychoanalyse in Europa, obwohl die meisten von ihnen ausgebildete Neurologen und keine Psychiater waren.

Psyche – ihre *Reaktionen auf Reize*. Aus diesen beobachtbaren Ereignissen leiteten sie die den Reaktionen zugrunde liegenden Gesetze ab. Dies waren dann die Gesetze der Psyche. Obwohl ihre methodologischen Voraussetzungen es nicht unbedingt erforderten, gingen die meisten Behavioristen noch darüber hinaus und behaupteten, dass die Psyche selbst (Subjektivität) nicht wirklich existiere. Die Gesetze der Psyche reduzierten sie auf einen Mechanismus namens »Lernen«. Der Grund dafür liegt auf der Hand: Die intrinsische Eigenschaft der Psyche – Subjektivität – ist den Naturwissenschaften unangenehm. Sie lässt sich nicht experimentell überprüfen. Es liegt nicht im Wesen der Psyche, sich wie ein Objekt zu verhalten. Die Psyche ist kein Objekt. Auch der heutzutage vorherrschende Ansatz – die Kognitive Neurowissenschaft (hervorgegangen aus Neurowissenschaften und Behaviorismus) – lässt diese Tatsache noch immer weitgehend außer Acht.

EINE BRÜCKE ÜBER DIE KLUFT ZWISCHEN KÖRPER UND GEIST

Was war nun Freuds Ansatz? Ausgehend von der Überzeugung, dass Subjektivität eine Tatsache sei (für ihn »eine beispiellose Tatsache«), beobachtete er unter standardisierten Bedingungen Tausende Fälle von subjektivem Erleben. Auf dieser Basis versuchte er, Gesetzmäßigkeiten des Erlebens abzuleiten. Freud war sich sehr wohl bewusst, dass er damit keine normale Wissenschaft betrieb: »[E]s berührt mich selbst noch eigentümlich, dass die Krankengeschichten, die ich schreibe, wie Novellen zu lesen sind, und dass sie sozusagen des ernsten Gepräges der Wissenschaftlichkeit entbehren. Ich muß mich damit trösten, dass für dieses Ergebnis die Natur des Gegenstandes offenbar eher verantwortlich zu machen ist als meine Vorliebe.«

So ist Freud nicht zuletzt durch seine Fallstudien in Erinnerung geblieben. Die erste und vielleicht berühmteste ist die von »Anna O.« (tatsächlich die Patientin seines Kollegen Josef Breuer), deren Symptome verschwanden, als sie über das psychische Trauma sprach, das diese ausgelöst hatte. Es war die Geburtsstunde der »Sprechkur«. In der Folge berichtete Freud von ähnlichen Beobachtungen in zahlreichen Fällen von Hysterie (so bei »Dora«) und anderen Neurosen (etwa beim »Rattenmann«, dem »Kleinen Hans« und dem »Wolfsmann«). Dabei erkannte er, dass sich die Ereignisse, die neurotische Symptome auslösen, nur verstehen lassen, wenn man sie bis zu den frühesten Bindungen des Patienten zurückverfolgt. Diese wurzeln ihrerseits in der Triebstruktur des Menschen, die sich in Form starker sexueller und aggressiver Gefühle gegenüber Bezugspersonen äußert (der berüchtigte Ödipuskomplex). Daraus schloss Freud, dass der Grundmechanismus der Neurose die erfolglose »Verdrängung« dieser Triebe war. Davon unterschied er die Mechanismen anderer psychischer Erkrankungen, etwa der Psychose (wie im Fall des Richters Daniel Paul Schreber), die auf dem erfolglosen Versuch beruht, nicht die Triebe selbst, sondern die sie hemmenden Umstände in der Außenwelt zu leugnen.

Freud bezeichnete die Gesetze, zu denen er auf diese Weise gelangte, als »Metapsychologie«. Dieser Begriff war sein Versuch, das Körper-Geist-Problem zu lösen (er beabsichtigte, »Metaphysik in Metapsychologie umzusetzen«). Dabei mussten für Freud die Gesetze des subjektiven psychischen Lebens von der gleichen Art sein wie die Gesetze des physischen Lebens. Dies war eine Forderung seiner Lehrmeister der »Helmholtz-Schule«, die den feierlichen Eid geschworen hatten: »In den Organismen sind keine Kräfte als die bekannten der Physik und Chemie. In jenen Fällen, die zur Zeit nicht durch diese Kräfte erklärt werden können, muss man entweder die spezifische Art und Weise ihrer Wirkung durch Anwendung physikalisch-mathematischer Methoden herausfinden oder neue Kräfte annehmen, die den chemisch-physikalischen Kräften, welche der Materie innewohnen, im Rang gleichgestellt sind und auf die Kräfte der Anziehung oder Abstoßung zurückgeführt werden können.«

Die psychischen Kräfte, von denen Freud ausging (Libido, Verdrängung, Verleugnung etc.) lieferten ihm Begriffe zur Beschreibung der funktionalen Organisation der Psyche, die seiner Überzeugung nach der funktionalen Organisation des Gehirns entsprechen musste. Hatte Freud anfangs versucht, die Gesetze der Psyche aus den Gehirnfunktionen abzuleiten, versuchte er später, die Gesetze des Gehirns aus den Funktionen der Psyche abzuleiten. Diese methodologische Kehrtwende hatte rein praktische Gründe: Es gab damals schlicht keine wissenschaftlichen Instrumente zur Untersuchung der Gehirnfunktionen.

Die Gesetze, die Freud aus seinen Beobachtungen herleitete, waren – wie die der modernen Kognitiven Psychologie – funktionale (abstrakte) und keine physiologischen (konkreten) Gesetze. Freud war also, was kaum bekannt ist, ein Vorreiter des »funktionalistischen« Ansatzes. Er trug damit der Tatsache Rechnung, dass Geist und Gehirn zwar unterschiedliche Beobachtungsgegenstände sind, letztlich aber ein und dasselbe »Ding«, weshalb ihnen dieselbe Struktur zugrunde liegen muss. (Dieses abstrahierte »Ding« nannte er den »psychischen Apparat«.) Aus diesem Grund bestand Freud auf der merkwürdigen Formulierung: »Das Psychische an sich ist unbewusst«. Das Konzept des unbewussten psychischen Apparats lieferte ihm das »langgesuchte Bindeglied« zwischen Körper und Geist. Freuds Erben überprüfen und überarbeiten heute seine Ergebnisse mit den Mitteln der modernen Neurowissenschaften (etwa der funktionellen Hirntomographie). Aber sie nutzen Freuds Ergebnisse auch, um Fehler jener Neurowissenschaftler zu korrigieren, die noch immer die intrinsischen Eigenschaften des Geistes außer Acht lassen und daher einige fundamentale Tatsachen über die Funktionsweise des Geistes übersehen.

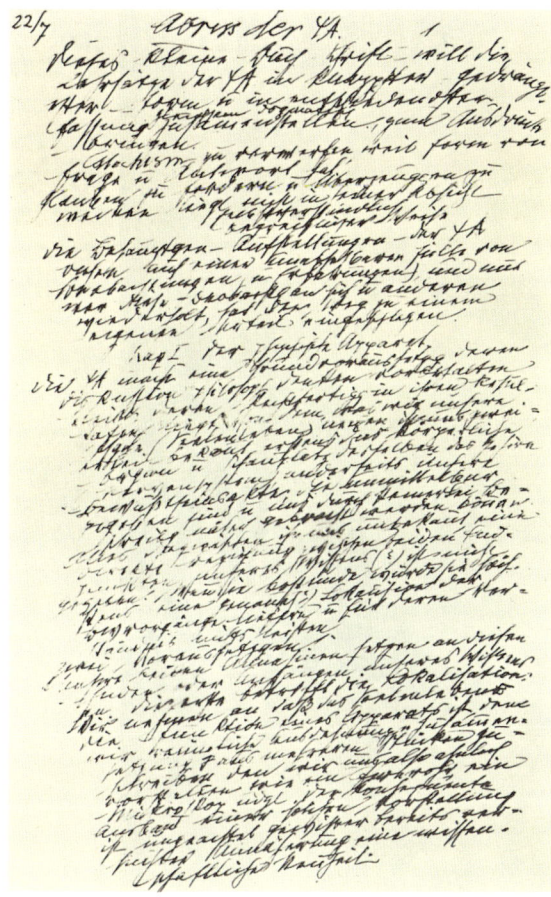

Das Manuskript der ersten Seite von Freuds letztem großen Werk, *Abriss der Psychoanalyse*, in London verfasst und 1940 posthum veröffentlicht.

JONATHAN BOWEN

Alan Turing

VATER DER INFORMATIK UND DER KÜNSTLICHEN INTELLIGENZ
(1912–1954)

»Mathematisches Denken lässt sich ganz grob als Anwendung einer Kombination
zweier Kräfte ansehen, die wir Intuition und Scharfsinn nennen können.
Die Tätigkeit der Intuition besteht darin, spontane Urteile zu fällen, die nicht aus
bewussten Gedankengängen resultieren … Der Beitrag des Scharfsinns … besteht darin,
die Intuition durch geeignete Anordnungen von Aussagen … zu unterstützen.«
Alan Turing, *The Purpose of Ordinal Logics*, 1938

Alan Turing gilt zu Recht als Vater der modernen Computertechnik. In den Jahren vor dem Zweiten Weltkrieg schuf er die theoretischen Grundlagen einer universellen Maschine, die zum allgemeinen Modell des Computers wurde. Sein grundlegender Aufsatz »On computable numbers with an application to the *Entscheidungsproblem*« beschreibt bereits – wie sich heute in der Rückschau sagen lässt – die Fähigkeiten moderner Computer. Während des Krieges spielte Turing eine entscheidende Rolle bei der Entwicklung und Optimierung jener Rechenmaschinen zur Entzifferung codierter feindlicher Funksprüche, von denen es heißt, sie hätten den Krieg um bis zu zwei Jahre verkürzt. Im Unterschied zu anderen Theoretikern beschäftigte er sich bereitwillig auch mit praktischen Anwendungen und hantierte ebenso gern mit dem Lötkolben, wie er mit mathematischen Problemen rang – typischerweise jeweils auf sehr eigene Art.

ALS STUDENT EIN ÜBERFLIEGER

Alan Mathison Turing wurde am 23. Juni 1912 als Sohn eines nach Indien entsandten Beamten geboren. Für seine Geburt waren die Eltern nach Großbritannien zurückgekehrt, in den Londoner Stadtteil Maida Vale. Mit 14 Jahren wurde er auf die Sherborne School im südenglischen Dorset geschickt, eine traditionelle britische Privatschule. Sein Interesse für Naturwissenschaften wurde von seinen Lehrern zwar bemerkt, aber an dieser konservativen Einrichtung nicht besonders gefördert. Turing war beispielsweise imstande, Probleme der höheren Mathematik aus Axiomen zu lösen, ohne je Analysis gelernt zu haben. Als 16-Jähriger las und verstand er Einsteins Werke. In der Schule hatte er einen guten Freund, der während seines letzten Schuljahrs in Sherborne starb. Diese traumatische Erfahrung löschte jedwede religiösen Gefühle aus, die Turing bis dahin gehabt hatte, und ließ ihn zum Atheisten werden.

Von 1931 bis 1934 studierte Turing Mathematik am King's College in Cambridge, schloss das Studium mit Auszeichnung ab und wurde anschließend Fellow am King's

Gegenüber: Eine Photographie aus einer undatierten Serie von acht verschiedenen Aufnahmen Alan Turings im Passbildformat, aus dem Archiv des King's College in Cambridge.

College. 1936 reichte Turing seinen bahnbrechenden Aufsatz über berechenbare Zahlen ein, ein Schlüsselwerk für seine weitere Karriere. Darin stellte er ein Modell für Rechenmaschinen vor und beschrieb eine universelle Maschine, die Elemente eines großen Zahlbereichs berechnen konnte. Turings Begriff der Universalität entspricht dem, was wir heute als Programmierbarkeit von Computern bezeichnen. 1939 schrieb er in einem Aufsatz zum Verhältnis von Mensch und Computer: »Ein Mensch, ausgestattet mit Papier, Bleistift und Radiergummi und strikter Disziplin, ist nichts anderes als eine universelle Maschine«.

Als Folge seiner Arbeiten, die an Überlegungen des deutschen Mathematikers Kurt Gödel aus dem Jahr 1931 anknüpften, wurde diese universelle Maschine als »Turing-Maschine« bezeichnet. Turing zeigte, dass eine solche Maschine jede mathematische Rechnung durchführen kann, die als Algorithmus darstellbar ist. Das in seinem Aufsatz von 1936 angesprochene *Entscheidungsproblem* war 1928 vom deutschen Mathematiker David Hilbert formuliert worden und kreiste um die Frage, ob es für jede mathematische Aussage einen Algorithmus gibt, der sie als wahr oder falsch erweisen kann. Turing bewies die Unlösbarkeit dieses Problems, indem er zeigte, dass sich algorithmisch unmöglich entscheiden lässt, ob eine bestimmte Turing-Maschine zirkelfrei ist. Dieses Phänomen ist heute als »Halteproblem« bekannt und hat Mathematikern einiges Kopfzerbrechen bereitet. Turing-Maschinen sind nach wie vor ein wichtiges Modell der Berechenbarkeitstheorie. Obwohl es sich um ein abstraktes Modell handelte und Turing nie geplant hatte, eine solche Maschine zu bauen, war sie tatsächlich konstruierbar und wies bereits viele Merkmale heutiger Computer auf, etwa Eingabe, Ausgabe, Speicher und codierte Programme.

Von 1936 bis 1938 studierte Turing an der Universität Princeton bei dem amerikanischen Mathematiker Alonzo Church und promovierte dort in bemerkenswert kurzer Zeit. Zuvor hatten beide unabhängig voneinander die Church-Turing-These aufgestellt, nach der jede überhaupt berechenbare Funktion sich auch mittels einer Turing-Maschine berechnen lasse. Obwohl die These nicht beweisbar ist, wird sie von fast allen Mathematikern und theoretischen Informatikern anerkannt. Turing kehrte anschließend nach Cambridge zurück, wo er Vorlesungen des Philosophen Ludwig Wittgenstein über Grundlagen der Mathematik besuchte. Wittgenstein war der Meinung, dass die Mathematik Wahrheiten erfinde statt entdecke, worin ihm Turing widersprach.

CODEKNACKER

Der Zweite Weltkrieg bescherte Turings Karriere einen radikalen, aber auch ertragreichen Richtungswechsel. Seine außergewöhnlichen mathematischen Leistungen in Cambridge waren nicht unbemerkt geblieben, und so erhielt er ein Angebot zur Mitarbeit in Bletchley Park, dem geheimen Zentrum Großbritanniens zur Entzifferung des deutschen Nachrichtenverkehrs. Turing wurde rekrutiert, nachdem er bereits nebenberuflich für die Government Code and Cypher School (den heutigen britischen Nachrichtendienst GCHQ) gearbeitet hatte. Die Entzifferung codierter Funksprüche erfolgte in mühseliger Handarbeit und – wegen der feindlichen Bedrohung – unter großem Zeitdruck. Turing erkannte, dass Maschinen im Verbund mit menschlichem Scharfsinn diese Art von Problem sehr viel schneller und zuverlässiger würden lösen

Gegenüber: Eine Enigma – eine jener Schlüsselmaschinen mit drei Walzen, die nach Ansicht der Deutschen einen nicht zu knackenden Code erzeugten und daher zur militärischen Verständigung genutzt wurden. Mithilfe von Turings »Bombe« jedoch gelang es den Briten, den Code zu knacken und die Nachrichten schon wenige Tage nach ihrer Übermittlung zu lesen.

Der Maschinenraum in Gebäude Nummer 6 in Bletchley Park im Jahr 1943. In diesem Gebäude widmete man sich der Entzifferung der Enigma-Funksprüche von Heer und Luftwaffe der deutschen Wehrmacht. Turing leitete das Team von Gebäude Nummer 8, das sich mit den Enigma-Funksprüchen der deutschen Marine beschäftigte.

können. Schon vor dem Krieg hatte er sich Gedanken darüber gemacht, wie die von den Deutschen zur Verschlüsselung genutzte Enigma zu knacken sei. So konnte er bereits wenige Wochen nach Beginn seiner Tätigkeit in Bletchley Park eine Maschine präsentieren, die bei der Entschlüsselung der Enigma half. Sie wurde »Bombe« genannt – nach der *bomba*, einem weniger effizienten Dechiffriergerät polnischer Fertigung – und funktionierte wie folgt: Ein vermeintliches Klartextfragment der Originalnachricht (ein sogenanntes »crib«) wurde durch verschiedene Kombinationen von Walzen- und Steckerbrett-Verschaltungen der Enigma geschickt. Die Mehrzahl der Verschaltungen ergab Widersprüche und konnte somit ignoriert werden, sodass nur noch wenige Kombinationen zur eingehenden Prüfung übrig blieben. Die Maschine führte mathematische Beweise, rein mechanisch und weit effizienter als irgendein Mensch oder selbst irgendeine Gruppe von Menschen.

Turing hatte sich die Entschlüsselung der von der Reichsmarine genutzten Enigma-Version zur Aufgabe gemacht, weil »niemand sonst sich darum kümmerte und ich mich ganz allein damit befassen konnte«. Das war typisch für Turing, der aber auch gut mit anderen zusammenarbeitete. Während seiner Zeit in Bletchley Park entwickelte er eine Reihe neuer Dechiffrierverfahren, denen er oft saloppe Namen gab. Darunter war auch das 1942 entwickelte »Turingery« oder »Turingismus« – ein per Hand ausgeführtes Verfahren zur Mustererkennung bei Stiftwalzen der Lorenz-Schlüsselmaschine, eines Chiffriergeräts, das die Deutschen zur Verschlüsselung strategischer Befehle auf oberster Ebene nutzten und das die Briten entdeckt hatten.

Einige von Turings Verschrobenheiten blieben auch seinen Kollegen in Bletchley Park nicht verborgen. So kettete er in seinem Büro seine Tasse an den Heiz-

Vorderansicht einer Original-»Bombe« – jener von Turing 1939 in Bletchley Park entwickelten elektromechanischen Maschine, mit welcher der Enigma-Code geknackt werden sollte. Die »Bombe« diente dazu, die täglich wechselnden Einstellungen der deutschen Enigmas zu ermitteln.

körper, damit sie nicht verloren ging oder gestohlen wurde. Auch war er dafür bekannt, eine Gasmaske zu tragen, wenn er mit dem Fahrrad zur Arbeit fuhr – nicht etwa, weil er einen Gasangriff fürchtete, sondern um Heuschnupfen zu vermeiden. Dessen ungeachtet war sein Beitrag zu den Arbeiten in Bletchley Park erheblich, nicht zuletzt zur Entwicklung des ersten programmierbaren elektronischen Digitalcomputers der Welt, des Colossus. 1945 erhielt Turing für seine Leistungen während des Krieges den Order of the British Empire. Seine Mitarbeit in Bletchley Park blieb jedoch noch viele Jahre ein Geheimnis.

SCHWIERIGE ZEITEN

Nach Kriegsende nahm Turing eine Stelle beim National Physical Laboratory in Teddington, westlich von London, an. Dort arbeitete er an der Konstruktion eines frühen Computers, des Automatic Computing Engine (ACE). Allerdings konnte – aufgrund von Verzögerungen – selbst der abgespeckte Prototyp des ACE erst gebaut werden, nachdem Turing das Labor schon verlassen hatte, um ein Sabbatical in Cambridge zu verbringen.

1948 wechselte er an die Abteilung für Mathematik der Universität Manchester. Zum stellvertretenden Leiter des Bereichs für Computerforschung ernannt, entwickelte er dort Software für den Manchester Mark 1, einen frühen speicherprogrammierten Computer. Weiterhin beschäftigte er sich auch mit theoretischen und abstrakten Konzepten, unter anderem mit dem, was heute künstliche Intelligenz genannt wird, nämlich in Form der Frage, ob eine Maschine denken kann. In diesem Zusammenhang ersann er den sogenannten Turing-Test zum Nachweis maschineller Intelligenz. Um diesen Test zu bestehen, muss eine Rechenmaschine in der Interaktion mit einem Menschen diesem menschlich erscheinen, genauer gesagt: für diesen von einem Menschen nicht zu unterscheiden sein. Dies ist zwar bislang noch keiner Maschine gelungen, wird aber generell für möglich gehalten. Der Turing-Test ist auch heute noch relevant – gegenwärtig sind gleich mehrere Varianten des Tests in Gebrauch.

Schaltkreis des Pilot ACE (Automatic Computing Engine), eines frühen speicherprogrammierten Computers, der erstmals 1950 am National Physical Laboratory (NPL) in Betrieb ging. Die Konstruktion beruhte auf Plänen für einen größeren Computer (den ACE), den Turing zwischen 1945 und 1947 am NPL entworfen hatte.

Turing war homosexuell, zu einer Zeit, als Homosexualität in Großbritannien unter Strafe stand. 1952 wurde er der schweren Unzucht angeklagt; infolgedessen verlor er auch seine Unbedenklichkeitsbescheinigung. Anstelle einer Haftstrafe erhielt er die Auflage, zum Zweck der »Heilung« ein Jahr lang weibliche Hormone einzunehmen. Ab dieser Zeit forschte er auf dem interdisziplinären Gebiet der mathematischen Biologie, speziell zur Frage der Morphogenese – der Entwicklung der Gestalt von Organismen. Ein Großteil dieser Arbeiten wurde erst 1992 in seinen Gesammelten Schriften veröffentlicht.

Am 8. Juni 1954 wurde Alan Turing von seiner Putzfrau tot aufgefunden. Todesursache war eine Cyanidvergiftung, die angeblich von einem angebissenen Apfel herrührte, der neben seinem Bett gefunden, aber nie untersucht wurde. Laut offizieller Version hat sich Turing umgebracht, allerdings könnte sein Tod auch ein Unfall gewesen sein.

1951 – ein Jahr bevor er in Ungnade fiel – war Turing zu einem Mitglied der Royal Society ernannt worden. Doch eine gebührende Anerkennung seiner Leistungen ließ bis weit nach seinem Tod auf sich warten. Heute gibt es eine Turing-Statue in Manchester und eine weitere in Bletchley Park. An seinem Geburtshaus in London und dem Haus in Wilmslow, in dem er starb, finden sich Gedenktafeln. 2009 äußerte die Britische Regierung ihr tiefes Bedauern über die Behandlung Turings durch staatliche Behörden in den Jahren vor seinem Tod. Die vielleicht angemessenste Ehrung seiner Leistungen besteht darin, dass der alljährlich quasi als Nobelpreis an einen herausragenden Informatiker vergebene Preis den Namen »A. M. Turing Award« trägt. Trotz Turings frühem Tod im Alter von nur 41 Jahren wird sein Werk die Informatik auch in Zukunft prägen.

MARTIN CAMPBELL-KELLY

John von Neumann

MATHEMATIKER UND ENTWICKLER DES
ELEKTRONISCHEN COMPUTERS
(1903–1957)

*»Irgendwie hatte Johnny von Neumann ein einnehmendes Wesen. Er war –
ausnahmslos – der schlaueste Mensch, den ich je kennengelernt habe.«*
Jacob Bronowski, *The Ascent of Man*, 1973

J ohn von Neumann wurde in Budapest als ältester von drei Söhnen einer wohlhabenden und vornehmen jüdischen Bankiersfamilie geboren. Bis zum Alter von zehn Jahren erhielt er Privatunterricht, danach besuchte er das Lutheraner-Gymnasium in Budapest. Schon als Kind ließ er seine außergewöhnlichen Begabungen erkennen, hatte ein geradezu photographisches Gedächtnis und zeigte verblüffende Leistungen im Kopfrechnen. Mit 18 Jahren schrieb er sich an der Universität Budapest für ein Mathematikstudium ein, verbrachte dann allerdings viel Zeit in Berlin, wo er Europas führende Naturwissenschaftler kennenlernte. Anschließend begann er ein Promotionsstudium an der Universität Budapest, immatrikulierte sich gleichzeitig aber auch an der Eidgenössischen Technischen Hochschule (ETH) in Zürich für ein Studium des Chemieingenieurwesens, seinem Vater zuliebe, der auf eine praktische Ausbildung drängte. 1925 schloss von Neumann dieses Studium an der ETH ab, 1926 wurde er an der Universität Budapest in Mathematik promoviert.

1926 ging er als Rockefeller-Stipendiat an die Universität Göttingen und erhielt im folgenden Jahr an der Universität Berlin eine Anstellung als Privatdozent – als jüngster in deren Universitätsgeschichte. Die Bandbreite seiner Interessen in den 1920er Jahren war enorm: Er beschäftigte sich unter anderem mit mathematischer Logik, Mengenlehre, Operatorenrechnung und Quantenmechanik. 1930 wurde er Gastdozent an der Universität Princeton und teilte seine Zeit einige Jahre lang zwischen Princeton und Berlin auf. Angesichts der sich zuspitzenden politischen Lage in Europa strebte er jedoch eine dauerhafte Anstellung in den USA an. Die Gelegenheit ergab sich 1933, als er zu einem der vier Gründungsprofessoren des neu geschaffenen Institute for Advanced Study in Princeton ernannt wurde (Einstein war ein weiterer). 1937 erhielt er die US-Staatsbürgerschaft. Am Institut publizierte von Neumann weiterhin in beachtlichem Umfang zu reiner sowie angewandter Mathematik, beschäftigte sich aber auch mit der Entwicklung der Spieltheorie. Sein 1944 erschienenes, gemeinsam mit Oskar Morgenstern verfasstes Buch *Theory of Games and Economic Behaviour* (»Spieltheorie und wirtschaftliches Verhalten«) wurde zu einem Meilenstein der Wirtschaftsmathematik.

Gegenüber: John von Neumann in den 1940er Jahren, zu einer Zeit, als seine Mitarbeit am US-Atomprogramm zu entscheidenden Fortschritten bei der Entwicklung des ersten elektronischen Computers führte.

BERECHNUNGEN IN KRIEGSZEITEN UND DER ERSTE ELEKTRONISCHE COMPUTER

Von Neumann war charmant und umgänglich und überdies ein scharfsinniger politischer Denker. Als die USA nach dem Angriff auf Pearl Harbour im Dezember 1941 in den Zweiten Weltkrieg eintraten, machten ihn seine joviale Art, seine legendäre Gedankenschnelle und sein Geschick bei der Lösung komplexer mathematischer Probleme zu einem gefragten Berater. Schon 1943 galt seine ganze Aufmerksamkeit kriegsrelevanten Aufgaben, speziell Problemen der numerischen Mathematik. Von größter Bedeutung in jener Zeit war seine Beratertätigkeit beim Manhattan-Projekt in Los Alamos. Dort beschäftigte er sich mit Implosionstechniken zur Detonation des spaltbaren Materials im Kern der Atombombe. Dabei ging es auch um numerische Lösungen mathemati-

J. Robert Oppenheimer, der ehemalige Technische Leiter des Manhattan-Projekts, und von Neumann im Jahr 1952 vor dem IAS-Computer. Diese von 1945 bis 1951 unter von Neumanns Leitung gebaute Maschine war der erste am Institute of Advanced Study in Princeton entwickelte elektronische Computer. Er konnte 2 000 Multiplikationen und 100 000 Additionen oder Subtraktionen pro Sekunde ausführen.

scher Gleichungen von komplexen Systemen, was von Neumann veranlasste, nach den modernsten Rechenmaschinen der damaligen Zeit Ausschau zu halten.

Von Neumann war außerdem Berater des Ballistics Research Laboratory der US-Armee auf dem Aberdeen Proving Ground in Maryland. Eine Hauptaufgabe dieser Forschungseinrichtung war die Herstellung ballistischer Tabellen. Zu diesem Zweck wurde an der Moore School of Electrical Engineering der nahe gelegenen University of Pennsylvania am Bau eines elektronischen Computers gearbeitet, des ENIAC (Electronic Numerical Integrator and Computer). Allerdings eignete sich der ENIAC konstruktionsbedingt nicht für von Neumanns Atombombenberechnungen, sodass er mit der Moore School am Bau eines Nachfolgemodells arbeitete, des EDVAC (Electronic Discrete Variable Automatic Computer). Im Juni 1945 fasste er die Ergebnisse dieses Projekts in seinem Aufsatz *First Draft of a Report on the EDVAC* zusammen. Der Bericht enthielt eine Beschreibung des später so genannten »speicherprogrammierten Computers«, auf dem fast alle folgenden Computerentwicklungen basieren. Bei einem speicherprogrammierten Computer teilen sich das Programm und die Daten einer Rechenoperation denselben elektronischen Speicher, was die Leistungsfähigkeit und Flexibilität des Computers deutlich erhöht. So kann er zum Beispiel seine eigenen Befehle bearbeiten.

1946 kehrte von Neumann an das Institute for Advanced Study zurück, wo er die Konstruktion eines der ersten vielfältig nutzbaren Computer leitete. Mit dem Aufkommen ausgereifterer Computer begann er sich für Forschungsgebiete wie numerische Wettervorhersagen, aber auch Kybernetik und Automatentheorie zu interessieren. Weiterhin war er als Berater in Los Alamos tätig, wo er auch mit der Entwicklung der Wasserstoffbombe zu tun hatte. 1954 ernannte ihn US-Präsident Eisenhower zu einem Mitglied der Atomenergie-Kommission, in der er als Hardliner Einfluss auf den Kurs der Wissenschafts- und Militärpolitik nahm. 1955 wurde bei ihm Knochenkrebs diagnostiziert, der ihn schließlich besiegte. Sein letztes großes Werk war das Manuskript der Silliman Lectures an der Yale University, das 1958 posthum unter dem Titel *The Computer and the Brain* (»Die Rechenmaschine und das Gehirn«) veröffentlicht wurde. Von Neumann starb 1957 im Alter von 53 Jahren.

Der EDVAC im Ballistics Research Laboratory, wo er 1949 installiert worden war, auf einer Photographie der US-Army. Von Neumanns unvollständiger Bericht der Maschine enthält die Beschreibung eines hypothetischen Computers, in dem Daten und Programm sich denselben elektronischen Speicher teilen – eine Architektur, nach der auch heutige Computer aufgebaut sind.

VIRGINIA MORELL

Louis Leakey & Mary Leakey

DIE URSPRÜNGE DER MENSCHHEIT
(1903–1972) UND (1913–1996)

*»Louis sprach oft vom ›Glück der Leakeys‹, wenn von seinen Entdeckungen und denen
seiner Familienangehörigen die Rede war. Aber war es Glück? Da gab es doch …
diese geduldige und oft beschwerliche Suche, … die unkonventionelle Lebensweise …
und vor allem diese starke Unabhängigkeit im Denken, diese Selbstgewissheit und
Selbstständigkeit, diesen unerschöpflichen Elan und ständigen Tatendrang.«*
Phillip V. Tobias, *A Centennial Tribute to Louis Leakey*, 2003

Manchmal gelingen großen Wissenschaftlern ihre bedeutendsten Entdeckungen in einer Partnerschaft. Das gilt für Marie und Pierre Curie, die einander bei ihren Forschungen zur Radioaktivität ergänzten, und es gilt auch für Louis und Mary Leakey, den Pionieren der Suche nach dem Ursprung der Menschheit in Ostafrika. Mit ihren Expeditionen und Ausgrabungen machten sie den Namen »Leakey« zu einem Synonym für die Erforschung der menschlichen Evolution. Und sie wiesen zweifelsfrei nach, dass die ersten Menschen in Afrika lebten. Louis und Mary Leakey erkundeten über 18 Millionen Jahre menschlicher Stammesgeschichte, von unseren affenartigen Vorfahren bis zu den frühen Formen des *Homo sapiens*. Außerdem entdeckten und tauften sie den ersten Werkzeug herstellenden Menschen, den *Homo habilis*. Doch auch unabhängig voneinander gelangen ihnen Entdeckungen. Mary legte Spuren fossiler Fußabdrücke frei, die zeigten, dass Menschen bereits vor drei Millionen Jahren aufrecht gingen – rund eine Million Jahre bevor unsere Vorfahren mit der Herstellung von Steinwerkzeugen begannen. Louis, der visionärere der beiden, initiierte die ersten Langzeit-Feldforschungen zu Primaten: Er ermunterte Jane Goodall, das Verhalten der Schimpansen zu studieren, Dian Fossey, Verhaltensforschung an Berggorillas zu betreiben, und Birute Galdikas, sich mit den Verhaltensweisen der Orang-Utans zu befassen. Dank dieser Forschungen verstehen wir das Sozialverhalten und die Kultur unserer frühen Vorfahren sehr viel besser. Gemeinsam verwandelten Louis und Mary Leakey die Paläoanthropologie von einer primitiven Jagd nach Steinen und Knochen in jene ergiebige und komplexe Wissenschaft, die sie heute ist.

Obwohl auch Mary Leakey viele bedeutende Entdeckungen gelangen, war es doch Louis, der ihren gemeinsamen Forschungen die Richtung vorgb. Es war seine Idee, sich nicht um die herrschende wissenschaftliche Meinung zu scheren und stattdessen in Afrika nach den Knochen unserer frühen Vorfahren zu suchen. Damals nahmen Paläoanthropologen noch an, die ersten Menschen stammten aus Europa und Asien und seien erst später nach Afrika gewandert. Louis stellte diese Vorstellung auf den Kopf und konnte die alte Lehrmeinung – mit Marys Hilfe – bald vollständig aus der Welt schaffen.

Gegenüber: Louis und Mary Leakey im Jahr 1962 bei der bewundernden Betrachtung von Zahn und Gaumen des *Zinj*, *Australopithecus boisei* (auch bekannt als *Paranthropus boisei*), dem ersten bedeutenden Hominini-Fossil, das sie drei Jahre zuvor nach einer dreißig Jahre währenden Suche in der Olduvai-Schlucht entdeckt hatten.

Dass Louis bei dieser Frage zu Afrika tendierte, hatte auch biographische Gründe. Er wurde als Kind zweier Missionare geboren, die unter Angehörigen des Stammes der Kikuyu in einem Bergdorf oberhalb von Nairobi lebten, in British East Africa, dem heutigen Kenia. Obwohl seine Eltern Briten waren, fühlte sich Louis mehr als Kikuyu. Er war das erste weiße Kind, das je bei den Kikuyu geboren wurde. Sie hießen ihn in ihrer Welt willkommen, und mit elf Jahren wurde er durch einen geheimen Initiationsritus für Jungen seines Alters zu einem Mitglied der Altersgruppe der Mukanda (»Zeit der neuen Kleider«). Zwar sorgten seine Eltern dafür, dass er und seine Geschwister von Privatlehrern unterrichtet wurden, doch war seine schulische Ausbildung insgesamt eher unstrukturiert. Louis hatte genug Zeit, um den abenteuerlichen Aktivitäten seiner Kikuyu-Blutsbrüder nachzugehen. Er lernte ihre Sprache, die Jagd mit Pfeil und Bogen, das Fallenstellen und Fährtenlesen und sogar, wie man kleine Beutetiere mit bloßen Händen fängt. Später sollte er seine oft scheinbar jähen Einsichten in das Verhalten der frühen Menschen mit seiner Kikuyu-Erziehung erklären.

DIE ENTDECKUNG DES ALTEN AFRIKA

Es war ein Kinderbuch, durch das Louis Leakey seine Berufung fand. Dieses Buch mit dem Titel *Days Before History* handelte von den Abenteuern eines britischen Steinzeitjungen namens Tig und enthielt Bilder und Beschreibungen der Steinzeitmenschen und der von ihnen hergestellten Steinwerkzeuge. Begeistert begann Louis, Obsidianstückchen zu sammeln, die er in den Erosionsrinnen unweit seines Elternhauses entdeckte. Die Familie spöttelte über seine »kaputten Glasflaschen«, doch Louis ließ sich nicht beirren. Er zeigte seine Sammlung dem einzigen Wissenschaftler, den er kannte: Arthur Loveridge, Kurator eines kleinen Naturkundemuseums in Nairobi. Loveridge begutachtete die Fundstücke und erklärte, bei einigen handle es sich »unzweifelhaft um Werkzeuge«, und dass man über die Steinzeit in Afrika noch wenig wisse. Nach diesen Worten war Louis nicht mehr derselbe – jetzt hatte er eine Lebensaufgabe. »Ich schwor mir, nicht zu ruhen, bis wir alles über die Steinzeit [in Afrika] wussten«, schrieb er später in seiner Autobiographie *White African*. Zu dieser Zeit war er gerade einmal 13 Jahre alt.

Doch die erträumte Karriere einzuschlagen war nicht leicht. In England hatte Louis nur während seiner Urlaubsaufenthalte einige Schuljahre absolviert. Mit großem Fleiß schaffte er es, das Versäumte nachzuholen und zum Studium am St. John's College in Cambridge zugelassen zu werden. Nach einem doppelten Abschluss in Anthropologie und modernen Sprachen – eine davon war Kikuyu – erhielt er ein kleines Forschungsstipendium. Er buchte eine Schiffspassage nach Kenia, wo er im Sommer 1926 zu seiner ersten archäologischen Ostafrika-Expedition aufbrach. Einer seiner Professoren in Cambridge hatte ihm davon abgeraten und erklärt, Louis vergeude seine Zeit mit der Suche nach den ersten Menschen in Afrika, wo doch »jedermann wisse, das sie aus Asien stammten«. Doch derlei Zweifel spornten Louis nur noch mehr an, Zeugnisse zu finden, welche die herrschende Auffassung widerlegen könnten.

Letztlich führte Louis vier Ostafrika-Expeditionen durch. Mit jeder drang er weiter in die kaum bekannte Urgeschichte dieses Kontinents vor, entdeckte Skelettreste und Steinwerkzeuge, die von einer Vergangenheit zeugten, wie sie sich kaum ein Wissenschaftler je vorgestellt hatte. Seine größte Hoffnung war, dass sein Team aus Cambridge-

Studenten und Kikuyu-Helfern Werkzeuge finden würde, die den steinernen Faustkeilen des Chelléen entsprächen, einer altsteinzeitlichen Kultur, die ihren Namen dem Fundort dieser Faustkeile verdankte, der französischen Gemeinde Chelles. Archäologen hielten diese großen, tränenförmigen Faustkeile damals für Zeugnisse der ältesten Kultur der Welt. Während der zweiten Expedition 1929 fand der Geologe John Solomon in Kariandusi einen ebensolchen Faustkeil. Solomon war skeptisch, was den Fund betraf, Leakey jedoch – bezeichnenderweise – nicht. Er schickte Solomon und einen Studenten mit dem Auftrag zurück, weitere Faustkeile zu suchen, die sie tatsächlich auch fanden. Damals gab es noch keine Möglichkeit, Gesteinsschichten zu datieren, in denen Fossilien und Artefakte gefunden wurden. Stattdessen extrapolierten Geologen das Alter solcher Gegenstände durch Messungen der Tiefe umliegender Sedimente, die sich – wie man annahm – gleichmäßig bildeten. Mit dieser Methode schätzte Leakey das Alter der Faustkeile auf 50 000 Jahre. Später sollten Wissenschaftler mittels präziserer Datierungsverfahren feststellen, dass die Fundstücke eher 500 000 Jahre alt waren.

Der Fund von Werkzeugen in Afrika, die ähnlich alt waren wie die in Europa entdeckten, sorgte für Aufsehen. Louis wurden Gelder bewilligt, um seine bis dato größte Expedition auf den Weg zu bringen, und so brach er 1931 in die Olduvai-Schlucht in Tanganjika (dem heutigen Tansania) auf. Diese Schlucht im Ostafrikanischen Graben-

Die Olduvai-Schlucht in Tansania beeindruckt nicht nur durch ihre vielfarbigen Oberflächenformen, sondern erwies sich für Louis und Mary Leakey auch als wahre Goldmine, was Fossilienfunde betraf.

bruch schlängelt sich 40 Kilometer lang als tiefe Furche durch die Serengeti-Ebene. Der deutsche Geologe Hans Reck hatte sie 1913 erkundet und dabei eine Fülle von Fossilien ausgestorbener Säugetiere sowie Knochen eines modernen Menschen entdeckt – allerdings keine Steinwerkzeuge. Louis kannte Recks Berichte, glaubte jedoch, dass der Geologe die Werkzeuge schlicht übersehen hatte. Und er lud den Deutschen ein, an seiner Expedition teilzunehmen. Mit vier Fahrzeugen und einer 18-köpfigen Mannschaft brachen sie aus Nairobi auf und folgten drei Tage lang den buckligen Pfaden indischer Händler, bis irgendwann kein Weg mehr zu erkennen war. Mit acht Kilometern pro Stunde holperten sie drei weitere schmerzvolle Tage durch das Gelände und erreichten schließlich am 27. September den Rand der Olduvai-Schlucht. Am nächsten Morgen, kurz nach Sonnenaufgang, kletterte Louis in die Schlucht hinab und fand einen Faustkeil. »Ich war außer mir vor Freude«, schrieb er später, »und eilte zurück ins Camp«, wo er die anderen aufweckte, um sie an seinem Glück teilhaben zu lassen.

EINE BEGEISTERUNG FÜR ARCHÄOLOGIE

Nach ebendieser Expedition lernten sich Louis und Mary kennen. Mary Nicol war eine junge Künstlerin und ehrgeizige Archäologin. Louis seinerseits war verheiratet, Vater einer Tochter und eines ungeborenen Kindes und praktisch mittellos. Er verdiente ein wenig Geld mit Lehrveranstaltungen in Anthropologie und Archäologie am St. John's College und hoffte darauf, seine finanzielle Situation durch ein populärwissenschaftliches Buch über seine Entdeckungen zu verbessern. Für dieses Werk mit dem Titel *Adam's Ancestors* suchte er jemanden, der die Zeichnungen der Steinwerkzeuge anfertigte. So machte ihn ein Freund auf einer Dinner-Party mit Mary bekannt.

Als Tochter eines Landschaftsmalers war Mary von klein auf in Italien, der Schweiz und Frankreich umhergereist. Und wie Louis begeisterte sie sich schon seit der Kindheit für die Archäologie. Ein französischer Archäologe hatte sie und ihren Vater in die bemalten Säle der Höhle von Pech Merle geführt und im Grabungsschutt nach Überresten von Steinwerkzeugen suchen lassen. Für Mary war es ein Erweckungserlebnis. »Danach«, so sagte sie später, »wollte ich eigentlich nie mehr etwas anderes machen.«

Auch Mary konnte keine abgeschlossene Schulausbildung vorweisen. Nach dem plötzlichen Tod ihres Vaters war sie von der Mutter auf eine Klosterschule geschickt worden, an der sie ihren Rauswurf provozierte, indem sie einen Anfall vortäuschte (mit Seife im Mund) und im Chemieunterricht eine Explosion herbeiführte. Die Explosion, so schilderte Mary diesen Zwischenfall, war »ziemlich laut, und viele Nonnen kamen herbeigelaufen, was einigen von ihnen auch mal ganz gut tat«. Später hörte sie Vorlesungen über Archäologie und Geologie am University College London sowie am Museum of London und nahm als Freiwillige an diversen Ausgrabungen in England teil.

Mit zwanzig Jahren war Mary eine unkonventionelle junge Frau, kunstsinnig und witzig, eine Segelfliegerin mit einer Vorliebe für französische Zigaretten. Es ist nicht bekannt, ob sie Louis all diese Details schon bei jener ersten Begegnung offenbarte, doch fühlten sich beide von Beginn an zueinander hingezogen und verliebten sich. Louis lud sie ein, an seiner vierten (und letzten) archäologischen Ostafrika-Expedition teilzunehmen, die im Januar 1935 erneut zur Olduvai-Schlucht führte. Diesmal nahmen sie eine andere Route: erst einen langen, schlammigen Pfad zum Gipfel des

Ngorongoro-Kraters hinauf, dann hinunter in Richtung Serengeti und der Schlucht, die sich als dunkle Linie in der Ebene abzeichnete. In der Ebene begegneten sie Herden von Elefanten, Zebras, Nashörnern und Büffeln, und Mary verliebte sich erneut – diesmal in Afrika. Gemeinsam suchten Louis und Mary die Schlucht ab und stießen dabei auf Steinwerkzeuge und bestens erhaltene Fossilien ausgestorbener Säugetiere. Es gab eine große Anzahl Faustkeile und noch primitivere Werkzeuge, deren archäologische Kultur sie später »Oldowan« nannten. (Heute weiß man, dass diese Werkzeuge über zwei Millionen Jahre alt sind und damit zu den ältesten Artefakten der Welt zählen). Doch fanden sie lediglich zwei Knochenstücke eines frühen menschlichen Schädels.

Es vergingen noch einmal zwanzig Jahre, bis sie jene Zeugnisse entdeckten, die Louis' Vermutung über den Ursprung der Menschheit bestätigten. In dieser Zeit ließ sich Louis von seiner ersten Frau scheiden. Er und Mary heirateten und bekamen vier Kinder,

Expeditionen der Leakeys waren Familienangelegenheiten. Auf diesem Bild von 1960 sieht man Louis, Mary und ihren 11-jährigen Sohn Philip – unterstützt von ihren Dalmatinern und ihrem Foxterrier – bei Ausgrabungen in der Olduvai-Schlucht, wo sie knapp zwei Millionen Jahre alte Spuren menschlicher Besiedlung fanden.

drei Söhne und eine Tochter, die noch im Kindesalter starb. Sie zogen nach Nairobi, wo Louis Direktor jenes Museums wurde, in dem er einst seinen ersten Mentor, Arthur Loveridge, kennengelernt hatte. Jede freie Minute und jeden überschüssigen Penny nutzten sie, um in Kenia und Tansania nach Steinen und Knochen zu forschen.

Immer wieder machten sie spektakuläre Funde. 1942 entdeckten sie in Olorgesailie Stellen, die mit Faustkeilen buchstäblich gepflastert waren, als hätten Urmenschen einst eine regelrechte Faustkeilfabrik betrieben. 1948 fand Mary auf der Insel Rusinga im Viktoriasee einen wunderbar erhaltenen Schädel eines zwanzig Millionen Jahre alten Primaten, *Proconsul* – der erste je entdeckte Gesichtsschädel dieser Art. Dieser Fund gelang ihr mit finanzieller Unterstützung von Charles Boise, einem amerikanischen Geschäftsmann. Nachdem er den Leakeys immer wieder kleinere Geldmittel für ihre Expeditionen zur Verfügung gestellt hatte, zahlten sich seine Hilfe und ihre Beharrlichkeit 1959 in der Olduvai-Schlucht aus. Wieder war es Mary, die fündig wurde. Louis lag krank im Camp, sodass sie allein loszog und Meter um Meter einen felsigen Hang am Grund der Schlucht absuchte. Gegen 11 Uhr entdeckte sie ein Knochenstück, das »nicht lose an der Oberfläche lag, sondern aus dem Boden hervorragte.« Vorsichtig säuberte sie das Knochenstück von der Erde und erkannte zwei große Zähne im Bogen eines Kiefers. Wie von Sinnen sprang sie in ihren Land Rover und fuhr zurück ins Camp.

»Ich habe ihn! Ich habe ihn! Ich habe ihn!«, schrie sie. »Wen hast du?«, fragte Louis. »Ihn – den Menschen! *Unseren* Menschen. Den, den wir gesucht haben. Komm schnell, ich habe seine Zähne gefunden!« Louis war auf der Stelle genesen und eilte mit ihr zurück an den Fundort. Mary hatte recht: Sie hatten endlich ihren Menschen gefunden. Louis gab dem Schädel den offiziellen Namen *Zinjanthropus*, also »Mensch aus Ostafrika«. Später wurde er allerdings als robuste Form des *Australopithecus* klassifiziert, eines auch in Südafrika vorkommenden frühen Hominin. Louis und Mary aber nannten den Schädel schlicht »Dear Boy«.

EINE FAMILIE BERÜHMTER FOSSILIENJÄGER

Die Entdeckung von Dear Boy machte Louis und Mary Leakey berühmt. Mittels neuer Datierungsverfahren waren Geochronologen nun in der Lage, das Alter der Fossilien aus der Olduvai-Schlucht zu bestimmen – und Dear Boy erwies sich als »alt, alt, alt«, wie einer der Geochronologen zu Louis sagte. Tatsächlich war der Schädel 1,75 Millionen Jahre alt – ein sensationelles Alter, mit dem sich die Zeitspanne der wissenschaftlich erwiesenen Existenz des Menschen verdreifachte. Die Entdeckung sorgte auf der ganzen Welt für Schlagzeilen und unter Paläoanthropologen für eine regelrechte Goldgräberstimmung. Clark Howell, ein amerikanischer Paläoanthropologe und Kollege der Leakeys, schrieb in diesem Zusammenhang: »Die Entdeckung von Zinj [ist] das Ereignis, das den Beginn unserer modernen Ära der streng wissenschaftlichen Forschung zur Evolution des Menschen markiert.« Fördergelder der National Geographic Society ermöglichten es den Leakeys nun, umfangreiche Ausgrabungen in der Olduvai-Schlucht durchzuführen. Sie wurden von Mary geleitet, die eine Gruppe von Kamba-Arbeitern anheuerte, von denen viele selbst zu berühmten Fossilienjägern werden sollten. Die Grabungen waren oft Familienangelegenheiten: Neben Louis und Mary nahmen daran auch ihre Söhne Jonathan, Richard und Philip teil. Und es war Jonathan, der erste

Louis misst das Volumen des Schädels von *Zinj*, dem knapp zwei Millionen Jahre alten *Australopithecus* (oder *Paranthropus*) *boisei*, dessen Entdeckung 1959 die Leakeys berühmt machte. Zum Vergleich daneben ein Schimpansenschädel aus dem 20. Jahrhundert.

Knochenreste eines neuen Vorfahren des Menschen fand, des *Homo habilis* oder »geschickten Menschen«. Louis und Mary hielten den *Homo habilis* für denjenigen, der die ältesten und primitivsten aller in der Schlucht gefundenen Werkzeuge hergestellt hatte.

Der *Homo habilis* sorgte von Anfang an für Kontroversen. Wenn er eine von Dear Boy abweichende Art war, bedeutete dies, dass zwei Arten von Hominini zur selben Zeit in der afrikanischen Savanne gelebt hatten. Louis erschien ein solches Szenario ohne Weiteres denkbar. Man müsse, erklärte er, nur einmal andere Tiere betrachten: Auch zahlreiche Arten von Antilopen oder Primaten existierten doch aktuell nebeneinander. Viele seiner Forscherkollegen dagegen übten heftige Kritik an der Idee eines weit verzweigten Stammbaums – sie glaubten an eine einzige lange und gerade Ahnenreihe.

Doch Ehrenrettung nahte. Richard, der mittlere Sohn der Leakeys, hatte auf der Jagd nach Hominini mit eigenen Expedition rund um den Turkana-See in Kenia begonnen. Dort stieß er auf dasselbe Muster: zwei verschiedene Arten von Hominini, die Seite an Seite gelebt hatten – die eine Art mit ziemlich langen Knochen, die andere graziler gebaut, aber mit größerem Gehirn. »Sie werden dir nicht glauben«, sagte Louis, als

Richard Leakey setzte die Fossilienjagd seiner Eltern fort und entdeckte eine Fülle von Hominini-Fossilien am Turkana-See in Kenia. Hier zeigt er zwei seiner wertvollen Funde: links *Australopithecus boisei*, den er 1969 entdeckte, und rechts eine drei Jahre später gefundene Spezies des frühen *Homo*, bekannt schlicht unter der Nummer 1470.

Gegenüber: Mary Leakeys bedeutendster Fund: eine drei Millionen Jahre alte Spur aus Fußabdrücken in Laetoli, Tansania, entdeckt 1978. Die Abdrücke stammen von frühen Hominini, die hier über einen matschigen Teil der Savanne marschiert waren.

Richard ihm einen *Homo-habilis*-Schädel vom Turkana-See zeigte. Doch mit der Zeit glaubten sie ihm. Heute zeichnen Paläoanthropologen den Stammbaum des Menschen in verschiedenen Formen – und alle sind sehr verzweigt.

Louis starb 1972 an den Folgen eines Herzinfarkts, eine Woche nachdem er Richards *Homo-habilis*-Schädel in der Hand gehalten hatte. Er wurde 69 Jahre alt. Mary setzte ihre Ausgrabungen in der Olduvai-Schlucht fort. Ihr Team entdeckte viele weitere Fossilien und Tausende von Steinwerkzeugen, die Mary sorgfältig verzeichnete. 1974 wandte sie ihre Aufmerksamkeit einer Gegend namens Laetoli zu, deren Fossilien noch älter waren als die in der Olduvai-Schlucht. In Laetoli entdeckte ein Mitglied ihres Teams 1978 eine Spur aus eindeutig prähistorischen menschlichen Fußabdrücken – hinterlassen vor über drei Millionen Jahren von drei Personen in der durch Regen befeuchteten Asche eines nahe gelegenen Vulkans. Nachdem Mary einen der besterhaltenen Fußabdrücke freigelegt hatte, setzte sie sich daneben, zündete sich eine Zigarette an und erklärte: »Das ist wirklich mal etwas, das auf den Kaminsims gehört«.

Als sie diese Entdeckung machte, war sie 65 Jahre alt. Noch bis in die späten 1980er Jahre setzte sie ihre Forschungen in Laetoli und in der Olduvai-Schlucht fort. Als sie 1996 starb, war Mary Leakey die berühmteste Archäologin der Welt. Sie und Louis hatten geschafft, was sie sich vorgenommen hatten: Beweise dafür ans Licht zu bringen, dass Afrika die Wiege der Menschheit ist. Wie alle großen Wissenschaftler zertrümmerten sie alte Auffassungen und Denkweisen – mit nichts weiter als Steinen und Knochen.

ANDREW ROBINSON ist Autor von rund 25 Büchern über Naturwissenschaften, Wissenschaftsgeschichte und Kunst. Dazu zählen das preisgekrönte *Erdgewalten. Erdbeben, Unwetter und andere Katastrophen*, *The Story of Measurement* sowie *Sudden Genius? The Gradual Path to Creative Breakthroughs*, aber auch Biographien über Albert Einstein (*A Hundred Years of Relativity*), Thomas Young (*The Last Man Who Knew Everything*), Michael Ventris (*The Man Who Deciphered Linear B*) und Jean-François Champollion (*Cracking the Egyptian Code*). Er ist King's Scholar am Eton College, hat einen Abschluss der Universität Oxford (in Chemie) sowie der School of Oriental and African Studies in London und war von 2006 bis 2010 Visiting Fellow am Wolfson College in Cambridge. Nach zwölf Jahren als Redakteur beim *Times Higher Education Supplement* arbeitet er seit 2007 als freier Autor und Journalist. Seine Rezensionen erscheinen regelmäßig in Zeitungen und Magazinen, unter anderem in den Fachzeitschriften *Nature* und *The Lancet*.

JIM AL-KHALILI ist Professor für Theoretische Physik und Leiter des Bereichs Wissenschaftskommunikation an der Universität Surrey. Er hat Wissenschaftssendungen der BBC moderiert und zahlreiche populärwissenschaftliche Bücher geschrieben, darunter *Quantum. Moderne Physik zum Staunen*, *Nucleus. A Trip into the Heart of Matter* und *Pathfinders. The Golden Age of Arabic Science*.

JONATHAN BOWEN ist emeritierter Professor für Informatik an der London South Bank University. Seine Forschungsschwerpunkte sind Computergeschichte, Museumsinformatik und Softwareentwicklung. Zu seinen Veröffentlichungen zählen, neben zahlreichen Fachaufsätzen, Beiträge zur *Encyclopedia of Computers and Computer History* und zum *Oxford Companion to the History of Modern Science*.

NATHAN BROOKS ist außerordentlicher Professor für Geschichte an der New Mexico State University. Der ehemalige Fulbright-Stipendiat und Fellow der Chemical Heritage Foundation hat zur russischen Chemiegeschichte geforscht und publiziert, speziell zu Leben und Werk von Dmitri Mendelejew.

HELEN BYNUM war Dozentin für Medizingeschichte an der Universität Liverpool und arbeitet heute als freie Lektorin, Autorin und Dozentin. Sie ist Autorin von *Spitting Blood. A History of Tuberculosis* und Herausgeberin des mehrbändigen *Dictionary of Medical Biography* sowie von *Great Discoveries in Medicine* (jeweils zusammen mit William F. Bynum).

MARTIN CAMPBELL-KELLY ist emeritierter Professor für Informatik an der Universität Warwick. Er zählt zu den Herausgebern der *IEEE Annals of the History of Computing*. Außerdem ist er Autor mehrerer Bücher, darunter *Computer. A History of the Information Machine* (mit William Aspray) und *From Airline Reservations to Sonic the Hedgehog. A History of the Software Industry*.

JORDI CAT ist Professor für Wissenschaftsgeschichte und Wissenschaftsphilosophie an der Indiana University, Bloomington. Zu seinen Veröffentlichungen zählt *Master and Designer of Fields. James Clerk Maxwell and Constructive, Connective and Concrete Natural Philosophy*.

FRANK CLOSE ist Professor für Theoretische Physik an der Universität Oxford und Fellow am dort befindlichen Exeter College. Seine Forschungen gelten vor allem der Quark- und Gluonstruktur von Teilchen mit starker Wechselwirkung. Er ist Autor zahlreicher populärwissenschaftlicher Bücher, darunter *The Particle Odyssey* (mit Michael Marten und Christine Sutton), *Antimaterie*, *Neutrino* und *The Infinity Puzzle*.

GEORGINA FERRY ist Wissenschaftsautorin und Radiojournalistin und lebt in Oxford. Zu ihren Büchern zählen *Max Perutz and the Secret of Life* sowie *Dorothy Hodgkin. A Life*, das auf der Auswahlliste für den Duff Cooper Prize und den Marsh Biography Award stand.

LEON FINE ist stellvertretender Forschungsdekan und Leiter der Abteilung für Biomedizinwissenschaften am Cedars-Sinai Medical Center in Los Angeles. Er ist Autor und Herausgeber zahlreicher Bücher zur Medizingeschichte und praktischen Medizin, darunter *The Young Harvey* und *Harvey's Keepers. Harveian Librarians through the Ages*.

RONALD FISHMAN ist pensionierter Ophthalmologe sowie Historiker der Augenheilkunde und lebt in Washington, D. C. Er ist auf seinem Fachgebiet als Dozent und Autor tätig und hat unter anderem über Leben und Werk von Santiago Ramón y Cajal und Camillo Golgi publiziert.

TORE FRÄNGSMYR ist emeritierter Hans Rausing Professor für Wissenschaftsgeschichte an der Universität Uppsala. Er war Direktor des Zentrums für Wissenschaftsgeschichte an der Königlich Schwedischen Akademie der Wissenschaften und zwischen 1988 und 2008 Herausgeber von *Les Prix Nobel*, dem Jahrbuch der Nobelstiftung. Er hat rund 25 Bücher verfasst, darunter *Linnaeus. The Man and His Work* und *Alfred Nobel*.

NICHOLAS GILLHAM ist emeritierter James B. Duke Professor für Biologie an der Duke University. Zu den Büchern des Experten für Genetik und ihre Geschichte zählen *Organelle Genes and Genomes*, *Genes, Chromosomes, and Disease* und *A Life of Sir Francis Galton. From African Exploration to the Birth of Eugenics*.

MICHAEL HUNTER ist emeritierter Professor für Geschichte am Birkbeck College in London. Er ist Herausgeber der gesammelten Werke von Robert Boyle (mit Edward B. Davis) und der Briefe Boyles (mit Antonio Clericuzio und Lawrence M. Principe). Zu seinen weiteren Büchern zählen *Boyle. Between God and Science* und *The Boyle Papers. Understanding the Manuscripts of Robert Boyle*.

ROB ILIFFE ist Professor für Geistes- und Wissenschaftsgeschichte an der Universität Sussex. Er ist Chefredakteur des internetbasierten Newton Project, Leiter des AHRC Newton Theological Papers Project und Autor von *Newton. A Very Short Introduction*. Überdies ist er Herausgeber der Zeitschrift *History of Science* und Mitherausgeber von *Annals of Science*.

FRANK A. J. L. JAMES ist Professor für Wissenschaftsgeschichte und Sammlungsleiter an der Royal Institution in London. Er ist Autor von *Michael Faraday. A Very Short Introduction* und hat unlängst den sechsten und letzten Band der Briefe Faradays herausgegeben.

GEERDT MAGIELS ist als freiberuflicher Biologe und Wissenschaftsphilosoph tätig. Er hat über Naturwissenschaften, Medizin, Psychiatrie und Kunst publiziert und ist Autor von *From Sunlight to Insight. Jan IngenHousz, the Discovery of Photosynthesis and Science in the Light of Ecology.*

ROGER MCCOY ist emeritierter Professor für Physische Geographie an der University of Utah und Autor von *Ending in Ice. The Revolutionary Idea and Tragic Expedition of Alfred Wegener* sowie *On the Edge. Mapping North America's Coast.*

PATRICK MOORE war Astronom, außerdem Autor, Radio- und Fernsehmoderator. Er war Mitglied der Royal Society und ehemaliger Vorsitzender der British Astronomical Association. Seiner Feder entstammen mehr als 100 Bücher über Astronomie. Von 1957 bis zu seinem Tod 2012 moderierte er bei der BBC *The Sky at Night*, die am längsten laufende, stets vom selben Moderator präsentierte Fernsehsendung der Welt.

VIRGINIA MORELL ist Wissenschaftsjournalistin, Autorin und Dozentin mit dem Spezialgebiet Evolutions- und Naturschutzbiologie. Sie arbeitet als Korrespondentin für die Fachzeitschrift *Science* und schreibt regelmäßig für das Magazin *National Geographic*. Ihre Biographie über das Ehepaar Leakey, *Ancestral Passions. The Leakey Family and the Quest for Humankind's Beginnings*, wurde in der *New York Times* als »Notable Book of the Year« gewürdigt.

ROBERT OLBY ist Forschungsprofessor an der Fakultät für Wissenschaftsgeschichte und Wissenschaftsphilosophie der Universität Pittsburgh. In zahlreichen Publikationen und Lehrveranstaltungen hat er sich mit Themen der Biologie, Genetik und Molekularbiologie beschäftigt. Er ist Autor von *Origins of Mendelism*, *Francis Crick. Hunter of Life's Secrets* und *The Path to the Double Helix.*

ROBERT PARADOWSKI ist Professor am Fachbereich für Naturwissenschaften, Technologie und Gesellschaft des Rochester Institute of Technology. Seine Forschung zu Leben und Werk von Linus Pauling hat 1972 mit seiner Dissertation *The Structural Chemistry of Linus Pauling* begonnen und äußert sich seither in zahlreichen Aufsätzen für Fachzeitschriften, Bücher und Nachschlagewerke.

JAY PASACHOFF ist Direktor des Hopkins-Observatoriums und Field Memorial Professor für Astronomie am Williams College in Williamstown, Massachusetts. Er hat Bücher über Astronomie, Physik, Mathematik und andere Wissenschaften geschrieben, darunter *The Solar Corona* (mit Leon Golub), *The Cosmos. Astronomy in the New Millenium* (mit Alex Filippenko) sowie *Fire in the Sky. Comets and Meteors, the Decisive Centuries, in British Art and Science* (mit Roberta J. M. Olson).

NAOMI PASACHOFF ist wissenschaftliche Mitarbeiterin am Williams College in Williamstown, Massachusetts. Zu ihren Veröffentlichungen zählen mehr als 20 wissenschaftliche Lehrbücher und Biographien über Naturwissenschaftler, darunter *Marie Curie and the Science of Radioactivity*, *Niels Bohr. Physicist and Humanitarian* sowie *Linus Pauling. Advancing Science, Advocating Peace.*

ALISON PEARN ist stellvertretende Leiterin des Darwin Correspondence Project an der Universität Cambridge. Sie hält regelmäßig Vorlesungen zu Charles Darwin und äußert sich zu entsprechenden Themen in Zeitungen, Zeitschriften und Rundfunkbeiträgen. Sie ist Mitherausgeberin einer neunbändigen Ausgabe von Darwins Briefen und Autorin von *A Voyage Round the World. Charles Darwin and the Beagle Collections of the University of Cambridge.*

JEAN-PIERRE POIRIER ist sowohl ausgebildeter Mediziner als auch promovierter Ökonom. Der frühere Forschungsdirektor eines französischen Pharmaunternehmens ist Mitglied des Comité Lavoisier an der Pariser Akademie der Wissenschaften und Autor von *Lavoisier. Chemist, Biologist, Economist.*

ALAN ROCKE ist Henry Eldridge Bourne Professor für Geschichte an der Case Western Reserve University in Cleveland, Ohio. Sein Spezialgebiet ist die Geschichte der physikalischen Wissenschaften im 19. und 20. Jahrhundert. Zu seinen zahlreichen Publikationen über die Wissenschaftsgeschichte in Frankreich und Deutschland zählt *Image and Reality. Kekulé, Kopp, and the Scientific Imagination.*

MARTIN RUDWICK ist emeritierter Professor für Geschichte an der University of California, San Diego, und Forschungsstipendiat am Fachbereich für Wissenschaftsgeschichte und Wissenschaftsphilosophie der Universität Cambridge. Für seine Forschungen zur Geschichte der Geowissenschaften wurde er mit der Sue Tyler Friedman Medal und der George Sarton Medal ausgezeichnet. Zu seinen Büchern zählen *The Meaning of Fossils*, *The Great Devonian Controversy. Scenes from Deep Time* und zuletzt *Bursting the Limits of Time* sowie dessen Fortsetzung *Worlds before Adam.*

GINO SEGRE ist emeritierter Professor für Physik und Astronomie an der University of Pennsylvania. Er ist Autor zahlreicher fach- und populärwissenschaftlicher Bücher, darunter *Faust in Copenhagen. A Struggle for the Soul of Physics and the Birth of the Nuclear Age*, *A Matter of Degree* (in Großbritannien erschienen unter dem Titel *Einstein's Refrigerator*) und *Ordinary Genius.*

VIRENDRA SINGH war von 1987 bis 1997 Direktor des Tata Institute for Fundamental Research in Mumbai und danach C. V. Raman Professor der Indischen Akademie der Wissenschaften. Seine Veröffentlichungen umfassen zahlreiche Fachaufsätze über theoretische Physik und Quantenmechanik.

MARK SOLMS ist Psychoanalytiker und Honorarprofessor für Neurochirurgie an der St Bartholomew's and Royal London

School of Medicine, ordentlicher Professor für Neuropsychologie an der Universität Kapstadt und Direktor des Arnold Pfeffer Center for Neuropsychoanalysis am New York Psychoanalytic Institute. Für seine Arbeiten im Bereich der Neuro-Psychoanalyse wurde er mit zahlreichen Preisen ausgezeichnet. Zu seinen Büchern zählt *Das Gehirn und die innere Welt*.

NICHOLAS WADE ist emeritierter Professor für Psychologie an der Universität Dundee. Zu seinen Büchern über Sehvermögen, Sinneswahrnehmung und deren Beziehung zu Bereichen wie der Kunst zählen *Purkinje's Vision. The Dawning of Neuroscience* (mit Josef Brožek), *A Natural History of Vision, Visual Perception. An Introduction* (mit Michael Swanston), *Perception and Illusion* sowie *Circles. Science, Sense and Symbol*.

LAURA DASSOW WALLS ist Williams P. and Hazel B. White Professorin für Englisch an der University of Notre Dame, Indiana. Zu ihren Büchern zählen das preisgekrönte *The Passage to Cosmos. Alexander von Humboldt and the Shaping of America* sowie *Seeing New Worlds. Henry David Thoreau and Nineteenth-Century Natural Science*.

ANDREW WHITAKER ist emeritierter Professor für Physik an der Queen's University in Belfast. Er ist Autor mehrerer Bücher über die Grundlagen der Quantentheorie, darunter *Einstein, Bohr and the Quantum Dilemma, The New Quantum Age. From Bell's Theorem to Quantum Computation and Teleportation* und *Einstein's Struggles with Quantum Theory. A Reappraisal* (mit Dipankar Home).

ROGER WOOD ist Honorarprofessor für Genetik am Fachbereich für Biowissenschaften der Universität Manchester. Er ist Autor zahlreicher Publikationen zu Leben und Werk von Gregor Mendel, darunter *Genetic Prehistory in Selective Breeding. A Prelude to Mendel* (mit Vítězslav Orel).

MICHAEL WORBOYS ist Direktor des Centre for the History of Science, Technolgy and Medicine sowie der Wellcome Unit for the History of Medicine an der Universität Manchester. Zu seinen Veröffentlichungen zählen *Mad Dogs and Englishmen. Rabies in Britain, 1830–2000* (mit Neil Pemberton) und *Spreading Germs. Disease Theories and Medical Practice in Britain, 1865–1900*.

UNIVERSUM

NIKOLAUS KOPERNIKUS

Owen Gingerich, *The Eye of Heaven. Ptolemy, Copernicus, Kepler*, New York 1993

Ders. und James MacLachlan, *Nicolaus Copernicus. Making the Earth a Planet*, Oxford/New York 2005

Thomas Kuhn, *Die kopernikanische Revolution*, Braunschweig/Wiesbaden 1980

Dava Sobel, *Und die Sonne stand still. Wie Kopernikus unser Weltbild revolutionierte*, Berlin 2012

Christopher Walker (Hg.), *Astronomy Before the Telescope*, London 1996

JOHANNES KEPLER

Max Caspar, *Johannes Kepler*, Stuttgart 1948

Kitty Ferguson, *Tycho and Kepler. The Unlikely Partnership That Forever Changed Our Understanding of the Heavens*, New York 2002

Judith V. Field, *Kepler's Geometrical Cosmology*, Chicago 1988

Rhonda Martens, *Kepler's Philosophy and the New Astronomy*, Princeton 2000

Bruce Stephenson, *The Music of the Heavens. Kepler's Harmonic Astronomy*, Princeton 1994

James R. Voelkel, *Johannes Kepler and the New Astronomy*, Oxford/New York 1999

GALILEO GALILEI

Richard J. Blackwell, *Galileo, Bellarmine, and the Bible*, South Bend, Ind. 1991

Stillman Drake, *Galileo at Work. His Scientific Biography*, Chicago 1978

Ders., *Galileo. Pioneer Scientist*, Toronto 1990

John Heilbron, *Galileo*, Oxford/New York 2010

James MacLachlan, *Galileo Galilei. First Physicist*, Oxford/New York 1997

Michael Sharratt, *Galileo. Decisive Innovator*, Oxford 1994

ISAAC NEWTON

Betty Jo Teeter Dobbs, *The Janus Faces of Genius. The Role of Alchemy in Newton's Thought*, Cambridge 1991

A. Rupert Hall, *Philosophers at War. The Quarrel between Newton and Leibniz*, Cambridge 1980

Rob Iliffe, *Isaac Newton. A Very Short Introduction*, Oxford/New York 2008

Frank Manuel, *A Portrait of Isaac Newton*, Cambridge, Mass. 1968

Richard S. Westfall, *Never at Rest. A Biography of Isaac Newton*, Cambridge 1984

MICHAEL FARADAY

Geoffrey Cantor, *Michael Faraday. Sandemanian and Scientist. A Study of Science and Religion in the Nineteenth Century*, London 1991

David Gooding, *Experiment and the Making of Meaning. Human Agency in Scientific Observation and Experiment*, Dordrecht 1990

Bruce J. Hunt, Michael Faraday. Cable telegraphy and the rise of field theory, in: *History of Technology* 13 (1991), S. 1–19

Frank A. J. L. James, *Michael Faraday. A Very Short Introduction*, Oxford/New York 2010

Ders. (Hg.), *The Correspondence of Michael Faraday*, 6 Bde., London 1991–2011

JAMES CLERK MAXWELL

Jordi Cat, *Master and Designer of Fields. James Clerk Maxwell and Constructive, Connective and Concrete Natural Philosophy*, Oxford (erscheint in Kürze)

C. W. F. Everitt, *James Clerk Maxwell. Physicist and Natural Philosopher*, New York 1975

Martin Goldman, *The Demon in the Aether. The Life of James Clerk Maxwell*, Edinburgh 1983

Peter M. Harman, *The Natural Philosophy of James Clerk Maxwell*, Cambridge 1995

Crosbie Smith, *The Science of Energy*, Chicago 1988

ALBERT EINSTEIN

Albert Einstein, *Über die spezielle und die allgemeine Relativitätstheorie*, Braunschweig 1917

Albrecht Fölsing, *Albert Einstein. Eine Biographie*, Frankfurt am Main 1993

John S. Rigden, *Einstein 1905. The Standard of Greatness*, Cambridge, Mass. 2005

Andrew Robinson, *Einstein. A Hundred Years of Relativity*, überarb. Aufl., Bath 2010

Paul Arthur Schilpp (Hg.), *Albert Einstein als Philosoph und Naturforscher*, Stuttgart 1955

EDWIN POWELL HUBBLE

Gale E. Christianson, *Edwin Hubble. Mariner of the Nebulae*, New York 1995

Mary V. Fox, *Edwin Hubble. American Astronomer*, New York 1997

Edwin Powell Hubble, *Das Reich der Nebel*, Braunschweig 1938

Patrick Moore, *The Data Book of Astronomy*, Bristol 2000

Aleksandr S. Šarov und Igor' D. Novikov, *Edwin Hubble. Der Mann, der den Urknall entdeckte*, Basel/Boston/Berlin 1994

ERDE

JAMES HUTTON

Dennis R. Dean, *James Hutton and the History of Geology*, Ithaca 1992

Stephen Jay Gould, *Die Entdeckung der Tiefenzeit. Zeitpfeil oder Zeitzyklus in der Geschichte unserer Erde*, München/Wien 1990

Rachel Laudan, *From Mineralogy to Geology. The Foundations of a Science, 1650–1830*, Chicago 1987

Roy S. Porter, *The Making of Geology. Earth Sciences in Britain 1660–1815*, Cambridge 1987

Martin J. S. Rudwick, *Bursting the Limits of Time. The Reconstruction of Geohistory in the Age of Revolution*, Chicago 2005

CHARLES LYELL

Derek J. Blundell und Andrew C. Scott (Hg.), *Lyell. The Past is the Key to the Present*, London 1998

Stephen Jay Gould, *Die Entdeckung der Tiefenzeit. Zeitpfeil oder Zeitzyklus in der Geschichte unserer Erde*, München/Wien 1990

Rachel Laudan, *From Mineralogy to Geology. The Foundations of a Science, 1650–1830*, Chicago 1987

Martin J. S. Rudwick, *Worlds Before Adam. The Reconstruction of Geohistory in the Age of Reform*, Chicago 2008

Leonard G. Wilson, *Charles Lyell. The Years to 1841. The Revolution in Geology*, New Haven/London 1972

ALEXANDER VON HUMBOLDT

Gerard Helferich, *Humboldt's Cosmos. Alexander von Humboldt and the Latin American Journey that Changed the Way We See the World*, New York 2004

Alexander von Humboldt, *Reise in die Aequinoctial-Gegenden des neuen Continents*, 4 Bde., Stuttgart 1859–1860

Ders. und Aimé Bonpland, *Ideen zu einer Geographie der Pflanzen*, Tübingen 1807

Aaron Sachs, *The Humboldt Current. Nineteenth-Century Exploration and the Roots of American Environmentalism*, New York 2006

Laura Dassow Walls, *The Passage to Cosmos. Alexander von Humboldt and the Shaping of America*, Chicago 2009

ALFRED WEGENER

Johannes Georgi, *Mid Ice. The Story of the Wegener Expedition to Greenland*, New York 1935

Roger M. McCoy, *Ending in Ice. The Revolutionary Idea and Tragic Expedition of Alfred Wegener*, New York/Oxford 2006

Naomi Oreskes, *Plate Tectonics. An Insider's History of the Modern Theory of the Earth*, Boulder 2001

Martin Schwarzbach, *Alfred Wegener und die Drift der Kontinente*, Stuttgart 1980

Alfred Wegener, *Die Entstehung der Kontinente und Ozeane*, 4. umgearb. Aufl., Braunschweig 1929

MOLEKÜLE UND MATERIE

ROBERT BOYLE

Michael Hunter, *Boyle. Between God and Science*, New Haven/London 2009

Ders. (Hg.), *Robert Boyle Reconsidered*, Cambridge 1994

Ders. und Edward B. Davis (Hg.), *The Works of Robert Boyle*, 14 Bde., London 1999–2000

Lawrence M. Principe, *The Aspiring Adept. Robert Boyle and his Alchemical Quest*, Princeton 1998

ANTOINE-LAURENT DE LAVOISIER

Bernadette Bensaude-Vincent, *Lavoisier. Mémoires d'une révolution*, Paris 1993

Arthur Donovan, *Antoine Lavoisier. Science, Administration and Revolution*, Cambridge, Mass. 1993

Henry Guerlac, *Lavoisier – The Crucial Year. The Background and Origin of His First Experiments on Combustion in 1772*, Ithaca 1961

Frederic Lawrence Holmes, *Antoine Lavoisier – The Next Crucial Year or The Sources of His Quantitative Method in Chemistry*, Princeton 1998

Jean-Pierre Poirier, *Lavoisier. Chemist, Biologist, Economist*, Philadelphia 1996

Lisa Yount, *Antoine Lavoisier. Founder of Modern Chemistry*, Springfield, N. J. 1997

JOHN DALTON

Donald Cardwell (Hg.), *John Dalton and the Progress of Science*, Manchester 1968

Frank Greenaway, *John Dalton and the Atom*, Ithaca 1966

Elizabeth C. Patterson, *John Dalton and the Atomic Theory*, New York 1970

Robert Angus Smith, *Memoir of John Dalton and History of the Atomic Theory Up to His Time*, London 1856

Arnold Thackray, *John Dalton. Critical Assessments of His Life and Science*, Cambridge, Mass. 1972

DMITRI MENDELEJEW

Igor S. Dmitriev, Scientific discovery in *statu nascendi*: The case of Dmitrii Mendeleev's Periodic Law, in: *Historical Studies in the Physical Sciences* 34 (2004), S. 233–275

William B. Jensen (Hg.), *Mendeleev on the Periodic Law. Selected Writings, 1869–1905*, Mineola, N. Y. 2005

Michael D. Gordin, *A Well-Ordered Thing. Dimitrii Mendeleev and the Shadow of the Periodic Table*, New York 2004

Eric R. Scerri, *The Periodic Table. Its Story and Its Significance*, New York 2007

Johannes W. van Spronsen, *The Periodic System of the Chemical Elements. The First One Hundred Years*, Amsterdam 1969

AUGUST KEKULÉ

Richard Anschütz, *August Kekulé*, 2 Bde., Berlin 1929
O. Theodor Benfey (Hg.), *Kekulé Centennial*, Washington, D.C. 1966
John Buckingham, *Chasing the Molecule*, Stroud 2004
Alan J. Rocke, *Image and Reality. Kekulé, Kopp, and the Scientific Imagination*, Chicago 2010
Colin A. Russell, *The History of Valency*, Leicester 1971

DOROTHY CROWFOOT HODGKIN

Guy Dodson, Jenny P. Glusker und David Sayre (Hg.), *Structural Studies on Molecules of Biological Interest. A Volume in Honour of Dorothy Hodgkin*, Oxford 1981
Georgina Ferry, *Dorothy Hodgkin. A Life*, London 1998
Dorothy Crowfoot Hodgkin, The X-ray analysis of complicated molecules, in: *Nobel Lectures, Chemistry 1963–1970*, Amsterdam 1972
Sharon B. McGrayne, *Nobel Prize Women in Science. Their Lives, Struggles and Momentous Discoveries*, 2. Aufl., Washington, D.C. 2001

CHANDRASEKHARA VENKATA RAMAN

Aiyasami Jayaraman, *C. V. Raman. A Memoir*, Neu-Delhi 1989
Sivaraj Ramaseshan (Hg.), *The Scientific Papers of Sir C. V. Raman*, 6 Bde., Bangalore 1988
Ders. und C. Ramachandra Rao (Hg.), *C. V. Raman. A Pictorial Biography*, Bangalore 1988
Ganesan Venkataraman, *Journey into Light. Life and Science of C. V. Raman*, Bangalore 1988

IM INNERN DES ATOMS

MARIE CURIE & PIERRE CURIE

Eve Curie, *Madame Curie. Leben und Wirken*, Wien 1937
Marie Curie, *Pierre Curie*, Wien 1950
Barbara Goldsmith, *Marie Curie. Die erste Frau der Wissenschaft*, München 2010
Susan Quinn, *Marie Curie. Eine Biographie*, Frankfurt am Main 1999
Alfred Romer (Hg.), *The Discovery of Radioactivity and Transmutation*, New York 1964

ERNEST RUTHERFORD

John Campbell, *Rutherford. Scientist Supreme*, Christchurch, Neuseel. 1999
Brian Cathcart, *The Fly in the Cathedral. How a Small Group of Cambridge Scientists Won the Race to Split the Atom*, London 2004
Frank Close, *Particle Physics. A Very Short Introduction*, Oxford/New York 2004

Ders., Michael Marten und Christine Sutton, *The Particle Odyssey. A Journey to the Heart of Matter*, Oxford/New York 2002
David Wilson, *Rutherford. Simple Genius*, London 1983

NIELS BOHR

Finn Aaserud, *Redirecting Science. Niels Bohr, Philanthropy, and the Rise of Nuclear Physics*, Cambridge 1990
Henry J. Folse, *The Philosophy of Niels Bohr*, Amsterdam 1985
Michael Frayn, *Kopenhagen. Stück in zwei Akten*, Göttingen 2001
Ruth E. Moore, *Niels Bohr. Ein Mann und sein Werk verändern die Welt*, München 1970
Abraham Pais, *Niels Bohr's Times, in Physics, Philosophy and Polity*, Oxford/New York 1991
Andrew Whitaker, *Einstein, Bohr and the Quantum Dilemma*, 2. Aufl., Cambridge 2006

LINUS CARL PAULING

Ted Goertzel und Ben Goertzel, *Linus Pauling. A Life in Science and Politics*, New York 1995
Thomas Hager, *Force of Nature. The Life of Linus Pauling*, New York 1995
Barbara Marinacci (Hg.), *Linus Pauling in His Own Words. Selections from His Writings, Speeches, and Interviews*, New York 1995
Fumikazu Miyazaki (Hg.), *Linus Pauling. A Man of Intellect and Action*, Tokio 1991
John W. Servos, *Physical Chemistry from Ostwald to Pauling. The Making of a Science in America*, Princeton 1990

ENRICO FERMI

James Cronin (Hg.), *Fermi Remembered*, Chicago 2004
Laura Fermi, *Mein Mann und das Atom*, Köln/Düsseldorf 1956
George Gamow, *Thirty Years That Shook Physics*, New York 1985
Abraham Pais, *Inward Bound. Of Matters and Forces in the Physical World*, Oxford/New York 1986
Richard Rhodes, *Die Atombombe oder die Geschichte des 8. Schöpfungstages*, Nördlingen 1988
Emilio Segrè, *Enrico Fermi, Physicist*, Chicago 1970

HIDEKI YUKAWA

Ioan James, *Remarkable Physicists. From Galileo to Yukawa*, Cambridge 2004
N. Kemmer, Hideki Yukawa, in: *Biographical Memoirs of Fellows of the Royal Society* 29 (1983), S. 661–676
Humitaka Sato, Biography of Hideki Yukawa, Proceedings of the 23rd International Nuclear Physics Conference, in: *Nuclear Physics A* 805 (2008), S. 21c–28c
Hideki Yukawa, *Creativity and Intuition. A Physicist Looks at East and West*, übers. v. John Bester, New York 1973

LEBEN

CARL VON LINNÉ

Wilfrid Blunt, *The Complete Naturalist. A Life of Linnaeus*, New York 1971

Tore Frängsmyr (Hg.), *Linnaeus. The Man and His Work*, Canton, Mass. 1994

Lisbet Koerner, *Linnaeus. Nature and Nation*, Cambridge, Mass. 1999

James L. Larson, *Interpreting Nature. The Science of Living Forms from Linnaeus to Kant*, Baltimore 1994

Ders., *Reason and Experience. The Representation of Natural Order in the Work of Carl von Linné*, Berkeley 1971

John Weinstock (Hg.), *Contemporary Perspectives of Linnaeus*, Lanham, Md. 1985

JAN INGENHOUSZ

Norman Beale und Elaine Beale, *Echoes of Ingen Housz. The Long Lost Story of the Genius Who Rescued the Habsburgs from Smallpox and Became the Father of Photosynthesis*, Salisbury 2011

Dies., Evidence-based medicine in the eighteenth century: the Ingen Housz-Jenner correspondence revisited, in: *Medical History* 49 (2005), S. 79–98

Howard Gest, Bicentenary homage to Dr Jan Ingen-Housz, MD (1730–1799), pioneer of photosynthesis research, in: *Photosynthesis Research* 63 (2000), S. 183–190

Geerdt Magiels, *From Sunlight to Insight. Jan IngenHousz, the Discovery of Photosynthesis and Science in the Light of Ecology*, Brüssel 2010

CHARLES DARWIN

Frederick Burkhardt [u.a.] (Hg.), *The Correspondence of Charles Darwin*, Cambridge 1985ff.

Janet Browne, *Charles Darwin. A Biography*, 2 Bde., New York/London 1995 und 2002

Charles Darwin, *Evolutionary Writings*, hrsg. v. James A. Secord, Oxford/New York 2008

Adrian Desmond und James Moore, *Darwin*, München/Leipzig 1992

Sandra Herbert, *Charles Darwin. Geologist*, Ithaca 2005

GREGOR MENDEL

Arthur D. Darbishire, *Breeding and the Mendelian Discovery*, London 1911

Hugo Iltis, *Gregor Johann Mendel*, Berlin 1924

Vítězslav Orel, *Gregor Mendel. The First Geneticist*, Oxford/New York 1996

Robert Olby, *Origins of Mendelism*, 2. Aufl., Chicago 1985

Roger J. Wood und Vítězslav Orel, *Genetic Prehistory in Selective Breeding. A Prelude to Mendel*, Oxford/New York 2001

JAN PURKINJE

Henry J. John, *Jan Evangelista Purkyně. Czech Scientist and Patriot 1787–1869*, Philadelphia 1959

Vladislav Kruta, *J. E. Purkyně (1787–1869), Physiologist. A Short Account of his Contributions to the Progress of Physiology with a Bibliography of his Works*, Prag 1969

Jan E. Purkinje, *Opera Omnia*, 12 Bde., Prag 1918–1973

Nicholas J. Wade und Josef Brožek, *Purkinje's Vision. The Dawning of Neuroscience*, Mahwah, N. J. 2001

SANTIAGO RAMÓN Y CAJAL

Santiago Ramón y Cajal, *Recollections of My Life*, übers. v. E. Horne Craigie und Juan Cano, Cambridge, Mass. 1989

Ders., *Textura del Sistema Nervioso del Hombre y los Vertebrados* (1894–1904), deutsche Übers. *Studien über Nervenregeneration*, übers. v. Johannes Bresler, Leipzig 1908

Ders., The structure and connexions of neurons, Nobel Lecture, December 12, 1906, in: *Nobel Lectures. Physiology or Medicine 1901–1921*, New York 1967

F. Reinoso-Suarez, Cajal: A modern insight in neuroscience, in: Santiago Grisolía [u.a.] (Hg.), *Ramón y Cajal's Contribution to the Neurosciences*, New York 1983

Marcus Jacobson, *Foundations of Neuroscience*, New York 1993

FRANCIS CRICK & JAMES WATSON

Francis Crick, *Ein irres Unternehmen. Die Doppelhelix und das Abenteuer Molekularbiologie*, München/Zürich 1990

John Inglis, Joseph Sambrook und Jan Witkowski (Hg.), *Inspiring Science. Jim Watson and the Age of DNA*, Cold Spring Harbor, N. Y. 2003

Victor K. McElheny, *Watson and DNA. Making a Scientific Revolution*, Cambridge, Mass. 2003

Robert Olby, *Francis Crick. Hunter of Life's Secrets*, Cold Spring Harbor, N. Y. 2009

Matt Ridley, *Francis Crick. Discoverer of the Genetic Code*, New York 2006

James Watson, *Die Doppel-Helix. Ein persönlicher Bericht über die Entdeckung der DNS-Struktur*, Reinbek 1969

KÖRPER UND GEIST

ANDREAS VESALIUS

Charles D. O'Malley, *Andreas Vesalius of Brussels 1514–1564*, Berkeley 1964

K. B. Roberts und J. D. W. Tomlinson, *The Fabric of the Body. European Traditions of Anatomical Illustration*, Oxford 1992

Jonathan Sawday, *The Body Emblazoned. Dissection and the Human Body in Renaissance Culture*, London/New York 1995

http://vesalius.northwestern.edu/flash.html

WILLIAM HARVEY

Leon G. Fine, *The Young Harvey*, London 2004
Robert G. Frank, *Harvey and the Oxford Physiologists*, Berkeley 1980
Geoffrey Keynes, *The Life of William Harvey*, Oxford 1966
Robert Willis, *The Works of William Harvey*, New York/London 1965

LOUIS PASTEUR

René Dubos, *Pasteur und die moderne Wissenschaft*, München/Wien/Basel 1960
Gerald L. Geison, *The Private Science of Louis Pasteur*, Princeton 1995
Louise Robbins, *Louis Pasteur and the Hidden World of Microbes*, Oxford/New York 2001
René Vallery-Radot, *Louis Pasteur. Sein Leben und Werk*, Freudenstadt 1948

FRANCIS GALTON

Martin Brookes, *Extreme Measures. The Dark Visions and Bright Ideas of Francis Galton*, London 2004
Michael Bulmer, *Francis Galton. Pioneer of Heredity and Biometry*, Baltimore 2001
Derek W. Forrest, *Francis Galton. The Life and Work of a Victorian Genius*, New York 1974
Nicholas W. Gillham, *A Life of Sir Francis Galton. From African Exploration to the Birth of Eugenics*, Oxford/New York 2001

SIGMUND FREUD

Ernst Freud, Lucie Freud und Ilse Grubrich-Simitis (Hg.), *Sigmund Freud. Sein Leben in Bildern und Texten*, Frankfurt am Main 1976
Sigmund Freud, Abriss der Psychoanalyse (1938), in: Anna Freud (Hg.), *Gesammelte Werke. Chronologisch geordnet*, Bd. 17: Schriften aus dem Nachlass (London 1940–52)
Ders., *Zur Psychopathologie des Alltagslebens. Über Vergessen, Versprechen, Vergreifen, Aberglaube und Irrtum*, Berlin 1904
Ernest Jones, *Das Leben und Werk von Sigmund Freud*, 3 Bde., Bern 1960–62

ALAN TURING

B. Jack Copeland (Hg.), *Alan Turing's Automatic Computing Engine*, Oxford/New York 2005
Ders. (Hg.), *The Essential Turing*, Oxford 2004
Ders. [u.a.], *Colossus. The Secrets of Bletchley Park's Codebreaking Computers*, Oxford/New York 2006
Andrew Hodges, *Alan Turing, Enigma*, Berlin 1989
Charles Petzold, *The Annotated Turing. A Guided Tour through Alan Turing's Historic Paper on Computability and the Turing Machine*, Indianapolis, Ind. 2008
Sara Turing, *Alan M. Turing*, Cambridge 1959

JOHN VON NEUMANN

William Aspray, *John von Neumann and the Origins of Modern Computing*, Cambridge, Mass. 1990
Herman H. Goldstine, *The Computer from Pascal to von Neumann*, Princeton 1972
Steve J. Heims, *John von Neumann and Norbert Wiener. From Mathematics to the Technologies of Life and Death*, Cambridge, Mass. 1980
Norman Macrae, *John von Neumann. Mathematik und Computerforschung – Facetten eines Genies*, Basel/Boston/Berlin 1994
Abraham H. Taub (Hg.), *Collected Works of John von Neumann*, 6 Bde., London 1961–63

LOUIS LEAKEY & MARY LEAKEY

Louis S. B. Leakey, *White African*, London 1937
Mary D. Leakey, *Disclosing the Past*, London 1984
Virginia Morell, *Ancestral Passions. The Leakey Family and the Quest for Humankind's Beginnings*, New York 1995
John Reader, *Die Jagd nach den ersten Menschen. Eine Geschichte der Paläoanthropologie von 1857–1980*, Basel/Boston/Stuttgart 1982

a = oben; b = unten; l = links; r = rechts
S&S: Science & Society Picture Library; Wellcome: Wellcome Library, London / Wellcome Images

1, 2 akg-images **3, 4** Wellcome **6** Österreichische Nationalbibliothek, Wien **7** British Museum, London **8** Frederik de Wit **9** Schwadron Collection / Jüdische National- und Universitätsbibliothek, Jerusalem **10** Bibliothèque Nationale, Paris **12** Aus Sir Francis Bacon, *On the Advancement and Proficiencie of Learning*, London 1674 **13** Jay and Naomi Pasachoff Collection **14** Observatory Academy, Florenz / Dagli Orti / The Art Archive **16** Wellcome **17** Science Museum, London / S&S **18a** Wren Library, Trinity College, Cambridge **18b** Henry Adlard **19bl** Library of Congress, Washington, D. C. **19br** Dibner Library of the History of Science and Technology, Smithsonian Institution, Washington, D. C. **21** Jay and Naomi Pasachoff Collection **22** akg-images **23** Jay and Naomi Pasachoff Collection **24** Österreichische Nationalbibliothek, Wien **26** Benediktinerkloster, Krems **28** Jay and Naomi Pasachoff Collection **31** Manchester Art Gallery / Bridgeman Art Library **33** Jay and Naomi Pasachoff Collection **34** Gustavo Tomsich / Corbis **35** Jay and Naomi Pasachoff Collection **37** Musée Granet, Aix-en-Provence / Dagli Orti / The Art Archive **39** Jay and Naomi Pasachoff Collection **40** National Portrait Gallery, London **43** Science Museum, London **45** INTERFOTO / Alamy **47** Science Museum Library / S&S **48** NRM Pictorial Collection / S&S **50** Harriet Moore **51al, 51ar** Royal Institution, London / Bridgeman Art Library **53** Science Museum Pictorial / S&S **55** sciencephotos / Alamy **57** Abdr. m. freundl. Genehmigung d. University of Glasgow Library, Special Collections **58** James Clerk Maxwell **59** Aus James Clerk Maxwell, *Treatise on Electricity and Magnetism*, 1873 **61** akg-images **62** Albert Einstein Archiv, Hebräische Universität von Jerusalem **64** Erich Lessing / akg-images **66** Benjamin Couprie **69** Huntington Library / SuperStock **70** Library of Congress, Washington, D. C. **71** Huntington Library / SuperStock **72** NASA **73** C. R. O'Dell, Vanderbilt University / NASA **74** NASA **75** Genehmigt v. d. History of Science Collections, University of Oklahoma Libraries **76bl** Enns Entomology Museum, University of Missouri **76br** Library of Congress, Washington, D. C. **77** Natural History Museum, London **79** Scottish National Portrait Gallery, Edinburgh **80** Aus James Hutton, *Theory of the Earth*, 1795 **81** Genehmigt v. d. History of Science Collections, University of Oklahoma Libraries **83** Wellcome **85** Genehmigt v. d. History of Science Collections, University of Oklahoma Libraries **86** Aus Charles Lyell, *Principles of Geology*, 1857 **87** Wellcome **88** Alte Nationalgalerie, Berlin **90a** Wellcome **90b** New York Public Library **91** akg-images **93** Department of Mathematics and Statistics, York University, Ontario **95, 96, 98** Alfred-Wegener-Institut, Deutschland **99al** Freigabe C. Pichler / Alfred-Wegener-Institut, Deutschland **99br** Alfred-Wegener-Institut, Deutschland **100** Rijksmuseum, Amsterdam **101** Museum Boijmans Van Beuningen, Rotterdam **102** New-York Historical Society **103** Wellcome **104** Aus Robert Boyle, *New Experiments Physico-Mechanical*, Oxford 1662 **105** National Portrait Gallery, London **106** Genehmigt v. d. History of Science Collections, University of Oklahoma Libraries **107** British Museum, London **108** Science Museum, London / S&S **110** Metropolitan Museum of Art, New York **112** Bibliothèque Nationale, Paris **113, 114** Wellcome **115** Conservatoire National des Arts et Métiers, Paris / Giraudon / Bridgeman Art Library **116** Aus Antoine-Laurent de Lavoisier, *Traité élémentaire de chimie*, Paris 1789 **118** Library of Congress, Washington, D. C. **120** The Religious Society of Friends in Britain **122** Science Museum, London / S&S **123** Aus John Dalton, *A New System of Chemical Philosophy*, 1808 **124** Science Museum, London / S&S **125** Wellcome **127** Mendelejew-Museum, Staatliche Universität Sankt Petersburg **129** Science Museum Library / S&S **130** Aus Dmitri Mendelejew, *Principles of Chemistry*, 1891 **132** Heinrich von Angeli **133** Alois Löcherer **134** Hulton Archive / Getty Images **135** Aus August Kekulé, *Ueber einige Condensationsproducte des Aldehyds*, 1872 **136** Horst Puschmann / iStockphoto.com **137** Daily Herald Archive / NMeM / S&S **138al** Science Museum Pictorial / S&S **138br** Science Museum, London / S&S **140** Raman Research Institute, Bangalore **143** Science Museum, London / S&S **144** Raman Research Institute, Bangalore **145** Corbis **146** T. Ruf / © CERN **147** Wellcome **148al** Genehmigt v. d. Ava Helen and Linus Pauling Papers, Oregon State University Libraries Special Collections **148br** Science Museum, London / S&S **149** Claudia Marcelloni und Maximilien Brice / © CERN **150** Wellcome **151** Valerian Gribayedoff **152, 153** Association Curie et Joliot-Curie, Paris **155** Henri Manuet **157** Association Curie et Joliot-Curie, Paris **159** George Grantham Bain Collection, Library of Congress, Washington, D. C. **161** Science Museum Pictorial / S&S **162** Peter Arnold Inc. / Photolibrary / Getty Images **163** Wellcome **165** Science Museum, London / S&S **166** Bettmann / Corbis **169** Paul Ehrenfest **171** Benjamin Couprie, Institut International de Physique Solvay, Brüssel **173** J. R. Eyerman / Time & Life Pictures / Getty Images **174, 175** Genehmigt v. d. Ava Helen and Linus Pauling Papers, Oregon State University Libraries Special Collections **177** Abdr. m. freundl. Genehmigung v. Nancy Hayward und Dr. und Fr. James Kramer / genehmigt v. d. Ava Helen and Linus Pauling Papers, Oregon State University Libraries Special Collections **178** Genehmigt v. d. Ava Helen and Linus Pauling Papers, Oregon State University Libraries Special Collections **180** Corbis **182** Jack W. Aeby / United States Department of Energy, Washington, D. C. **183** Foto Franco Rasetti / Fermi Film Collection / genehmigt v. d. AIP Emilio Segrè Visual Archives **185** Corbis **187** Bettmann / Corbis **188** Yukawa Hall Archival Library, Yukawa-Institut für Theoretische Physik, Kyoto **189** Princeton University Library, New Jersey **190** James R. Voelkel / Chemical Heritage Foundation, Philadelphia **191bl** Jeroen Rouwkema **191br** Rijksmuseum, Amsterdam **192** National Portrait Gallery, London **193** Wellcome **194** Nationalmuseum, Stockholm **196** Aus Carl von Linné, *Praeludia Sponsaliorum Plantarum*, 1729 **197, 199** Georg Dionysius Ehret **201, 203** Wellcome **205** Science Museum, London / S&S **206** National Portrait Gallery, London **209** Aus Charles Robert Darwin, *Geological Observations on South America*, London 1846 **210** Wellcome **211a** National Maritime Museum, London **211b** Aus Charles Robert Darwin,

Adanson, Michel 200

Agassiz, Louis 76, *76*, 77, 92, 209

Akademie der Wissenschaften, Französische (Paris) *1*, 4, 53, 111f., 115, 124, 255

Alchemie 43, 101, 103, *103*, 108, 160f.

allgemeine Relativitätstheorie *siehe* Relativitätstheorie

Alpha-Helix 148, *148*, 178

Alphateilchen 147, 161–64, *161*, *162*, *163*, 184

Amaldi, Edoardo 184

Aminosäure 178, 237

Ampère, André-Marie 51

Anatomie 28, 207, 221, 228, *238*, 239f., *240*, 243–47, *244*, *245*, *246*, *247*, 248–51, *250*, *251*

Anpassung 210, 212f.

Anthropologie 13, 89, 198, 280–88, *281*, *285*, *287*, *288*, *289*

Archäologie 13, 284

Archimedes 8f., *10*, 11, 14

Aristarch von Samos 9

Aristoteles, aristotelische Theorie 9, 11f., 17, 20, 22, 32, 34–36, 38, 41, 56, 101, 107, 111, 114, 116, 195, 200; *siehe auch* Elemente des Aristoteles

Astronomie 13, *16*, 17, *17*, 20–25, *22*, *23*, 26–31, *28*, *31*, 32–39, 40–47, 54, 68–73, *70*, *71*, *72*, *73*, *74*, 94

Astrophysik 68–73, 184

Athanasius von Alexandria 44

Äther 19f., 43, 44, 47, 58f., *59*, 60, 64f., 67

Atom, atomare Struktur 8, 50, 60, 101, 103, 119–25, *122*, *123*, 133–35, 136–39, 147–49, 152–56, 158–65, *162*, *163*, 167–71, 174–78, 264

Atombombe 67, 164f., 170f., 178, 181–83, *182*, 278; *siehe auch* Atomwaffen

Atomgewicht 102f., 119, 121, 123, 126, 128, 156

Atomkern 147f., 156, 158, 161–65, *162*, *163*, 170, 179, 184, 186–89

Atomphysik 147–48, 158–65, 167–71, 181–85; Atomenergie 158, 165, 170, 184f., *185*, 279; Atomwaffen 63, 139, 158, 170f., 178, 181–83, *182*

Atomtheorie 103, 119, 123

Automatic Computing Engine (ACE) 274–75, *275*

Bacon, Francis 11f., *12*, 41, 108

Bakterien 176, 191, 256

Barneveld, Willem Van 204

Barrow, Isaac 41f.

Bateson, William 218, 262

Bauhin, Caspar 195

Beagle, HMS 76, 77, 82, 208–10, 259

Becher, Johann Joachim 102

Becquerel, Henri 147, 153f., 158

Beddoes, Thomas 205

Behaviorismus 267f.

Bellarmin, Robert 36, 38f.

Benzol 103, 135, *135*, 175, 176

Bernal, John Desmond 136, 138, *138*

Berthollet, Claude 116, 124

Berzelius, Jöns Jacob 123

Bewegung 8f., 11, 17f., 22–24, 27–30, 34, 36, 38f., 44f., 54, 60, 65f., 101, 107, 205, 248; Newton'sche Gesetze der Bewegung 8, *18*, 45, 60

Bhabha, Homi 189, *189*

binäre Nomenklatur 192, 197, 199

Biochemie 202, 230, 254

Biologie 87, 117, 179, 192, 194–201, 202–05, 206–13, 214–19, 220–25, 226–29, 230–37, 275

biologisches Erbe 192f., 212, 214–19, *217*, *218*, 260f. Biomedizin 136–39, 172–79, 248–51, 252–57

Biophysik 230

Black, Joseph 115

Blackburn, Hugh 56

Bletchley Park 272–75, *273*

Blut 79, 117, 176, 178, 191, 213, 225, 240, 247, 248–52, *250*, *251*; *siehe auch* Harvey, William; Pauling, Linus Carl

Boerhaave, Hermann 54, 196

Bohr, Aage 170f.

Bohr, Harald 167

Bohr, Niels 60, 147, 163, 166–71, *166*, *169*, *170*, *171*, 175, 183

Boisbaudran, Paul Émile Lecoq de 131

Boise, Charles 286

Bonpland, Aimé 91, *91*

Born, Max 60, 147, 171, *171*

Botanik 89–93, 195–201, 207–13, 214–19, 247

Boyle, Robert 101, 104–09, *104*, *105*, *106*, *108*

Bragg, Lawrence 101, 138, 233f.

Bragg, William 101, 138, *138*

Brahe, Tycho 11, 23, *23*, 28, 36

Brenner, Sydney 237

Breuer, Josef 224, 268

British Association for the Advancement of Science 56f.

Broglie, Louis de 147

Brown, Alexander Crum 224

Brücke, Ernst von 264

Buckland, William 84–87

Buffon, Georges-Louis Leclerc de 200

Caesalpinus, Andreas 195, 199

Cajal, Santiago Ramón y 193, 227–29, *227*, *228*, *229*

Calcar, Jan van 243, 245

California Institute of Technology (Caltech, CIT) 172, 174–76, 178, 237

Cambridge Apostles 56

Camerarius, Rudolf Jacob 195

Campbell, Lewis 54

Cappechi, Mario 235

Castelli, Benedetto 36

Cavendish, Henry 115f.

Cavendish-Laboratorium, Cambridge 57, 160, 164f., 232f.

Cepheiden 70–72

CERN *146*, 148f., *149*, 171

Chadwick, James 148, *148*, 164, 184

Charcot, Jean-Martin 264, *264*

Chemie 47, 50, 52, 56, 79, 91, 101–03, *103*, 104–09, 111–17, *113*, *114*, *115*, *116*, 119–24, *122*, *123*, 126–31, *129*, *130*, 133–35, *135*, 136–39, 147, *148*, 150, 156, 158, 161, 172–79, 202, 207, 253–58

chemische Bindung 147f., 172–76, *173*, *175*

chemische Verbindung 102, 115, 121, 123, 128, 133–35, *135*, 143, 175, 254

Chimborazo, Ecuador 77, 89, 90, 92, *93*

Chlorophyll 192, 204

Church, Alonzo 272

Churchill, Winston 171

Clavius, Christoph 36

Cockroft, John 164

Compton, Arthur 142

Compton-Effekt 142

Computer 239, 270–75, 276–79, *273*, *274*, *275*, *278*, *279*

Corbino, Orso 183

Corti, Matteo 245

Cosimo de' Medici (Cosimo II.) 35, 38

Crick, Francis 15, 193, 230–37, *231*, *233*, *234*, *236*

Curie, Irène 153, 156

Curie, Marie 66, *66*, 147, 150–57, *151*, *152*, *155*, *157*, 158, 160, 280

Curie, Pierre 147, 150–57, *151*, *153*, *155*, 160, 158, 160, 280

Cuvier, Georges 84, 124

Dalton, John 101–03, 119–25, *118*, *125*

Darwin, Charles 8, 11, 15, *76*, 77, 81, 82, 87, 89, 192f., *193*, 207–13, *206*, *213*, 259–61

Darwin, Erasmus 207, 259

Darwin, Francis 213

Davy, Humphry 49, 52f., 123

Debierne, André 156

Deismus 75, 80f.; *siehe auch* Theismus
De la Beche, Henry 87
Demokrit 8, *100*, 101
Descartes, René 17, *17*, 42–44, 47, 101, 107, 239, *239*, 266
Desoxyribonukleinsäure *siehe* DNA
Diamagnetismus 50f.
Dickinson, Roscoe Gilkey 174
Dillenius, Johann Jakob 199
Dirac, Paul 147f., 171, *171*, 186
DNA 15, 25, 148, 193, 230–37, *233*, *235*, *236*
Doppelhelix 193, *233*, 236
Doppler-Effekt 70

Edison, Thomas 14
EDVAC (Electronic Discrete Variable Automatic Computer) 279, *279*
Einstein, Albert 7, *9*, 11f., 14f., 19, 32, 34, 51, 54, 58f., 60–67, *61*, *62*, *66*, 71, *71*, 89, 147, 148–50, 158, 169, *169*, 171, *171*, 186, 188f., *189*, 270, 276
Eisenhower, Dwight D. 171, 279
Elektrizität 18, 43, 47, 58, 65, 91, 111, 163, 228
Elektromagnetismus 19, 49–53, *51*, 54–59, *59*, 64, 67, 158, 181, 184
Elektron 60, 142, 147f., 160f., 163, 168, 170, 176, 183–85, 186–89, 229
Elemente des Aristoteles 20, 101, 111, 113f., 116
Embryologie 251
ENIAC (Electronic Numerical Integrator and Computer) 279
Enigma 273–74, *273*
Erasmus von Rotterdam 243
Eratosthenes 8
Eugenik 241, 259, 262f., *263*
Euklid 8, 20
euklidische Geometrie 32, 64
Evolution 8, 82, 89, 176, 193, 207, 210, *211*, 280, 286; *siehe auch* biologisches Erbe; natürliche Auslese
Expeditionen 75, 77, *77*, 89–93, *90*, *91*, 94–99, *95*, *98*, *99*, 208–11, *211*, 259, 280–88, *283*, *285*, 289

Fabricius ab Aquapendente (Girolamo Fabrizio) 248
Faraday, Michael 8, 18, 49–53, *48*, *50*, *53*, 54, 58f., *59*
Farbe, Farbtheorie 18, 42f., 47, 54, 57f., 104, 142, 216f., 224f.; *siehe auch* Sehvermögen
Feldtheorie 18f., 50–52, 58f., *59*, 63–65, 163f., 186, 188
Fermi, Enrico 148, 181–85, *180*, *183*, 186

Fermionen 185
Fernal, Jean 243
Feynman, Richard 147
Fingerabdruck 223f., *224*, 262, *262*
FitzGerald, George 67
Flamsteed, John 44, 46
Fontana, Abbé 204
Forbes, James 56
Fossilien 75, 77, 84–87, 91, 94–97, 208–12, 280–88
Fourcroy, Antoine François de 116
Franklin, Benjamin 202, 205
Franklin, Rosalind 235, *235*
Französische Revolution 111, 205
Freud, Sigmund 15, 239, 241, 264–69, *265*, *266*, *267*, *269*
Frisch, Otto Robert 170

Gaia-Hypothese (Lovelock) 75
Galapagos-Inseln 211
Galen von Pergamon 239f., 243–45, 247f., 250
Galileo Galilei *2*, 4, 11f., 14, *14*, 25, 28f., 32–39, *33*, *34*, *35*, *37*, *39*, 101
Galton, Francis 213, 239, 241, 259–63, *258*
Gärung 43, 240, 253–55
Gassendi, Pierre 101, *101*, 107
Gauß, Carl Friedrich 59, *59*
Gay-Lussac, Joseph Louis 124
Gehirn 66, 150, 227–29, 239f., 243f., 267, 269; *siehe auch* Neurowissenschaft
Geiger, Hans 161f., *161*
Gemmulae 192, 212, 260
Genetik 176, 193, 212, 214–19, 230–37
Geographie 7, 8, 79–81, 82–87, 89–93, *90*, *93*, 94–99, 186, 247
Geological Society (London) 209
Geologie 56, 79–81, *80*, *81*, 82–87, *86*, 89–92, 94–99, 207, 209, *209*, 212, 284
Geometrie 8, 20, 27, 32, 56, 64, 111
Geophysik 89
Geowissenschaften 75, 79–81, 82–87, 89–93, 94–97
Gilbert, Walter 235
Gödel, Kurt 272
Goethe, Johann Wolfgang von 91, 225
Golgi, Camillo 227f.
Golgi-Färbung 227f., *228*
Gould, John 211
Graef, Gustav 259
Grant, Robert 207
Gravitation 8, 15, 17f., *18*, 27–30, 43–46
Gronovius, Johann Friedrich 196f., 199
Guettard, Jean-Étienne 111f.
Gynäkologie 202

Halley, Edmond 45–47
Hämoglobin 167, 176, *176*, 178; *siehe auch* Blut
Harvard University 235, 237
Harvey, William 13, 239f., 248–51, *249*, *250*, *251*
Hawking, Stephen 65
Hay, David 57
Heisenberg, Werner 60, 142, 147, 167f., 170, *171*, 183, *183*, 186, 188
heliozentrisches Weltbild 8, *8*, 11, 23–25, 27, 32, 38
Helmholtz, Hermann von 141
»Helmholtz«-Schule 264, 268
Henslow, John 208f.
Herschel, John 124
Herschel, William 262
Hertz, Heinrich 19, *19*
Hilbert, David 272
Histologie 221, 225
Historiometrie 260
Hochenergiephysik 158, 163f., 184
Hodgkin, Dorothy Crowfoot 103, 136–39, *137*
Hominin 239, 280–88
Homo habilis 280, 287f.
Homo sapiens 197f., 280
Hooke, Robert 7, 42–44, 46, 101, 104, 106, *106*, *190*, 191
Hooker, Joseph 210, 212, 261
Hooker-Spiegelteleskop (Mount-Wilson-Observatorium) 68, 70, *70*
Hoppius, Christian Emmanuel 201
Howell, Clark 286
Hubble, Edwin Powell 17, 68–73, *69*
Hubble-Weltraumteleskop 72f., *72*, *73*
Humangenomprojekt 237
Humason, Milton 72
Humboldt, Alexander von 75, 77, *77*, 88, 89–93, *90*, *91*, 124
Hutton, James 56, 75f., *75*, *78*, 79–81, *80*, *81*, 84–87, 97
Huygens, Christiaan 36, 46
Hybridität, Hybriden 176, 192f., 200, 214–18

Impfung 202, 204f., 240, 253–57, *257*
Index der verbotenen Bücher 25, 38f.
Induktion *siehe* Elektromagnetismus
Ingenhousz, Jan 13, 191, 202–05, *203*, *205*
Institut für Theoretische Physik (Kopenhagen) 167, 175
Institut Pasteur (Paris) 257
Institute for Advanced Study (Princeton) 67, 189, 276–79
Insulin 103, 136, 138f., *136*

Integralrechnung 29, 42; *siehe auch* Mathematik

Jammer, Max 168
Jeffreys, Harold 97
Jenner, Edward 205
Joliot-Curie, Frédéric 156
Jussieu, Bernard de 111

Kapiza, Pjotr 171
Keimtheorie 240, 253–56
Kekulé, August 103, *132*, 133–35, *134*, *135*
Kelvin, Lord (William Thomson) 18f., *19*, 51, 56f., 158
Kendrew, John 234, *234*
Kepler, Johannes 11f., *13*, 17, 25, *26*, 27–31, *28*, 35, 39, 42
Klimatologie 89, 92, 94, 98; *siehe auch* Meteorologie
Koch, Christof 237
Koch, Robert 256
Kognitive Neurowissenschaft 268
Kognitive Psychologie 54, 269
Kohlendioxid 91, 115, 167, 192, 204f.
Kohlenstoff 102f., 121, 128, 133–35, 204
Komplementaritätsprinzip (Bohr) 167f., 170
Kontinentalverschiebung 77, 94–99, *96*
Kopernikanismus, Theorie des Kopernikus 23–25, 27–30, 35f., 38f.
Kopernikus, Nikolaus 11f., 17, 20–25, *20*, *24*, 27, 30, 32, 38f., *39*, 42
Köppen, Wladimir 94
»Körper-Geist-Problem« 239, 266, 268; *siehe auch* Descartes, René
Korpuskeltheorie der Materie 18, 107
Korrespondenzprinzip (Bohr) 168
Kramers, Hendrik 142
Krankheit 178f., 205, 240, 253–57
Krishnan, K. S. 142
Kristall 112, 128, 136, 147, 153f., 175f., 253–55, *254*
Kristallographie 136–39, *138*, 253; *siehe auch* Röntgenkristallographie
künstliche Intelligenz 239, 270, 275

Lacaille, Abbé Nicolas Louis de 111
Lagrange, Joseph 117
Lake, Philip 97
Lamarck, Jean-Baptiste 210
Laplace, Pierre Simon 117, 124
La Planche, Charles Louis 111
Large Hadron Collider *146*, 148f., *149*; *siehe auch* CERN
Lattes, César 189

Lavoisier, Antoine-Laurent de 4, *4*, 5, 101f., *110*, 111–17, *112*, *113*, *114*, *115*, *116*, 205
Lavoisier, Madame 4, *4*, 5, *110*, 111, 113, *113*, 114, *114*, 116, *116*
Leakey, Jonathan 287
Leakey, Louis 13f., 239, 280–89, *281*, *285*, 287
Leakey, Mary 14, 239, 280–89, *281*, 285
Leakey, Philip 287
Leakey, Richard 287f., *288*
Leeuwenhoek, Antonie Van 191, *191*
Leibniz, Gottfried 46f.
Leukipp 101
Licht 8, 18f., 28, 42f., 50, 58, 60, 65–67, 70f., 94, 141–45, 149, 162f., 204f., 225
Lichtgeschwindigkeit 19, 58, 65–67, 149, 162
Liebig, Justus von 133, *133*
Linné, Carl von 192, *194*, 195–201, *196*, 197
Linnean Society 212
Linné'sches System 192, 198f.
Linus Pauling Institute of Science and Medicine 179
Lipperhey, Hans 34
Lister, Joseph 255
Longomontanus (Christian Sørensen Longberg) 24
Lorentz, Hendrik 67
Lorenz-Schlüsselmaschine 273
Los Alamos National Laboratory 181, 184, 279
Lovelock, James 75
Loveridge, Arthur 282, 286
Luther, Martin 22
Lyell, Charles 75–77, *76*, 81–87, *83*, *85*, *86*, *87*, 208f., 212

Maanen, Adriaan van 70f.
Mach, Ernst 224
Magnetismus 17–19, 43f., 47, 50f., 54, 58, 64f., 67, 153, 158, 162f., 176, 184, 205
magnetooptischer Effekt 50–52
Malthus, Thomas 211
Manhattan-Projekt 165, 181, 278
Mark, Herman 176
Marsden, Ernest 162–64
Maschinenbau 54
Materie 8, 12, 17f., 25, 50f., 59f., 101, 107–109, 142, 150, 158, 179, 269
Materie-Theorie 107
Mathematik 13, 27, 32, 36, 42, 46, 51, 54, 56, 63f., 68, 111, 119, 121, 141, 174, 186, 270, 272, 274, 276, 278; *siehe auch* Integralrechnung; Mathematik im Cambridge-Stil

Mathematik im Cambridge-Stil 51, 56
mathematische Physik 27, 54
Maxwell, James Clerk 18f., 51, 54–59, *55*, *57*, *59*, 64f., 67
Mayer, Walter 71, *71*
mechanistische Philosophie 17, 18, *18*, 42, 59, 101, 107; *siehe auch* Quantenmechanik
Medical Research Council, UK (MRC) 232–35
Medizin 13, 54, 108, 143, 158, 176, 178f., 195, 202, 205, 207, 223, 227f., 230, 234, 239, 243f., 248, 250f., 253–57, 259, 264
Meitner, Lise 170
Mendel, Gregor 192f., 212, 214–19, *215*, *219*, 262
Mendelejew, Dmitri 103, 126–31, *127*, *129*, 156
menschliche Evolution 280
Mesmer, Anton 204
Meson 148, 188f., *188*
Messier, Charles 68, 73
Metaphysik 54, 56, 268
Metapsychologie 268
Meteorologie 90, 93, 94, 111, 119, *120*, 121, 216, 259, *259*, 279; *siehe auch* Klimatologie
Meyer, Lothar 128, 131
Mikrobiologie 191, 253
Mikroskop, Mikroskopie *190*, 191, 205, 208, 221, *222*, 223, 225, 228f., 254f., *256*
Milchstraße 35, *35*, 68, 71f., *73*
Milzbrand 240, 256
Mineralogie 56, 111, 208
Molekül 12, 58f., 101–03, 119–25, *123*, 133–35, *135*, 136–39, *136*, *137*, 141–45, 147, 163, 172, 176, *176*, 178f., 230–35, 255, 264
Molekularbiologie 193, 230
Molekulargenetik 237; *siehe auch* Genetik
Moll, Gerrit 125, *125*
Mondino de' Luzzi 240, *240*, 244f.
Morveau, Louis Bernard Guyton de 116
Mount-Wilson-Observatorium 68, 70–73, *70*, *71*
Mukherji, Ashutosh 141
Mylius-Erichsen, Ludvig 94

Nägeli, Karl Wilhelm von 218
NASA 25, 32
natürliche Auslese 8, 192, 207–13, *211*, 260, 262; *siehe auch* Evolution
Naturphilosophie 11, 43f., 51, 54–59, 119
Nervensystem 193, 221, 227–29

Neumann, John von 239, 276–79, *277*, *278*
Neurobiologie 227–29
Neurohistologie 228
Neurologie 227–29, 264
Neuron, Neuronentheorie 227–29, *227*, *229*, 266, *266*
Neurose 268
Neurowissenschaft 193, 221, 227–29, *227*, *228*, *229*, 235, 237, 239, 241, 268f.; *siehe auch* Gehirn
Neutrino 148f., 183–85
Neutron 148, 158, 164f., 181–85, 186–89
Newlands, John 128
Newton, Isaac 7f., 11, 14f., 17–19, *18*, 25, 27, 29f., 34, *40*, 41–47, *47*, 51, 54, 58, 60, 63–67, 89, 101, 107, 165, 174, 199
Nilson, Lars Fredrik 131
Nobelpreis 53, 60, 73, 136, 138f., 141, 145, *145*, 150, 153f., 156, 158, 161, 167f., 170, *172*, 178, 184, 186, 189, 228, 234, *234*, 235, 275; Nobelpreis für Chemie 139, 150, 158, 161, 172, 178; Nobelpreis für Literatur 234; Nobelpreis für Physik 73, 141, 150, 154, 168, 170, 184, 186, 189; Nobelpreis für Physiologie oder Medizin 228, 234; Friedensnobelpreis 172, 178
Nollet, Abbé Jean-Antoine 111
Novara da Ferrara, Domenico Maria 22
Nukleinsäure 233, 237
Nukleon 188f.

Occhialini, Giuseppe 189
Ödipuskomplex 268
Ökologie 77, 89, 92, *93*, 201, 212
Olduvai-Schlucht (Tansania) 280–85, *283*
Oppenheimer, J. Robert 178, 181, 278, *278*
Optik 17, *17*, 27f., 42, 54, 58, 141, 144
organische Chemie 103, 133–35, 138, 175

Paläoanthropologie 280
Paley, William 210
Pangenese 192, 212, 260
Pasteur, Louis 239f., *252*, 253–57, *254*, *256*, *257*
Pasteurisierung 240, 255
Pauli, Wolfgang 147f., 171, *171*, 183, *183*, 186
Pauling, Ava Helen 174f., *174*, 178

Pauling, Linus Carl 147, 148, *148*, 172–79, *173*, *174*, *178*, 230, 233
Pearson, Karl 262
Pepys, Samuel 191
Periodensystem 103, 126–31, *129*, *130*, 156, 161, 170
Perrin, Jean 156
Perutz, Max 232, 234, *234*
Pflanzenbiologie 80, 89–93, *93*, 94, 191f., 195–201, *196*, *197*, *199*, 202–05, 207–13, 214–19, *217*, *218*
Philosophie 11, 54, 248, 266
Phlogiston 102, 114–116
Photon 142, 168
Photosynthese 192, 202–05
Physik 7, 12, 27, 32, 41–47, 49–53, 54–59, 60–67, 79, 94, 101, 141–45, 147–49, 150–56, *155*, 158–65, *162*, *163*, 167–71, 179, 181–85, 186–89, 202, 216, 232, 253f., 266, 269
Physiologie 54, 58, 89, 91, 117, 144, 167, 202, 207, 221–25, 298f., *234*, 248, 253–57, 264
Piezoelektrizität 153–55, *155*
Pion 148, 189
Planck, Max 66, *66*, 147, 168, 186
Plattentektonik 77, 97, 99
Playfair, John 76, 81, 84
Plössl, Georg Simon 225
Pocken 202, 205, 256
Poincaré, Henri 15, 66f., *66*, 153
Pontecorvo, Bruno 184
Positron 148
Pouchet, Félix-Archimède 255
Powell, Cecil 189
Priestley, Joseph 102, *102*, 115, 204
Protein 136–39, *136*, 148, *148*, 172–78, 230–37
Proton 147f., 163f., 184f., 186–89
Psychiatrie 241
Psychoanalyse 241, 264–69
Psychologie 13, 54, 179, 210, 223, 239, 241, 259, 264–69
Ptolemäus, Claudius 8, 20–24, *22*, 35, 39, *39*; ptolemäisches System, ptolemäische Theorie 20–23, *22*, *23*, 35, 38
Purkinje, Jan 193, 220, 221–25; Purkinje-Baum 223, 225, *225*; Purkinje-Bilder 223f.; Purkinje-Effekt 223, *223*, 225; Purkinje-Fasern 221; Purkinje-Zellen 221, *221*, *222*

Quanten 142f.
Quantenphysik 59, 147, 167–71; Quantenfeldtheorie 186; Quantenmechanik 58f., 148, 163, 168, 175, 186,

276; Quantentheorie 7f., 60, 66, 142, 147f., 163, 167–69, 186

Radar 165
Radioaktivität 147, 150, 154, *155*, 156, 158, 160, 164f., 184, 280; *siehe auch* Strahlung
Radium 147, 150, 155f., 158, 161
Radon 160f.
Raman, Chandrasekhara Venkata 101, *140*, 141–45, *144*, *145*
Raman-Effekt, Raman-Streuung 141–43, *143*
Raman Research Institute (Bangalore) 144
Rasetti, Franco 184
Raum-Zeit-Kontinuum 19, 60
Ray, John 192, *192*
Rayleigh, Lord (John Strutt) 142
Reck, Hans 284
Regiomontanus 22–24, *22*
Regression, Regressionskoeffizient 261f.
Relativitätstheorie 7, 9, *9*, 15, 19, 34, 58f., 60, 64, 67, 148f., 163; allgemeine Relativitätstheorie 7, 19, 34, 60, 64, 67; spezielle Relativitätstheorie 15, 58f., 60, 64, *64*, 67, 148f.
Religion, religiöser Glaube 6, 7, 15, 27–30, 32–39, 43f., 53, 56, 75f., 80, 108f., 124, 192, 200, 204, 213, 240, 255, 259, 270
Rembrandt van Rijn 241, *241*, 247, *247*
Rheticus, Georg Joachim 24f.
Ribonukleinsäure (RNA) 237
Rich, Alexander 237
Robinson, Robert 138
Röntgen, Wilhelm 147, *147*, 153, 158
Rouelle, Guillaume-François 111
Royal College of Physicians (London) 248
Royal Institution of Great Britain (London) 49f., 52, 58, 125
Royal Society (London) 11, 42, 46, 52f., 56, 107, 124, 191, 199, 204, 210, 260, 275
Rutherford, Ernest 66, *66*, 147f., 156, 158–65, *159*, *161*, *165*, 168, 184

St Bartholomew's Hospital (London) 248
Salk Institute for Biological Studies 235, 237
Sauerstoff 91, 102f., 113, *113*, 115–117, 121, 123, 128, 134, 167, 176, 192, 204f.
Scheiner, Christoph 36

Schrödinger, Erwin 60, 147, 167, 169, 171, *171*, 175
Sedgwick, Adam 208
Segrè, Emilio 184
Seguin, Armand 113, *113*
Sehvermögen 28, 54, 58, 93, 124, *124*, 144, 221–25, *223*, *225*, 229; *siehe auch* Farbe, Farbtheorie
Sektion 239f., 243–245, 251
Senebier, Jean 204
Shapley, Harlow 70
Slipher, Vesto 70
Soddy, Frederick 147, 156, 160f.
Solvay-Konferenz, Brüssel 66, *66*, 170, 171, *171*
Sommerfeld, Arnold 175
Sonnensystem 8, 11, 20–25, *23*, 27–29, 32–39, *35*, 41–47, 68–73, *73*, 84
Spektroskopie 101, 143
spezielle Relativitätstheorie *siehe* Relativitätstheorie
Stahl, Georg Ernst 114
Statistik 59, 117, 183, 216, 259, 261f.
Stereochemie 240, 253
Stillman, Bruce 237
Strahlung 19, 54, 99, *99*, 142f., 153–55, 158, 160f., 165, 168, 189; *siehe auch* Radioaktivität
Sutton, Thomas 58
Sylvius 243

Teilchenphysik *146*, 148, *149*, 158–65, 181–85, 186–89
Theismus 75, 80f., 109; *siehe auch* Deismus
Theologie 43–47, 54, 56; *siehe auch* Religion, religiöser Glaube
theoretische Physik 41–47, 51, 60–67, 158, 167–71, 183, 186–89
Theorie der schwachen Wechselwirkung (Fermi) 183
Thermodynamik 19, 59, 266
Thomson, J. J. 147, 158, 160, 164
Thomson, Thomas 122
Thomson, William 51, 56–59
Thorium 160f.
Tomonaga, Shin'ichirō 186
Tournefort, Joseph Pitton de 195
Transmutation 147, 158, 160f., 164f., 192
Turing, Alan 239, 270–75, *271*; A. M. Turing Award 275; Turing-Maschine 272; Turing-Test 239, 275

Umweltwissenschaft 204
Uniformitarianismus 80, 86, 97
Unschärferelation (Heisenberg) 168, 171, 188

Uran 147, 153–55, 160, 165, 170, 181
Urknall 17, 72, 158

Vaillant, Sébastien 195
Valenzstrukturtheorie 176
Vererbung *siehe* biologisches Erbe
Vesalius, Andreas 238, 239f., *242*, 243–47, *244*, *245*, *246*
Villumsen, Rasmus 99, *99*
Virologie 230

Wallace, Alfred Russel 212
Walton, Ernest 164
Wasserstoff 104f., 115f., 121, 123, 128, 134, *135*, 162f., 168, 204f.
Watson, James 14f., 193, 230–37, *231*, *233*, *234*
Watt, James 14
Wedgwood, Emma 210, 259
Wedgwood I., Josiah 207
Wegener, Alfred 75, 77, 94–99, *95*, *96*, *98*, *99*
Weismann, August 261
Weldon, W. F. R. 262
Wetterkunde *siehe* Meteorologie
Wheeler, John Archibald 170, 189, *189*
Whewell, William 56
Wilkins, Maurice 234f.
Winkler, Clemens Alexander 131
Winter, Johann 243
Wissenschaftliche Revolution 8, 12, 31
Wren, Christopher 14

Röntgenkristallographie 101, 103, 138f., *138*, 235, *235*; *siehe auch* Kristallographie
Röntgenstrahlen 136, 142, 147, *147*, 153, 158, 160, 176, 232

Young, Thomas 18, *18*, 58, 239
Yukawa, Hideki 148, 186–89, *187*, *188*, *189*